普通高等学校计算机教育
“十二五”规划教材

卓越工程师培养计划推荐教材
——软件开发类

Android

开发与实践

■ 李文琴 李翠霞 主编 ■ 姚建成 刘延苍 陈珎 副主编

人 民 邮 电 出 版 社

北 京

图书在版编目（CIP）数据

Android开发与实践 / 李文琴，李翠霞主编. -- 北京：人民邮电出版社，2014.8
普通高等学校计算机教育“十二五”规划教材
ISBN 978-7-115-35407-5

Ⅰ. ①A… Ⅱ. ①李… ②李… Ⅲ. ①移动终端－应用程序－程序设计－高等学校－教材 Ⅳ. ①TN929.53

中国版本图书馆CIP数据核字(2014)第100204号

内 容 提 要

本书作为Android课程的教材，系统全面地介绍了Android应用开发所涉及的各类知识。全书共分为21章，内容包括搭建Android开发环境，Android模拟器与工具，用户界面设计，Android常用组件，深入理解Activity，Intent和BroadcastReceiver广播，用户资源的使用，Android事件处理，通知、对话框与警告，Android程序调试，图像与动画处理技术，利用OpenGL实现3D图形，多媒体应用开发，Android数据存储技术，Content Provider实现数据共享，线程与消息处理，Service应用，网络通信技术，综合案例——家庭理财通，课程设计——猜猜鸡蛋放在哪只鞋子里，课程设计——简易涂鸦板。全书每章内容都与实例紧密结合，有助于学生理解知识，应用知识，达到学以致用的目的。

本书附有配套DVD光盘，光盘中提供了本书所有实例、综合实例、实验、综合案例和课程设计的源代码，教学录像，其中，源代码全部经过了精心测试，能够在Windows XP、Windows 2003、Windows 7、Windows 8系统下编译和运行。

本书可作为应用型本科计算机专业、软件学院、高职软件专业及相关专业的教材，同时也可作为Android爱好者以及初、中级Android应用开发人员的参考工具书。

◆ 主　　编　李文琴　李翠霞
　副 主 编　姚建成　刘延苍　陈　珎
　责任编辑　邹文波
　责任印制　彭志环　杨林杰

◆ 人民邮电出版社出版发行　北京市丰台区成寿寺路11号
　邮编　100164　电子邮件　315@ptpress.com.cn
　网址　https://www.ptpress.com.cn
　北京盛通印刷股份有限公司印刷

◆ 开本：787×1092　1/16
　印张：25　　2014年8月第1版
　字数：675千字　　2025年1月北京第14次印刷

定价：59.00元（附光盘）

读者服务热线：(010)81055256　印装质量热线：(010)81055316
反盗版热线：(010)81055315
广告经营许可证：京东市监广登字20170147号

前言

Android 是 Google 公司推出的专为移动设备开发的平台，从 2008 年 9 月推出以来，在短短的几年时间里就超越了称霸 10 年的诺基亚 Symbian 系统和最近崛起的苹果 iOS 系统，成为全球最受欢迎的智能操作平台。目前，很多高校的计算机专业和 IT 培训学校等都将 Android 应用开发作为教学内容之一，这对于培养学生的计算机应用能力具有非常重要的意义。

在当前的教育体系下，实例教学是计算机语言教学最有效的方法之一。本书将 Android 理论知识和实用的案例有机结合起来，一方面，跟踪 Android 语言的发展，适应市场需求，精心选择内容，突出重点，强调实用，使知识讲解全面、系统；另一方面，设计典型的实例，将实例融入到知识讲解中，使知识与实例相辅相成，既有利于学生学习知识，又有利于指导学生实践。另外，本书在每一章的后面还提供了习题和实验，方便读者及时验证自己的学习效果（包括理论知识和动手实践能力）。

本书作为教材使用时，课堂教学建议为 52～58 学时，实验教学建议为 13～16 学时。各章主要内容和学时建议分配如下，老师可以根据实际教学情况进行调整。

章	主要内容	课堂学时	实验学时
第 1 章	搭建 Android 开发环境，包括什么是 Android、搭建 Android 开发环境、第一个 Android 程序、综合实例——创建一个可以运行在所有 Android 版本上的程序	1	1
第 2 章	Android 模拟器与工具，包括使用 Android 模拟器、综合实例——设置模拟器桌面背景	1	
第 3 章	用户界面设计，包括控制 UI 界面、布局管理器、综合实例——应用相对布局显示软件更新提示	3	1
第 4 章	Android 常用组件，包括基本组件、高级组件、综合实例——实现“我同意游戏条款”	6	1
第 5 章	深入理解 Activity，包括 Android 核心对象——Activity，创建、启动和关闭 Activity，多个 Activity 的使用，综合实例——带选择头像的用户注册界面	2	1
第 6 章	Intent 和 BroadcastReceiver 广播，包括 Intent 对象简介 Intent 对象的组成、Intent 应用、BroadcastReceiver 使用、综合实例——使用 Intent 实现发送短信	3	1
第 7 章	用户资源的使用，包括字符串（string）资源、颜色（color）资源、尺寸（dimen）资源、数组（array）资源、Drawable 资源、样式（style）和主题（theme）资源、使用菜单（menu）资源、Android 程序国际化、综合实例——显示游戏对白	3	1

续表

章	主 要 内 容	课堂学时	实验学时
第 8 章	Android 事件处理，包括事件处理概述、处理键盘事件、处理触摸事件、手势的创建与识别、综合实例——使用手势输入数字	2	1
第 9 章	通知、对话框与警告，包括通过 Toast 显示消息提示框、使用 AlertDialog 实现对话框、使用 Notification 在状态栏上显示通知、使用 AlarmManager 设置警告（闹钟）、综合实例——仿手机 QQ 登录状态显示功能	3	1
第 10 章	Android 程序调试，包括输出日志信息、程序调试、程序异常处理、综合实例——向 LogCat 视图中输出程序 Info 日志	2	1
第 11 章	图像与动画处理技术，包括常用绘图类、绘制 2D 图像、为图像添加特效、Android 中的动画、综合实例——忐忑的精灵	4	1
第 12 章	利用 OpenGL 实现 3D 图形，包括 OpenGL 简介、绘制 3D 图形、添加效果、综合实例——绘制一个不断旋转的金字塔	4	1
第 13 章	多媒体应用开发，包括播放音频与视频、综合实例——制作开场动画	2	1
第 14 章	Android 数据存储技术，包括使用 SharedPreferences 对象存储数据、使用 Files 对象存储数据、Android 数据库编程——SQLite、综合实例——在 SQLite 数据库中批量添加数据	4	1
第 15 章	Content Provider 实现数据共享，包括 Content Provider 概述、Content Provider 常用操作、自定义 Content Provider、综合实例——查询联系人姓名和电话	3	1
第 16 章	线程与消息处理，包括多线程的实现、Handler 消息传递机制、综合实例——多彩的霓虹灯	2	1
第 17 章	Service 应用，包括 Service 概述、创建 Started Service、创建 Bound Service、管理 Service 的生命周期、综合实例——视力保护程序	2	1
第 18 章	网络通信技术，包括网络通信基础、HTTP 通信、WebKit 应用、综合实例——打造功能实用的网页浏览器	3	1
第 19 章	综合案例——家庭理财通，包括需求分析、系统设计、系统开发及运行环境、数据库与数据表设计、系统文件夹组织结构、公共类设计、登录模块设计、系统主窗体设计、收入管理模块设计、系统设置模块设计、本章总结	6	0
第 20 章	课程设计——猜猜鸡蛋放在哪只鞋子里，包括课程设计目的、功能描述、总体设计、实现过程、运行调试、课程设计总结	2	0
第 21 章	课程设计——简易涂鸦板，包括课程设计目的、功能描述、总体设计、实现过程、运行调试、课程设计总结	2	0

如果读者在学习或使用本书的过程中遇到问题或疑惑，可以通过如下方式与我们联系，我们会在 1～5 个工作日内给您提供解答。

服务网站：www.mingribook.com

服务电话：0431-84978981/84978982

企业 QQ：4006751066

学习社区：www.mrbccd.com

服务信箱：mingrisoft@mingrisoft.com

由于编者水平有限，书中难免存在疏漏和不足之处，敬请广大读者批评指正，使本书得以改进和完善。

编　者

2014 年 3 月

目 录

第 18 章 网络通信技术……319

第 19 章 综合案例——家庭理财通……344

第 20 章 猜猜鸡蛋放在哪只鞋子里……378

第 21 章 简易涂鸦板 ………………… 384

第 1 章
搭建 Android 开发环境

本章要点：

- Android 的体系结构
- Android 的主要特性
- 下载 JDK
- 安装并配置 JDK
- 下载 ADT Bundle
- 创建 Android 应用程序
- 运行并调试 Android 应用程序

Android 本义是指“机器人”，它是 Google 公司推出的一款开源操作系统。随着 Android 操作系统在手机和平板电脑市场的普及，Android 应用的需求势必会越来越大。本章将详细讲解如何搭建 Android 开发环境，以及如何创建并运行一个 Android 程序。

1.1 什么是 Android

Android 是专门为移动设备开发的平台，其中包含了操作系统、中间件和核心应用等。Android 最早由 Andy Rubin 创办，于 2005 年被搜索巨人 Google 收购。2007 年 11 月 5 日，Google 正式发布该平台。在 2010 年底，Android 已经超越称霸 10 年的诺基亚 Symbian 系统，成为全球最受欢迎的智能手机平台。采用 Android 平台的手机厂商主要包括 HTC、SAMSUNG、Motorola、LG、Sony Ericsson 等。

1.1.1 平台特性

Android 作为一种开源操作系统，其在手机操作系统领域的市场占有率已经超过了 50%。是什么原因让 Android 操作系统如此受欢迎呢？本节将介绍 Android 的一些主要特性。

1. 开放性

在优势方面，Android 平台的优势首先就是其开放性，开放的平台允许任何移动终端厂商加入到 Android 联盟中来。显著的开放性可以使其拥有更多的开发者，随着用户和应用的日益丰富，一个崭新的平台也将很快走向成熟。

开放性对于 Android 的发展而言，有利于积累人气，这里的人气包括消费者和厂商，而对于消费者来讲，最大的受益正是丰富的软件资源。开放的平台也会带来更大竞争，如此一来，消费者将可以用更低的价位购得心仪的手机。

2. 挣脱束缚

在过去很长的一段时间内，特别是在欧美地区，手机应用往往受到运营商的制约，使用何种功能接入何种网络几乎都受到运营商的控制。自从 iPhone 上市，用户可以更加方便地连接网络，运营商的制约减少。随着 EDGE、HSDPA 这些 2G 至 3G 移动网络的逐步过渡和提升，手机随意接入网络已不是运营商口中的笑谈。

3. 丰富的硬件

由于 Android 的开放性，众多的厂商会推出千奇百怪、各具功能特色的多种产品。功能上的差异和特色却不会影响数据同步，甚至软件的兼容。

4. 开发商环境

Android 平台提供给第三方开发商一个十分宽泛、自由的环境，第三方不会受到各种条条框框的阻挠。可想而知，这将促使很多新颖别致的软件诞生。但这种宽松的环境也有其两面性，如何控制血腥、暴力、情色方面的程序和游戏正是留给 Android 的难题之一。

5. Google 应用

如今叱咤互联网的 Google 已经走过数十年历史，从搜索巨人到全面的互联网渗透，Google 服务如地图、邮件、搜索等已经成为连接用户和互联网的重要纽带，而 Android 平台手机将无缝结合这些优秀的 Google 服务。

1.1.2 平台架构

Android 用甜点作为系统版本的代号，该命名方法开始于 Android 1.5 版本。作为每个版本代表的甜点尺寸越变越大，然后按照 26 个字母排序，如纸杯蛋糕、甜甜圈、松饼、冻酸奶、姜饼、蜂巢、冰淇淋三明治、果冻豆……迄今为止 Android 发布的主要版本及其发布时间如下。

1. Android 1.1

发布时间：2008 年 9 月。

2. Android 1.5

代号：Cupcake（纸杯蛋糕）。

发布时间：2009 年 4 月。

3. Android 1.6

代号：Donut（甜甜圈）。

发布时间：2009 年 9 月。

4. Android 2.0

代号：Éclair（松饼）。

发布时间：2009 年 10 月 26 日。

5. Android 2.1

代号：Éclair（松饼）。

发布时间：发布于 2009 年 10 月 26 日，Android 2.0 版本的升级以创纪录的速度放出。

6. Android 2.2

代号：Froyo（冻酸奶）。

发布时间：2010 年 5 月 20 日。

7. Android 2.3

代号：Gingerbread（姜饼）。

发布时间：2010 年 12 月 7 日。

8. Android 3.0

代号：Honeycomb（蜂巢）。

发布时间：2011 年 2 月 3 日。

9. Android 3.1

代号：Honeycomb（蜂巢）。

发布时间：2011 年 5 月 10 日。

10. Android 3.2

代号：Honeycomb（蜂巢）。

发布时间：2011 年 7 月 13 日。

11. Android 4.0

代号：Ice Cream Sandwich（冰淇淋三明治）。

发布时间：2011 年 10 月 19 日。

12. Android 4.1

代号：Jelly Bean（果冻豆）。

发布时间：2012 年 6 月 28 日。

13. Android 4.2

代号：Jelly Bean（果冻豆）。

发布时间：2012 年 10 月 30 日。

14. Android 4.3

代号：Jelly Bean（果冻豆）。

发布时间：2013 年 7 月 25 日。

Android 3.0（蜂巢）之前的版本主要针对移动手机，Android 蜂巢版本系列（即 3.0、3.1 和 3.2 版本）主要针对平板电脑及上网本，而 Android 4.0 之后的版本同时支持移动手机、平板电脑及上网本等终端。

1.1.3 Android 市场

Android 市场是 Google 公司为 Android 平台提供的在线应用商店，Android 平台用户可以在该市场中浏览、下载和购买第三方人员开发的应用程序。

对于开发人员来说，挣钱的方式有两种。第一种方式是卖软件，开发人员可以获得该应用售价的 70%利润，其余 30%作为其他费用；第二种方式是加广告，将自己的软件定为免费软件，通过增加广告链接，靠点击率挣钱。

1.2 搭建 Android 开发环境

本节讲述使用 Android SDK 进行开发所必须的硬件和软件需求。硬件方面，要求 CPU 和内存尽量大。Android 4.3 SDK 下载大概需要 700M 硬盘空间。由于开发过程中需要反复重启模拟器，而每次重启都会消耗几分钟的时间（视机器配置而定），因此使用高配置的机器能节约不少时间。

1.2.1 系统需求

这里将介绍两个方面——操作系统和开发环境。

- 操作系统要求

支持 Android SDK 的操作系统及其要求如表 1-1 所示。

表 1-1 Android SDK 对操作系统的要求

操作系统	要求
Windows	Windows XP（32 位）
	Windows 7（32 位或 64 位）
	Windows 8（32 位或 64 位）
Mac OS	10.5.8 或更新（仅支持 x86）
Linux（在 Ubuntu 的 10.04 版测试）	需要 GNU C Library (glibc) 2.7 或更新 在 Ubuntu 系统上，需要 8.04 版或更新 64 位版本，必须支持 32 位应用程序

- 开发环境要求

在安装 Android 应用程序之前，首先搭建好 Android 开发所需要的开发工具，本书以 Windows 7 操作系统为例讲解 Android 的开发。Android 开发所需的软件及其下载地址如表 1-2 所示。

表 1-2 Android 开发所需的软件及下载地址

软件名称	下载地址	本书使用的版本
JDK	http://www.oracle.com	JDK 7 Update 10
ADT Bundle	http://www.android.com	Adt-Bundle-Windows-x86-20130917

说明

ADT Bundle 是 Google 公司为 Android 开发人员提供的一个集成开发工具，包括了 Eclipse、Android SDK 以及 ADT 开发组件，而 ADT 开发组件已经自动集成到了 Eclipse 开发环境中，无需用户手动安装。

1.2.2 JDK 下载

由于 Sun 公司已经被 Oracle 收购，因此可以在 Oracle 公司的官方网站（http://www.oracle.com/cn/index.html）下载 JDK。下面以 JDK 7 Update 10 版本为例介绍下载 JDK 的方法，具体步骤如下。

（1）打开浏览器，进入 Oracle 官方主页，地址是“http://www.oracle.com/index.html”。

（2）选择“Downloads”菜单下的“Java for Developers”子菜单，在跳转的页面中滚动到如图 1-1 所示的位置。

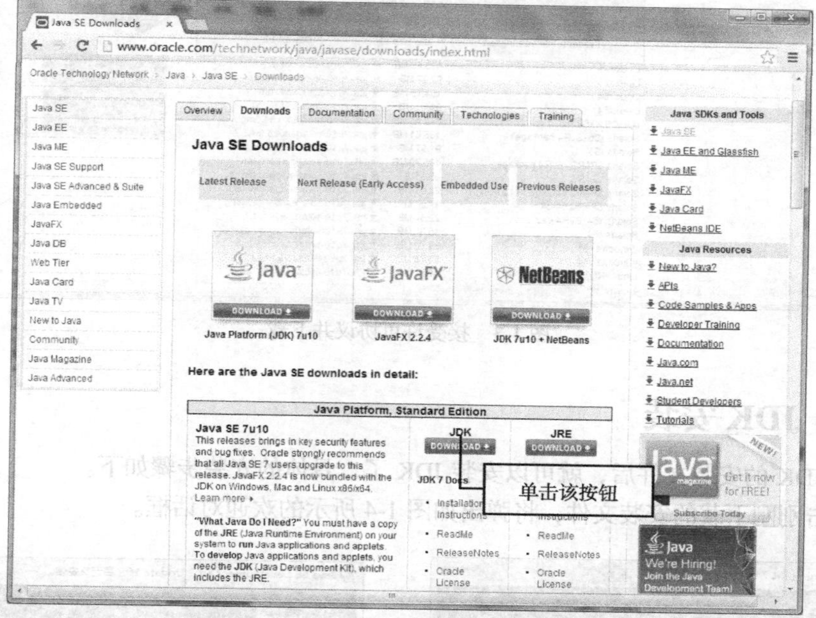

图 1-1　Java 开发资源下载页面

（3）单击 JDK 下方的“Download”按钮，将进入如图 1-2 所示的页面。

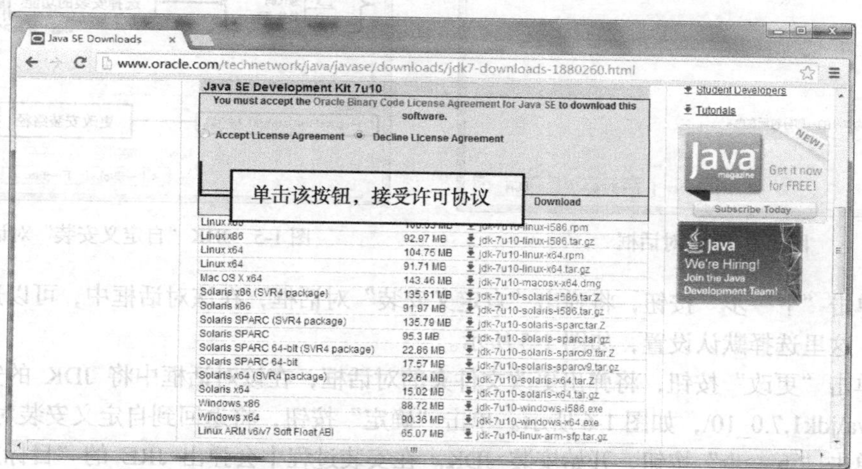

图 1-2　JDK 下载页面

（4）选中“Accept License Agreement”单选按钮，接受许可协议，并根据电脑硬件和系统选择适当的版本进行下载，如图 1-3 所示。

说明

如果您的系统是 Windows 32 位的，那么下载 jdk-7u10-windows-i586.exe；如果是 Windows 64 位的系统，那么下载 jdk-7u10-windows-x64.exe。

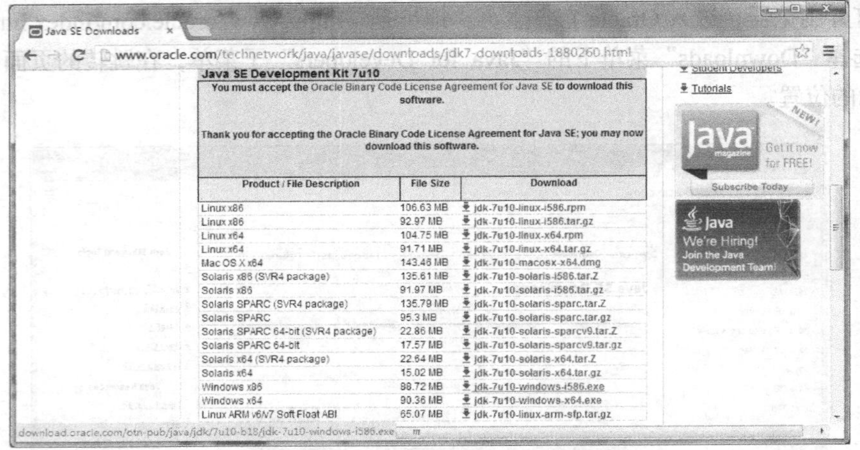

图 1-3　接受许可协议并下载

1.2.3　JDK 安装

下载完 JDK 的安装文件后，就可以安装 JDK 了，具体的安装步骤如下。

（1）双击刚刚下载的安装文件，将弹出如图 1-4 所示的欢迎对话框。

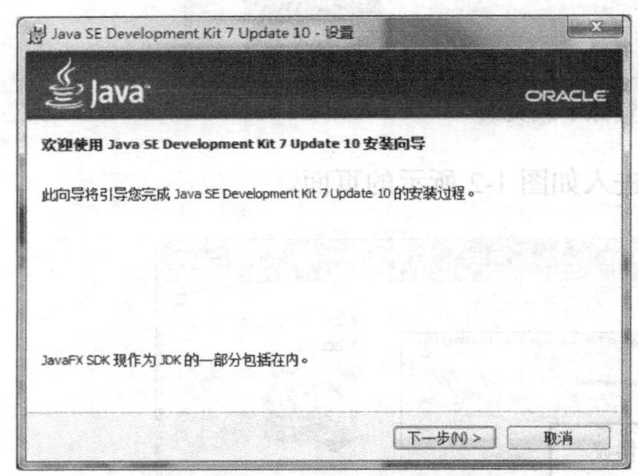

图 1-4　欢迎对话框

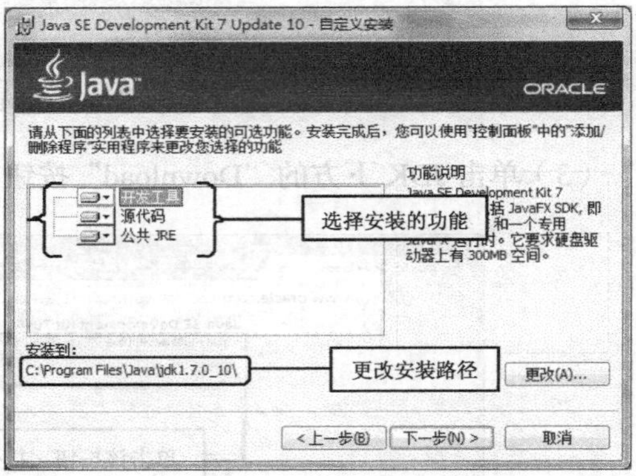

图 1-5　JDK“自定义安装”对话框

（2）单击“下一步”按钮，将弹出“自定义安装”对话框，在该对话框中，可以选择安装的功能组件，这里选择默认设置，如图 1-5 所示。

（3）单击“更改”按钮，将弹出更改文件夹的对话框，在该对话框中将 JDK 的安装路径更改为 K:\Java\jdk1.7.0_10\，如图 1-6 所示。单击“确定”按钮，将返回到自定义安装对话框中。

（4）单击“下一步”按钮，开始安装 JDK。在安装过程中会弹出 JRE 的“目标文件夹”对话框，这里更改 JRE 的安装路径为 K:\Java\jre7\。然后单击“下一步”按钮，安装向导会继续完成安装进程。

JRE 全称为 Java Runtime Environment，它是 Java 运行环境，主要负责 Java 程序的运行。JDK 包含了 Java 程序开发所需要的编译、调试等工具，另外还包含了 JDK 的源代码。

（5）安装完成后，将弹出如图 1-7 所示的对话框，单击“关闭”按钮即可。

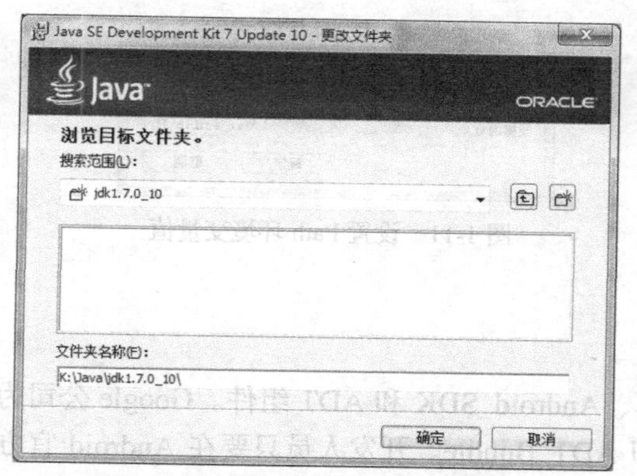

图 1-6 更改 JDK 的安装路径对话框

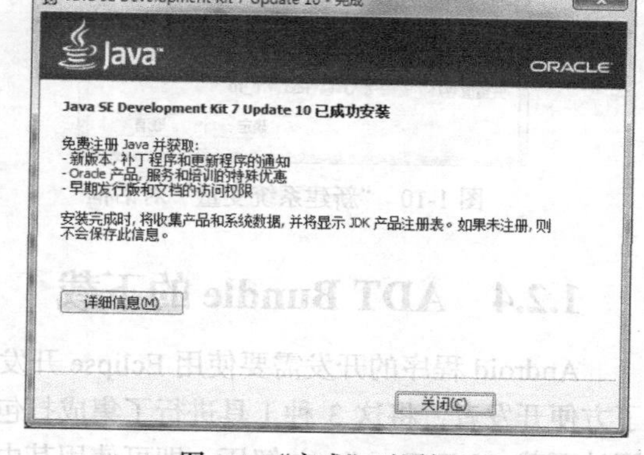

图 1-7 “完成”对话框

安装完 JDK 以后，还需要在系统的环境变量中进行配置，具体方法如下。

（1）在“开始”菜单的“计算机”图标上单击鼠标右键，在弹出的快捷菜单中选择“属性”命令。在弹出的“属性”对话框左侧单击“高级系统设置”超链接，将出现如图 1-8 所示的“系统属性”对话框。

（2）单击“环境变量”按钮，将弹出“环境变量”对话框，如图 1-9 所示。单击“系统变量”栏中的“新建”按钮，创建新的系统变量。

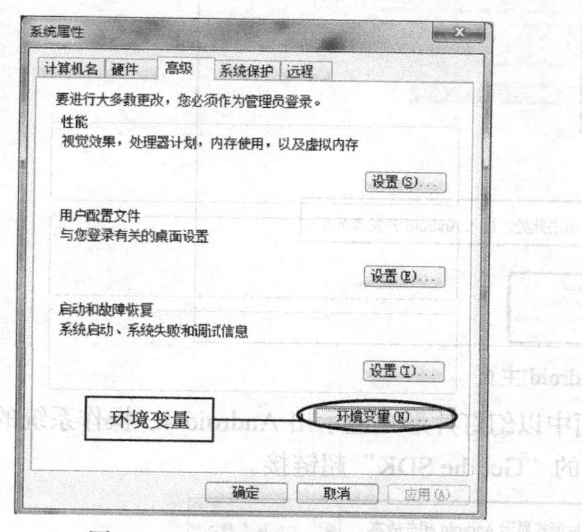

图 1-8 “系统属性”对话框

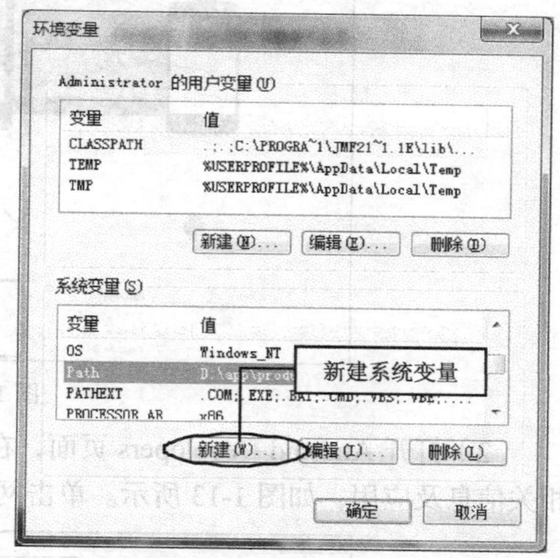

图 1-9 “环境变量”对话框

（3）弹出“新建系统变量”对话框，分别输入变量名“JAVA_HOME”和变量值（即 JDK 的安装路径）。其中，变量值是笔者的 JDK 安装路径，读者需要根据自己的计算机环境进行修改，如图 1-10 所示。单击“确定”按钮，关闭“新建系统变量”对话框。

（4）在图 1-9 所示的“环境变量”对话框中双击 Path 变量对其进行修改，在原变量值最前端添加“.;%JAVA_ HOME%\bin;”变量值（注意：最后的“;”不要丢掉，它用于分割不同的变量值），如图 1-11 所示。单击“确定”按钮，完成环境变量的设置。

不能删除系统变量 Path 中的原有变量值，并且“%JAVA_ HOME%\bin”与原有变量值之间用英文半角符号“;”分隔，否则会产生错误。

图 1-10 “新建系统变量”对话框

图 1-11 设置 Path 环境变量值

1.2.4 ADT Bundle 的下载

Android 程序的开发需要使用 Eclipse 开发工具、Android SDK 和 ADT 组件。Google 公司为了方便开发者，将这 3 种工具进行了集成打包，即 ADT Bundle。开发人员只要在 Android 官方网站下载 ADT Bundle 并解压，即可使用其中提供的 Eclipse 工具开发 Android 应用。下面介绍 ADT Bundle 的下载过程。

下载 ADT Bundle 的步骤如下。

（1）打开 IE 浏览器，输入网址“http://www.android.com”。浏览 Android 主页，在该主页中，单击 Developers 超链接，如图 1-12 所示。

图 1-12 Android 主页

（2）打开 Android Developers 页面，在该页面中以幻灯片形式显示出 Android 4.3 操作系统的相关信息及应用，如图 1-13 所示。单击网页下方的“Get the SDK”超链接。

图 1-13 Android Developers 页面

（3）进入 Android SDK 下载页面，该页面中默认提供 Windows 平台下的 Android SDK 下载链接，如图 1-14 所示。

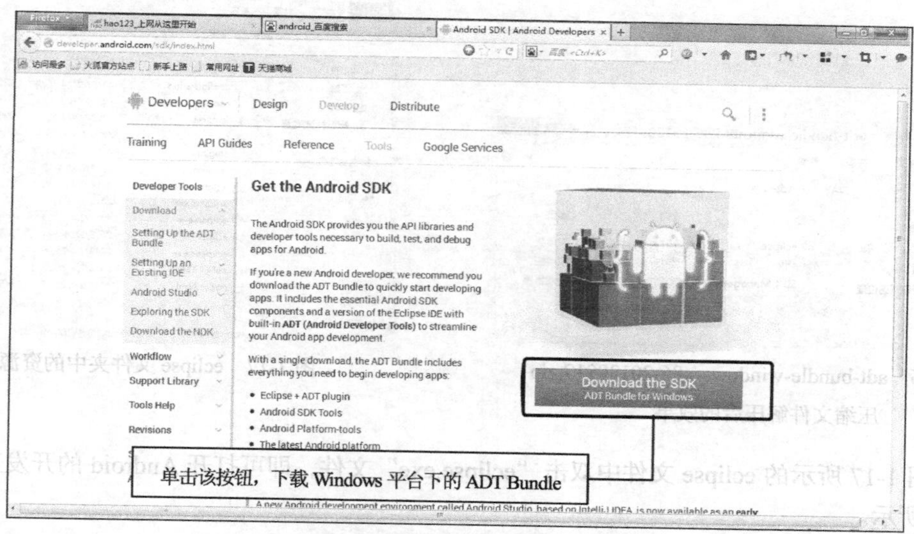

图 1-14　默认的 Android SDK 下载页面

（4）单击“Download the SDK”按钮，进入“Get the Android SDK”页面，如图 1-15 所示。该页面中显示用户许可协议，选中“I have read and agree with the above terms and conditions”复选框，并选择“32-bit”或者“64-bit”单选按钮。单击“Download the SDK ADT Bundle for Windows”按钮，即可下载指定平台下的 ADT Bundle 组件。

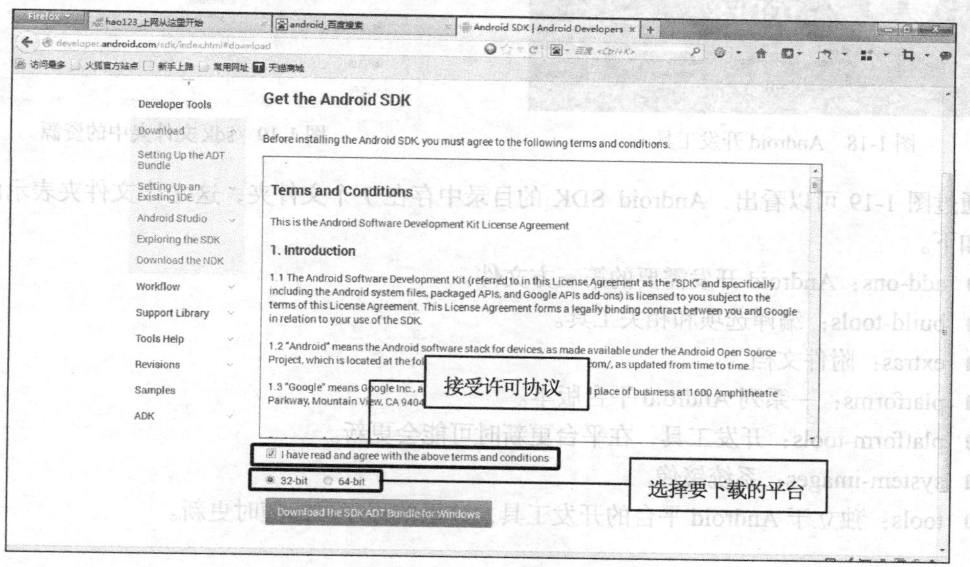

图 1-15　显示所有平台 Android SDK 的下载页面

下载 Windows 32 位平台下的 Android SDK 安装文件“adt-bundle-windows-x86-20130917.zip”后，将该压缩文件解压，解压后的文件夹中包括 eclipse 和 sdk 两个文件夹，以及一个 ADK Manager.exe 文件。其中，eclipse 文件夹中存放的是 Eclipse 开发工具，sdk 文件夹中存放的是 Android 4.3 的开发工具包。解压后的文件夹效果如图 1-16 所示。

eclipse 文件夹中的资源如图 1-17 所示。

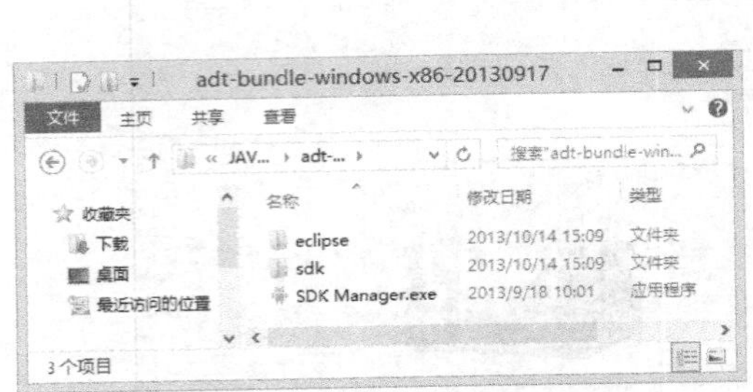

图 1-16　adt-bundle-windows-x86-20130917.zip 压缩文件解压后的效果

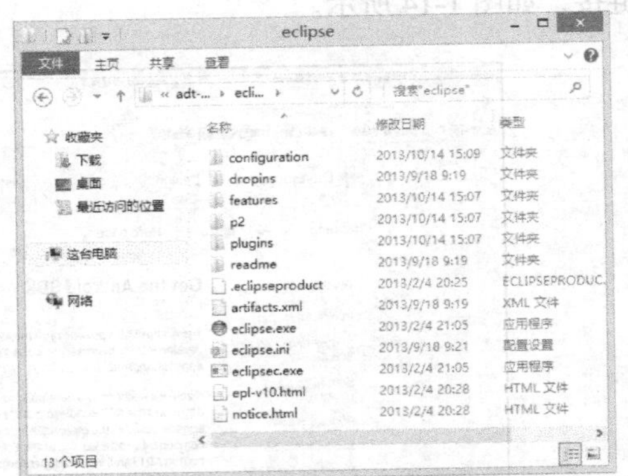

图 1-17　eclipse 文件夹中的资源

在图 1-17 所示的 eclipse 文件中双击"eclipse.exe"文件，即可打开 Android 的开发工具，如图 1-18 所示。

sdk 文件夹中的资源如图 1-19 所示。

图 1-18　Android 开发工具

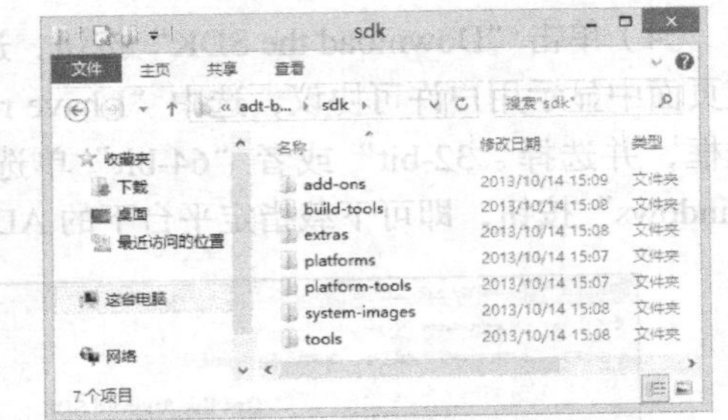

图 1-19　sdk 文件夹中的资源

通过图 1-19 可以看出，Android SDK 的目录中存在 7 个文件夹，这 7 个文件夹表示的意义分别如下。

- add-ons：Android 开发需要的第三方文件。
- build-tools：编译选项和相关工具。
- extras：附件文档。
- platforms：一系列 Android 平台版本。
- platform-tools：开发工具，在平台更新时可能会更新。
- system-images：系统镜像。
- tools：独立于 Android 平台的开发工具，这里的程序可能随时更新。

1.3　第一个 Android 程序

本节将介绍一个简单的 Android 程序的开发过程，让读者对 Android 程序开发流程有一个基本的认识。

1.3.1　创建 Android 应用程序

下面介绍使用 Eclipse 编写本书的第一个 Android 程序的详细步骤。

【例 1-1】 创建 Android 程序的步骤如下。（实例位置：光盘\MR\源码\第 1 章\1-1）

（1）双击 eclipse.exe 文件，启动 Android 开发工具，启动后的首页如图 1-20 所示。

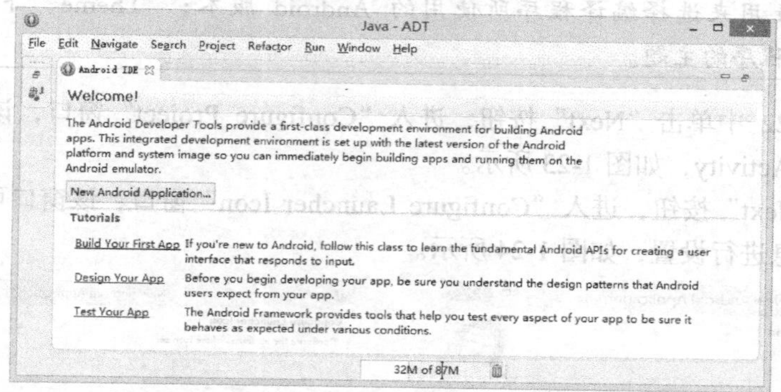

图 1-20　Android 开发工具首页

（2）单击首页的“New Android Application”按钮，或者在菜单栏中依次选择“File”/“New”/“Android Application Project”菜单，如图 1-21 所示。

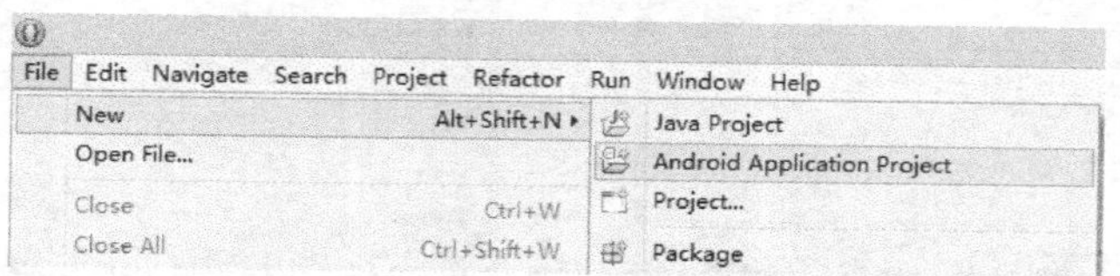

图 1-21　选择“File”/“New”/“Android Application Project”菜单

（3）弹出“New Android Application”对话框，在该对话框中首先输入项目名称和包名，然后分别在“Minimum Required SDK”、“Target SDK”、“Compile With”和“Theme”下拉列表中选择相应的 Android 版本和主题，如图 1-22 所示。

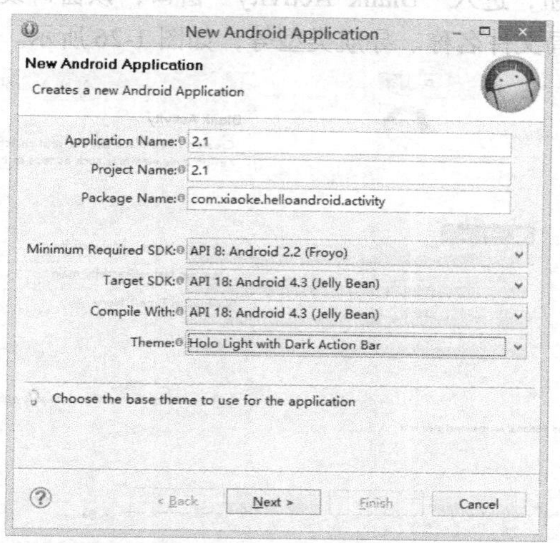

图 1-22　“New Android Application”对话框

在图 1-22 所示的“New Android Application”对话框中有 4 个下拉列表，分别是“Minimum Required SDK”、“Target SDK”、“Compile With”和“Theme”。其中，“Minimum Required SDK”下拉列表用来选择 Android 程序可以运行的最低版本，建议选择低版本，这样可以保证创建的 Android 程序能够向下兼容运行；“Target SDK”下拉列表用来选择创建 Android 程序的 Android 版本，建议选择高版本；“Compile With”下拉列表用来选择编译程序所使用的 Android 版本；“Theme”下拉列表用来选择 Android 程序的主题。

（4）在图 1-22 中单击“Next”按钮，进入“Configure Project”窗口，该窗口中设置是否创建程序图标和 Activity，如图 1-23 所示。

（5）单击“Next”按钮，进入“Configure Launcher Icon”窗口，该窗口可以对 Android 程序的图标相关信息进行设置，如图 1-24 所示。

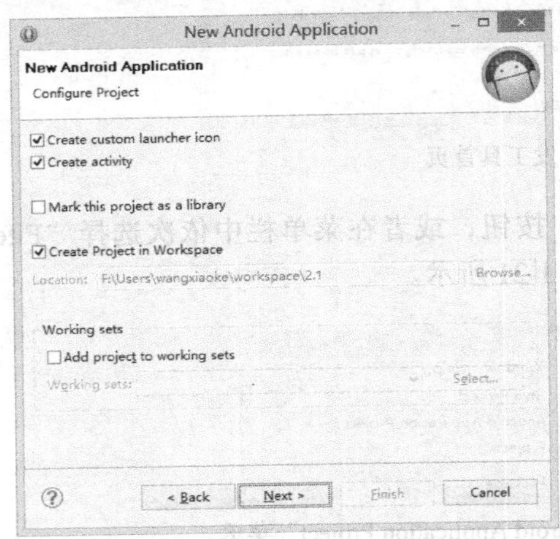

图 1-23 “Configure Project”窗口

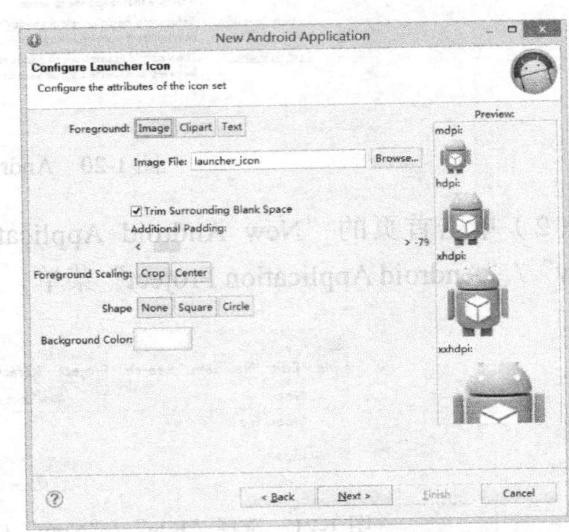

图 1-24 “Configure Launcher Icon”窗口

（6）单击“Next”按钮，进入“Create Activity”窗口，该窗口设置要生成的 Activity 的模板，如图 1-25 所示。

（7）单击“Next”按钮，进入“Blank Activity”窗口，该窗口设置 Activity 的相关信息，包括 Activity 的名称、布局文件名称、导航类型等，如图 1-26 所示。

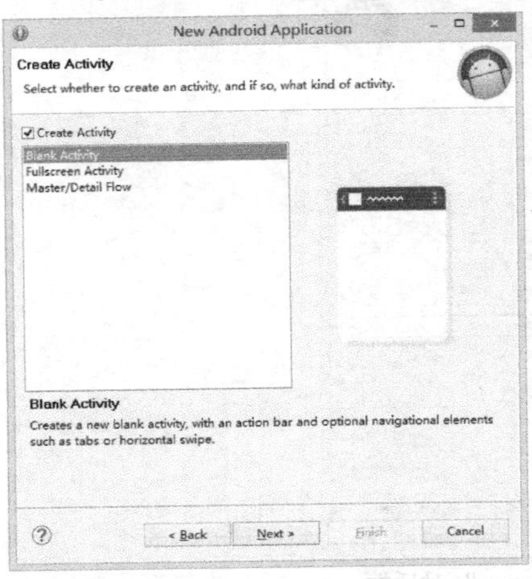

图 1-25 “Create Activity”窗口

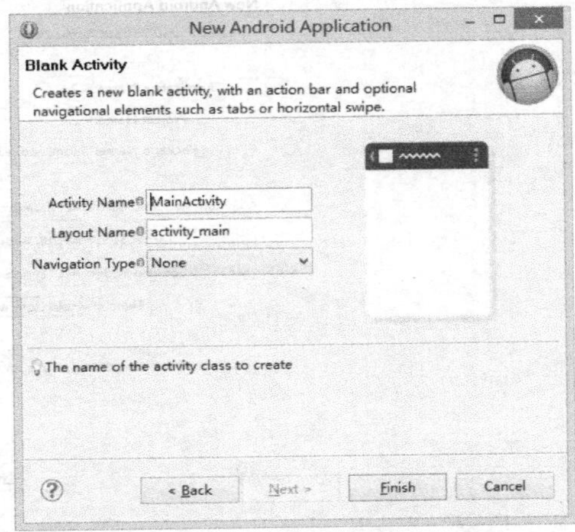

图 1-26 “Blank Activity”窗口

（8）单击“Finish”按钮，即可创建一个 Android 程序，创建完成的 Android 程序结构如图 1-27 所示。

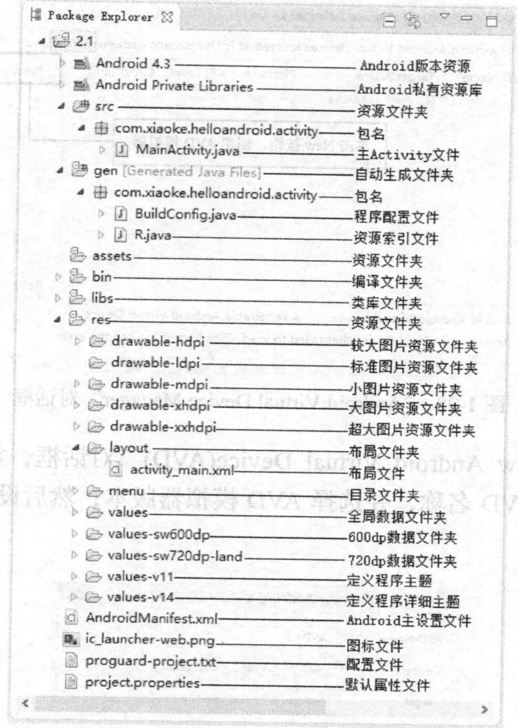

图 1-27　Android 程序结构

从图 1-27 可以看到，res 文件夹和 assets 文件都用来存放资源文件。但在实际开发时，Android 不为 assets 文件夹下的资源文件生成 ID，用户需要通过 AssetManager 类以文件路径和文件名的方式来访问 assets 文件夹中的文件。

（9）在主 Activity 窗口中显示的内容是在 values 目录下的 strings.xml 文件中设置的，打开该文件，将相应的文字内容修改为“Hello Android”，代码如下。

```
<?xml version="1.0" encoding="utf-8"?>
<resources>
    <string name="app_name">2.1</string>
    <string name="action_settings">Settings</string>
    <string name="hello_world">Hello Android!</string>
</resources>
```

通过以上步骤创建了一个显示“Hello Android”的 Android 应用程序。

1.3.2　创建 Android 模拟器

AVD（Android Virtual Device）即 Android 模拟器，它是 Android 官方提供的一个可以运行 Android 程序的虚拟机。在运行 Android 程序之前，首先需要创建 AVD 模拟器。创建 AVD 模拟器的步骤如下。

（1）启动 Eclipse，单击工具栏中的▣按钮，或者在菜单栏中依次选择“Window”/“Android Virtual Device Manager”菜单，弹出“Android Virtual Device Manager”对话框，如图

1-28 所示，在该对话框中单击“New”按钮。

图 1-28 “Android Virtual Device Manager”对话框

（2）弹出“Create new Android Virtual Device(AVD)”对话框，如图 1-29 所示。该对话框中，首先输入要创建的 AVD 名称，并选择 AVD 模拟器版本；然后设置 SD 卡的内存大小，并选择屏幕样式。

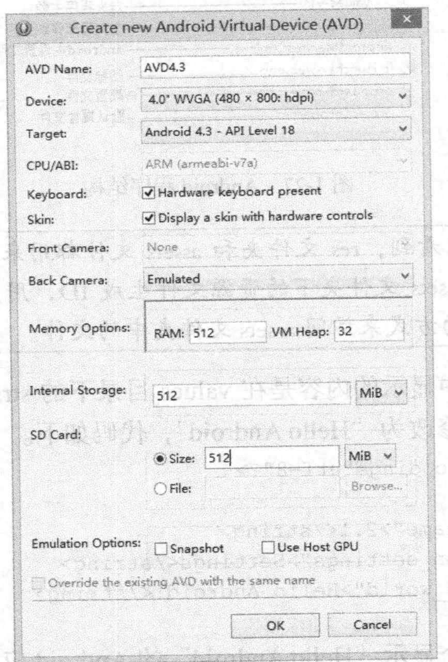

图 1-29 “Create new Android Virtual Device(AVD)”对话框

注意

在“AVD Name”文本框中输入 AVD 名称时，中间不能有空格。

（3）单击“OK”按钮，返回“Android Virtual Device Manager”对话框，如图 1-30 所示。这时可以看到已经创建了一个 AVD 模拟器，选中该模拟器，可以通过单击右侧的“Edit”、“Delete”、“Details”和“Start”按钮，分别对其进行编辑、删除、查看和启动等操作。

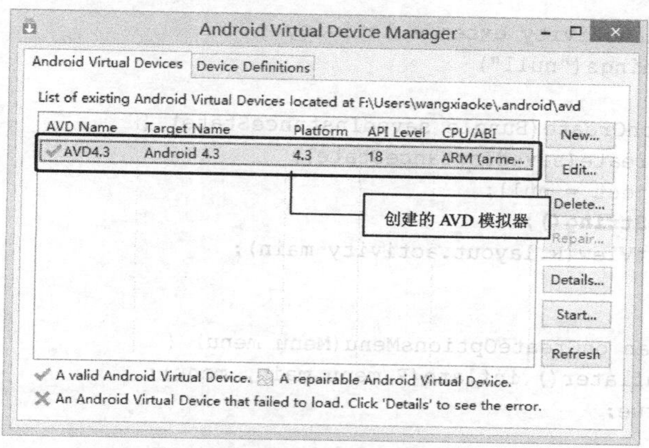

图 1-30　创建完成的 AVD 模拟器

1.3.3　运行 Android 应用程序

前面两节分别创建了一个 Android 程序和一个 AVD 模拟器，下面来看如何在 AVD 模拟器上运行创建的 Android 程序，步骤如下。

单击 Eclipse 工具栏中的 按钮，弹出“Run As”对话框，如图 1-31 所示。在该对话框中选中“Android Application”，单击“OK”按钮，即可在创建的 AVD 模拟器中运行 Android 程序，运行效果如图 1-32 所示。

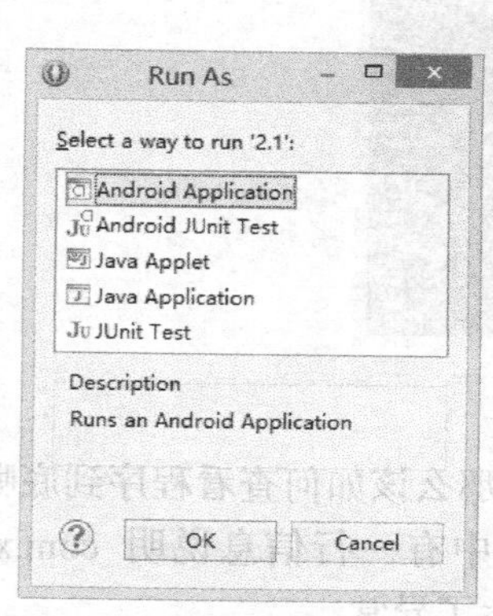

图 1-31　“Run As”对话框

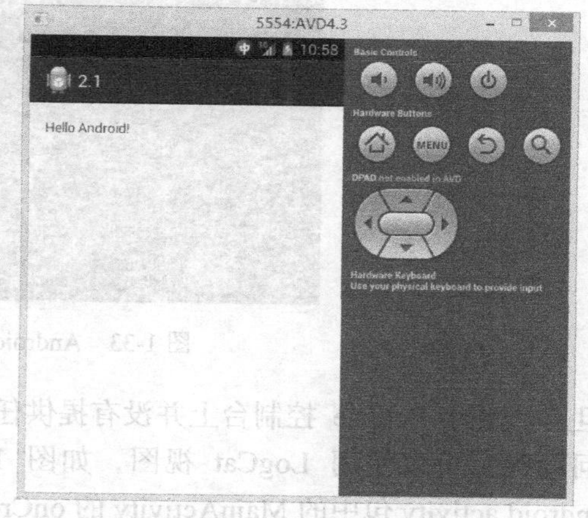

图 1-32　Android 程序运行效果

“Run As”对话框只在 Android 程序第一次运行时弹出。

1.3.4　调试 Android 应用程序

在开发过程中，肯定会遇到各种各样的问题，这就需要开发人员耐心进行调试。下面先简单了解如何调试 Android 程序。

在 com.xiaoke.helloandroid.activity 包中，有一个名为“MainActivity”的类，将该类的代码替换为如下内容。

```
public class MainActivity extends Activity {
   @SuppressWarnings("null")
      @Override
   public void onCreate(Bundle savedInstanceState) {
      super.onCreate(savedInstanceState);
      Object object = null;
      object.toString();
      setContentView(R.layout.activity_main);
   }
   @Override
   public boolean onCreateOptionsMenu(Menu menu) {
      getMenuInflater().inflate(R.menu.main, menu);
      return true;
   }
}
```

学习过 Java 语言的读者都应该知道，上面的代码会发生 NullPointerException。启动模拟器后，运行效果如图 1-33 所示。

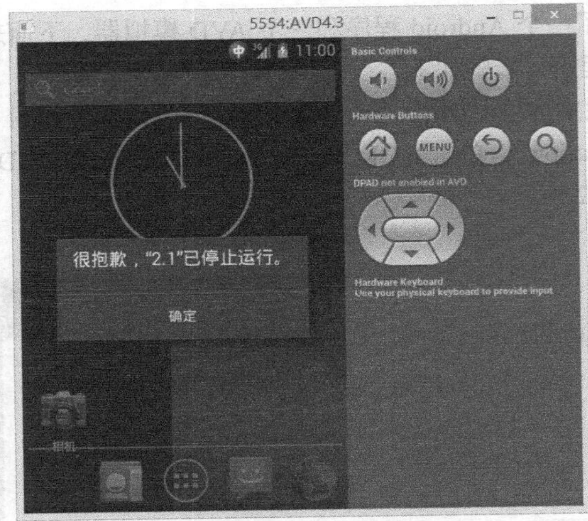

图 1-33　Android 程序出现错误

但是，此时 Eclipse 控制台上并没有提供任何错误信息，那么该如何查看程序到底哪里出现了问题呢？可以使用 LogCat 视图，如图 1-34 所示。其中有一行信息说明 com.xiaoke.helloandroid.activity 包中的 MainActivity 的 onCreate 方法中发生了异常。

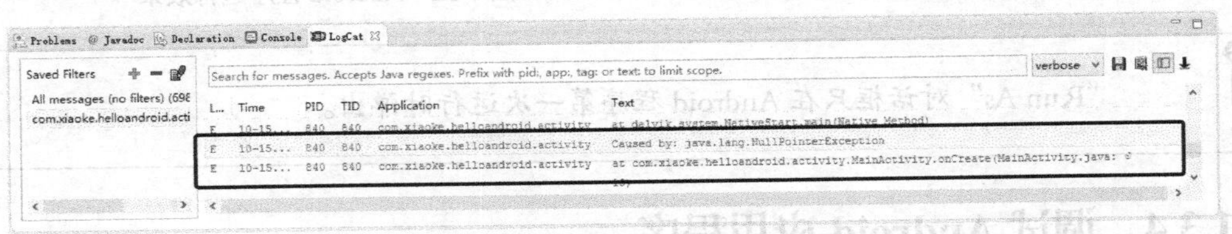

图 1-34　应用程序的异常信息

此处，读者只需要了解：如果程序出现问题，则需要在 LogCat 视图中查找即可。

1.3.5 Android 应用开发流程

前面介绍了如何创建第一个 Android 应用，为了加强读者对 Android 开发流程的了解，下面总结一下 Android 程序开发的基本步骤。

- 创建 Android 虚拟设备或者硬件设备

开发人员需要创建 Android 虚拟设备（AVD）或者链接硬件设备来安装应用程序。

- 创建 Android 项目

Android 项目中包含应用程序使用的全部代码和资源文件。它被构建成可以在 Android 设备安装的.apk 文件。

- 构建并运行应用程序

如果使用 Eclipse 开发工具，每次保存修改时都会自动构建。而且可以单击“运行”按钮来安装应用程序到模拟器。如果使用其他 IDE，开发人员可以使用 Ant 工具进行构建，使用 adb 命令进行安装。

- 使用 SDK 和日志工具调试应用
- 使用测试框架测试应用程序

1.4　综合实例——创建一个可以运行在所有 Android 版本上的程序

一般的软件对其开发平台都是向上兼容的，比如对于一个 Android 应用程序来说，如果是在 2.1 版本下开发的，那么它只能运行在 2.1 及其以上版本的 Android 系统中，而不能运行在 2.1 以下版本的 Android 系统中。本实例要求开发一个可以运行在所有 Android 版本上的程序。

在本地机器上下载并安装配置 Android 4.3 后，通过 Eclipse 可以创建 Android 4.3 应用程序。在创建过程中，开发人员可以自行选择运行该程序的 Android 最低版本。如果要使创建的 Android 程序能够运行在所有版本的 Android 系统上，只需在创建时将“Minimum Required SDK”下拉列表中的 Android 版本设置为最低版本（Android 1.0）即可，如图 1-35 所示。

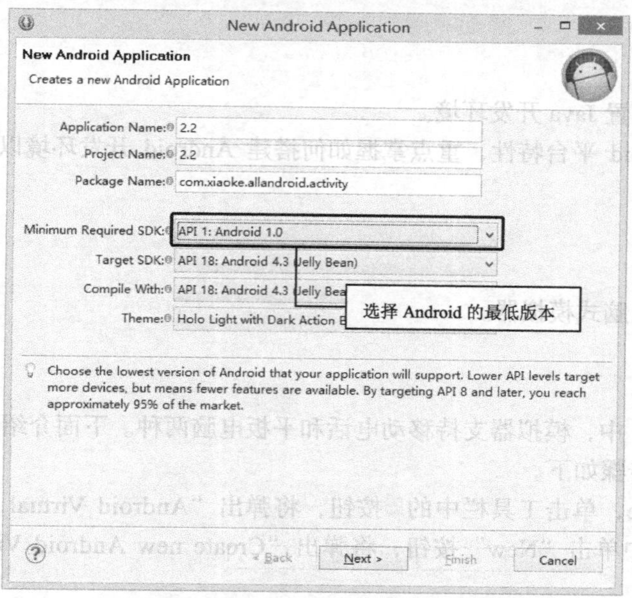

图 1-35　选择 Android 最低版本

知识点提炼

（1）安卓平台的特性：开放性、挣脱束缚、丰富的硬件、开发商、谷歌应用。

（2）Android 市场是 Google 公司为 Android 平台提供的在线应用商店，Android 平台用户可以在该市场中浏览、下载和购买第三方人员开发的应用程序。

（3）Android 4.3 SDK 下载大概需要 700M 硬盘空间。

（4）由于 Sun 公司已经被 Oracle 收购，因此 JDK 可以在 Oracle 公司的官方网站（http://www.oracle.com/cn/index.html）下载。

（5）Android 程序的开发需要使用 Eclipse 开发工具、Android SDK 和 ADT 组件，Google 公司为了方便开发者，将这 3 种工具进行了集成打包，即 ADT Bundle。开发人员只要在 Android 官方网站下载 ADT Bundle 并解压之后，即可使用其中提供的 Eclipse 工具开发 Android 应用。

习　题

1-1　什么是 Android?

1-2　Android 平台的特性是什么？

1-3　如何创建 Android 程序？

实验：创建平板电脑式的模拟器

实验目的

（1）确保正确配置 Java 开发环境。

（2）了解 Android 平台特性，重点掌握如何搭建 Android 开发环境以及如何使用 Android 进行开发。

实验内容

如何创建平板电脑式模拟器。

实验步骤

在 Android 4.3 中，模拟器支持移动电话和平板电脑两种。下面介绍如何创建平板电脑式的模拟器，其具体步骤如下。

（1）启动 Eclipse，单击工具栏中的▣按钮，将弹出“Android Virtual Device Manager”对话框，在该对话框中单击“New”按钮，将弹出“Create new Android Virtual Device(AVD)”对话框。

（2）该对话框中，首先输入要创建的 AVD 名称，并选择 AVD 模拟器版本；然后设置 SD

卡的内存大小，并选择屏幕样式并平板电脑样式，如图 1-36 所示。

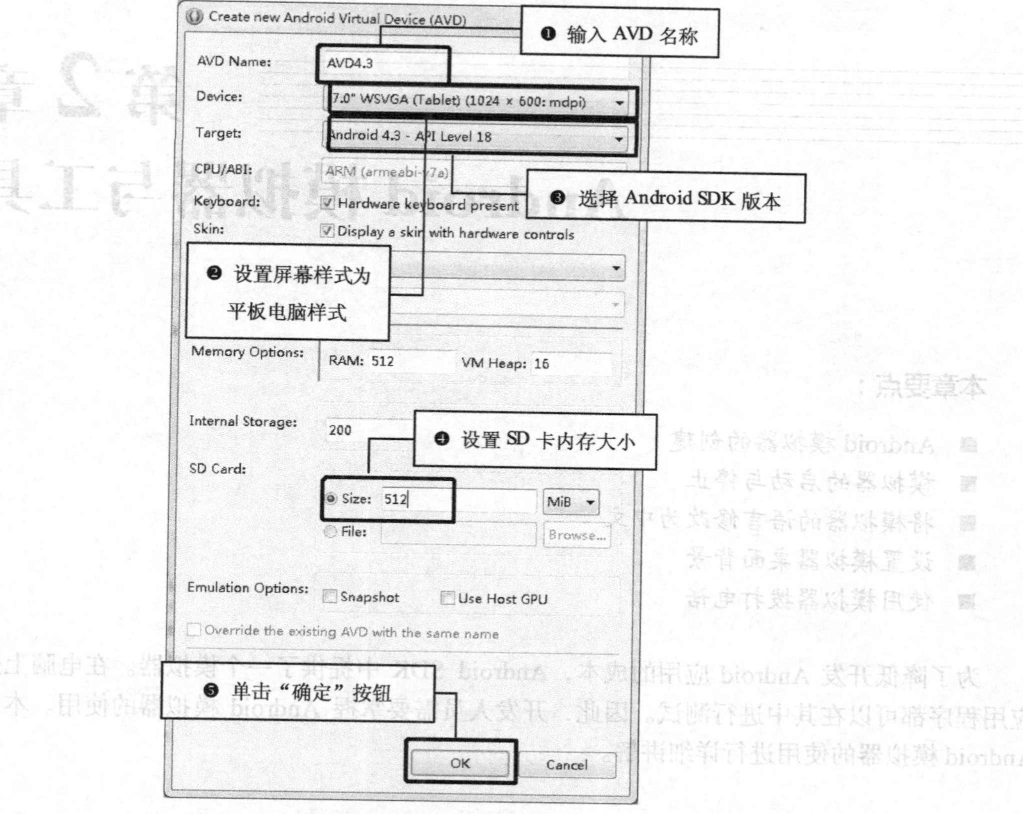

图 1-36　“Create new Android Virtual Device(AVD)”对话框

（3）单击“确定”按钮，返回“Android Virtual Device Manager”对话框，这时可以看到已经创建了一个 AVD 模拟器。选中该模拟器，可以通过单击右侧的“Edit”、“Delete”、“Details”和“Start”按钮，分别对其进行编辑、删除、查看和启动等操作。单击“Start”按钮，启动模拟器后，可以看到如图 1-37 所示的模拟器界面。

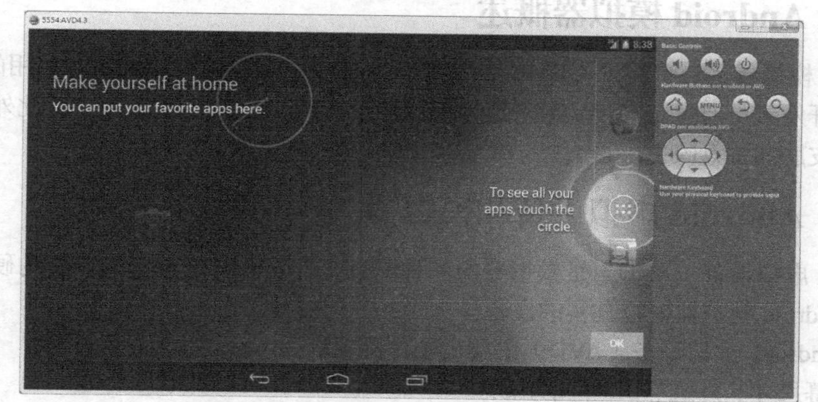

图 1-37　平板电脑式的 AVD 模拟器界面

第 2 章 Android 模拟器与工具

本章要点：

- Android 模拟器的创建
- 模拟器的启动与停止
- 将模拟器的语言修改为中文
- 设置模拟器桌面背景
- 使用模拟器拨打电话

为了降低开发 Android 应用的成本，Android SDK 中提供了一个模拟器。在电脑上开发的应用程序都可以在其中进行测试。因此，开发人员需要掌握 Android 模拟器的使用。本章将对 Android 模拟器的使用进行详细讲解。

2.1 使用 Android 模拟器

Android 模拟器是 Google 官方提供的一款运行 Android 程序的虚拟机，本节将对如何使用 Android 模拟器进行详细介绍。

2.1.1 Android 模拟器概述

Android 模拟器是一个基于 QEMU 的程序，它提供了可以运行 Android 应用的虚拟 ARM 移动设备。开发人员通过定义 AVD 来选择模拟器运行的 Android 系统版本，此外还可以自定义移动设备皮肤和键盘映射。

2.1.2 Android 虚拟设备和模拟器

Android 虚拟设备（AVD）是模拟器的一种配置，开发人员通过定义需要的硬件和软件选项来使用 Android 模拟器模拟真实的设备。

一个 Android 虚拟设备（AVD）主要由硬件配置、系统镜像、屏幕尺寸、外观、SD 卡等组成。

在创建 AVD 时，可以同时制定模拟设备的硬件属性，如图 2-1 所示。

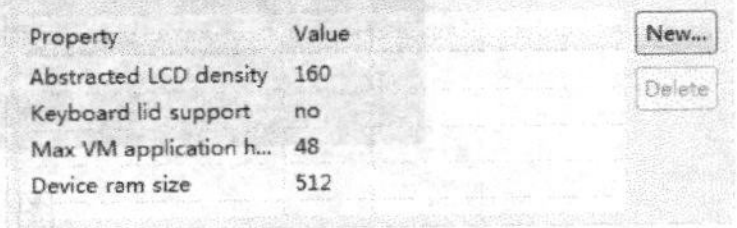

Property	Value
Abstracted LCD density	160
Keyboard lid support	no
Max VM application h...	48
Device ram size	512

New...
Delete

图 2-1 设置 AVD 属性

单击图 2-1 中的“New...”按钮还可以增加其他属性，常用的硬件属性及说明如表 2-1 所示。

表 2-1　AVD 支持的硬件属性说明

属　性	说　明
hw.ramSize	设备的物理内存量，默认值是 96
hw.touchScreen	设备是否包含触摸屏，默认值是 yes
hw.keyboard	设备是否包含 QWERTY 键盘，默认值是 yes
hw.camera	设备是否包含摄像头，默认值是 no
hw.camera.maxHorizontalPixels	最大水平摄像头像素，默认值是 640
hw.camera.maxVerticalPixels	最大垂直摄像头像素，默认值是 480
hw.gps	设备是否包含 GPS，默认值是 yes
hw.battery	设备能否使用电池运行，默认值是 yes
hw.audioInput	设备能否录制音频，默认值是 yes
hw.audioOutput	设备能否播放音频，默认值是 yes
hw.sdCard	设备是否支持虚拟 SD 卡插拔，默认值是 yes
hw.lcd.density	设置 AVD 屏幕密度，默认值是 160

2.1.3　Android 模拟器启动与停止

在启动 Android 模拟器时，有 3 种常见方式。

- 使用 AVD 管理工具。
- 使用 Eclipse 运行 Android 程序。
- 使用 emulator 命令。

如果需要停止模拟器，将模拟器窗口关闭即可。

2.1.4　模拟器实战

【例 2-1】 将模拟器的语言修改为中文。

在启动模拟器后，默认情况下使用得是英语。为了方便不熟悉应用的用户使用，下面演示如何设置语言为简体中文。

（1）启动模拟器，单击右侧的“MENU”按钮，如图 2-2 所示。

（2）在图 2-2 中，单击“System settings”菜单项，如图 2-3 所示。

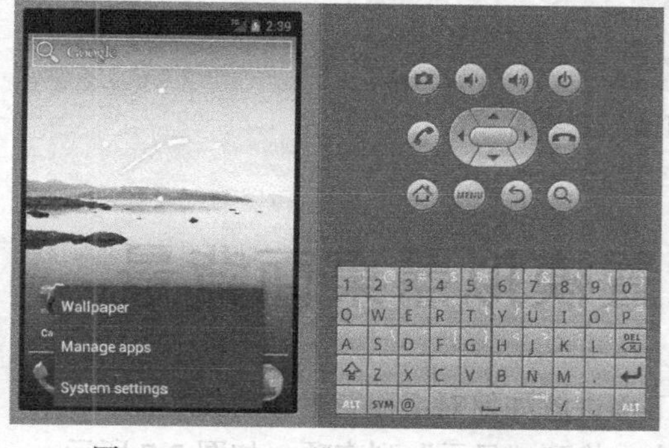

图 2-2　Android 模拟器应用程序界面

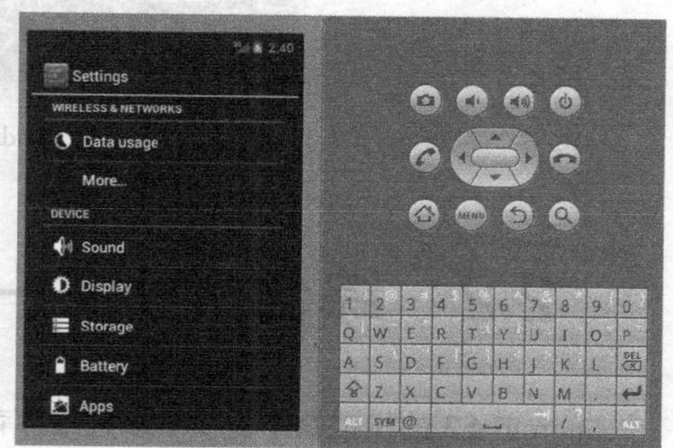

图 2-3　Android 模拟器设置界面

（3）在图 2-3 中，滚动菜单，单击“Language & input”菜单项，如图 2-4 所示。

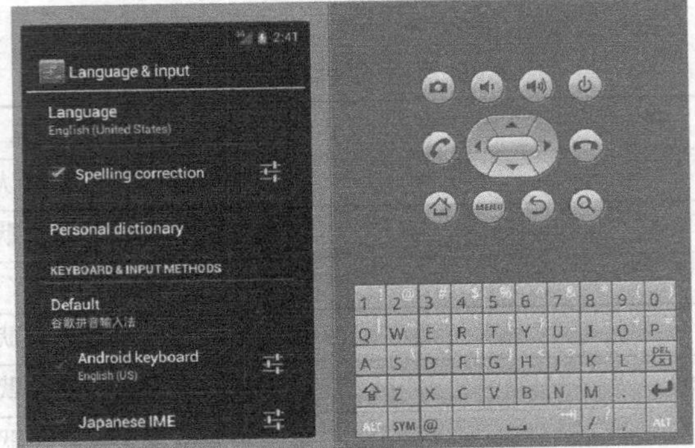

图 2-4　Android 模拟器语言和输入法设置界面

（4）在图 2-4 中，单击“Language”并滚动到“中文（简体）”，如图 2-5 所示。

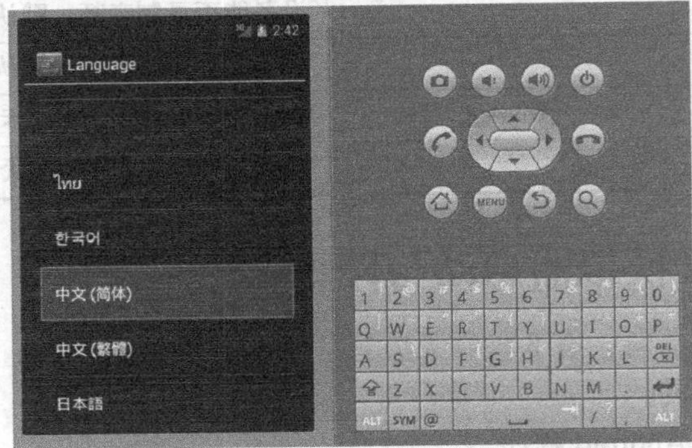

图 2-5　Android 模拟器语言选择设置界面

（5）选择“中文（简体）”完成设置。此时，Android 模拟器设置界面如图 2-6 所示。

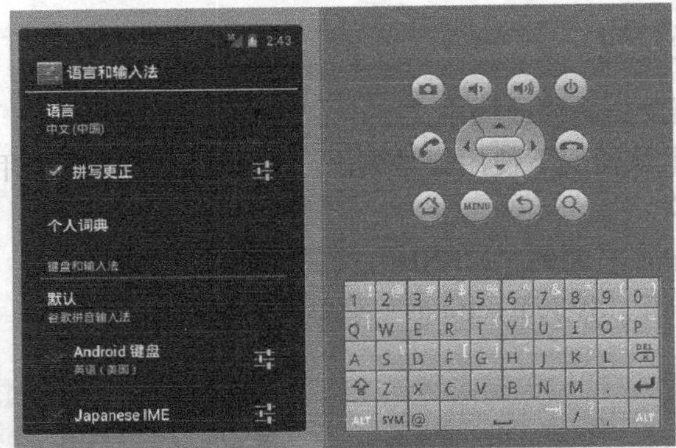

图 2-6　Android 模拟器设置界面

2.2　综合实例——设置模拟器桌面背景

Android 4.3 的模拟器中提供了多种桌面背景，下面讲解如何对桌面背景进行设置。

（1）启动模拟器，进入设置列表，在设置列表中，找到“显示”列表项，如图 2-7 所示。

（2）在图 2-7 中，单击“显示”列表项，将进入显示界面。在该界面中，找到“壁纸”列表项，如图 2-8 所示。

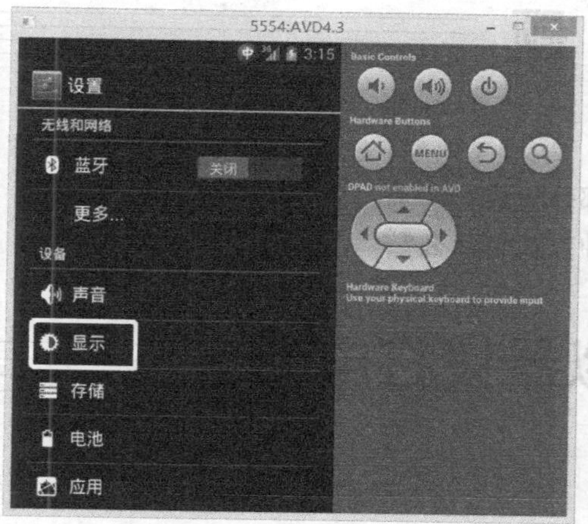

图 2-7　Android 4.3 模拟器设置界面

图 2-8　Android 4.3 模拟器显示设置界面

（3）在图 2-8 中，单击“壁纸”列表项，将显示“选择壁纸来源”界面，如图 2-9 所示。

（4）在图 2-9 中，单击“壁纸”列表项，将进入到如图 2-10 所示的界面。在该界面中，滑动下方的画廊视图可以切换不同的背景图片，当前居中显示的背景图片会显示预览效果。单击“设置壁纸”按钮完成设置。

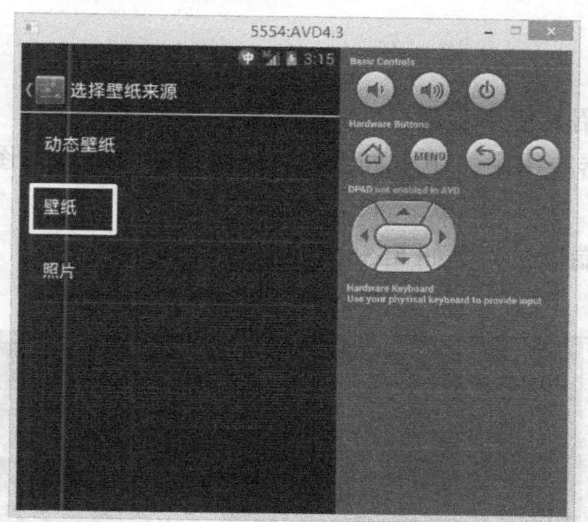

图 2-9　Android 4.3 模拟器墙纸设置界面

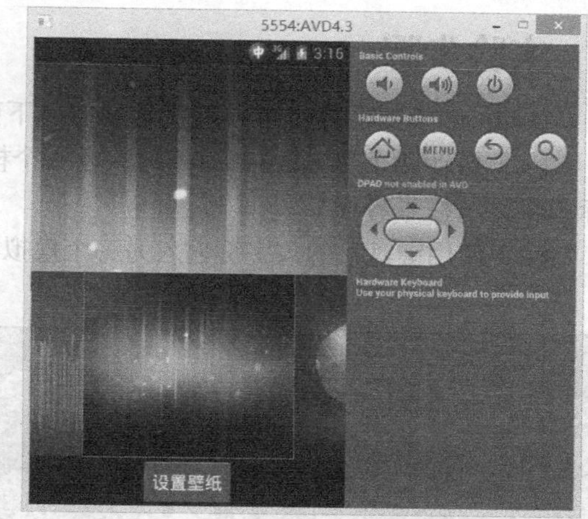

图 2-10　Android 4.3 模拟器壁纸选择界面

知识点提炼

（1）Android 模拟器是一个基于 QEMU 的程序，它提供了可以运行 Android 应用的虚拟 ARM 移动设备。

（2）Android 虚拟设备（AVD）是模拟器的一种配置。开发人员通过定义需要的硬件和软件选项来使用 Android 模拟器模拟真实的设备。

（3）在启动 Android 模拟器时，有 3 种常见方式，包括使用 AVD 管理工具，使用 Eclipse

运行 Android 程序，使用 emulator 命令。

习　题

2-1　简述 Android 模拟器的主要作用。
2-2　一个 Android 虚拟设备（AVD）由哪几部分组成？
2-3　在启动 Android 模拟器时，最常见的 3 种方式是什么？

实验：使用模拟器拨打电话

实验目的

（1）掌握 Android 模拟器的拨号功能。
（2）通过实验能够熟悉 Android 模拟器的使用。

实验内容

创建 Android 模拟器，并实现其拨号功能。

实验步骤

Android 模拟器提供了模拟拨号功能，下面介绍其使用步骤。

（1）启动两个 Android 模拟器，在一个模拟器应用中，单击如图 2-11 所示的“电话”图标，将显示拨号界面。

（2）使用键盘上的数字键输入另一个模拟器的端口号，例如 5556，如图 2-12 所示。

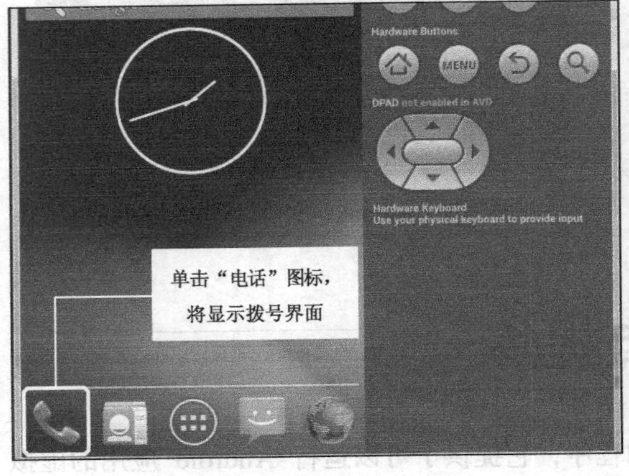

图 2-11　模拟器 5554 的主界面

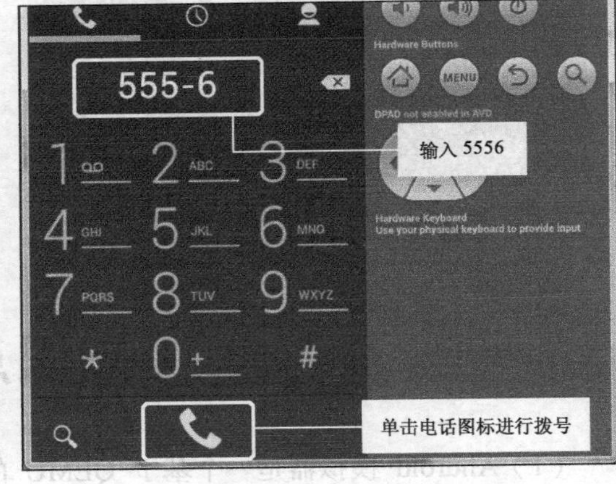

图 2-12　模拟器 5554 的拨号界面

（3）单击下方的拨号键进行拨号，如图 2-13 所示。

这时在模拟器 5556 中将显示如图 2-14 所示的来电界面。

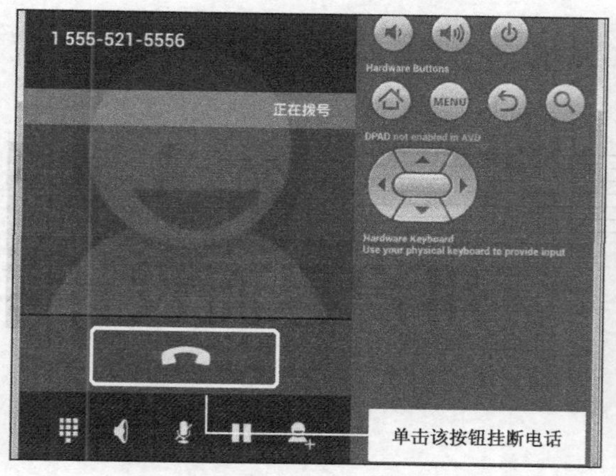

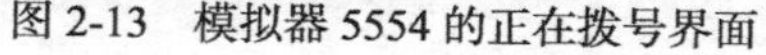
图 2-13　模拟器 5554 的正在拨号界面

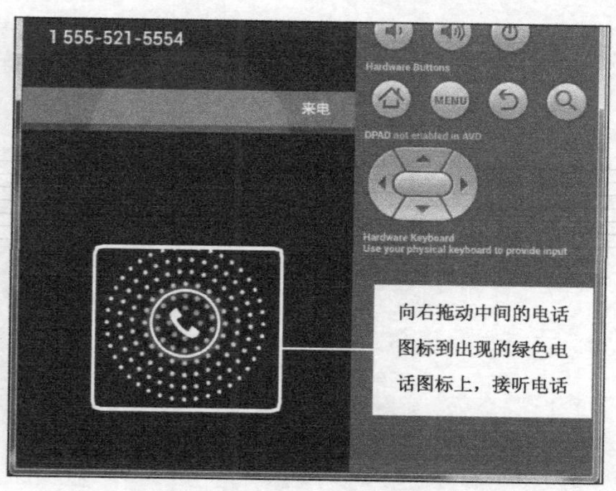

图 2-14　模拟器 5556 的来电界面

（4）单击中间的电话图标时，在屏幕的左侧将显示一个红色的电话图标，将中间的电话图标拖动到该图标上时表示拒接电话；右侧将显示一个绿色的电话图标，将中间的电话图标拖动到该图标上时表示接听电话。这里将中间的电话图标拖动到绿色的电话图标上接听电话后，将显示如图 2-15 所示的通话界面。

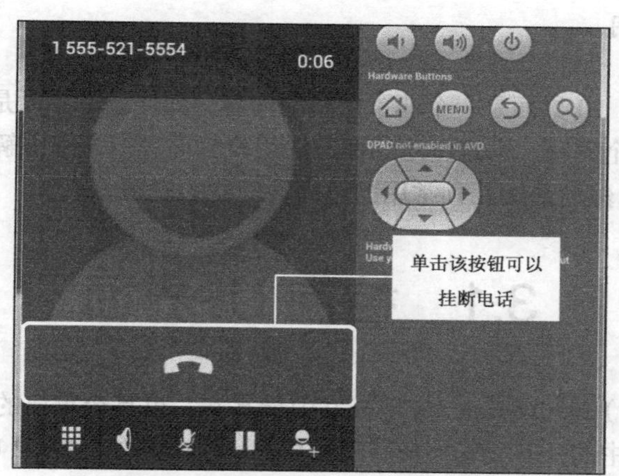

图 2-15　模拟器 5556 的通话界面

第3章 用户界面设计

本章要点：

- 使用 XML 和 Java 代码控制 UI 界面
- 线性布局的使用
- 表格布局的使用
- 框架布局（帧布局）的使用
- 相对布局的使用

在 Android 程序中，UI 界面是一个非常重要的内容，如何设计界面是每个 Android 程序开发人员都必须要面对的一个问题。本章将对如何布局用户界面进行详细讲解，具体讲解时，将首先介绍如何控制 UI 界面，然后介绍几种常用的布局管理器的使用。

3.1 控制 UI 界面

用户界面设计（UI）是 Android 应用开发中最基本，也是最重要的内容。在设计用户界面时，首先需要了解界面中的 UI 元素如何呈现给用户，也就是如何控制 UI 界面。本节将对如何控制 Android 的 UI 界面进行详细讲解。

3.1.1 使用 XML 布局文件控制 UI 界面

Android 提供了一种非常简单、方便的方法用于控制 UI 界面，该方法采用 XML 文件来进行界面布局，从而将布局界面的代码和逻辑控制的 Java 代码分离开来，使得程序的结构更加清晰、明了。

使用 XML 布局文件控制 UI 界面可以分为以下两个关键步骤。

（1）在 Android 程序的 res/layout 目录下编写 XML 布局文件，XML 布局文件名可以是任何符合 Java 命名规则的文件名。创建后，R.java 会自动收录该布局资源。

（2）在 Activity 中使用以下 Java 代码显示 XML 文件中布局的内容。

```
setContentView(R.layout.main);
```

在上面的代码中，main 是 XML 布局文件的文件名。

3.1.2 在代码中控制 UI 界面

Android 支持像 Java Swing 那样完全通过代码控制 UI 界面，也就是所有的 UI 组件都通过

new 关键字创建，然后将这些 UI 组件添加到布局管理器中，从而实现用户界面。

在代码中控制 UI 界面可以分为以下 3 个关键步骤。

（1）创建布局管理器，可以是帧布局、表格布局、线性布局和相对布局等，并且设置布局管理器的属性，例如，为布局管理器设置背景图片等。

（2）创建具体的组件，可以是 TextView、ImageView、EditText 和 Button 等任何 Android 提供的组件，并且设置组件的布局和各种属性。

（3）将创建的具体组件添加到布局管理器中。

下面通过一个具体的实例演示如何使用 XML 和 Java 代码控制 UI 界面。

【例 3-1】 在 Eclipse 中创建 Android 项目，通过 XML 和 Java 代码在 Android 程序窗体中垂直显示 4 张图片。（实例位置：光盘\MR\源码\第 3 章\3-1）

（1）修改新建项目的 res/layout 目录下的布局文件 main.xml，将默认创建的 TextView 组件删除，然后将默认创建的线性布局的 orientation 属性值设置为 vertical（垂直），并且为该线性布局设置背景以及 id 属性。修改后的代码如下：

```
<?xml version="1.0" encoding="utf-8"?>
<LinearLayout xmlns:android="http://schemas.android.com/apk/res/android"
    android:orientation="vertical"
    android:layout_width="fill_parent"
    android:layout_height="fill_parent"
    android:background="@drawable/back"
    android:id="@+id/layout"
    >
</LinearLayout>
```

（2）在 MainActivity 中，声明 img 和 imagePath 两个属性。其中，img 是 ImageView 类型的一维数组，用于保存 ImageView 组件；imagePath 是 int 型的一维数组，用于保存要访问的图片资源。关键代码如下：

```
private  ImageView[] img=new ImageView[4];    // 声明一个保存 ImageView 组件的数组
private int[] imagePath=new int[]{
 R.drawable.img01,R.drawable.img02,R.drawable.img03,R.drawable.img04
};                                            // 声明并初始化一个保存图片的数组
```

（3）在 MainActivity 的 onCreate()方法中，首先获取在 XML 布局文件中创建的线性布局管理器，然后通过一个 for 循环创建 4 个显示图片的 ImageView 组件，并将其添加到布局管理器中。关键代码如下：

```
setContentView(R.layout.main);
// 获取 XML 文件中定义的线性布局管理器
LinearLayout layout=(LinearLayout)findViewById(R.id.layout);
for(int i=0;i<imagePath.length;i++){
    img[i]=new ImageView(this);                      // 创建一个 ImageView 组件
    img[i].setImageResource(imagePath[i]);           // 为 ImageView 组件指定要显示的图片
    img[i].setPadding(5, 5, 5, 5);                   // 设置 ImageView 组件的内边距
    LayoutParams params=new LayoutParams(200,120);   // 设置图片的宽度和高度
    img[i].setLayoutParams(params);                  // 为 ImageView 组件设置布局参数
    layout.addView(img[i]);                          // 将 ImageView 组件添加到布局管理器中
}
```

运行本实例，将显示如图 3-1 所示的运行结果。

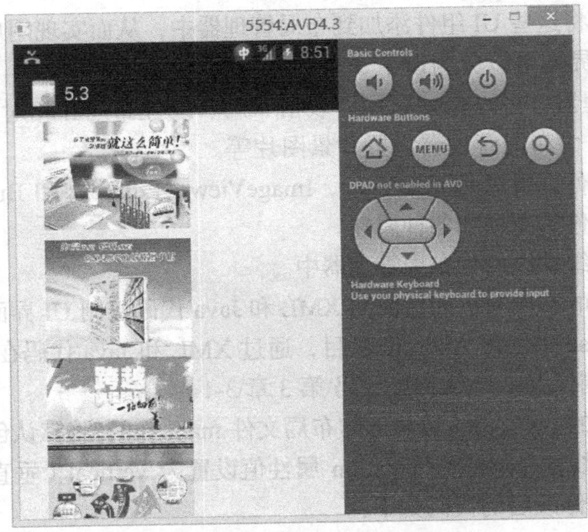

图 3-1　在窗体中垂直显示 4 张图片

3.2　布局管理器

布局管理器提供了在 Android 程序中展示组件的方法，通过使用布局管理器，开发人员可以很方便地在容器中控制组件的位置和大小，以便有效地管理整个界面的布局。本节将对 Android 中常用的 4 种布局管理器进行详细讲解。

3.2.1　线性布局

Android 中的线性布局管理器用 LinearLayout 表示，它是将放入其中的组件按照垂直或水平方向布局，也就是控制放入其中的组件横向排列或纵向排列。在线性布局中，每一行（针对垂直排列）或每一列（针对水平排列）中只能放一个组件，并且 Android 的线性布局不会换行，当组件一个挨着一个排列到界面的边缘后，剩下的组件将不会被显示出来。

在 Android 中，可以在 XML 布局文件中定义线性布局管理器，也可以使用 Java 代码来创建。推荐使用在 XML 布局文件中定义线性布局管理器。在 XML 布局文件中定义线性布局管理器，需要使用<LinearLayout>标记，其基本的语法格式如下：

```
<LinearLayout xmlns:android="http://schemas.android.com/apk/res/android"
    属性列表
>
</LinearLayout>
```

在线性布局管理器中，常用的属性包括 android:orientation、android:gravity、android:layout_width、android:layout_height、android:id 和 android:background。其中，前两个属性是线性布局管理器支持的属性，后面的 4 个是 android.view.View 和 android.view.ViewGroup 支持的属性，下面进行详细介绍。

- android:orientation 属性

android:orientation 属性用于设置布局管理器内组件的排列方式，其可选值为 horizontal 和 vertical，默认值为 vertical。其中，horizontal 表示水平排列，vertical 表示垂直排列。

❑ android:gravity 属性

android:gravity 属性用于设置布局管理器内组件的对齐方式，其可选值包括 top、bottom、left、right、center_vertical、fill_vertical、center_horizontal、fill_horizontal、center、fill、clip_vertical 和 clip_horizontal。这些属性值也可以同时指定，各属性值之间用竖线隔开。例如要指定组件靠右下角对齐，可以使用属性值 right|bottom。

❑ android:layout_width 属性

android:layout_width 属性用于设置该组件的基本宽度，其可选值有 fill_parent、match_parent 和 wrap_content。其中，fill_parent 表示该组件的宽度与父容器的宽度相同；match_parent 与 fill_parent 的作用完全相同，从 Android 2.2 开始推荐使用；wrap_content 表示该组件的宽度恰好能包裹它的内容。

android:layout_width 属性是 ViewGroup.LayoutParams 所支持的 XML 属性，对于其他的布局管理器同样适用。

❑ android:layout_height 属性

android:layout_width 属性用于设置该组件的基本高度，其可选值有 fill_parent、match_parent 和 wrap_content。其中，fill_parent 表示该组件的高度与父容器的高度相同；match_parent 与 fill_parent 的作用完全相同，从 Android 2.2 开始推荐使用；wrap_content 表示该组件的高度恰好能包裹它的内容。

android:layout_height 属性是 ViewGroup.LayoutParams 所支持的 XML 属性，对于其他的布局管理器同样适用。

❑ android:id 属性

android:id 属性用于为当前组件指定一个 ID 属性，在 Java 代码中可以应用该属性单独引用这个组件。为组件指定 id 属性后，在 R.java 文件中，会自动派生一个对应的属性。在 Java 代码中，可以通过 findViewById()方法来获取该属性。

❑ android:background 属性

android:background 属性用于为该组件设置背景，可以是背景图片，也可以是背景颜色。为组件指定背景图片时，可以将准备好的背景图片复制到目录下，然后使用下面的代码进行设置。

```
android:background="@drawable/background"
```

如果想指定背景颜色，可以使用颜色值，例如，要想指定背景颜色为白色，可以使用下面的代码。

```
android:background="#FFFFFFFF"
```

在线性布局中，还可以使用 android.view.View 类支持的其他属性。更加详细的内容，可以参阅 Android 官方提供的 API 文档。

下面通过一个实例讲解如何在 Android 程序中使用线性布局管理器。

【例 3-2】 在 Eclipse 中创建 Android 项目，采用线性布局管理器布局 Android 界面。（实例位置：光盘\MR\源码\第 3 章\3-2）

修改新建项目的 res/layout 目录下的布局文件 main.xml，在默认添加的垂直线性布局管理器<LinearLayout>中添加两个嵌套的<LinearLayout>，然后设置第一个<LinearLayout>的排列方式为水平排列，在其中添加 4 个水平并排的 TextView 组件，并分别设置 TextView 组件的文本对齐方式；设置第二个<LinearLayout>的排列方式为垂直排列，并在其中添加 4 个垂直并排的 TextView 组件。修改后的代码如下。

```
<LinearLayout xmlns:android="http://schemas.android.com/apk/res/android"
    android:orientation="vertical"
    android:layout_width="fill_parent"
    android:layout_height="fill_parent"
    >
    <LinearLayout
     android:orientation="horizontal"
     android:layout_width="fill_parent"
     android:layout_height="fill_parent"
     android:layout_weight="1">
     <TextView
         android:layout_width="wrap_content"
         android:layout_height="fill_parent"
         android:text="红色"
         android:gravity="center"
         android:background="#aa0000"
         android:layout_weight="1"
      />
     <TextView
         android:layout_width="wrap_content"
         android:layout_height="fill_parent"
         android:text="蓝色"
         android:gravity="top|center"
         android:background="#0000aa"
         android:layout_weight="1"
      />
      <TextView
         android:layout_width="wrap_content"
         android:layout_height="fill_parent"
         android:text="黄色"
         android:gravity="bottom|center"
         android:background="#aaaa00"
         android:layout_weight="1"
      />
      <TextView
         android:layout_width="wrap_content"
         android:layout_height="fill_parent"
         android:text="绿色"
         android:gravity="fill_vertical"
         android:background="#00aa00"
         android:layout_weight="1"
      />
     </LinearLayout>
      <LinearLayout
      android:orientation="vertical"
      android:layout_width="fill_parent"
      android:layout_height="fill_parent"
      android:layout_weight="1">
      <TextView
         android:layout_width="wrap_content"
```

```
        android:layout_height="fill_parent"
        android:text="第一行"
        android:layout_weight="1"
    />
    <TextView
        android:layout_width="wrap_content"
        android:layout_height="fill_parent"
        android:text="第二行"
        android:layout_weight="1"
    />
    <TextView
        android:layout_width="wrap_content"
        android:layout_height="fill_parent"
        android:text="第三行"
        android:layout_weight="1"
    />
    <TextView
        android:layout_width="wrap_content"
        android:layout_height="fill_parent"
        android:text="第四行"
        android:layout_weight="1"
    />
  </LinearLayout>
</LinearLayout>
```

说明　上面的代码中用到了 android:layout_weight 属性，该属性用来设置组件的占用空间，比如在线性布局中添加 3 个 TextView 组件，它们的 android:layout_weight 属性分别设置为 2、1、1，则它们所占用的空间分别为 1/2、1/4 和 1/4。

运行本实例，将显示如图 3-2 所示的运行结果。

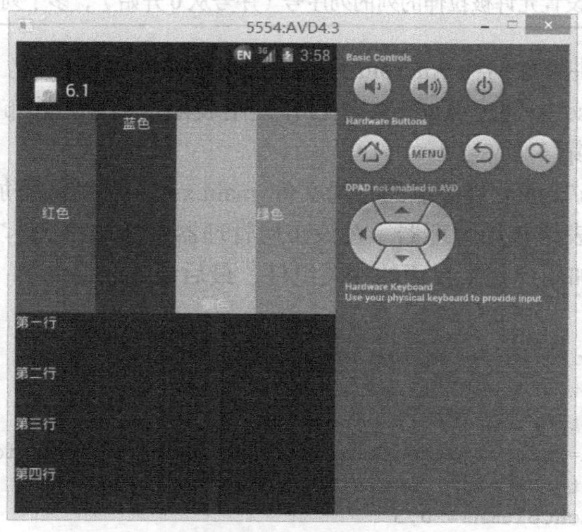

图 3-2　使用线性布局管理器布局 Android 界面

3.2.2　表格布局

表格布局管理器与常见的表格类似，它以行、列的形式来管理放入其中的 UI 组件。表格布局使用<TableLayout>标记定义，在表格布局管理器中，可以添加多个<TableRow>标记，每个<TableRow>标记占用一行。由于<TableRow>标记也是容器，所以在该标记中还可以添加其他组件，在<TableRow>标记中，每添加一个组件，表格就会增加一列。在表格布局管理器中，列可以被隐藏，也可以被设置为伸展的，从而填充可利用的屏幕空间；也可以设置为强制收缩，直到表格匹配屏幕大小。

说明

如果在表格布局管理器中直接向<TableLayout>中添加 UI 组件，那么这个组件将独占一行。

在 Android 中，可以在 XML 布局文件中定义表格布局管理器，也可以使用 Java 代码来创建。推荐使用在 XML 布局文件中定义表格布局管理器。在 XML 布局文件中定义表格布局管理器的基本语法格式如下。

```
<TableLayout  xmlns:android="http://schemas.android.com/apk/res/android"
属性列表
>
    <TableRow 属性列表> 需要添加的 UI 组件 </TableRow>
    <!-- 多个<TableRow> -->
</TableLayout>
```

TableLayout 继承了 LinearLayout，因此它完全支持 LinearLayout 所支持的全部 XML 属性。此外，TableLayout 还支持如表 3-1 所示的 XML 属性。

表 3-1　TableLayout 支持的 XML 属性

XML 属性	描　述
android:collapseColumns	设置需要被隐藏的列的列序号（序号从 0 开始），多个列序号之间用逗号“,”分隔
android:shrinkColumns	设置允许被收缩的列的列序号（序号从 0 开始），多个列序号之间用逗号“,”分隔
android:stretchColumns	设置允许被拉伸的列的列序号（序号从 0 开始），多个列序号之间用逗号“,”分隔

下面通过一个实例讲解如何在 Android 程序中使用表格布局管理器。

【例 3-3】 在 Eclipse 中创建 Android 项目，使用表格布局管理器布局用户的登录界面。（实例位置：光盘\MR\源码\第 3 章\3-3）

修改新建项目的 res/layout 目录下的布局文件 main.xml，将默认添加的布局代码删除，然后添加一个<TableLayout>表格布局管理器。在该布局管理器中添加 3 个<TableRow>表格行，接下来再在每个表格行中添加用户登录界面的相关组件，最后设置表格的第 1 列和第 4 列允许被拉伸。修改后的代码如下。

```
<TableLayout android:id="@+id/tableLayout1"
    android:layout_width="fill_parent"
    android:layout_height="fill_parent"
    xmlns:android="http://schemas.android.com/apk/res/android"
    android:gravity="center_vertical"
    android:stretchColumns="0,3"
    >
    <!-- 第一行 -->
    <TableRow android:id="@+id/tableRow1"
        android:layout_width="wrap_content"
        android:layout_height="wrap_content">
```

```
        <TextView/>
        <TextView android:text="用户名: "
            android:id="@+id/textView1"
            android:layout_width="wrap_content"
            android:textSize="24px"
            android:layout_height="wrap_content"
            />
        <EditText android:id="@+id/editText1"
            android:textSize="24px"
            android:layout_width="wrap_content"
            android:layout_height="wrap_content" android:minWidth="200px"/>
        <TextView />
    </TableRow>
    <!-- 第二行 -->
    <TableRow android:id="@+id/tableRow2"
        android:layout_width="wrap_content"
        android:layout_height="wrap_content">
        <TextView/>
        <TextView android:text="密    码: "
            android:id="@+id/textView2"
            android:textSize="24px"
            android:layout_width="wrap_content"
            android:layout_height="wrap_content"/>
        <EditText android:layout_height="wrap_content"
            android:layout_width="wrap_content"
            android:textSize="24px"
            android:id="@+id/editText2"
            android:inputType="textPassword"/>
        <TextView />
    </TableRow>
    <!-- 第3行 -->
    <TableRow android:id="@+id/tableRow3"
        android:layout_width="wrap_content"
        android:layout_height="wrap_content">
        <TextView/>
        <Button android:text="登录"
            android:id="@+id/button1"
            android:layout_width="wrap_content"
            android:layout_height="wrap_content"/>
        <Button android:text="退出"
            android:id="@+id/button2"
            android:layout_width="wrap_content"
            android:layout_height="wrap_content"/>
        <TextView />
    </TableRow>
</TableLayout>
```

说明 *在本实例中，添加了 6 个<TextView />组件，并且设置对应列允许拉伸，这是为了让用户登录表单在水平方向上居中显示而设置的。*

运行本实例，将显示如图 3-3 所示的运行结果。

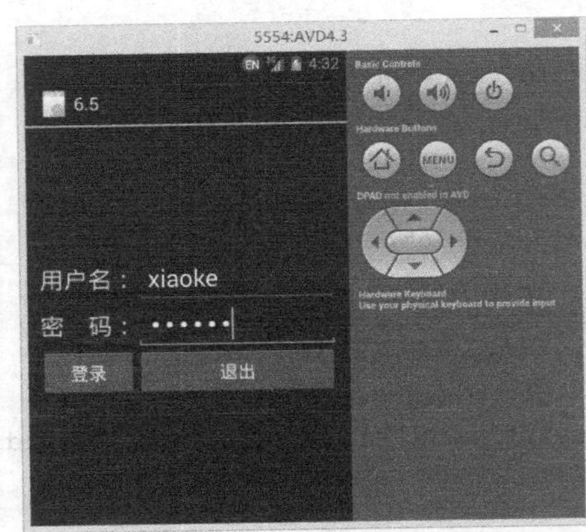

图 3-3　使用表格布局管理器布局用户的登录界面

3.2.3　框架布局

框架布局管理器用<FrameLayout>表示，在该布局管理器中，每加入一个组件，都将创建一个空白的区域，通常称为一帧，这些帧都会根据 gravity 属性执行自动对齐。默认情况下，框架布局是从屏幕的左上角（0,0）坐标点开始布局，多个组件层叠排序，后面的组件覆盖前面的组件。

说明

框架布局管理器也被称为帧布局管理器。

在 Android 中，可以在 XML 布局文件中定义框架布局管理器，也可以使用 Java 代码来创建。推荐使用在 XML 布局文件中定义框架布局管理器。在 XML 布局文件中，定义框架布局管理器可以使用<FrameLayout>标记，其基本的语法格式如下。

```
< FrameLayout xmlns:android="http://schemas.android.com/apk/res/android"
属性列表
>
</ FrameLayout>
```

FrameLayout 支持的常用 XML 属性如表 3-2 所示。

表 3-2　FrameLayout 支持的常用 XML 属性

XML 属性	描　述
android:foreground	设置该框架布局容器的前景图像
android:foregroundGravity	定义绘制前景图像的 gravity 属性，也就是前景图像显示的位置

下面通过一个实例讲解如何在 Android 程序中使用框架布局管理器。

【例 3-4】 在 Eclipse 中创建 Android 项目，应用框架布局管理器居中显示层叠的正方形。（实例位置：光盘\MR\源码\第 3 章\3-4）

修改新建项目的 res/layout 目录下的布局文件 main.xml，将默认添加的布局代码删除，然后添加一个<FrameLayout>框架布局管理器。最后，在该布局管理器中，添加 3 个居中显示的<TextView>，并且分别为它们指定不同的颜色和大小，用于更好地体现层叠效果。修改后的代码如下。

```
<FrameLayout xmlns:android="http://schemas.android.com/apk/res/android"
    android:layout_width="fill_parent"
    android:layout_height="fill_parent"
    >
    <TextView
    android:layout_width="280dp"
    android:layout_height="280dp"
    android:background="#004433"
    android:layout_gravity="center"
    />
    <TextView
    android:layout_width="240dp"
    android:layout_height="240dp"
    android:background="#00aa00"
    android:layout_gravity="center"
    />
    <TextView
    android:layout_width="200dp"
    android:layout_height="200dp"
    android:background="#00dd00"
    android:layout_gravity="center"
    />
</FrameLayout>
```

运行本实例，将显示如图 3-4 所示的运行结果。

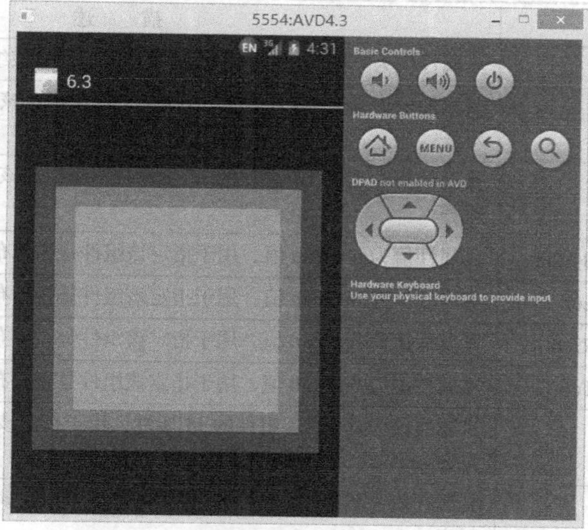

图 3-4 使用框架布局居中显示层叠的正方形

框架布局管理器经常应用在游戏开发中，用于显示自定义的视图。

3.2.4 相对布局

Android 中的相对布局管理器用<RelativeLayout>来表示，它是指按照组件之间的相对位置来进行布局，如某个组件在另一个组件的左边、右边、上边或下边等。

在 Android 中，可以在 XML 布局文件中定义相对布局管理器，也可以使用 Java 代码来创建。推荐使用在 XML 布局文件中定义相对布局管理器。在 XML 布局文件中，定义相对布局管理器可以使用<RelativeLayout>标记，其基本的语法格式如下。

```
<RelativeLayout xmlns:android="http://schemas.android.com/apk/res/android"
属性列表
>
</RelativeLayout>
```

RelativeLayout 支持的常用 XML 属性如表 3-3 所示。

表 3-3　RelativeLayout 支持的常用 XML 属性

XML 属性	描　述
android:gravity	用于设置布局管理器中各子组件的对齐方式
android:ignoreGravity	用于指定哪个组件不受 gravity 属性的影响

在相对布局管理器中，只有上面介绍的两个属性是不够的。为了更好地控制该布局管理器中各子组件的布局分布，RelativeLayout 提供了一个内部类 RelativeLayout.LayoutParams，通过该类提供的大量 XML 属性可以很好地控制相对布局管理器中各组件的分布方式。RelativeLayout.LayoutParams 提供的 XML 属性如表 3-4 所示。

表 3-4　RelativeLayout.LayoutParams 支持的常用 XML 属性

XML 属性	描　述
android:layout_above	其属性值为其他 UI 组件的 id 属性，用于指定该组件位于哪个组件的上方
android:layout_alignBottom	其属性值为其他 UI 组件的 id 属性，用于指定该组件与哪个组件的下边界对齐
android:layout_alignLeft	其属性值为其他 UI 组件的 id 属性，用于指定该组件与哪个组件的左边界对齐
android:layout_alignParentBottom	其属性值为 boolean 值，用于指定该组件是否与布局管理器底端对齐
android:layout_alignParentLeft	其属性值为 boolean 值，用于指定该组件是否与布局管理器左边对齐
android:layout_alignParentRight	其属性值为 boolean 值，用于指定该组件是否与布局管理器右边对齐
android:layout_alignParentTop	其属性值为 boolean 值，用于指定该组件是否与布局管理器顶端对齐
android:layout_alignRight	其属性值为其他 UI 组件的 id 属性，用于指定该组件与哪个组件的右边界对齐
android:layout_alignTop	其属性值为其他 UI 组件的 id 属性，用于指定该组件与哪个组件的上边界对齐
android:layout_below	其属性值为其他 UI 组件的 id 属性，用于指定该组件位于哪个组件的下方
android:layout_centerHorizontal	其属性值为 boolean 值，用于指定该组件是否位于布局管理器水平居中的位置
android:layout_centerInParent	其属性值为 boolean 值，用于指定该组件是否位于布局管理器的中央位置
android:layout_centerVertical	其属性值为 boolean 值，用于指定该组件是否位于布局管理器垂直居中的位置
android:layout_toLeftOf	其属性值为其他 UI 组件的 id 属性，用于指定该组件位于哪个组件的左侧
android:layout_toRightOf	其属性值为其他 UI 组件的 id 属性，用于指定该组件位于哪个组件的右侧

下面通过一个实例讲解如何在 Android 程序中使用相对布局管理器。

【例 3-5】 在 Eclipse 中创建 Android 项目，使用相对布局管理器布局“手机号码”文本框、“确定”按钮和“取消”按钮的相对位置。（实例位置：光盘\MR\源码\第 3 章\3-5）

修改新建项目的 res/layout 目录下的布局文件 main.xml，将默认添加的布局代码删除，然后添加一个<RelativeLayout>相对布局管理器。在该布局管理器中，添加一个 TextView、一个 EditText 组件和两个 Button 组件，并设置它们的显示位置及对齐方式。修改后的代码如下。

```
<RelativeLayout xmlns:android="http://schemas.android.com/apk/res/android"
    android:layout_width="fill_parent"
    android:layout_height="fill_parent"
    android:padding="10dp"
    >
<TextView
android:id="@+id/txt"
    android:layout_width="fill_parent"
    android:layout_height="wrap_content"
    android:text="手机号码: "
    android:layout_marginBottom="5dp"
    />
    <EditText
    android:id="@+id/edit"
    android:layout_width="fill_parent"
    android:layout_height="wrap_content"
    android:layout_below="@id/txt"
    android:inputType="number"
    android:numeric="integer"
    android:maxLength="11"
    android:hint="请输入手机号码"
    />
    <Button
    android:id="@+id/btn1"
    android:layout_width="80dp"
    android:layout_height="wrap_content"
    android:layout_below="@id/edit"
    android:layout_alignParentRight="true"
    android:layout_marginLeft="10dp"
    android:text="取消"
    />
    <Button
     android:id="@+id/btn2"
     android:layout_width="80dp"
     android:layout_height="wrap_content"
     android:layout_below="@id/edit"
     android:layout_toLeftOf="@id/btn1"
     android:text="确定"
    />
</RelativeLayout>
```

在上面的代码中，首先设置按钮 edit 在 txt 的下方显示，然后设置 btn1 在 edit 的下方居右显示，最后设置按钮 btn2 在 edit 的下方、btn1 的左侧显示。

运行本实例，将显示如图 3-5 所示的运行结果。

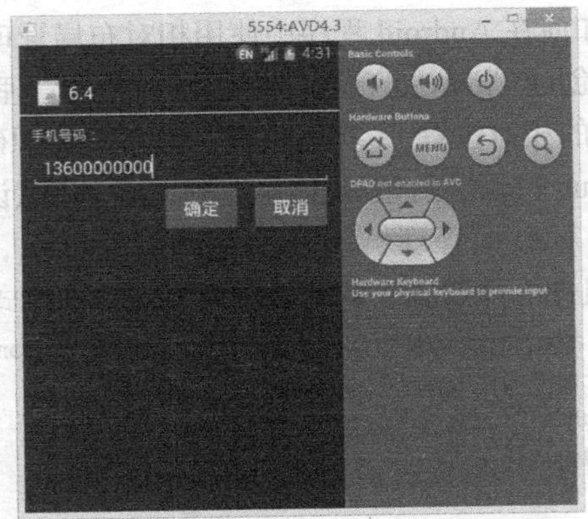

图 3-5　使用相对布局管理器布局多个组件的相对位置

3.3　综合实例——应用相对布局显示软件更新提示

在智能手机中，当系统中有软件更新时，经常会显示一个提示软件更新的界面。本实例中将应用相对布局实现一个显示软件更新提示的界面。运行程序，显示如图 3-6 所示的运行结果。

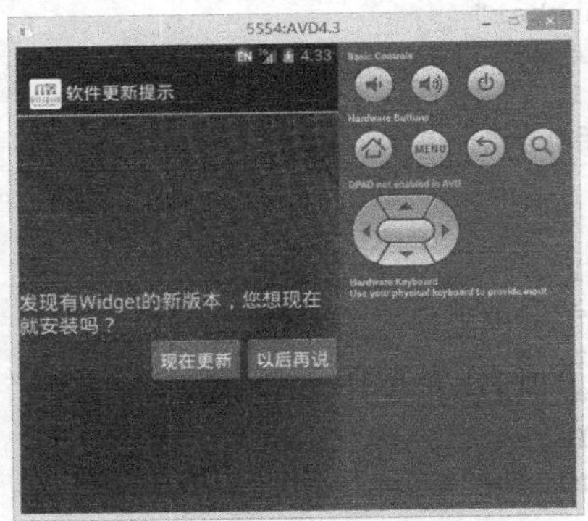

图 3-6　应用相对布局显示软件更新提示

在 Eclipse 中创建 Android 项目，修改新建项目的 res/layout 目录下的布局文件 main.xml，将默认添加的布局代码删除，然后添加一个 RelativeLayout 相对布局管理器，并且为其设置背景。最后，在该布局管理器中，添加一个 TextView、两个 Button，并设置它们的显示位置及对齐方式。修改后的代码如下。

```
<?xml version="1.0" encoding="utf-8"?>
<RelativeLayout
    android:id="@+id/relativeLayout1"
    android:layout_width="fill_parent"
    android:layout_height="fill_parent"
    xmlns:android="http://schemas.android.com/apk/res/android"
    android:background="@drawable/background"
  >
    <!-- 添加一个居中显示的文本视图 textView1 -->
  <TextView android:text="发现有 Widget 的新版本，您想现在就安装吗？"
```

```
    android:id="@+id/textView1"
    android:textSize="20px"
    android:layout_height="wrap_content"
    android:layout_width="wrap_content"
    android:layout_centerInParent="true"
    />
    <!-- 添加一个在 button2 左侧显示的按钮 button1 -->
   <Button
    android:text="现在更新"
    android:id="@+id/button1"
    android:layout_height="wrap_content"
    android:layout_width="wrap_content"
    android:layout_below="@+id/textView1"
    android:layout_toLeftOf="@+id/button2"
    />
    <!-- 添加一个按钮 button2，该按钮与 textView1 的右边界对齐 -->
   <Button
    android:text="以后再说"
    android:id="@+id/button2"
    android:layout_height="wrap_content"
    android:layout_width="wrap_content"
    android:layout_alignRight="@+id/textView1"
    android:layout_below="@+id/textView1"
    />
</RelativeLayout>
```

说明　上面的代码中，将文本视图 textView1 设置为在屏幕中央显示，然后设置按钮 button2 在 textView1 的下方居右边界对齐，最后设置按钮 button1 在 button2 的左侧显示。

知识点提炼

（1）使用 XML 和 Java 代码混合控制 UI 界面，习惯上把变化小、行为比较固定的组件放在 XML 布局文件中，把变化较多、行为控制比较复杂的组件交给 Java 代码来管理。

（2）Android 中的线性布局管理器用 LinearLayout 表示，它是将放入其中的组件按照垂直或水平方向来布局，也就是控制放入其中的组件横向排列或纵向排列。

（3）表格布局管理器与常见的表格类似，它以行、列的形式来管理放入其中的 UI 组件。

（4）框架布局管理器用<FrameLayout>表示，在该布局管理器中，每加入一个组件，都将创建一个空白的区域，通常称为一帧，这些帧都会根据 gravity 属性执行自动对齐。

（5）在 Android 中，可以在 XML 布局文件中定义相对布局管理器，也可以使用 Java 代码来创建。

习　题

3-1　简述如何用 XML 布局文件控制 UI 界面。

3-2　列举常用的 4 种布局管理器。

3-3　相对布局管理器使用什么标记表示？

实验：简易的图片浏览器

实验目的

（1）开发 Android 应用程序的 UI 界面。

（2）掌握线性布局管理器的使用。

实验内容

在手机上浏览图片时，一般都是一屏只浏览一张图片，通过触摸事件来改变显示的图片。为了达到这个效果，本实验将实现一个简易的图片浏览器，也就是在窗体上显示一张图片，触摸该图片时，将显示下一张图片，再次触摸还会换一张图片，直到提供的图片全部显示后，再从第一张图片开始。

实验步骤

实验具体步骤如下。

（1）在 Eclipse 中创建 Android 项目。

（2）修改新建项目的 res/layout 目录下的布局文件 main.xml，将默认添加的布局代码删除，然后添加一个 LinearLayout 线性布局管理器，并设置该布局管理器的背景、布局管理器内组件的对齐方式和 id 属性。具体代码如下。

```
<LinearLayout xmlns:android="http://schemas.android.com/apk/res/android"
    android:orientation="horizontal"
    android:layout_width="fill_parent"
    android:layout_height="fill_parent"
    android:background="@drawable/background"
    android:gravity="center"
    android:id="@+id/layout"
    >
</LinearLayout>
```

（3）在 MainActivity 中，创建一个记录当前索引的整型成员变量和一个保存访问图片的数组，具体代码如下。

```
private int index=0;                    // 当前索引
 private int[] imagePath=new int[]{
  R.drawable.img01,R.drawable.img04,R.drawable.img03,R.drawable.img02
 };                                     // 声明并初始化一个保存访问图片的数组
```

（4）在 MainActivity 的 onCreate()方法中，获取 XML 文件中定义的线性布局管理器，然后创建一个 ImageView 组件，并设置该组件要显示的图片、宽度、高度、布局参数和触摸事件监听器，最后将 ImageView 组件添加到布局管理器中。onCreate()方法的具体代码如下。

```
@Override
public void onCreate(Bundle savedInstanceState) {
    super.onCreate(savedInstanceState);
    setContentView(R.layout.main);
    // 获取 XML 文件中定义的线性布局管理器
```

```
    LinearLayout layout=(LinearLayout)findViewById(R.id.layout);
    ImageView img=new ImageView(this);                        // 创建一个 ImageView 组件
    img.setImageResource(imagePath[index]);                   // 为 ImageView 组件指定要显示的图片
    LayoutParams params=new LayoutParams(253,148);            // 设置图片的宽度和高度
    img.setLayoutParams(params);                              // 为 ImageView 组件设置布局参数
    img.setOnTouchListener(new OnTouchListener() {
        @Override
        public boolean onTouch(View v, MotionEvent event) {
            if(index<3){
                index++;
            }else{
                index=0;
            }
            ((ImageView)v).setImageResource(imagePath[index]);
            return false;
        }
    });
    layout.addView(img);                                      // 将 ImageView 组件添加到布局管理器中
}
```

在为 ImageView 组件添加触摸事件监听器时，需要在重写的 onTouch()事件中，实现更改 ImageView 组件中要显示的图片功能。

运行本实例，将显示如图 3-7 所示的运行结果，在屏幕中间的图片上触摸时，可以显示下一张图片。

图 3-7 简易的图片浏览器

第4章 Android常用组件

本章要点：

- 文本框及编辑框的使用
- 各种按钮组件的使用
- 图像按钮的使用
- 日期时间选择器的使用
- 进度条、拖动条和评分条的使用
- 列表网格组件的使用
- 画廊视图的使用

组件是 Android 程序设计的基本组成单位，通过使用组件可以高效地开发 Android 应用程序，所以，熟练掌握组件的使用是合理、有效地进行 Android 程序开发的重要前提。本章将对 Android 应用程序开发中的常用组件进行详细讲解。

4.1 基本组件

Android 应用程序的人机交互界面由很多的 Android 组件组成，本节将对 Android 提供的基本组件进行详细介绍。

4.1.1 文本框（TextView）

在 Android 中，文本框使用 TextView 表示，用于在屏幕上显示文本，这与 Java 中的文本框组件不同，它相当于 Java 中的标签，也就是 JLable。需要说明的是，Android 中的文本框组件可以显示单行文本，也可以显示多行文本，而且还可以显示带图像的文本。

在 Android 中，可以使用两种方法向屏幕中添加文本框，一种是通过在 XML 布局文件中使用<TextView>标记添加，另一种是在 Java 文件中，通过 new 关键字创建出来。推荐采用第一种方法，也就是通过<TextView>在 XML 布局文件中添加。在 XML 布局文件中添加文本框的基本语法格式如下。

```
<TextView
属性列表
/>
```

TextView 支持的常用 XML 属性如表 4-1 所示。

表 4-1　　　　TextView 支持的 XML 属性

XML 属性	描　述
android:autoLink	用于指定是否将指定格式的文本转换为可单击的超级链接形式，其属性值有 none、web、email、phone、map 或 all
android:drawableBottom/ android:drawableTop/ android:drawableLeft/ android:drawableRight	用于在文本框内文本的底端/顶端/左侧/右侧绘制指定图像，该图像可以是放在 res/drawable 目录下的图片，通过“@drawable/文件名（不包括文件的扩展名）”设置
android:gravity	用于设置文本框内文本的对齐方式，可选值有 top、bottom、left、right、center_vertical、fill_vertical、center_horizontal、fill_horizontal、center、fill、clip_vertical 和 clip_ horizontal 等。这些属性值也可以同时指定，各属性值之间用竖线隔开。例如要指定组件靠右下角对齐，可以使用属性值 right|bottom
android:hint	用于设置当文本框中文本内容为空时，默认显示的提示文本
android:inputType	用于指定当前文本框显示内容的文本类型，其可选值有 textPassword、textEmailAddress、phone 和 date 等。可以同时指定多个值，使用“|”进行分隔
android:singleLine	用于指定该文本框是否为单行模式，其属性值为 true 或 false，为 true 表示该文本框不会换行。当文本框中的文本超过一行时，其超出的部分将被省略，同时在结尾处添加“…”
android:text	用于指定该文本中显示的文本内容，可以直接在该属性值中指定，也可以通过在 strings.xml 文件中定义文本常量的方式指定
android:textColor	用于设置文本框内文本的颜色，其属性值可以是#rgb、#argb、#rrggbb 或#aarrggbb 格式指定的颜色值
android:textSize	用于设置文本框内文本的字体大小，其属性为代表大小的数值加上单位组成，其单位可以是 px、pt、sp 和 in 等
android:width	用于指定文本的宽度，以像素为单位
android:height	用于指定文本的高度，以像素为单位

说明　在表 4-1 中，只给出了 TextView 组件常用的部分属性，关于该组件的其他属性，可以参阅 Android 官方提供的 API 文档。

下面给出一个关于文本框的实例。

【例 4-1】 在 Eclipse 中创建 Android 项目，主要实现为文本中的 E-mail 地址添加超链接、显示带图像的文本、显示不同颜色的单行文本和多行文本。（实例位置：光盘\MR\源码\第 4 章\4-1）

（1）修改新建项目的 res/layout 目录下的布局文件 main.xml，首先添加两个 TextView 组件，分别用来显示单行文本和多行文本，代码如下。

```
<TextView
    android:id="@+id/tv1"
    android:layout_width="fill_parent"
    android:layout_height="wrap_content"
    android:singleLine="true"
    android:text="单行文本：在 Android 中，文本框使用 TextView 表示，用于在屏幕上显示文本"
    android:textSize="14sp"
    android:textColor="#00FF00"
/>
```

```
<TextView
    android:id="@+id/tv2"
    android:layout_width="fill_parent"
    android:layout_height="wrap_content"
    android:text="多行文本：在 Android 中，文本框使用 TextView 表示，用于在屏幕上显示文本"
    android:textSize="14sp"
    android:textColor="#00FF00"
/>
```

（2）在 main.xml 布局文件中添加一个 TextView 组件，通过设置其 autoLink 属性使其文本显示为 E-mail 格式，代码如下。

```
<TextView
    android:layout_width="wrap_content"
    android:layout_height="wrap_content"
    android:text="mingrisoft@mingrisoft.com"
    android:autoLink="email"
    android:height="50px"
/>
```

（3）在 main.xml 布局文件中添加一个 TextView 组件，通过设置其 drawableTop 属性为其添加一个图片，代码如下。

```
<TextView
    android:layout_width="wrap_content"
    android:layout_height="wrap_content"
    android:text="带图片的 TextView"
    android:drawableTop="@drawable/icon"
    android:height="50px"
/>
```

（4）在 main.xml 布局文件中添加两个 TextView 组件，这两个 TextView 组件的文本显示样式将在 Java 文件中进行设置，代码如下。

```
<TextView
    android:id="@+id/tv3"
    android:layout_width="fill_parent"
    android:layout_height="wrap_content"
    android:textSize="16sp"
/>
<TextView
    android:id="@+id/tv4"
    android:layout_width="fill_parent"
    android:layout_height="wrap_content"
    android:textSize="18sp"
/>
```

（5）打开 MainActivity.java 文件，在 OnCreate 方法中，首先使用 findViewById 方法找到 id 为 tv3 的组件，然后使用 setText 方法为该组件设置文本。在设置文本时，用到了 HTML 标记，代码如下。

```
TextView tView1=(TextView) findViewById(R.id.tv3);          // 找到 tv3 组件
// 使用 HTML 标记设置文本
tView1.setText(Html.fromHtml("大家好<font color=red>改变局部颜色</font>! "));
```

（6）在 MainActivity.java 文件的 OnCreate 方法中，使用 findViewById 方法找到 id 为 tv4 的组件，并使用 SpannableStringBuilder 对象的 setSpan 方法设置文本的显示样式，最后将要显示的文本通过 setText 方法显示在 id 为 tv4 的 TextView 组件中，代码如下。

```
String str="根据段落改变文本颜色！";                                  // 定义要显示的字符串
TextView tView2=(TextView) findViewById(R.id.tv4);             // 找到 tv4 组件
// 创建 SpannableStringBuilder 对象
SpannableStringBuilder styleBuilder=new SpannableStringBuilder(str);
// 使用 SpannableStringBuilder 对象的 setSpan 方法设置样式
styleBuilder.setSpan(new        ForegroundColorSpan(Color.GREEN),       0,       4,
Spannable.SPAN_EXCLUSIVE_EXCLUSIVE);
styleBuilder.setSpan(new           ForegroundColorSpan(Color.YELLOW),       4,6,
Spannable.SPAN_EXCLUSIVE_EXCLUSIVE);
styleBuilder.setSpan(new        ForegroundColorSpan(Color.RED),       6,       11,
Spannable.SPAN_EXCLUSIVE_EXCLUSIVE);
tView2.setText(styleBuilder);
                                                                // 为 tv4 组件设置文本
```

运行本实例，将显示如图 4-1 所示的运行结果。

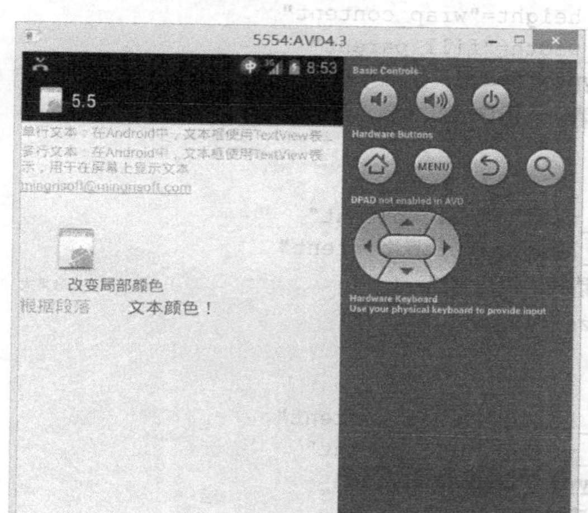

图 4-1　应用 TextView 显示多种样式的文本

4.1.2　编辑框（EditText）

在 Android 中，编辑框使用 EditText 表示，用于在屏幕上显示文本输入框，这与 Java 中的编辑框组件功能类似。需要说明的是，Android 中的编辑框组件可以输入单行文本，也可以输入多行文本，而且还可以输入指定格式的文本（例如密码、电话号码、E-mail 地址等）。

在 Android 中，可以使用两种方法向屏幕中添加编辑框，一种是通过在 XML 布局文件中使用<EditText>标记添加；另一种是在 Java 文件中，通过 new 关键字创建出来。推荐采用第一种方法，也就是通过<EditText>在 XML 布局文件中添加。在 XML 布局文件中添加编辑框的基本语法格式如下。

```
<EditText
属性列表
/>
```

由于 EditText 类是 TextView 的子类，所以表 4-1 中列出的 XML 属性同样适用于 EditText 组件。特别需要注意的是 android:inputType 属性，在 EditText 组件中，通过指定该属性可以帮助输入法显示合适的类型。例如，要添加一个只能显示电话号码的编辑器，可以将 android:inputType 属性设置为 phone。

下面给出一个关于编辑框的实例。

【例 4-2】 在 Eclipse 中创建 Android 项目，主要使用 EditText 组件实现用户注册信息的输入功能。（实例位置：光盘\MR\源码\第 4 章\4-2）

修改新建项目的 res/layout 目录下的布局文件 main.xml，为默认添加的垂直线性布局管理器<LinearLayout>设置背景，添加 4 个 EditText 组件，分别用来输入用户名、用户密码、出生日期、手机号码。修改后的代码如下。

```
<TextView
    android:layout_width="fill_parent"
    android:layout_height="wrap_content"
    android:text="请输入用户名: "
    android:textSize="12sp"
    />
<EditText
    android:layout_height="wrap_content"
    android:layout_width="fill_parent"
    android:inputType="text"
    android:hint="请输入用户名"
    />
<TextView
    android:layout_width="fill_parent"
    android:layout_height="wrap_content"
    android:text="请输入用户密码: "
    android:textSize="12sp"
    />
<EditText
    android:layout_height="wrap_content"
    android:layout_width="fill_parent"
    android:inputType="textPassword"
    android:hint="请输入用户密码"
    />
<TextView
    android:layout_width="fill_parent"
    android:layout_height="wrap_content"
    android:text="请输入出生日期: "
    android:textSize="12sp"
    />
<EditText
    android:layout_height="wrap_content"
    android:layout_width="fill_parent"
    android:inputType="date"
    android:hint="请输入出生日期"
    />
<TextView
    android:layout_width="fill_parent"
    android:layout_height="wrap_content"
    android:text="请输入手机号码: "
    android:textSize="12sp"
    />
<EditText
    android:layout_height="wrap_content"
    android:layout_width="fill_parent"
    android:maxLength="11"
    android:inputType="phone"
```

```
        android:hint="请输入手机号码"
        android:drawableLeft="@drawable/icon"
        />
```

运行本实例，将显示如图 4-2 所示的运行结果。

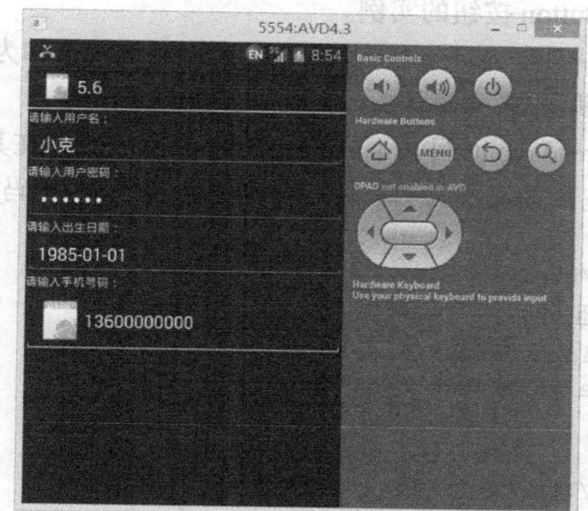

图 4-2　使用 EditText 组件实现用户注册信息的输入

4.1.3　普通按钮（Button）

在 Android 中，可以使用两种方法向屏幕中添加按钮，一种是通过在 XML 布局文件中使用 <Button>标记添加；另一种是在 Java 文件中，通过 new 关键字创建出来。推荐采用第一种方法，也就是通过<Button>在 XML 布局文件中添加。在 XML 布局文件中添加普通按钮的基本格式如下。

```
<Button
android:text="显示文本"
android:id="@+id/button1"
android:layout_width="wrap_content"
android:layout_height="wrap_content"
/ >
```

在屏幕上添加按钮后，还需要为按钮添加单击事件监听，才能让按钮发挥其特有的用途。在 Android 中，提供了两种为按钮添加单击事件监听的方法，一种是在 Java 代码中完成，例如在 Activity 的 onCreate()方法中完成，具体的代码如下。

```
import android.view.View.OnClickListener;
import android.widget.Button;
Button login=(Button)findViewById(R.id.login);          // 通过 ID 获取布局文件中添加的按钮
login.setOnClickListener(new OnClickListener() {        // 为按钮添加单击事件监听
    @Override
    public void onClick(View v) {
        // 编写要执行的动作代码
    }
});
```

另一种是在 Activity 中编写一个包含一个 View 类型参数的方法，并且将要触发的动作代码放在该方法中，然后在布局文件中，通过 android:onClick 属性指定对应的方法名实现。例如，在 Activity 中编写了一个 myClick()的方法，关键代码如下。

```
public void myClick(View view){
    // 编写要执行的动作代码
}
```

这时就可以在布局文件中通过 android:onClick="myClick"为按钮添加单击事件监听。

下面将给出一个关于 Button 按钮的实例。

【例 4-3】 在 Eclipse 中创建 Android 项目，主要实现添加按钮和为其设置单击监听事件的功能。(实例位置：光盘\MR\源码\第 4 章\4-3)

(1) 修改新建项目的 res/layout 目录下的布局文件 main.xml，在其中添加两个 Button 组件 btn1 和 btn2，并分别设置它们的文本为“按钮一”和“按钮二”，代码如下。

```
<Button
    android:id="@+id/btn1"
    android:text="按钮一"
    android:layout_width="84dp"
    android:layout_height="wrap_content"
    />
    <Button
    android:id="@+id/btn2"
    android:layout_height="wrap_content"
    android:text="按钮二"
    android:layout_width="84dp"
    />
```

(2) 打开 MainActivity.java 文件，在 onCreate( )方法中，获取布局文件中的 Button 按钮，并分别为它们设置单击监听事件，代码如下。

```
public void onCreate(Bundle savedInstanceState) {
    super.onCreate(savedInstanceState);
    setContentView(R.layout.main);
    Button button1=(Button) findViewById(R.id.btn1);   // 获取布局文件中的 btn1 按钮
    Button button2=(Button) findViewById(R.id.btn2);   // 获取布局文件中的 btn2 按钮
    button1.setOnClickListener(listener);              // 为 btn1 按钮添加监听事件
    button2.setOnClickListener(listener);              // 为 btn2 按钮添加监听事件
}
```

(3) 上面的代码中用到了 listener 对象，该对象为 OnClickListener 类型，因此在 Activity 中创建该对象，并重写其 onClick( )方法。在该方法中，根据单击的 Button 组件 ID，弹出相应的信息提示框，代码如下。

```
private OnClickListener  listener=new OnClickListener() {// 创建监听事件
    public void onClick(View v) {
        Button btnButton=(Button) v;            // 将 View 对象强制转换为 Button 对象
        switch (btnButton.getId()) {            // 获取 Button 对象的 ID
        case R.id.btn1:                         // 如果是 btn1 按钮
        Toast.makeText(MainActivity.this, "按钮一的单击事件", Toast.LENGTH_LONG).show();
            break;
        case R.id.btn2:                         // 如果是 btn2 按钮
      Toast.makeText(MainActivity.this, "按钮二的单击事件", Toast.LENGTH_SHORT).show();
        break;
        }
    }
};
```

运行本实例，将显示如图 4-3 所示的运行结果，单击“按钮一”，将显示“按钮一的单击事件”提示信息；单击“按钮二”，将显示“按钮二的单击事件”提示信息。

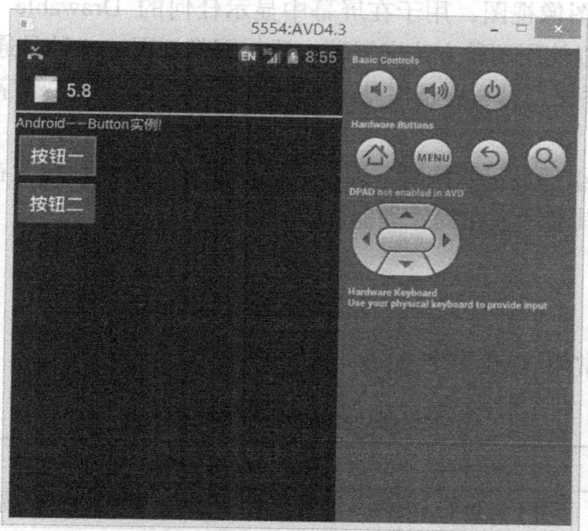

图 4-3　Button 按钮的单击事件

4.1.4　图片按钮（ImageButton）

图片按钮与普通的使用方法基本相同，只不过图片按钮使用 ImageButton 标记定义，并且还可以为其指定 android:src 属性，该属性用于设置要显示的图片。在布局文件中，添加图片按钮的基本格式如下。

```
<ImageButton
    android:id="@+id/imageButton1"
    android:src="@drawable/图片文件名"
    android:background="#000"
    android:layout_width="wrap_content"
    android:layout_height="wrap_content">
</ImageButton>
```

下面给出一个关于图片按钮的实例。

【例 4-4】　在 Eclipse 中创建 Android 项目，主要实现添加图片按钮的功能。（实例位置：光盘\MR\源码\第 4 章\4-4）

修改新建项目的 res/layout 目录下的布局文件 main.xml，在其中添加一个 ImageButton 组件，并为其设置背景图片，代码如下。

```
<ImageButton
    android:id="@+id/login"
    android:layout_width="wrap_content"
    android:layout_height="wrap_content"
    android:src="@drawable/login"
    android:background="#000"
/>
```

图 4-4　图片按钮的使用

运行本实例，将显示如图 4-4 所示的运行结果。

4.1.5 图像视图（ImageView）

ImageView 也就是图像视图，用于在屏幕中显示任何的 Drawable 对象，通常用来显示图片。在 Android 中，可以使用两种方法向屏幕中添加图像视图，一种是通过在 XML 布局文件中使用<ImageView>标记添加；另一种是在 Java 文件中，通过 new 关键字创建出来。推荐采用第一种方法。

在使用 ImageView 组件显示图像时，通常可以将要显示的图片放置在 res/drawable 目录中，然后应用下面的代码将其显示在布局管理器中。

```
<ImageView
    属性列表
    />
```

ImageView 支持的常用 XML 属性如表 4-2 所示。

表 4-2　ImageView 支持的 XML 属性

XML 属性	描　述
android:adjustViewBounds	用于设置 ImageView 是否调整自己的边界来保持所显示图片的长宽比
android:maxHeight	设置 ImageView 的最大高度，需要设置 android:adjustViewBounds 属性值为 true，否则不起作用
android:maxWidth	设置 ImageView 的最大宽度，需要设置 android:adjustViewBounds 属性值为 true，否则不起作用
android:scaleType	用于设置所显示的图片如何缩放或移动以适应 ImageView 的大小，其属性值可以是 matrix（使用 matrix 方式进行缩放）、fitXY（对图片横向、纵向独立缩放，使得该图片完全适应于该 ImageView，图片的纵横比可能会改变）、fitStart（保持纵横比缩放图片，直到该图片能完全显示在 ImageView 中，缩放完成后该图片放在 ImageView 的左上角）、fitCenter（保持纵横比缩放图片，直到该图片能完全显示在 ImageView 中，缩放完成后该图片放在 ImageView 的中央）、fitEnd（保持纵横比缩放图片，直到该图片能完全显示在 ImageView 中，缩放完成后该图片放在 ImageView 的右下角）、center（把图像放在 ImageView 的中间，但不进行任何缩放）、centerCrop（保持纵横比缩放图片，以使得图片能完全覆盖 ImageView）或 centerInside（保持纵横比缩放图片，以使得 ImageView 能完全显示该图片）
android:src	用于设置 ImageView 所显示的 Drawable 对象的 ID，例如，设置显示保存在 res/drawable 目录下的名称为“flower.jpg”的图片，可以将属性值设置为 android:src="@drawable/flower"
android:tint	用于为图片着色，其属性值可以是“#rgb”、“#argb”、“#rrggbb”或“#aarrggbb”表示的颜色值

下面给出一个关于 ImageView 组件的实例。

【例 4-5】 在 Eclipse 中创建 Android 项目，主要使用 ImageView 组件显示图像。（实例位置：光盘\MR\源码\第 4 章\4-5）

修改新建项目的 res/layout 目录下的布局文件 main.xml，将默认添加的 TextView 组件删除，然后在该线性布局管理器中添加一个 ImageView 组件。设置该组件的最大高度和宽度，并且保持纵横比缩放图片，最后为该图像着色，这里设置为半透明的红色。代码如下。

```
<ImageView
    android:src="@drawable/image"
```

```
android:id="@+id/imageView2"
android:maxWidth="300px"
android:maxHeight="200px"
android:adjustViewBounds="true"
android:tint="#77ff0000"
android:scaleType="fitEnd"
android:layout_margin="5px"
android:layout_height="wrap_content"
android:layout_width="wrap_content"/>
```

运行本实例，将显示如图 4-5 所示的运行结果。

图 4-5　使用 ImageView 显示图像

4.1.6　单选按钮（RadioButton）

在默认的情况下，单选按钮显示一个圆形图标，并且在该图标旁边放置一些说明性文字。而在程序中，一般将多个单选按钮放置在按钮组中，使这些单选按钮表现出某种功能。当用户选中某个单选按钮后，按钮组中的其他单选按钮将被自动取消选取状态。在 Android 中，单选按钮使用 RadioButton 表示，而 RadioButton 类又是 Button 的子类，所以单选按钮可以直接使用 Button 支持的各种属性。

在 Android 中，可以使用两种方法向屏幕中添加单选按钮，一种是通过在 XML 布局文件中使用<RadioButton>标记添加；另一种是在 Java 文件中，通过 new 关键字创建出来。推荐采用第一种方法，也就是通过<RadioButton>在 XML 布局文件中添加。在 XML 布局文件中添加单选按钮的基本格式如下。

```
<RadioButton
    android:text="显示文本"
    android:id="@+id/ID 号"
    android:checked="true|false"
    android:layout_width="wrap_content"
    android:layout_height="wrap_content"
/>
```

RadioButton 组件的 android:checked 属性用于指定选中状态，属性值为 true 时，表示选中；属性值为 false 时，表示不选中，默认为 false。

通常情况下，RadioButton 组件需要与 RadioGroup 组件一起使用，组成一个单选按钮组。在 XML 布局文件中，添加 RadioGroup 组件的基本格式如下。

```
<RadioGroup
    android:id="@+id/radioGroup1"
    android:orientation="horizontal"
    android:layout_width="wrap_content"
    android:layout_height="wrap_content">
    <!-- 添加多个 RadioButton 组件 -->
</RadioGroup>
```

【例 4-6】 在 Eclipse 中创建 Android 项目，实现在屏幕上添加选择性别的单选按钮组。（实例位置：光盘\MR\源码\第 4 章\4-6）

修改新建项目的 res/layout 目录下的布局文件 main.xml，将默认添加的垂直线性布局管理器设置为水平布局管理器。在该布局管理器中添加一个 TextView、一个包含两个单选按钮的单选按钮组和一个“提交”按钮，具体代码如下。

```
<?xml version="1.0" encoding="utf-8"?>
<LinearLayout xmlns:android="http://schemas.android.com/apk/res/android"
    android:orientation="horizontal"
    android:layout_width="fill_parent"
    android:layout_height="fill_parent"
    >
<TextView
    android:layout_width="wrap_content"
    android:layout_height="wrap_content"
    android:text="性别: "
    android:height="50px" />
<RadioGroup
        android:id="@+id/radioGroup1"
        android:orientation="horizontal"
        android:layout_width="wrap_content"
        android:layout_height="wrap_content">
    <RadioButton
        android:layout_height="wrap_content"
        android:id="@+id/radio0"
        android:text="男"
        android:layout_width="wrap_content"
        android:checked="true"/>
    <RadioButton
        android:layout_height="wrap_content"
        android:id="@+id/radio1"
        android:text="女"
        android:layout_width="wrap_content"/>
    </RadioGroup>
    <Button
        android:text="提交"
        android:id="@+id/button1"
        android:layout_width="wrap_content"
        android:layout_height="wrap_content"
    />
</LinearLayout>
```

运行本实例，将显示如图 4-6 所示的运行结果。

在屏幕中添加单选按钮组后，还需要获取单选按钮组中选中项的值。在获取单选按钮组中选中项的值，通常存在以下两种情况，一种是在改变单选按钮组的值时获取，另一种是在单击其他按钮时获取。下面分别介绍这两种情况所对应的实现方法。

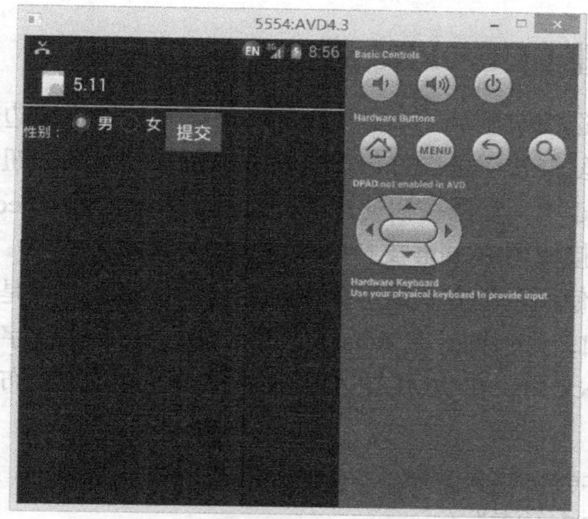

图 4-6　添加选择性别的单选按钮

- 在改变单选按钮组的值时获取

在改变单选按钮组的值获取选中项的值时，首先需要获取单选按钮组，然后为其添加 OnCheckedChangeListener 监听事件，并在其 onCheckedChanged()方法中根据参数 checkedId 获取被选中的单选按钮，然后通过其 getText()方法获取该单选按钮对应的值。例如，要获取 id 属性为 radioGroup1 的单选按钮组的值，可以通过下面的代码实现。

```
RadioGroup sex=(RadioGroup)findViewById(R.id.radioGroup1);
sex.setOnCheckedChangeListener(new OnCheckedChangeListener() {
    @Override
    public void onCheckedChanged(RadioGroup group, int checkedId) {
        RadioButton r=(RadioButton)findViewById(checkedId);
        r.getText();                                    // 获取被选中的单选按钮的值
    }
});
```

- 单击其他按钮时获取

单击其他按钮获取选中项的值时，首先需要在该按钮的单击事件监听的 onClick()方法中，通过 for 循环语句遍历当前单选按钮组，并根据被遍历到的单选按钮的 isChecked()方法判断该按钮是否被选中。如果按钮被选中，通过单选按钮的 getText()方法获取对应的值。例如，要在单击"提交"按钮时，获取 id 属性为 radioGroup1 的单选按钮组的值，可以通过下面的代码实现。

```
final RadioGroup sex=(RadioGroup)findViewById(R.id.radioGroup1);
Button button=(Button)findViewById(R.id.button1);       // 获取一个提交按钮
button.setOnClickListener(new OnClickListener() {
    @Override
    public void onClick(View v) {
        for(int i=0;i<sex.getChildCount();i++){
        RadioButton r=(RadioButton)sex.getChildAt(i);   // 根据索引值获取单选按钮
            if(r.isChecked()){                          // 判断单选按钮是否被选中
                r.getText();                            // 获取被选中的单选按钮的值
                break;                                  // 跳出 for 循环
            }
        }
    }
});
```

4.1.7 复选按钮（CheckBox）

在默认的情况下，复选按钮显示一个方块图标，并且在该图标旁边放置一些说明性文字。与单选按钮唯一不同的是，复选按钮可以进行多选设置，每一个复选按钮都提供"选中"和"不选中"两种状态。在 Android 中，复选按钮使用 CheckBox 表示，而 CheckBox 类又是 Button 的子类，所以复选按钮可以直接使用 Button 支持的各种属性。

在 Android 中，可以使用两种方法向屏幕中添加复选按钮，一种是通过在 XML 布局文件中使用<CheckBox>标记添加；另一种是在 Java 文件中，通过 new 关键字创建出来。推荐采用第一种方法，也就是通过<CheckBox>在 XML 布局文件中添加。在 XML 布局文件中添加复选按钮的基本格式如下。

```
<CheckBox android:text="显示文本"
    android:id="@+id/ID 号"
    android:layout_width="wrap_content"
    android:layout_height="wrap_content"
/>
```

由于复选框可以选中多项，所以为了确定用户是否选择了某一项，还需要为每一个选项添加 setOnCheckedChangeListener 事件监听。例如，要为 id 为 like1 的复选按钮添加状态改变事件监听，可以使用下面的代码。

```
final CheckBox like1=(CheckBox)findViewById(R.id.like1); // 根据id属性获取复选按钮
like1.setOnCheckedChangeListener(new OnCheckedChangeListener() {
    @Override
    public void onCheckedChanged(CompoundButton buttonView, boolean isChecked) {
        if(like1.isChecked()){                         // 判断该复选按钮是否被选中
            like1.getText();                           // 获取选中项的值
        }
    }
});
```

【例 4-7】 在 Eclipse 中创建 Android 项目，实现在屏幕上添加选择爱好的复选按钮，并获取选择的值。（实例位置：光盘\MR\源码\第 4 章\4-7）

（1）修改新建项目的 res/layout 目录下的布局文件 main.xml，在默认的线性布局管理器中添加一个 TextView、3 个复选按钮和一个"提交"按钮。关键代码如下。

```
<TextView
    android:layout_width="wrap_content"
    android:layout_height="wrap_content"
    android:text="爱好："
    android:width="50px"
    android:gravity="right"
    android:height="30px" />
<CheckBox android:text="体育"
    android:id="@+id/like1"
    android:layout_width="wrap_content"
    android:layout_height="wrap_content"/>
<CheckBox android:text="音乐"
    android:id="@+id/like2"
    android:layout_width="wrap_content"
    android:layout_height="wrap_content"/>
<CheckBox android:text="美术"
```

```
        android:id="@+id/like3"
        android:layout_width="wrap_content"
        android:layout_height="wrap_content"/>
    <Button
        android:text="提交"
        android:id="@+id/button1"
        android:layout_width="wrap_content"
        android:layout_height="wrap_content"/>
```

（2）在主活动中创建一个 OnCheckedChangeListener 对象，在创建该对象时，重写 onCheckedChanged()方法。当复选按钮被选中时，输出一条日志信息，显示被选中的复选按钮，具体代码如下。

```
// 创建一个状态改变监听对象
private OnCheckedChangeListener checkBox_listener=new OnCheckedChangeListener() {
    @Override
    public void onCheckedChanged(CompoundButton buttonView, boolean isChecked) {
        if(isChecked){                                          // 判断复选按钮是否被选中
            Log.i("复选按钮","选中了["+buttonView.getText().toString()+"]");
        }
    }
};
```

（3）在主活动的 onCreate()方法中获取添加的 3 个复选按钮，并为每个复选按钮添加状态改变事件监听。关键代码如下。

```
final CheckBox like1=(CheckBox)findViewById(R.id.like1); // 获取第 1 个复选按钮
final CheckBox like2=(CheckBox)findViewById(R.id.like2); // 获取第 2 个复选按钮
final CheckBox like3=(CheckBox)findViewById(R.id.like3); // 获取第 3 个复选按钮
like1.setOnCheckedChangeListener(checkBox_listener);     // 为 like1 添加状态改变监听
like2.setOnCheckedChangeListener(checkBox_listener);     // 为 like2 添加状态改变监听
like3.setOnCheckedChangeListener(checkBox_listener);     // 为 like3 添加状态改变监听
```

（4）获取"提交"按钮，并为提交按钮添加单击事件监听，在该事件监听的 onClick()方法中通过 if 语句获取被选中的复选按钮的值，并通过一个提示信息框显示。具体代码如下。

```
Button button=(Button) findViewById(R.id.button1);       // 获取提交按钮
// 为提交按钮添加单击事件监听
button.setOnClickListener(new OnClickListener() {
    @Override
    public void onClick(View v) {
        String like="";                                  // 保存选中的值
        if(like1.isChecked())                            // 当第 1 个复选按钮被选中
            like+=like1.getText().toString()+" ";
        if(like2.isChecked())                            // 当第 2 个复选按钮被选中
            like+=like2.getText().toString()+" ";
        if(like3.isChecked())                            // 当第 3 个复选按钮被选中
            like+=like3.getText().toString()+" ";
        // 显示被选中的复选按钮
        Toast.makeText(MainActivity.this, like, Toast.LENGTH_SHORT).show();
    }
});
```

运行本实例，将显示 3 个用于选取爱好的复选按钮。当用户将其中的某个复选框选中时，单击"提交"按钮，将在弹出的提示框中显示用户选中的信息，如图 4-7 所示。

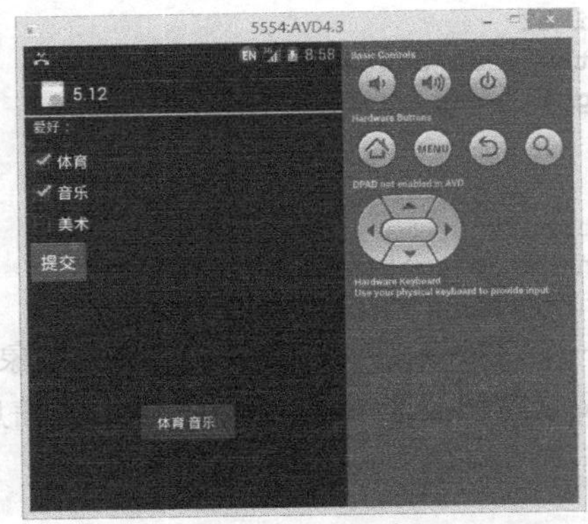

图 4-7　使用复选按钮实现用户爱好的选择

4.1.8　日期、时间选择器

1．AnalogClock 组件

AnalogClock 组件用来在 Android 中显示模拟时钟，它在显示时，只显示时针和分针。在 Android 中，如果想在屏幕中添加模拟时钟，可以在 XML 布局文件中通过<AnalogClock>标记添加。基本语法格式如下。

```
<AnalogClock
    属性列表
/ >
```

下面通过一个具体的实例演示 AnalogClock 组件的使用。

【例 4-8】 在 Eclipse 中创建 Android 项目，主要演示如何使用 AnalogClock 组件在 Android 的 Activity 窗口中显示一个模拟时钟。（实例位置：光盘\MR\源码\第 4 章\4-8）

修改新建项目的 res/layout 目录下的布局文件 main.xml，将布局方式修改为 RelativeLayout，然后修改默认的 TextView 组件的文本、字体大小及颜色，最后使用<AnalogClock>添加一个 AnalogClock 组件，用来作为模拟时钟。main.xml 布局文件的代码如下。

```
<?xml version="1.0" encoding="utf-8"?>
<RelativeLayout xmlns:android="http://schemas.android.com/apk/res/android"
    android:layout_width="fill_parent"
    android:layout_height="fill_parent"
    android:orientation="vertical" >
    <TextView
        android:id="@+id/tv"
        android:layout_width="fill_parent"
        android:layout_height="wrap_content"
        android:textSize="20dp"
        android:textColor="#00ff00"
        android:text="AnalogClock 组件应用" />
    <AnalogClock
        android:id="@+id/analogClock1"
        android:layout_width="wrap_content"
        android:layout_height="wrap_content"
        android:layout_below="@+id/tv"
        android:layout_centerHorizontal="true"
        android:layout_marginTop="30dp"
        android:layerType="software" />
</RelativeLayout>
```

运行本实例，在屏幕中将显示如图 4-8 所示的模拟时钟。

图 4-8 在屏幕中显示模拟时钟

2. DigitalClock 组件

DigitalClock 组件是一个用来显示详细时间的组件，在 Android 中，如果想在屏幕中添加该组件，可以在 XML 布局文件中通过<DigitalClock>标记添加。基本语法格式如下。

```
<DigitalClock
    属性列表
/>
```

下面通过一个具体的实例演示 DigitalClock 组件的使用。

【例 4-9】 在 Eclipse 中创建 Android 项目，主要演示如何使用 DigitalClock 组件在 Android 的 Activity 窗口中显示当前的详细时间。（实例位置：光盘\MR\源码\第 4 章\4-9）

修改新建项目的 res/layout 目录下的布局文件 main.xml，将布局方式修改为 RelativeLayout，然后修改默认的 TextView 组件的文本、字体大小及颜色，最后使用<DigitalClock>添加一个 DigitalClock 组件，用来显示当前详细时间。main.xml 布局文件的代码如下。

```
<?xml version="1.0" encoding="utf-8"?>
<RelativeLayout xmlns:android="http://schemas.android.com/apk/res/android"
    android:layout_width="fill_parent"
    android:layout_height="fill_parent"
    android:orientation="vertical" >
    <TextView
        android:id="@+id/tv"
        android:layout_width="fill_parent"
        android:layout_height="wrap_content"
        android:textSize="20dp"
        android:textColor="#00ff00"
        android:text="DigitalClock 组件应用" />
    <DigitalClock
        android:id="@+id/digitalClock1"
        android:layout_width="wrap_content"
        android:layout_height="wrap_content"
        android:layout_below="@+id/tv"
        android:layout_centerHorizontal="true"
        android:layout_marginTop="32dp"
        android:text="DigitalClock"
        android:textSize="30dp"
        android:textColor="#ff0000" />
</RelativeLayout>
```

运行本实例，效果如图 4-9 所示。

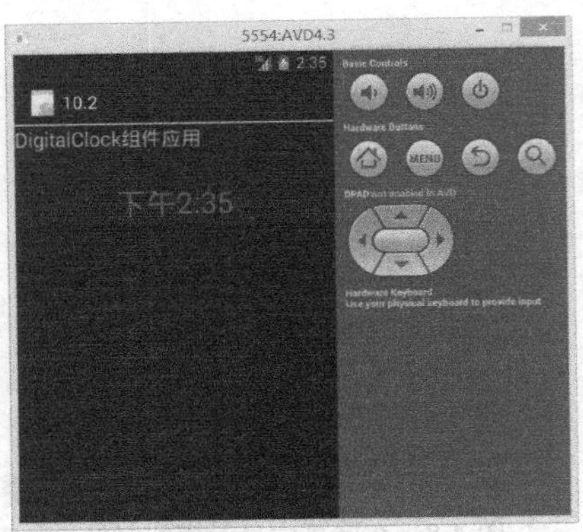

图 4-9　使用 DigitalClock 组件显示详细时间

4.1.9　计时器

计时器组件是一个可以显示从某个起始时间开始一共过去了多长时间的文本，使用 Chronometer 表示。由于该组件继承自 TextView，所以它以文本的形式显示内容。使用该组件也比较简单，通常需要使用以下 5 个方法。

- setBase()：用于设置计时器的起始时间。
- setFormat()：用于显示时间的格式。
- start()：用于指定开始计时。
- stop()：用于指定停止计时。
- setOnChronometerTickListener()：用于为计时器绑定事件监听器，当计时器改变时触发该监听器。

下面通过一个具体的实例说明计时器的应用。

【例 4-10】 在 Eclipse 中创建 Android 项目，在屏幕中添加一个已用时间计时器。（实例位置：光盘\MR\源码\第 4 章\4-10）

（1）在新建项目的布局文件 main.xml 中，添加 id 属性为 chronometer1 的计时器组件，关键代码如下。

```
<Chronometer
    android:text="Chronometer"
    android:id="@+id/chronometer1"
    android:layout_width="wrap_content"
    android:layout_height="wrap_content"/>
```

（2）在主活动 MainActivity 的 onCreate()方法中，获取计时器组件，并设置起始时间、显示时间的格式、开启计时器，以及为其添加监听器。具体代码如下。

```
final Chronometer ch = (Chronometer) findViewById(R.id.chronometer1);// 获取计时器组件
ch.setBase(SystemClock.elapsedRealtime());                            // 设置起始时间
ch.setFormat("已用时间：%s");                                          // 设置显示时间的格式
ch.start();                                                           // 开启计时器
// 添加监听器
ch.setOnChronometerTickListener(new OnChronometerTickListener() {
    @Override
    public void onChronometerTick(Chronometer chronometer) {
```

```
        if (SystemClock.elapsedRealtime() - ch.getBase() >= 20000) {
            ch.stop();                                    // 停止计时器
        }
    }
});
```

运行本实例，将显示如图 4-10 所示的计时器。

图 4-10　显示计时器

4.2　高级组件

通过上一节的学习，我们已经掌握了 Android 提供的基本界面组件。本节将介绍 Android 提供的常用高级组件。通过这些组件可以大大减轻开发者的开发难度，为快速程序开发提供方便。

4.2.1　自动完成文本框（AutoCompleteTextView）

AutoCompleteTextView 组件是 Android 中提供的一个自动提示组件，类似于在“百度”中搜索时的文本信息，当用户在搜索文本框中输入内容时，“百度”会自动提示很多与用户的输入接近的内容供选择。

在 Android 中，可以使用两种方法向屏幕中添加 AutoCompleteTextView 组件，一种是通过在 XML 布局文件中使用<AutoCompleteTextView>标记添加；另一种是在 Java 文件中，通过 new 关键字创建出来。推荐采用第一种方法，也就是通过<AutoCompleteTextView>在 XML 布局文件中添加。在 XML 布局文件中添加 AutoCompleteTextView 组件的基本语法格式如下：

```
<AutoCompleteTextView
属性列表
/>
```

AutoCompleteTextView 组件继承自 EditText，所以它支持 EditText 组件提供的属性，同时，该组件还支持如表 4-3 所示的 XML 属性。

表 4-3　　AutoCompleteTextView 支持的 XML 属性

XML 属性	描　述
android:completionHint	用于为弹出的下拉菜单指定提示标题
android:completionThreshold	用于指定用户至少输入几个字符才会显示提示
android:dropDownHeight	用于指定下拉菜单的高度
android:dropDownHorizontalOffset	用于指定下拉菜单与文本之间的水平偏移。下拉菜单默认与文本框左对齐
android:dropDownVerticalOffset	用于指定下拉菜单与文本之间的垂直偏移。下拉菜单默认紧跟文本框
android:dropDownWidth	用于指定下拉菜单的宽度
android:popupBackground	用于为下拉菜单设置背景

下面给出一个关于 AutoCompleteTextView 组件的实例。

【例 4-11】 在 Eclipse 中创建 Android 项目，主要使用 AutoCompleteTextView 组件实现自动提示功能。（实例位置：光盘\MR\源码\第 4 章\4-11）

（1）修改新建项目的 res/layout 目录下的布局文件 main.xml，将默认添加的垂直线性布局管理器<LinearLayout>修改为<RelativeLayout>布局管理器，然后在其中添加一个 TextView 组件，用来显示文本信息；添加一个 AutoCompleteTextView 组件，用来输入文本，并显示自动提示列表；添加一个 Button 组件，用来作为“搜索”按钮，代码如下。

```
<RelativeLayout xmlns:android="http://schemas.android.com/apk/res/android"
    android:layout_width="fill_parent"
    android:layout_height="fill_parent"
    android:padding="10dp"
    >
     <TextView
        android:id="@+id/tv"
        android:layout_width="fill_parent"
        android:layout_height="wrap_content"
        android:text="请输入查询关键字"
        android:textSize="24sp"
     />
     <AutoCompleteTextView
        android:id="@+id/actxt"
        android:layout_below="@id/tv"
        android:layout_width="fill_parent"
        android:layout_height="wrap_content"
     />
    <Button
        android:layout_width="80dp"
        android:layout_height="wrap_content"
        android:layout_below="@id/actxt"
        android:layout_alignParentRight="true"
        android:text="搜索"
     />
</RelativeLayout>
```

说明

这里用到了 RelativeLayout 布局方式，RelativeLayout 布局表示相对布局管理器。

（2）打开 MainActivity.java 文件，首先定义一个静态字符串数组，用来存储数据源。然后在 onCreate()方法中，通过 setAdapter()方法为 AutoCompleteTextView 组件设置 ArrayAdapter 数据源。代码如下。

```
public class MainActivity extends Activity {
    private static final String[] autoInfo=new String[]
        {"明日科技","C#编程词典","C#从入门到精通","Android 手机","Android 操作系统
","Android 实例","Android 项目"};                                    // 定义字符串数组
     /** Called when the activity is first created. */
     @Override
     public void onCreate(Bundle savedInstanceState) {
         super.onCreate(savedInstanceState);
         setContentView(R.layout.main);
         // 创建 ArrayAdapter 对象，并以下拉列表形式进行显示
```

```
            ArrayAdapter<String>                    adapter=new                    ArrayAdapter<String>(this,
android.R.layout.simple_dropdown_item_1line,autoInfo);
            // 找到布局文件中的 AutoCompleteTextView 组件
            AutoCompleteTextView                                            actxTextView=(AutoCompleteTextView)
findViewById(R.id.actxt);
            actxTextView.setAdapter(adapter);                               // 设置数据源
        }
    }
```

运行本实例，当在文本框中输入内容时，程序会自动在数据源中寻找是否有与输入相匹配的内容，如果有，则以列表形式显示出来，如图 4-11 所示。

图 4-11　使用 AutoCompleteTextView 组件实现自动提示功能

4.2.2　进度条（ProgressBar）

当一个应用在后台执行时，前台界面不会有任何信息，这时用户根本不知道程序是否在执行，也不知道执行进度等，这时就需要使用进度条来提示程序执行的进度。在 Android 中，进度条使用 ProgressBar 表示，用于向用户显示某个耗时操作完成的百分比。

在屏幕中添加进度条，可以在 XML 布局文件中通过<ProgressBar>标记添加，基本语法格式如下。

```
< ProgressBar
    属性列表
>
</ ProgressBar>
```

ProgressBar 组件支持的 XML 属性如表 4-4 所示。

表 4-4　ProgressBar 支持的 XML 属性

XML 属性	描　述
android:max	用于设置进度条的最大值
android:progress	用于指定进度条已完成的进度值
android:progressDrawable	用于设置进度条轨道的绘制形式

除了表 4-4 中介绍的属性，进度条组件还提供了下面两个常用方法用于操作进度。

- setProgress(int progress)方法：用于设置进度完成的百分比。
- incrementProgressBy(int diff)方法：用于设置进度条的进度增加或减少。当参数值为正数时表示进度增加，为负数时表示进度减少。

下面将给出一个关于在屏幕中使用进度条的实例。

【例 4-12】 在 Eclipse 中创建 Android 项目，实现水平进度条和圆形进度条。（实例位置：光盘\MR\源码\第 4 章\4-12）

（1）修改新建项目的 res/layout 目录下的布局文件 main.xml，将默认添加的 TextView 组件删除，并添加一个水平进度条和一个圆形进度条。修改后的代码如下。

```
<!-- 水平进度条 -->
<ProgressBar
    android:id="@+id/progressBar1"
    android:layout_width="match_parent"
    android:max="100"
    style="@android:style/Widget.ProgressBar.Horizontal"
    android:layout_height="wrap_content"/>
<!-- 圆形进度条 -->
<ProgressBar
    android:id="@+id/progressBar2"
    style="?android:attr/progressBarStyleLarge"
    android:layout_width="wrap_content"
    android:layout_height="wrap_content"/>
```

上面的代码中，通过 android:max 属性设置水平进度条的最大进度值；通过 style 属性可以为 ProgressBar 指定风格，常用的 style 属性值如表 4-5 所示。

表 4-5　　ProgressBar 的 style 属性的可选值

XML 属性	描　述
@android:attr/progressBarStyleHorizontal	细水平长条进度条
@android:attr/progressBarStyleLarge	大圆形进度条
@android:attr/progressBarStyleSmall	小圆形进度条
@android:style/Widget.ProgressBar.Large	大跳跃、旋转画面的进度条
@android:style/Widget.ProgressBar.Small	小跳跃、旋转画面的进度条
@android:style/Widget.ProgressBar.Horizontal	粗水平长条进度条

（2）在主活动 MainActivity 中，定义两个 ProgressBar 类的对象（分别用于表示水平进度条和圆形进度条、一个 int 型的变量（用于表示完成进度）和一个处理消息的 Handler 类的对象，代码如下。

```
private ProgressBar horizonP;            // 水平进度条
private ProgressBar circleP;             // 圆形进度条
private int mProgressStatus = 0;         // 完成进度
private Handler mHandler;                // 声明一个用于处理消息的 Handler 类的对象
```

（3）在主活动的 onCreate()方法中，首先获取水平进度条和圆形进度条，然后通过匿名内部类实例化处理消息的 Handler 类的对象，并重写其 handleMessage()方法，实现当耗时操作没有完成时更新进度，否则设置进度条不显示。关键代码如下。

```
horizonP = (ProgressBar) findViewById(R.id.progressBar1);      // 获取水平进度条
circleP=(ProgressBar)findViewById(R.id.progressBar2);          // 获取圆形进度条
mHandler=new Handler(){
    @Override
    public void handleMessage(Message msg) {
        if(msg.what==0x111){
```

```
            horizonP.setProgress(mProgressStatus);            // 更新进度
        }else{
            Toast.makeText(MainActivity.this, "耗时操作已经完成", Toast.LENGTH_SHORT).
show();
            horizonP.setVisibility(View.GONE); // 设置进度条不显示，并且不占用空间
            circleP.setVisibility(View.GONE);  // 设置进度条不显示，并且不占用空间
        }
    }
};
```

（4）开启一个线程，用于模拟一个耗时操作。在该线程中，将调用 sendMessage()方法发送处理消息，具体代码如下。

```
new Thread(new Runnable() {
    public void run() {
        while (true) {
            mProgressStatus = doWork();              // 获取耗时操作完成的百分比
            Message m=new Message();
            if(mProgressStatus<100){
                m.what=0x111;
                mHandler.sendMessage(m);             // 发送信息
            }else{
                m.what=0x110;
                mHandler.sendMessage(m);             // 发送消息
                break;
            }
        }
    }
    // 模拟一个耗时操作
    private int doWork() {
        mProgressStatus+=Math.random()*10;           // 改变完成进度
            try {
                Thread.sleep(200);                   // 线程休眠 200 毫秒
            } catch (InterruptedException e) {
                e.printStackTrace();
            }
        return mProgressStatus;                      // 返回新的进度
    }
}).start();                                          // 开启一个线程
```

运行本实例，将显示如图 4-12 所示的运行结果。

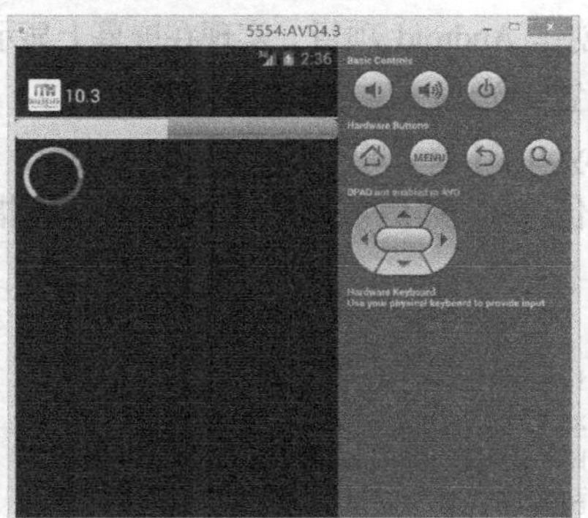

图 4-12　在屏幕中显示水平进度条和圆形进度条

4.2.3 拖动条和星级评分条

1. SeekBar 组件

SeekBar 组件表示拖动条，它与进度条类似，所不同的是，拖动条允许用户拖动滑块来改变值，通常用于实现对某种数值的调节。例如，调节图片的透明度或是音量等。

在 Android 中，如果想在屏幕中添加拖动条，可以在 XML 布局文件中通过<SeekBar>标记添加，基本语法格式如下。

```
<SeekBar
android:layout_height="wrap_content"
android:id="@+id/seekBar1"
android:layout_width="match_parent">
</SeekBar>
```

SeekBar 组件允许用户改变拖动滑块的外观，这可以使用 android:thumb 属性实现，该属性的属性值为一个 Drawable 对象，这个 Drawable 对象将作为自定义滑块。

由于拖动条可以被用户控制，所以需要为其添加 OnSeekBarChangeListener 监听器。为拖动条添加监听器的基本代码如下。

```
seekbar.setOnSeekBarChangeListener(new OnSeekBarChangeListener() {
    @Override
    public void onStopTrackingTouch(SeekBar seekBar) {
        // 要执行的代码
    }
    @Override
    public void onStartTrackingTouch(SeekBar seekBar) {
        // 要执行的代码
    }
    @Override
    public void onProgressChanged(SeekBar seekBar, int progress,
            boolean fromUser) {
        // 其他要执行的代码
    }
});
```

上面的代码中，onProgressChanged()方法中的参数 progress 表示当前进度，也就是拖动条的值。

下面通过一个具体的实例说明拖动条的具体应用。

【例 4-13】 在 Eclipse 中创建 Android 项目，实现在屏幕上显示拖动条，并为其添加 OnSeekBarChangeListener 监听器。（实例位置：光盘\MR\源码\第 4 章\4-13）

（1）修改新建项目的 res/layout 目录下的布局文件 main.xml，将默认添加的 TextView 组件的 android:text 属性值修改为当前值 50，然后添加一个拖动条，并指定拖动条的当前值和最大值。修改后的代码如下。

```
<TextView
    android:text="当前值：50"
    android:id="@+id/textView1"
    android:layout_width="wrap_content"
    android:layout_height="wrap_content"/>
<!-- 拖动条 -->
```

```
<SeekBar
    android:layout_height="wrap_content"
    android:id="@+id/seekBar1"
    android:max="100"
    android:progress="50"
    android:padding="10px"
    android:layout_width="match_parent"/>
```

（2）在主活动 MainActivity 中，定义一个 SeekBar 类的对象，用于表示拖动条，具体代码如下。

```
private SeekBar seekbar;                          // 拖动条
```

（3）在主活动的 onCreate()方法中，首先获取布局文件中添加的文本视图和拖动条，然后为拖动条添加 OnSeekBarChangeListener 事件监听器，并且在重写的 onStopTrackingTouch()和 onStartTrackingTouch()方法中应用消息提示框显示对应状态，在 onProgressChanged()方法中修改文本视图的值为当前进度条的进度值，具体代码如下。

```
final TextView result=(TextView)findViewById(R.id.textView1);      // 获取文本视图
seekbar = (SeekBar) findViewById(R.id.seekBar1);                   // 获取拖动条
seekbar.setOnSeekBarChangeListener(new OnSeekBarChangeListener() {
    @Override
    public void onStopTrackingTouch(SeekBar seekBar) {
        Toast.makeText(MainActivity.this, "结束滑动", Toast.LENGTH_SHORT).show();
    }
    @Override
    public void onStartTrackingTouch(SeekBar seekBar) {
        Toast.makeText(MainActivity.this, "开始滑动", Toast.LENGTH_SHORT).show();
    }
    @Override
    public void onProgressChanged(SeekBar seekBar, int progress,boolean fromUser){
        result.setText("当前值: "+progress);                       // 修改文本视图的值
    }
});
```

运行本实例，在屏幕中将显示默认进度为 50 的拖动条，如图 4-13 所示。用鼠标拖动圆形滑块，在上方的文本视图中将显示改变后的当前进度，并且通过消息提示框显示开始拖动和结束拖动的提示信息。

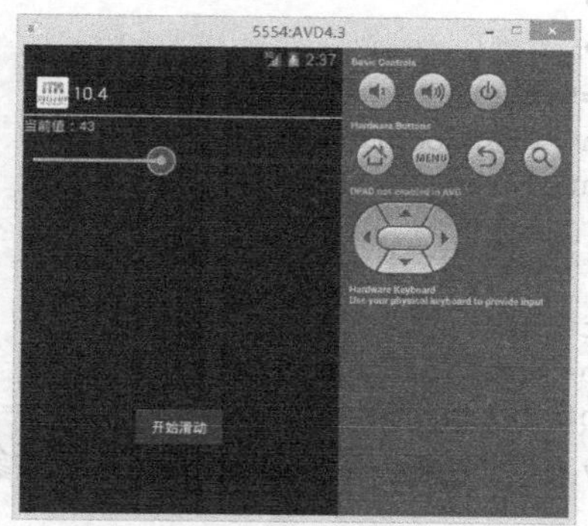

图 4-13　在屏幕中显示拖动条

2. RatingBar 组件

星级评分条与进度条类似，都允许用户拖动来改变进度，所不同的是，星级评分条通过星星表示进度。通常情况下，使用星级评分条表示对某一事物的支持度或是对某种服务的满意程度等。例如，淘宝网中对卖家的好评度就是通过星级评分条实现的。

在 Android 中，如果想在屏幕中添加星级评分条，可以在 XML 布局文件中通过<RatingBar>标记添加，基本语法格式如下。

```
<RatingBar
    属性列表
>
</RatingBar>
```

RatingBar 组件支持的 XML 属性如表 4-6 所示。

表 4-6　RatingBar 支持的 XML 属性

XML 属性	描　述
android:isIndicator	用于指定该星级评分条是否允许用户改变，true 为不允许改变
android:numStars	用于指定该星级评分条总共有多少个星
android:rating	用于指定该星级评分条默认的星级
android:stepSize	用于指定每次最少需要改变多少个星级，默认为 0.5 个

除了表 4-6 中介绍的属性外，星级评分条还提供了以下 3 个比较常用的方法。

- getRating()方法：用于获取等级，表示被选中了几颗星。
- getStepSize()方法：用于获取每次最少要改变多少个星级。
- getProgress()方法：用于获取进度，获取到的进度值等于（getRating()方法的返回值）*（getStepSize()方法的返回值）。

下面通过一个具体的例子来说明星级评分条的具体应用。

【例 4-14】在 Eclipse 中创建 Android 项目，实现星级评分条。（实例位置：光盘\MR\源码\第 4 章\4-14）

（1）修改新建项目的 res/layout 目录下的布局文件 main.xml，将默认添加的 TextView 组件删除，并添加一个星级评分条和一个普通按钮。修改后的代码如下。

```
<!-- 星级评分条 -->
<RatingBar
    android:id="@+id/ratingBar1"
    android:numStars="5"
    android:rating="3.5"
    android:isIndicator="true"
    android:layout_width="wrap_content"
    android:layout_height="wrap_content"/>
<Button
    android:text="提交"
    android:id="@+id/button1"
    android:layout_width="wrap_content"
    android:layout_height="wrap_content"/>
```

（2）在主活动 MainActivity 中，定义一个 RatingBar 类的对象，用于表示星级评分条，具体代码如下。

```
private RatingBar ratingbar;                          // 星级评分条
```

（3）在主活动的 onCreate()方法中，首先获取布局文件中添加的星级评分条，然后获取提交按钮，并为其添加单击事件监听器。在重写的 onClick()事件中，获取进度、等级和每次最少要改变多少个星级，并显示到日志中，同时通过消息提示框显示获得的星的个数。关键代码如下。

```
ratingbar = (RatingBar) findViewById(R.id.ratingBar1);   // 获取星级评分条
Button button=(Button)findViewById(R.id.button1);         // 获取提交按钮
button.setOnClickListener(new OnClickListener() {
    @Override
    public void onClick(View v) {
        int result=ratingbar.getProgress();                // 获取进度
        float rating=ratingbar.getRating();                // 获取等级
        float step=ratingbar.getStepSize();                // 获取每次最少要改变多少个星级
        Log.i("星级评分条","step="+step+" result="+result+" rating="+rating);
        Toast.makeText(MainActivity.this, "你得到了"+rating+"颗星", Toast.LENGTH_
SHORT).show();
    }
});
```

运行本实例，在屏幕中将显示星级评分条，单击“提交”按钮，可以在弹出的消息提示框中显示有几颗星被选中，如图 4-14 所示。

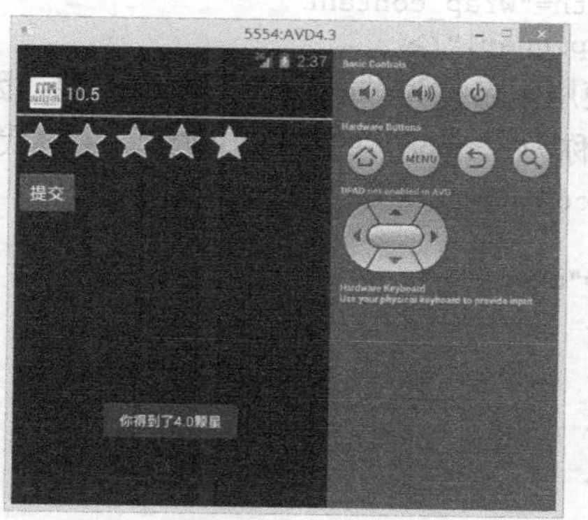

图 4-14　在屏幕中显示星级评分条

4.2.4　列表选择框（Spinner）

Android 中提供的 Spinner 列表选择框相当于在网页中常见的下拉列表框，通常用于提供一系列可选择的列表项，供用户进行选择，从而方便用户。

在 Android 中，可以使用两种方法向屏幕中添加列表选择框，一种是通过在 XML 布局文件中使用<Spinner>标记添加；另一种是在 Java 文件中，通过 new 关键字创建出来。推荐采用第一种方法，也就是通过<Spinner>在 XML 布局文件中添加。在 XML 布局文件中添加列表选择框的基本格式如下。

```
<Spinner
    android:prompt="@string/info"
    android:entries="@array/数组名称"
    android:layout_height="wrap_content"
    android:layout_width="wrap_content"
    android:id="@+id/ID号"
/>
```

其中，android:entries 为可选属性，用于指定列表项，如果在布局文件中不指定该属性，可以在 Java 代码中通过为其指定适配器的方式指定；android:prompt 属性也是可选属性，用于指定列表选择框的标题。

在 Android 4.3 中，采用默认的主题（Theme.Holo）时，android:prompt 属性看不到具体的效果。但是如果采用 Theme.Black 时，就可以看到在弹出的下拉框上显示该标题。

通常情况下，如果列表选择框中要显示的列表项是可知的，那么我们会将其保存在数组资源文件中，然后通过数组资源来为列表选择框指定列表项。这样，就可以在不编写 Java 代码的情况下实现一个列表选择框。下面通过一个具体的实例来说明如何在不编写 Java 代码的情况下，在屏幕中添加列表选择框。

【例 4-15】 在 Eclipse 中创建 Android 项目，实现在屏幕中添加列表选择框，并获取列表选择框的选择项值的功能。（实例位置：光盘\MR\源码\第 4 章\4-15）

（1）在布局文件中添加一个<Spinner>组件，并为其指定 android:entries，具体代码如下。

```
<Spinner
    android:entries="@array/ctype"
    android:layout_height="wrap_content"
    android:layout_width="wrap_content"
    android:id="@+id/spinner1"/>
```

（2）在上面的代码中，使用了名称为“ctype”的数组资源，因此，需要在 res/value 目录的 strings.xml 资源文件中添加名称为“ctype”的字符串数组。关键代码如下。

```
<?xml version="1.0" encoding="utf-8"?>
<resources>
    <string-array name="ctype">
     <item>身份证</item>
     <item>学生证</item>
     <item>军人证</item>
     <item>工作证</item>
     <item>其他</item>
    </string-array>
</resources>
```

（3）这样，就可以在屏幕中添加一个列表选择框，在屏幕上添加列表选择框后，可以使用列表选择框的 getSelectedItem()方法获取列表选择框的选中值。例如，要获取列表选择框的选中项的值，可以使用下面的代码。

```
Spinner spinner = (Spinner) findViewById(R.id.spinner1);      // 获取 spinner1 组件
spinner.getSelectedItem();
```

（4）添加列表选择框后，如果需要在用户选择不同的列表项后执行相应的处理，则可以为该列表选择框添加 OnItemSelectedListener 事件监听。例如，为 Spinner 添加选择列表项事件监听，并在 onItemSelected()方法中获取选择项的值输出到日志中，可以使用下面的代码。

```
// 为选择列表框添加 OnItemSelectedListener 事件监听
spinner.setOnItemSelectedListener(new OnItemSelectedListener() {
    @Override
    public void onItemSelected(AdapterView<?> parent, View arg1,
         int pos, long id) {
         String result = parent.getItemAtPosition(pos).toString();// 获取选择项的值
         Toast.makeText(MainActivity.this, result, Toast.LENGTH_SHORT).show();
    }
    @Override
```

```
    public void onNothingSelected(AdapterView<?> arg0) {
    }
});
```

运行本实例，将显示如图 4-15 所示的运行结果。

图 4-15　显示列表选择框并获取其选择项

4.2.5　列表视图（ListView）

列表视图是 Android 中最常用的一种视图组件，它以垂直列表的形式列出需要显示的列表项。例如，显示系统设置项或功能内容列表等。在 Android 中，可以使用两种方法向屏幕中添加列表视图，一种是直接使用 ListView 组件创建，另一种是让 Activity 继承 ListActivity 实现。下面分别进行介绍。

1. 直接使用 ListView 组件创建

直接使用 ListView 组件创建列表视图，也可以有两种方式，一种是通过在 XML 布局文件中使用<ListView>标记添加；另一种是在 Java 文件中，通过 new 关键字创建出来。推荐采用第一种方法，也就是通过<ListView>在 XML 布局文件中添加。在 XML 布局文件中添加 ListView 的基本格式如下。

```
<ListView
属性列表
/>
```

ListView 支持的常用 XML 属性如表 4-7 所示。

表 4-7　ListView 支持的 XML 属性

XML 属性	描　述
android:divider	用于为列表视图设置分隔条，既可以用颜色分隔，也可以用 Drawable 资源分隔
android:dividerHeight	用于设置分隔条的高度
android:entries	用于通过数组资源为 ListView 指定列表项
android:footerDividersEnabled	用于设置是否在 footer View 之前绘制分隔条，默认值为 true，设置为 false 时，表示不绘制。使用该属性时，需要通过 ListView 组件提供的 addFooterView()方法为 ListView 设置 footer View
android:headerDividersEnabled	用于设置是否在 header View 之后绘制分隔条，默认值为 true，设置为 false 时，表示不绘制。使用该属性时，需要通过 ListView 组件提供的 addHeaderView()方法为 ListView 设置 header View

【例 4-16】 在 Eclipse 中创建 Android 项目，实现通过数组资源为 ListView 设置列表项的功能。（实例位置：光盘\MR\源码\第 4 章\4-16）

（1）修改新建项目的 res/layout 目录下的布局文件 main.xml，将默认添加的 TextView 组件删除，并添加一个 ListView 组件，通过数组资源为其设置列表项，具体代码如下。

```
<ListView android:id="@+id/listView1"
    android:entries="@array/ctype"
    android:layout_height="wrap_content"
    android:layout_width="match_parent"/>
```

（2）在上面的代码中，使用了名称为“ctype”的数组资源，因此，需要在 res/value 目录的 strings.xml 资源文件中添加名称为“ctype”的字符串数组。关键代码如下。

```
<resources>
    <string-array name="ctype">
     <item>C#编程词典</item>
     <item>JAVA 编程词典</item>
     <item>VB 编程词典</item>
     <item>VC 编程词典</item>
     <item>ASP 编程词典</item>
     <item>Delphi 编程词典</item>
     <item>ASP.NET 编程词典</item>
    </string-array>
</resources>
```

运行本实例，将显示如图 4-16 所示的列表视图。

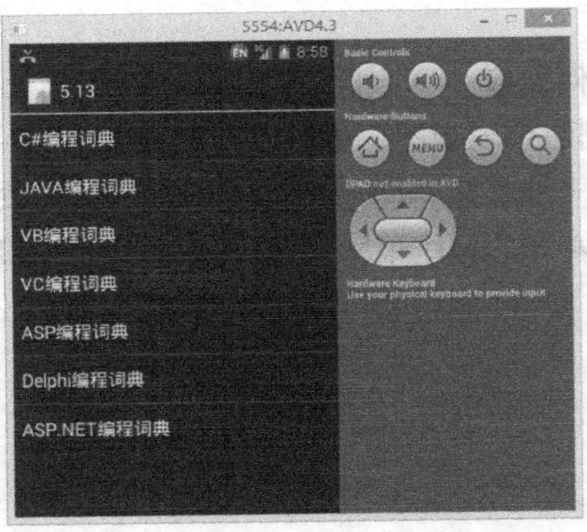

图 4-16　在布局文件中添加的列表视图

在使用列表视图时，重要的是如何设置选项内容。ListView 如果在布局文件中没有为其指定要显示的列表项，也可以通过为其设置 Adapter 来指定需要显示的列表项。通过 Adapter 来为 ListView 指定要显示的列表项，可以分为以下两个步骤。

（1）创建 Adapter 对象。对于纯文字的列表项，通常使用 ArrayAdapter 对象。创建 ArrayAdapter 对象通常可以有两种情况，一种是通过数组资源文件创建，另一种是通过在 Java 文件中使用字符串数组创建。

- 通过数组资源文件创建

通过数组资源文件创建适配器，需要使用 ArrayAdapter 类的 createFromResource()方法，具体代码如下。

```
ArrayAdapter<CharSequence> adapter = ArrayAdapter.createFromResource(
```

```
this, R.array.ctype,android.R.layout. simple_list_item_checked);
```

❑ 通过在 Java 文件中使用字符串数组创建

通过在 Java 文件中使用字符串数组创建适配器，首先需要创建一个一维的字符串数组，用于保存要显示的列表项，然后使用 ArrayAdapter 类的构造方法 ArrayAdapter(Context context, int textViewResourceId, T[] objects)创建一个 ArrayAdapter 类的对象。具体代码如下。

```
String[] ctype=new String[]{"身份证","学生证","军人证"};
ArrayAdapter<String>    adapter=new    ArrayAdapter<String>(this,android.R.layout.
simple_list_item_checked,ctype);
```

这里需要注意的是，在创建 ArrayAdapter 对象时，需要指定列表项的外观形式。为 ListView 指定的外观形式通常有以下 5 种。

- simple_list_item_1：每个列表项都是一个普通的文本。
- simple_list_item_2：每个列表项都是一个普通的文本（字体略大）。
- simple_list_item_checked：每个列表项都有一个已勾选的列表项。
- simple_list_item_multiple_choice：每个列表项都是带多选框的文本。
- simple_list_item_single_choice：每个列表项都是带单选按钮的文本。

（2）将创建的适配器对象与 ListView 相关联，可以通过 ListView 对象的 setAdapter()方法实现。具体的代码如下。

```
listView.setAdapter(adapter);                          //将适配器与 ListView 关联
```

下面通过一个具体的实例演示如何使用适配器指定列表项的方式创建 ListView。

【例 4-17】 在 Eclipse 中创建 Android 项目，实现在屏幕中添加列表视图，并为其设置 footer view 和 header view 的功能。（实例位置：光盘\MR\源码\第 4 章\4-17）

（1）修改新建项目的 res/layout 目录下的布局文件 main.xml，将默认添加的 TextView 组件删除，并添加一个 ListView 组件。添加 ListView 组件的布局代码如下。

```
<ListView
    android:id="@+id/listView1"
    android:layout_width="match_parent"
    android:layout_height="wrap_content"
    android:divider="@drawable/icon"
    android:dividerHeight="3px"/>
```

在上面的代码中，为 ListView 组件设置了作为分隔图的图像以及分隔符的高度。

（2）在主活动的 onCreate()方法中为 ListView 组件创建并关联适配器。首先获取布局文件中添加的 ListView，然后创建适配器，并将其与 ListView 相关联。关键代码如下。

```
ListView listView=(ListView) findViewById(R.id.listView1);   // 获取 listView1 组件
/****************创建用于为 ListView 指定列表项的适配器*******************/
String[] ctype=new String[]{"C#编程词典","JAVA 编程词典","VB 编程词典","VC 编程词典
","ASP.NET 编程词典"};
ArrayAdapter<String>    adapter=new    ArrayAdapter<String>(this,android.R.layout.
simple_list_item_checked,ctype);
/**************************************************************************/
listView.setAdapter(adapter);                             // 将适配器与 ListView 关联
```

（3）为了在单击 ListView 的各列表项时获取选择项的值，需要为 ListView 添加 OnItem ClickListener 事件监听。具体代码如下。

```
listView.setOnItemClickListener(new OnItemClickListener() {
    @Override
public void onItemClick(AdapterView<?> parent, View arg1, int pos,   long id) {
        String result = parent.getItemAtPosition(pos).toString();// 获取选择项的值
    Toast.makeText(MainActivity.this, result, Toast.LENGTH_SHORT).show();
    }
});
```

运行本实例，将显示如图 4-17 所示的运行结果。

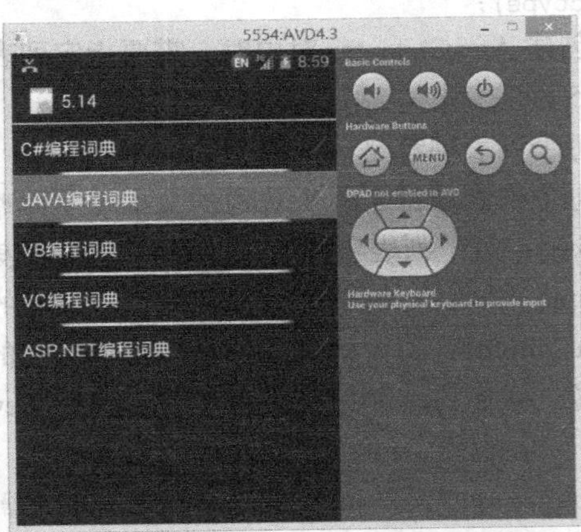

图 4-17　使用适配器为 ListView 设置列表项

2. 让 Activity 继承 ListActivity 实现

如果程序的窗口仅仅需要显示一个列表，则可以直接让 Activity 继承 ListActivity 来实现。继承了 ListActivity 的类中无需调用 setContentView()方法来显示页面，而是可以直接为其设置适配器，从而显示一个列表。下面通过一个实例来说明如何通过继承 ListActivity 实现列表。

【例 4-18】 在 Eclipse 中创建 Android 项目，通过在 Activity 中继承 ListActivity 实现列表。（实例位置：光盘\MR\源码\第 4 章\4-18）

（1）将新建项目中的主活动 MainActivity 修改为继承 ListActivity 的类，并将默认的设置用户布局的代码删除。然后在 onCreate()方法中，创建作为列表项的 Adapter，并且使用 setListAdapter()方法将其添加到列表中。关键代码如下。

```
public class MainActivity extends ListActivity {
    @Override
    public void onCreate(Bundle savedInstanceState) {
        super.onCreate(savedInstanceState);
        /****************创建用于为 ListView 指定列表项的适配器*******************/
        String[] ctype=new String[]{"C#编程词典","JAVA 编程词典","VB 编程词典","VC 编程
词典","ASP.NET 编程词典"};
        ArrayAdapter<String> adapter=new ArrayAdapter<String>(this,
        android.R.layout.simple_list_item_single_choice,ctype);
    /*****************************************************************************/
        setListAdapter(adapter);                                   // 设置该窗口中显示的列表
    }
}
```

（2）为了在单击 ListView 的各列表项时，获取选择项的值，需要重写父类中的 onListItemClick()方法，具体代码如下。

```
@Override
```

```
protected void onListItemClick(ListView l, View v, int position, long id) {
    super.onListItemClick(l, v, position, id);
        String result = l.getItemAtPosition(position).toString(); // 获取选择项的值
            Toast.makeText(MainActivity.this, result, Toast.LENGTH_SHORT).show();
        }
}
```

4.2.6　网格视图（GridView）

GridView 网格视图是按照行、列分布的方式来显示多个组件，通常用于显示图片或是图标等。在使用网格视图时，首先需要在屏幕上添加 GridView 组件，通常使用<GridView>标记在 XML 布局文件中添加。在 XML 布局文件中添加网格视图的基本语法如下。

```
<GridView
    属性列表
>
</GridView>
```

GridView 组件支持的 XML 属性如表 4-8 所示。

表 4-8　　GridView 支持的 XML 属性

XML 属性	描　述
android:columnWidth	用于设置列的宽度
android:gravity	用于设置对齐方式
android:horizontalSpacing	用于设置各元素之间的水平间距
android:numColumns	用于设置列数，其属性值通常为大于 1 的值。如果只有一列，那么最好使用 ListView 实现
android:stretchMode	用于设置拉伸模式，其中属性值可以是 none（不拉伸）、spacingWidth（仅拉伸元素之间的间距）、columnWidth（仅拉伸表格元素本身）或 spacingWidthUniform（表格元素本身、元素之间的间距一起拉伸）
android:verticalSpacing	用于设置各元素之间的垂直间距

GridView 与 ListView 类似，都需要通过 Adapter 来提供要显示的数据。在使用 GridView 组件时，通常使用 SimpleAdapter 或者 BaseAdapter 类为 GridView 组件提供数据。下面通过一个具体的实例演示通过 SimpleAdapter 适配器指定内容的方式创建 GridView。

【例 4-19】 在 Eclipse 中创建 Android 项目，实现在屏幕中添加用于显示照片和说明文字的网格视图。（实例位置：光盘\MR\源码\第 4 章\4-19）

（1）修改新建项目的 res/layout 目录下的布局文件 main.xml，将默认添加的 TextView 组件删除，然后添加一个 id 属性为 gridView1 的 GridView 组件，并设置其列数为 4，也就是每行显示 4 张图片。修改后的代码如下。

```
<GridView android:id="@+id/gridView1"
    android:layout_height="wrap_content"
    android:layout_width="match_parent"
    android:stretchMode="columnWidth"
    android:numColumns="4"></GridView>
```

（2）编写用于布局网格内容的 XML 布局文件 items.xml。在该文件中，采用垂直线性布局，并在该布局管理器中添加一个 ImageView 组件和一个 TextView 组件，分别用于显示网格视图中的图片和说明文字。具体代码如下。

```
<?xml version="1.0" encoding="utf-8"?>
<LinearLayout
 xmlns:android="http://schemas.android.com/apk/res/android"
 android:orientation="vertical"
  android:layout_width="match_parent"
  android:layout_height="match_parent">
<ImageView
    android:id="@+id/image"
    android:paddingLeft="10px"
    android:scaleType="fitCenter"
    android:layout_height="wrap_content"
    android:layout_width="wrap_content"/>
 <TextView
   android:layout_width="wrap_content"
   android:layout_height="wrap_content"
   android:padding="5px"
   android:layout_gravity="center"
   android:id="@+id/title"
   />
</LinearLayout>
```

（3）在主活动的 onCreate()方法中，首先获取布局文件中添加的 ListView 组件，然后创建两个用于保存图片 ID 和说明文字的数组，并将这些图片 ID 和说明文字添加到 List 集合中，再创建一个 SimpleAdapter 简单适配器，最后将该适配器与 GridView 相关联。具体代码如下。

```
GridView gridview = (GridView) findViewById(R.id.gridView1); // 获取GridView组件
int[] imageId = new int[] { R.drawable.img01, R.drawable.img02,
        R.drawable.img03, R.drawable.img04, R.drawable.img05,
        R.drawable.img06, R.drawable.img07, R.drawable.img08,
        R.drawable.img09, R.drawable.img10, R.drawable.img11,
        R.drawable.img12, };                          // 定义并初始化保存图片id的数组
// 定义并初始化保存说明文字的数组
String[] title = new String[] { "花开富贵", "海天一色", "日出", "天路", "一枝独秀","云",
"独占鳌头",
        "蒲公英花","花团锦簇","争奇斗艳","和谐","林间小路" };
// 创建一个list集合
List<Map<String, Object>> listItems = new ArrayList<Map<String, Object>>();
// 通过for循环将图片id和列表项文字放到Map中，并添加到List集合中
for (int i = 0; i < imageId.length; i++) {
    Map<String, Object> map = new HashMap<String, Object>();
    map.put("image", imageId[i]);
    map.put("title", title[i]);
    listItems.add(map);                               // 将map对象添加到List集合中
}
SimpleAdapter adapter = new SimpleAdapter(this,
                        listItems,
                        R.layout.items,
                        new String[] { "title", "image" },
                        new int[] {R.id.title, R.id.image }
);                                                    // 创建SimpleAdapter
gridview.setAdapter(adapter);                         // 将适配器与GridView关联
```

运行本实例，将显示如图 4-18 所示的运行结果。

图 4-18 通过 GridView 显示的照片列表

4.2.7 画廊视图（Gallery）

画廊视图使用 Gallery 表示，能够按水平方向显示内容，并且可以用手指直接拖动图片移动，一般用来浏览图片，被选中的选项位于中间，并且可以响应事件显示信息。在使用画廊视图时，通常使用<Gallery>标记在 XML 布局文件中添加。在 XML 布局文件中添加画廊视图的基本语法如下。

```
< Gallery
    属性列表
/>
```

Gallery 组件支持的 XML 属性如表 4-9 所示。

表 4-9 Gallery 支持的 XML 属性

XML 属性	描 述
android:animationDuration	用于设置列表项切换时的动画持续时间
android:gravity	用于设置对齐方式
android:spacing	用于设置列表项之间的间距
android:unselectedAlpha	用于设置没有选中的列表项的透明度

使用画廊视图，需要使用 Adapter 提供要显示的数据，通常使用 BaseAdapter 类为 Gallery 组件提供数据。下面将通过一个具体的实例演示通过 BaseAdapter 适配器为 Gallery 组件提供要显示的图片。

【例 4-20】 在 Eclipse 中创建 Android 项目，主要用来在屏幕中添加画廊视图，实现浏览图片的功能。（实例位置：光盘\MR\源码\第 4 章\4-20）

（1）修改新建项目的 res/layout 目录下的布局文件 main.xml，将默认添加的 TextView 组件删除，然后添加一个 id 属性为 gallery1 的 Gallery 组件，并设置其列表项之间的间距为 5 像素，以及未选中项的透明度。修改后的代码如下。

```
<Gallery
    android:id="@+id/gallery1"
    android:spacing="5px"
    android:unselectedAlpha="0.6"
    android:layout_width="match_parent"
    android:layout_height="wrap_content" />
```

（2）在主活动 MainActivity 中，定义一个用于保存要显示图片 ID 的数组（需要将要显示的图片复制到 res/drawable 文件夹中），关键代码如下。

```
private int[] imageId = new int[] { R.drawable.img01, R.drawable.img02,
        R.drawable.img03, R.drawable.img04, R.drawable.img05 };
```

（3）在主活动的 onCreate()方法中，获取在布局文件中添加的画廊视图，关键代码如下：

```
Gallery gallery = (Gallery) findViewById(R.id.gallery1);    //获取 Gallery 组件
```

（4）在 res/values 目录的 strings.xml 文件中，定义一个 styleable 对象，用于组合多个属性。这里只指定了一个系统自带的 android:galleryItemBackground 属性，用于设置各选项的背景。关键代码如下。

```
<resources>
    <declare-styleable name="Gallery">
    <attr name="android:galleryItemBackground" />
    </declare-styleable>
</resources>
```

（5）创建 BaseAdapter 类的对象，并重写其中的 getView()、getItemId()、getItem()和 getCount()方法，其中最主要的是重写 getView()方法来设置显示图片的格式。具体代码如下。

```
BaseAdapter adapter = new BaseAdapter() {
    @Override
    public View getView(int position, View convertView, ViewGroup parent) {
        ImageView imageview;                                         // 声明 ImageView 的对象
        if (convertView == null) {
            imageview = new ImageView(MainActivity.this);    // 创建 ImageView 的对象
            imageview.setScaleType(ImageView.ScaleType.FIT_XY); // 设置缩放方式
            imageview.setLayoutParams(new Gallery.LayoutParams(180, 135));
            TypedArray typedArray = obtainStyledAttributes(R.styleable.Gallery);
            imageview.setBackgroundResource(typedArray.getResourceId(
R.styleable.Gallery_android_galleryItemBackground,0));
            imageview.setPadding(5, 0, 5, 0);               // 设置 ImageView 的内边距
        } else {
            imageview = (ImageView) convertView;
        }
        imageview.setImageResource(imageId[position]);// 为 ImageView 设置要显示的图片
        return imageview;                                 // 返回 ImageView
    }
    /*
     * 功能：获得当前选项的 ID
     */
    @Override
    public long getItemId(int position) {
        return position;
    }
    /*
     * 功能：获得当前选项
     */
    @Override
    public Object getItem(int position) {
        return position;
    }
    /*
     * 获得数量
     */
    @Override
```

```
        public int getCount() {
            return imageId.length;
        }
    };
```

（6）将步骤（5）中创建的适配器与 Gallery 关联，并且让中间的图片选中。为了在用户单击某张图片时显示对应的位置，还需要为 Gallery 添加单击事件监听。具体代码如下。

```
    gallery.setAdapter(adapter);                         // 将适配器与 Gallery 关联
    gallery.setSelection(imageId.length / 2);            // 让中间的图片选中
    gallery.setOnItemClickListener(new OnItemClickListener() {
        @Override
    public void onItemClick(AdapterView<?> parent, View view,int position, long id) {
            Toast.makeText(MainActivity.this,"您选择了第" + String.valueOf(position) +
"张图片",Toast.LENGTH_SHORT).show();
        }
    });
```

运行本实例，将显示如图 4-19 所示的运行结果。

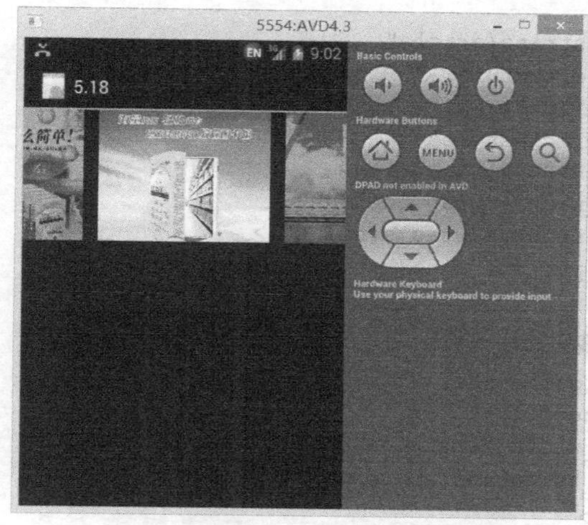

图 4-19　使用 Gallery 组件显示图片列表

4.3　综合实例——实现“我同意游戏条款”

在手机上玩游戏时，一般都会出现一个“我同意游戏条款”的界面。在该界面中，将显示一系列关于该游戏的注意条款，并且在下方有一个复选框，只有用户勾选了该复选框，才能显示进入游戏按钮。针对这样的需求，本实例要求实现一个“我同意游戏条款”的界面，如图 4-20 所示。当用户勾选“我同意”复选框时，在该复选框的下方将显示一个进入按钮。单击该按钮，将显示“进入游戏...”的消息提示，如图 4-21 所示。

程序开发步骤如下。

（1）修改新建项目的 res/layout 目录下的布局文件 main.xml，为默认添加的垂直线性布局添加背景，并设置该布局中的内容居中显示，然后添加一个用于显示游戏条款的 TextView 组件、一个“我同意”复选框和一个 ImageButton 图片按钮，并设置图片按钮默认为不显示，以及透明背景。修改后的代码如下。

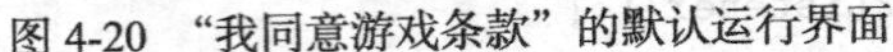

图 4-20 “我同意游戏条款”的默认运行界面

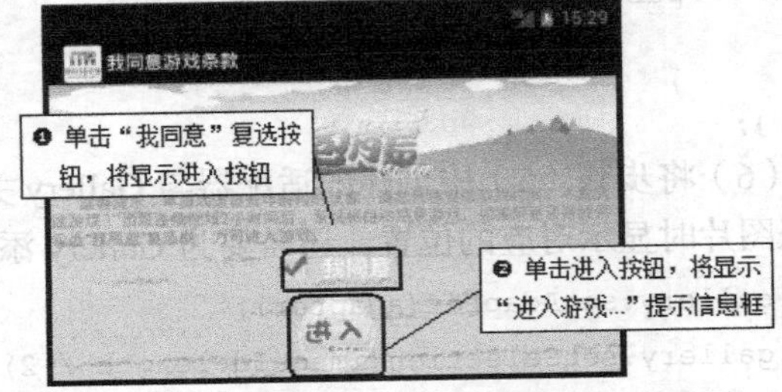

图 4-21 勾选“我同意”复选框后的运行效果

```
<LinearLayout xmlns:android="http://schemas.android.com/apk/res/android"
   android:orientation="vertical"
   android:layout_width="fill_parent"
   android:layout_height="fill_parent"
   android:background="@drawable/background"
    android:gravity="center"    >
    <!-- 显示游戏条款的 TextView -->
   <TextView
    android:text="@string/artcle"
    android:id="@+id/textView1"
    android:paddingTop="120px"
    style="@style/artclestyle"
    android:maxWidth="700px"
    android:layout_width="wrap_content"
    android:layout_height="wrap_content"/>
    <!-- “我同意”复选框 -->
   <CheckBox
    android:text="我同意"
    android:id="@+id/checkBox1"
    android:textSize="22px"
    android:layout_width="wrap_content"
    android:layout_height="wrap_content"/>
    <!-- 图片按钮 -->
    <ImageButton
        android:id="@+id/start"
        android:background="#0000"
        android:paddingTop="30px"
        android:visibility="invisible"
        android:layout_width="wrap_content"
        android:layout_height="wrap_content">
    </ImageButton>
  </LinearLayout>
```

（2）由于复选框默认的效果显示到本实例的绿色背景上时看不到前面的方块，所以我们需要改变复选框的默认效果。首先编写 Drawable 资源对应的 XML 文件 check_box.xml，用于设置复选框没有被选中时显示的图片，以及被选中时显示的图片。具体代码如下。

```
<selector xmlns:android="http://schemas.android.com/apk/res/android">
   <item android:state_checked="false"
        android:drawable="@drawable/check_f"/>
   <item android:state_checked="true"
       android:drawable="@drawable/check_t"/>
</selector>
```

（3）在 main.xml 布局文件中的复选框设置 android:button 属性，其属性值是在步骤（2）中编写的 Drawable 资源。关键代码如下。

```
android:button="@drawable/check_box"
```

（4）由于 ImageButton 组件设置背景透明后，将不再显示鼠标单击效果，所以需要通过 Drawable 资源来设置图片的 android:src 属性。首先编写一个 Drawable 资源对应的 XML 文件 button_state.xml，用于设置当鼠标按下时显示的图片，以及鼠标没有按下时显示的图片。具体代码如下。

```
<?xml version="1.0" encoding="utf-8"?>
<selector
 xmlns:android="http://schemas.android.com/apk/res/android">
  <item android:state_pressed="true" android:drawable="@drawable/start_b"/>
  <item android:state_pressed="false" android:drawable="@drawable/start_a"/>
</selector>
```

（5）为 main.xml 布局文件中的图片按钮设置 android:src 属性，其属性值是在步骤（4）中编写的 Drawable 资源。关键代码如下。

```
android:src="@drawable/button_state"
```

（6）在 res/values 目录下的 strings.xml 文件中，添加字符串变量 artcle，用于保存游戏条款。关键代码如下。

```
<string name="artcle">         温馨提示：本游戏适合各年龄段的玩家，请您合理安排游戏时间，不要沉迷游戏！
        当您连续在线 2 小时间后，系统将自动结束游戏。如果同意该条款请勾选“我同意”复选框，方可进入游戏。</string>
```

（7）在主活动的 onCreate()方法中，获取布局文件中添加的进入图片按钮和“我同意”复选框，并为复选框添加状态改变监听器，用于实现当复选框被选中时显示进入按钮，否则不显示进入按钮。具体代码如下。

```
final ImageButton imageButton=(ImageButton)findViewById(R.id.start); // 获取进入按钮
CheckBox checkbox=(CheckBox)findViewById(R.id.checkBox1);// 获取布局文件中添加的复选按钮
// 为复选按钮添加监听器
checkbox.setOnCheckedChangeListener(new OnCheckedChangeListener() {
    @Override
    public void onCheckedChanged(CompoundButton buttonView, boolean isChecked) {
        if(isChecked){                                          // 当复选按钮被选中
            imageButton.setVisibility(View.VISIBLE);            // 设置进入按钮显示
        }else{
            imageButton.setVisibility(View.INVISIBLE);          // 设置进入按钮不显示
        }
        imageButton.invalidate();                               // 重绘 ImageButton
    }
});
```

（8）为进入按钮添加单击事件监听器，用于实现当用户单击进入按钮时，显示一个消息提示框。具体代码如下。

```
imageButton.setOnClickListener(new OnClickListener() {
    @Override
    public void onClick(View v) {
        Toast.makeText(MainActivity.this, "进入游戏...", Toast.LENGTH_SHORT).show();
    }
});
```

知识点提炼

（1）在 Android 中，文本框使用 TextView 表示，用于在屏幕上显示文本，这与 Java 中的文本框组件不同，它相当于 Java 中的标签，也就是 JLable。

（2）在 Android 中，编辑框使用 EditText 表示，用于在屏幕上显示文本输入框，这与 Java 中的编辑框组件功能类似。

（3）在 Android 中，可以使用两种方法向屏幕中添加按钮，一种是通过在 XML 布局文件中使用<Button>标记添加；另一种是在 Java 文件中，通过 new 关键字创建出来。

（4）图片按钮与普通的使用方法基本相同，只不过图片按钮使用 ImageButton 关键字定义，并且还可以为其指定 android:src 属性，该属性用于设置要显示的图片。

（5）ImageView 也就是图像视图，用于在屏幕中显示任何 Drawable 对象，通常用来显示图片。

（6）可以通过为列表视图组件设置 Adapter 来指定需要显示的列表项。

（7）进度条使用 ProgressBar 表示，用于向用户显示某个耗时操作完成的百分比。

（8）画廊视图使用 Gallery 表示，能够按水平方向显示内容，并且可用手指直接拖动图片移动，一般用来浏览图片。被选中的选项位于中间，并且可以响应事件显示信息。

习　题

4-1　文本框支持的常用 XML 属性有哪些？

4-2　Android 常用的文本编辑组件有哪些？

4-3　描述 RadioButton 和 CheckBox 的使用区别。

4-4　要对一个应用评分，需要使用什么组件？

4-5　计时器组件使用什么标记表示？

4-6　AnalogClock 组件和 DigitalClock 组件有哪些区别？

实验：实现带图标的 ListView 列表

实验目的

（1）掌握 ListView 组件的使用方法。

（2）掌握如何为 Android 组件设置数据。

实验内容

在智能手机中，经常会用到带图标的列表来显示允许操作的功能。本实例将使用 ListView 组件和 SimpleAdapter 适配器实现一个带图标的 ListView 列表，用于显示手机的常用功能。

实验步骤

（1）在 Eclipse 中创建 Android 项目，修改新建项目的 res/layout 目录下的布局文件 main.xml。将默认添加的 TextView 组件删除，然后添加一个 id 属性为 listView1 的 ListView 组件。修改后的代码如下。

```
<ListView
    android:id="@+id/listView1"
    android:layout_height="wrap_content"
    android:layout_width="match_parent"/>
```

（2）编写用于布局列表项内容的 XML 布局文件 items.xml，在该文件中，采用水平线性布局，并在该布局管理器中添加一个 ImageView 组件和一个 TextView 组件，分别用于显示列表项中的图标和文字。具体代码如下。

```
<LinearLayout
  xmlns:android="http://schemas.android.com/apk/res/android"
  android:orientation="horizontal"
  android:layout_width="match_parent"
  android:layout_height="match_parent">
 <ImageView
     android:id="@+id/image"
     android:paddingRight="10px"
     android:paddingTop="20px"
     android:paddingBottom="20px"
     android:adjustViewBounds="true"
     android:maxWidth="72px"
     android:maxHeight="72px"
     android:layout_height="wrap_content"
     android:layout_width="wrap_content"/>
 <TextView
    android:layout_width="wrap_content"
    android:layout_height="wrap_content"
    android:padding="10px"
    android:layout_gravity="center"
    android:id="@+id/title"
    />
</LinearLayout>
```

（3）在主活动的 onCreate()方法中，首先获取布局文件中添加的 ListView，然后创建两个用于保存列表项图片 ID 和文字的数组，并将这些图片 ID 和文字添加到 List 集合中，再创建一个 SimpleAdapter 简单适配器，最后将该适配器与 ListView 相关联。具体代码如下。

```
ListView listview = (ListView) findViewById(R.id.listView1); // 获取列表视图
int[] imageId = new int[] { R.drawable.img01, R.drawable.img02, R.drawable.img03,
                R.drawable.img04, R.drawable.img05, R.drawable.img06,
                R.drawable.img07, R.drawable.img08 }; // 定义并初始化保存图片 id 的数组
String[] title = new String[] { "保密设置", "安全", "系统设置", "上网", "我的文档",
        "GPS 导航", "我的音乐", "E-mail" };          // 定义并初始化保存列表项文字的数组
// 创建 list 集合
List<Map<String, Object>> listItems = new ArrayList<Map<String, Object>>();
// 通过 for 循环将图片 id 和列表项文字放到 Map 中，并添加到 list 集合中
for (int i = 0; i < imageId.length; i++) {
    Map<String, Object> map = new HashMap<String, Object>();      // 实例化 Map 对象
```

```
    map.put("image", imageId[i]);
    map.put("title", title[i]);
    listItems.add(map);                                    // 将 map 对象添加到 List 集合
}
SimpleAdapter adapter = new SimpleAdapter(this, listItems,
        R.layout.items, new String[] { "title", "image" }, new int[] {
                R.id.title, R.id.image });                 // 创建 SimpleAdapter
listview.setAdapter(adapter);                              // 将适配器与 ListView 关联
```

SimpleAdapter 类的构造方法 SimpleAdapter(Context context, List<? extends Map<String, ?>> data, int resource, String[] from, int[] to) 中，第 1 个参数 context 用于指定关联 SimpleAdapter 运行的视图上下文；第 2 个参数 data 用于指定一个基于 Map 的列表，在该列表中的每个条目对应列表中的一行；第 3 个参数 resource 用于指定一个用于定义列表项目的视图布局文件的唯一标识；第 4 个参数 from 用于指定一个将被添加到 Map 上关联每一个项目的列名称的数组；第 5 个参数 to 用于指定一个与参数 from 显示列对应的视图 id 的数组。

程序运行效果如图 4-22 所示。

图 4-22　带图标的 ListView 列表

第 5 章 深入理解 Activity

本章要点：

- 在 AndroidManifest.xml 主设置文件中配置 Activity
- 在程序中演示 Activity 的生命周期
- 新建一个 Activity
- 启动一个或多个 Activity
- 在多个 Activity 之间实现相互传值

Activity 是 Andorid 系统中最基本也是最为常用的组件，在一个 Android 程序中，一个 Activiy 通常就是一个单独的屏幕。本章将对 Activity 进行详细讲解。

5.1 Android 核心对象——Activity

Activity 是 Android 系统提供的一个可视的用户交互接口，所有和用户的交互都发生在这里（类似于 Windows 的窗口）。Activity 在创建时生成各种控件视图（View），这些视图负责具体功能，例如 TextView、Button 等。Activity 通常使用全屏模式，也有浮动窗口模式（通过设置属性 windowIsFloating）和嵌入模式。下面将对 Activity 进行详细讲解。

5.1.1 Activity 概述

Activity 是 Android 程序中最基本的模块，它是为用户操作而展示的可视化用户界面。一个 Android 应用程序中可以只有一个 Activity，也可以包含多个。每个 Activity 的作用及数目取决于应用程序及其设计。例如，可以使用一个 Activity 展示一个菜单项列表供用户选择，也可以显示一些包含说明的照片等。

Activity 窗口显示的可视内容是由一系列视图构成的，这些视图均继承自 View 基类。每个视图均控制着窗口中一块特定的矩形空间，父级视图包含并组织其子视图的布局，而底层视图则在它们控制的矩形中进行绘制，并对用户操作做出响应。所以，视图是 Activity 与用户进行交互的界面。比如说，开发人员可以通过视图显示一个图片，然后在用户单击它时产生相应的动作。

Android 中有很多既定的视图供开发人员直接使用，比如按钮、文本域、卷轴、菜单项、复选框等。

5.1.2 Activity 的 4 种状态

Activity 作为 Android 应用程序最重要的一部分，主要有 4 种状态。

- Runing 状态：一个新 Activity 启动入栈后，在屏幕最前端，处于栈的最顶端，此时它处于可见并可和用户交互的激活状态。图 5-1 所示为一个 Activity 的 Runing 状态。
- Paused 状态：该状态是当 Activity 被另一个透明或者 Dialog 样式的 Activity 覆盖时的状态。此时 Activity 依然与窗口管理器保持连接，系统继续维护其内部状态，所以它仍然可见，但它已经失去了焦点，故不可与用户交互。图 5-2 所示为一个 Activity 的 Paused 状态。

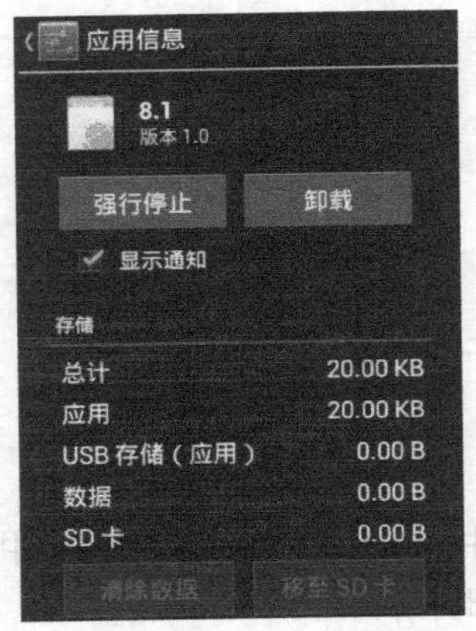

图 5-1 Activity 的 Runing 状态

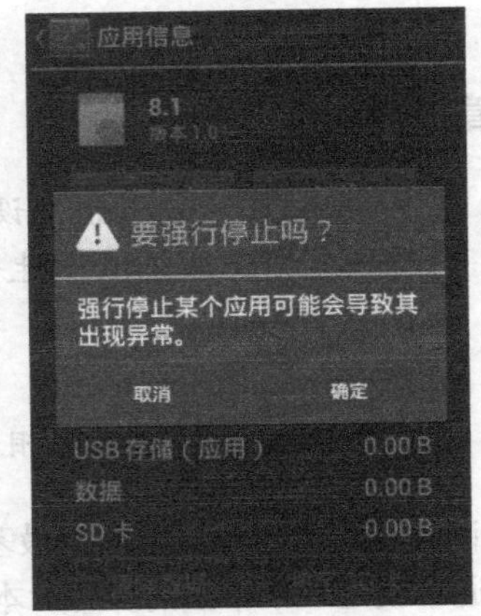

图 5-2 Activity 的 Paused 状态

- Stopped 状态：当 Activity 不可见时，Activity 处于 Stopped 状态。Activity 将继续保留在内存中保持当前的所有状态和成员信息。如果系统其他地方需要内存的话，这时它是被回收对象的主要候选。当 Activity 处于 Stopped 状态时，一定要保存当前数据和当前的 UI 状态，否则一旦 Activity 退出或关闭，当前的数据和 UI 状态就丢失了。
- Killed 状态：Activity 被杀掉以后或者被启动以前处于 Killed 状态。这时 Activity 已被移出 Activity 堆栈中，需要重新启动才可以显示和使用。

说明

Android 的 4 种状态中，Runing 状态和 Paused 状态是可见的，而 Stopped 状态和 Killed 状态是不可见的。

5.1.3 Activity 的生命周期

开发程序时，生命周期是大部分对象都需要考虑的一个问题。对象的生命周期一般都是从创建开始，到销毁结束。而 Activity 作为 Android 程序中的一个核心窗口对象，在使用时，有其特殊的生命周期。本节将对 Activity 的生命周期进行详细讲解。

1. Activity 生命周期概述

Android 程序创建时，系统会自动在其.java 源文件中重写 Activity 类的 onCreate()方法，该方法是创建 Activity 时必须调用的一个方法。另外，Activity 类中还提供了诸如 onStart()、onResume()、onPause()、onStop()和 onDestroy()等方法，这些方法的先后执行顺序构成了 Activity 对象的一个完整生命周期。图 5-3 是 Android 官方给出的 Activity 对象生命周期图。

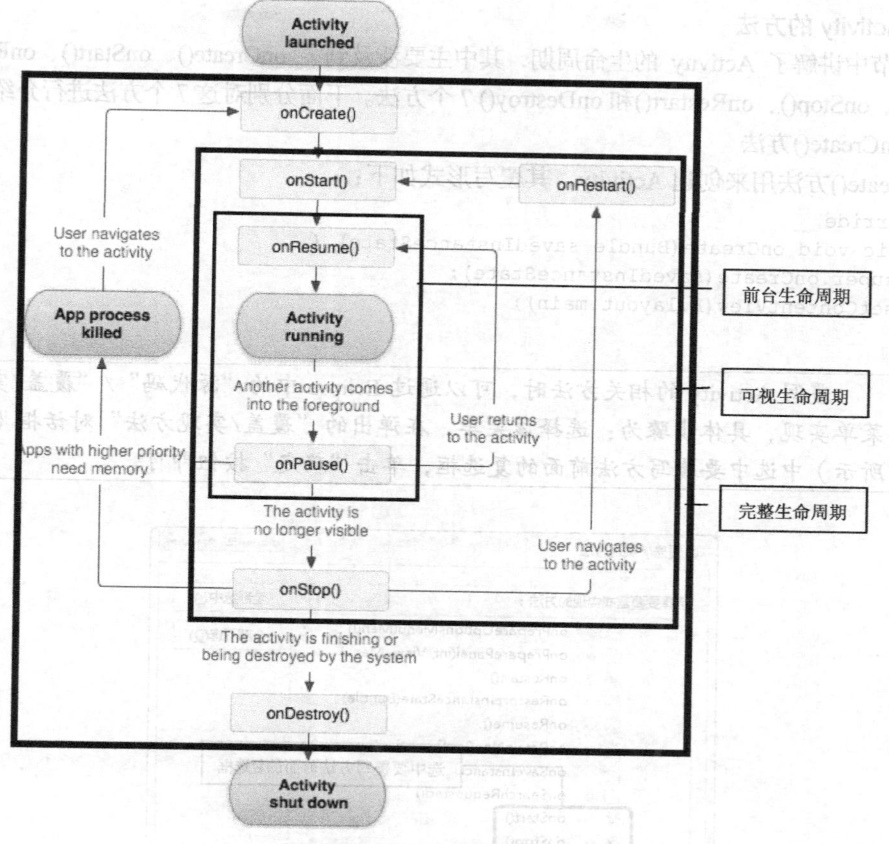

图 5-3　Activity 对象生命周期

图 5-3 所示的 Activity 对象生命周期图中涉及到了 onCreate()、onStart()、onResume()、onPause()、onStop()、onRestart()和 onDestroy() 7 个方法。这 7 个方法定义了 Activity 的完整生命周期，而该完整生命周期又可以分成 3 个嵌套生命周期循环，分别如下。

- 前台生命周期：自 onResume()调用起，至相应的 onPause()调用为止。在此期间，Activity 位于前台最上面，并与用户进行交互。Activity 会经常在暂停和恢复之间进行状态转换。例如，当设备转入休眠状态或者有新的 Activity 启动时，将调用 onPause()方法；而当 Activity 获得结果或者接收到新的 Intent 时，会调用 onResume()方法。
- 可视生命周期：自 onStart()调用开始，直到相应的 onStop()调用结束。在此期间，用户可以在屏幕上看到 Activity，尽管它也许并不是位于前台或者也不与用户进行交互。在这两个方法之间，可以保留用来向用户显示这个 Activity 所需的资源。例如，当用户看不到显示的内容时，可以在 onStart()中注册一个 BroadcastReceiver 广播接收器来监控可能影响 UI 的变化，而在 onStop()中来注消。onStart()和 onStop()方法可以随着应用程序是否被用户可见而被多次调用。
- 完整生命周期：自第一次调用 onCreate()开始，直至调用 onDestroy()为止。Activity 在 onCreate()中设置所有“全局”状态以完成初始化，而在 onDestroy()中释放所有系统资源。例如，如果 Activity 有一个线程在后台运行从网络上下载数据，它会在 onCreate()创建线程，而在 onDestroy()销毁线程。

2. Activity 的方法

上一节中讲解了 Activity 的生命周期，其中主要涉及到了 onCreate()、onStart()、onResume()、onPause()、onStop()、onRestart()和 onDestroy() 7 个方法。下面分别对这 7 个方法进行介绍。

❑ onCreate()方法

onCreate()方法用来创建 Activity，其覆写形式如下：

```
@Override
public void onCreate(Bundle savedInstanceState) {
    super.onCreate(savedInstanceState);
    setContentView(R.layout.main);
}
```

说明　覆写 Activity 的相关方法时，可以通过 Eclipse 中的"源代码"/"覆盖/实现方法"菜单实现，具体步骤为：选择该菜单，在弹出的"覆盖/实现方法"对话框（如图 5-4 所示）中选中要覆写方法前面的复选框，单击"确定"按钮即可。

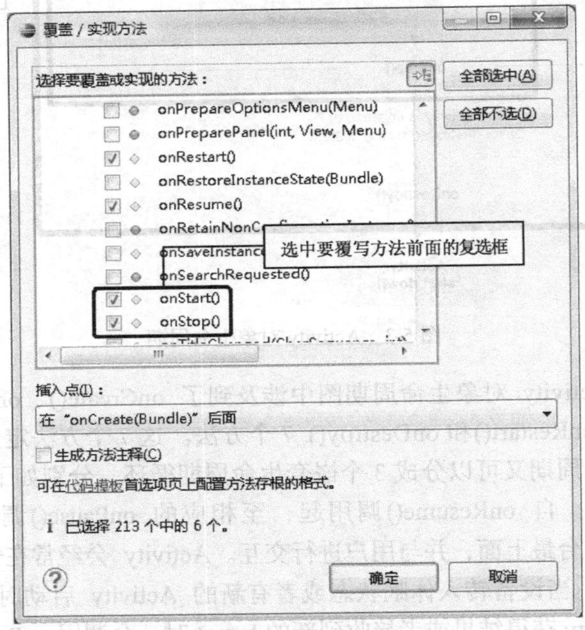

图 5-4 "覆盖/实现方法"对话框

❑ onStart()方法

onStart()方法用来启动 Activity，其覆写形式如下：

```
@Override
protected void onStart() {
    // TODO Auto-generated method stub
    super.onStart();
}
```

❑ onResume()方法

onResume()方法用来恢复 Activity，其覆写形式如下：

```
@Override
protected void onResume() {
    // TODO Auto-generated method stub
```

```
    super.onResume();
}
```

❑ onPause()方法

onPause()方法用来暂停 Activity，其覆写形式如下：

```
@Override
protected void onPause() {
    // TODO Auto-generated method stub
    super.onPause();
}
```

❑ onStop()方法

onStop()方法用来停止 Activity，其覆写形式如下：

```
@Override
protected void onStop() {
    // TODO Auto-generated method stub
    super.onStop();
}
```

❑ onRestart()方法

onRestart()方法用来重启 Activity，其覆写形式如下：

```
@Override
protected void onRestart() {
    // TODO Auto-generated method stub
    super.onRestart();
}
```

❑ onDestroy()方法

onDestroy()方法用来销毁 Activity，其覆写形式如下：

```
@Override
protected void onDestroy() {
    // TODO Auto-generated method stub
    super.onDestroy();
}
```

【例 5-1】 在 Eclipse 中创建 Android 项目，主要通过 onCreate()、onStart()、onResume()、onPause()、onStop()、onRestart()和 onDestroy() 7 个方法的调用，演示 Activity 的生命周期。（实例位置：光盘\MR\源码\第 5 章\5-1）

在创建 Android 项目时，由于 onCreate()方法默认进行覆写，所以在创建的 Android 项目中覆写另外 6 个方法 onStart()、onResume()、onPause()、onStop()、onRestart()和 onDestroy()，并分别在这 7 个方法的方法体内使用 Log.i 方法输出对应的方法名。代码如下：

```
@Override
public void onCreate(Bundle savedInstanceState) {                // 创建 Activity
   super.onCreate(savedInstanceState);
   setContentView(R.layout.main);
   Log.i("ACTIVITY", " MainActivity ==)onCreate");
}
@Override
protected void onDestroy() {                                     // 销毁 Activity
    // TODO Auto-generated method stub
    super.onDestroy();
    Log.i("ACTIVITY", " MainActivity ==》onDestroy");
}
@Override
```

```
protected void onPause() {                                       // 暂停 Activity
    // TODO Auto-generated method stub
    super.onPause();
    Log.i("ACTIVITY", " MainActivity==》onPause");
}
@Override
protected void onRestart() {                                     // 重启 Activity
    // TODO Auto-generated method stub
    super.onRestart();
    Log.i("ACTIVITY", " MainActivity ==》onRestart");
}
@Override
protected void onResume() {                                      // 恢复 Activity
    // TODO Auto-generated method stub
    super.onResume();
    Log.i("ACTIVITY", " MainActivity ==》onResume");
}
@Override
protected void onStart() {                                       // 启动 Activity
    // TODO Auto-generated method stub
    super.onStart();
    Log.i("ACTIVITY", " MainActivity ==》onStart");
}
@Override
protected void onStop() {                                        // 停止 Activity
    // TODO Auto-generated method stub
    super.onStop();
    Log.i("ACTIVITY", " MainActivity ==)onStop");
}
```

运行本实例，当第一次运行后，在 LogCat 管理器中看到如图 5-5 所示的日志信息。

Level	Time	PID	TID	Application	Tag	Text
I	07-19 17:01:34.135	831	831	com.xiaoke.exam08...	ACTIVITY	MainActivity==》onCreate
I	07-19 17:01:34.135	831	831	com.xiaoke.exam08...	ACTIVITY	MainActivity==》onStart
I	07-19 17:01:34.135	831	831	com.xiaoke.exam08...	ACTIVITY	MainActivity==》onResume

图 5-5　第一次运行 Android 程序时的日志信息

当用户单击 Android 模拟器上的返回按钮时，退出该 Android 程序，并在 LogCat 管理器中显示如图 5-6 所示的日志信息。

Level	Time	PID	TID	Application	Tag	Text
I	07-19 17:05:04.905	831	831	com.xiaoke.exam08...	ACTIVITY	MainActivity==》onPause
I	07-19 17:05:07.755	831	831	com.xiaoke.exam08...	ACTIVITY	MainActivity==》onStop
I	07-19 17:05:07.755	831	831	com.xiaoke.exam08...	ACTIVITY	MainActivity==》onDestroy

图 5-6　退出 Android 程序时的日志信息

说明

在图 5-5 和图 5-6 所示的日志信息中，没有看到 onRestart()方法的运行，这是因为该程序中只有一个 Activity，无法在程序中进行返回操作，所以不能执行 onRestart()方法。如果一个 Android 程序中有多个 Activity，当在这些 Activity 之间进行切换时，即可看到 onRestart()方法的执行过程。

5.1.4　Activity 的属性

在 Android 中，Activity 是作为一个对象存在的，因此，它与 Android 中的其他对象类似，也支持很多 XML 属性。Activity 支持的常用 XML 属性如表 5-1 所示。

表 5-1　Activity 支持的 XML 属性

XML 属性	描　述
android:name	指定 Activity 对应的类名
android:theme	指定应用什么主题
android:label	设置显示的名称，一般在 Launcher 里面显示
android:icon	指定显示的图标，在 Launcher 里面显示
android:screenOrientation	指定当前 Activity 显示横竖等
android:clearTaskOnLaunch	根 Activity 为 true 时，当用户离开 Task 并返回时，Task 会清除直到根 Activity
android:excludeFromRecents	是否可被显示在最近打开的 Activity 列表里
android:exported	是否允许 Activity 被其他程序调用
android:launchMode	设置 Activity 的启动方式 standard、singleTop、singleTask 和 singleInstance，其中前两个为一组，后两个为一组
android:finishOnTaskLaunch	当用户重新启动这个任务的时候是否关闭已打开的 Activity
android:noHistory	当用户切换到其他屏幕时，是否需要移除这个 Activity
android:process	一个 Activity 运行时所在的进程名，所有程序组件运行在应用程序默认的进程中，这个进程名跟应用程序的包名一致
android:windowSoftInputMode	定义软键盘弹出的模式

android:noHistory 属性是从 API level 3 开始引入的。

【例 5-2】 在 Eclipse 中创建一个 Android 程序，程序会自动在 AndroidManifest.xml 主设置文件中配置默认的 Activity，代码如下。（实例位置：光盘\MR\源码\第 5 章\5-2）

```
<activity
    android:label="@string/app_name"
    android:name=".MainActivity" >
    <intent-filter >
        <action android:name="android.intent.action.MAIN" />
        <category android:name="android.intent.category.LAUNCHER" />
    </intent-filter>
</activity>
```

上面的代码中，用到了 Activity 的 android:label 属性和 android:name 属性。其中，android:label 属性指定了 Activity 的显示标题，而 android:name 属性指定了 Activity 对应的类名。另外，在配置默认 Activity 时，用到了<intent-filter>属性，该属性用来设置 Activity 作为程序入口，并且显示在启动栏中。其中的<action android:name="android.intent.action.MAIN"/>属性用来定义 Activity 作为 Android 应用程序的入口，而<category android:name="android.intent.category.LAUNCHER"/>属性用来指定 Activity 显示在 Launcher 里。

（1）在 AndroidManifest.xml 文件中设置 Activity 时，只有设置了<category android:name="android.intent.category.LAUNCHER"/>属性，Activity 才能显示在屏幕的启动栏中。

（2）如果一个 Android 程序中有多个 Activity，可以在 AndroidManifest.xml 文件中通过<intent-filter>属性设置默认启动的 Activity，该属性类似于 Java 代码中的 Main 函数。

5.2 创建、启动和关闭 Activity

在 Android 中，Activity 提供了和用户交互的可视化界面。在使用 Activity 时，需要先创建和配置它，然后还可能需要启动或关闭 Activity。下面将详细介绍如何创建、启动和关闭 Activity。

5.2.1 创建 Activity

在创建 Android 程序时，系统会自动创建一个默认的 Activity。但是，如何手动创建 Activity 呢？下面进行详细介绍。

手动创建 Activity 的步骤如下。

（1）在加载了 Android 程序的 Eclipse 中，选择“文件”/“新建”/“类”菜单，或者单击工具栏中的按钮，弹出如图 5-7 所示的“新建 Java 类”对话框。

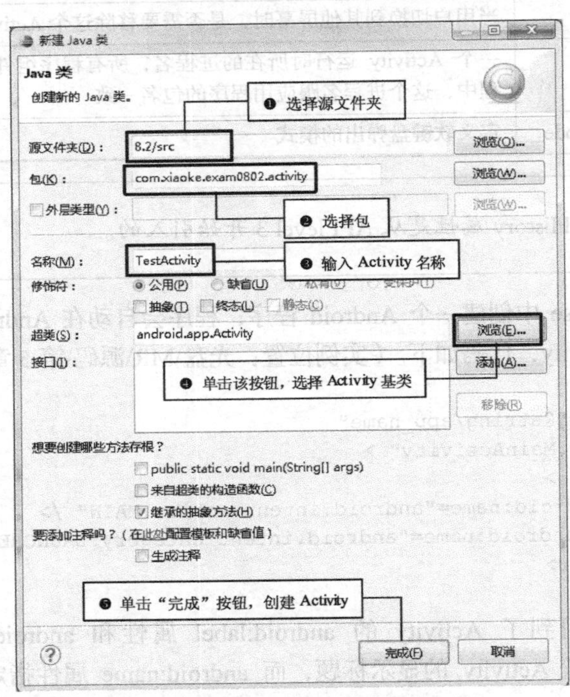

图 5-7 “新建 Java 类”对话框

（2）在该对话框中首先选择源文件夹、包，并输入 Activity 名称，然后单击“超类”文本框后面的“浏览”按钮。在弹出的“选择超类”对话框中找到 android.app.Activity 基类，“选择超类”对话框，如图 5-8 所示。

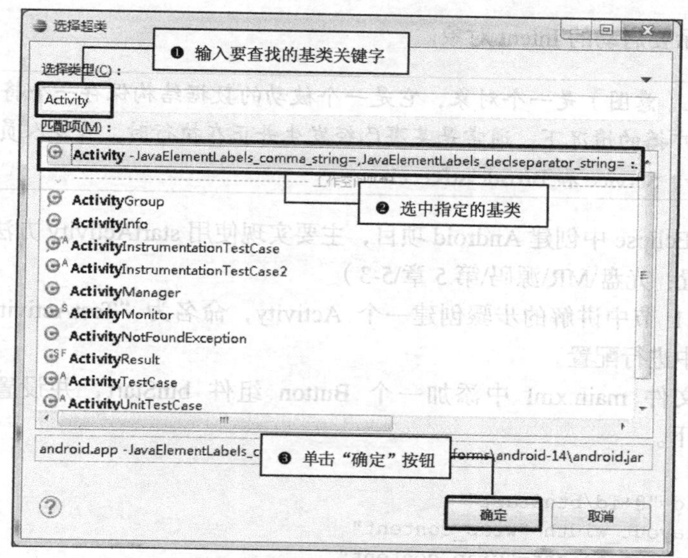

图 5-8　"选择超类"对话框

（3）单击"选择超类"对话框中的"确定"按钮，返回"新建 Java 类"对话框，单击"完成"按钮，即可创建一个 Activity。创建完成的 Activity 及其代码如图 5-9 所示。

```
TestActivity.java
package com.xiaoke.exam0802.activity;

import android.app.Activity;

public class TestActivity extends Activity {

}
```

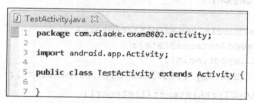

图 5-9　创建完成的 Activity 及其代码

5.2.2　启动和关闭 Activity

创建完 Activity 后，需要通过执行相关事件启动 Activity，而且启动 Activity 之前，首先需要在 AndroidManifest.xml 主设置文件中对要启动的 Activity 进行配置。例如，这里配置 TestActivity 的代码如下。

```
<activity
    android:label="@string/app_name"
    android:name=".TestActivity" >
</activity>
```

这里在配置 TestActivity 时，没有使用<intent-filter>属性，因此，该 Activity 不作为 Android 程序的默认启动项。

配置完 Activity 之后，可以通过关联的事件启动 Activity，在关联事件中可以通过 startActivity 方法或者 startActivities 方法实现。下面分别对这两个方法进行介绍。

1．startActivity 方法

startActivity 方法用来启动单个 Activity，其语法格式如下。

```
public void startActivity (Intent intent)
```

参数 intent 表示要启动的 Intent 对象。

说明

Intent（意图）是一个对象，它是一个被动的数据结构保存一个将要执行操作的抽象描述。在广播的情况下，通常是某事已经发生并正在执行时，开发人员通常使用该对象激活 Activity、Service 和 BroadcastReceiver。

【例 5-3】 在 Eclipse 中创建 Android 项目，主要实现使用 startActivity 方法启动一个 Activity 的功能。（实例位置：光盘\MR\源码\第 5 章\5-3）

（1）按照 5.2.1 节中讲解的步骤创建一个 Activity，命名为“TestActivity”，并在 AndroidManifest.xml 文件中进行配置。

（2）在布局文件 main.xml 中添加一个 Button 组件 btnStart，并设置其文本为“启动 Activity”。代码如下。

```
<Button
    android:id="@+id/btnStart"
    android:layout_width="wrap_content"
    android:layout_height="wrap_content"
    android:text="启动 Activity"
    />
```

（3）打开 MainActivity.java 文件，在 onCreate()方法中，获取布局文件中的 Button 按钮，并为其设置单击监听事件。代码如下。

```
@Override
public void onCreate(Bundle savedInstanceState) {
    super.onCreate(savedInstanceState);
    setContentView(R.layout.main);
    Button btnButton=(Button) findViewById(R.id.btnStart);// 获取 btnStart 组件
        btnButton.setOnClickListener(listener);              // 为 btnStart 设置监听事件
}
```

（4）上面的代码中用到了 listener 对象，该对象为 OnClickListener 类型，因此在 Activity 中创建该对象，并重写其 onClick()方法。在该方法中，使用 startActivity 方法启动一个 Activity，代码如下。

```
private OnClickListener listener=new OnClickListener() { // 创建监听事件对象
    @Override
    public void onClick(View v) {
        Intent intent=new Intent();                              // 创建 Intent 对象
        // 为 Intent 设置要打开的 Activity
        intent.setClass(MainActivity.this, TestActivity.class);
        startActivity(intent);                                   // 通过 Intent 启动 Activity
    }
};
```

运行本实例，将显示如图 5-10 所示的运行结果。

单击图 5-10 中的“启动 Activity”按钮，跳转到 TestActivity 窗口，如图 5-11 所示。

2. startActivities 方法

startActivities 方法用来同时启动多个 Activity，其语法格式如下。

```
public void startActivities (Intent[] intents)
```

参数 intents 表示要启动的多个 Intent 对象数组。

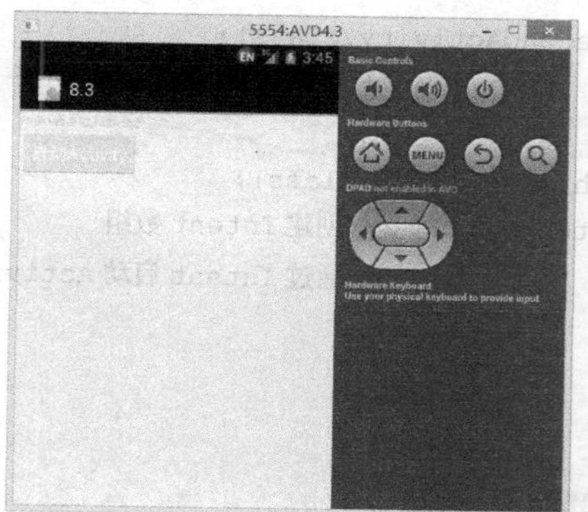
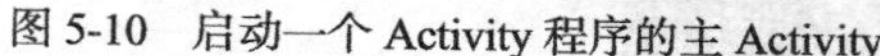

图 5-10　启动一个 Activity 程序的主 Activity

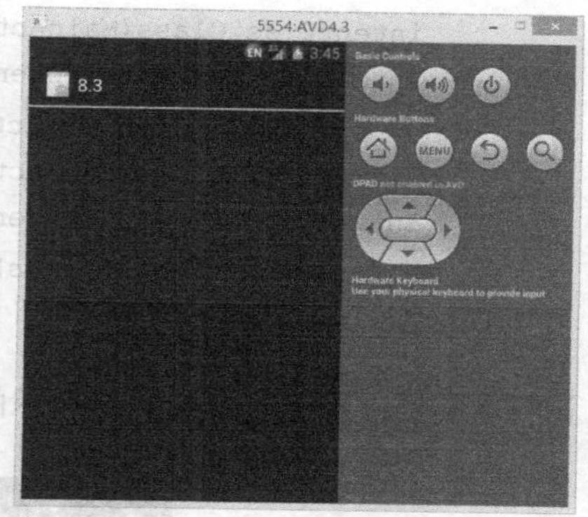

图 5-11　TestActivity 窗口

【例 5-4】 在 Eclipse 中创建 Android 项目，主要实现使用 startActivities 方法启动多个 Activity 的功能。（实例位置：光盘\MR\源码\第 5 章\5-4）

（1）按照 5.2.1 节中讲解的步骤创建 3 个 Activity，分别命名为“FirstActivity”、“SecondActivity”和“ThirdActivity”，并分别在 AndroidManifest.xml 文件中进行配置。

（2）在布局文件 main.xml 中添加一个 Button 组件 btnStart，并设置其文本为“启动多个 Activity”。代码如下。

```
<Button
    android:id="@+id/btnStart"
    android:layout_width="wrap_content"
    android:layout_height="wrap_content"
    android:text="启动多个 Activity"
    />
```

（3）打开 MainActivity.java 文件，在 onCreate()方法中，获取布局文件中的 Button 按钮，并为其设置单击监听事件。代码如下。

```
@Override
public void onCreate(Bundle savedInstanceState) {
    super.onCreate(savedInstanceState);
    setContentView(R.layout.main);
    Button btnButton=(Button) findViewById(R.id.btnStart);// 获取 btnStart 组件
        btnButton.setOnClickListener(listener);           // 为 btnStart 设置监听事件
}
```

（4）上面的代码中用到了 listener 对象，该对象为 OnClickListener 类型，因此在 Activity 中创建该对象，并重写其 onClick()方法。在该方法中，首先创建 3 个 Intent 对象，分别设置要打开的 3 个 Activity；然后创建 Intent 对象数组，该数组中存储刚才创建的 3 个 Intent 对象；最后使用 startActivities 方法同时启动 3 个 Activity。主要代码如下。

```
private OnClickListener listener=new OnClickListener() { // 创建监听事件对象
    @Override
    public void onClick(View v) {
        // TODO Auto-generated method stub
        Intent intent1=new Intent();                  // 创建第 1 个 Intent 对象
       // 为 Intent 设置要打开的 Activity
        intent1.setClass(MainActivity.this, FirstActivity.class);
        Intent intent2=new Intent();                  // 创建第 2 个 Intent 对象
       // 为 Intent 设置要打开的 Activity
```

```
        intent2.setClass(MainActivity.this, SecondActivity.class);
        Intent intent3=new Intent();                              // 创建第 3 个 Intent 对象
        // 为 Intent 设置要打开的 Activity
        intent3.setClass(MainActivity.this, ThirdActivity.class);
        Intent [] intents={intent1,intent2,intent3};              // 创建 Intent 数组
        startActivities(intents);                                 // 通过 Intent 启动 Activity
    }
};
```

运行本实例，将显示如图 5-12 所示的运行结果。

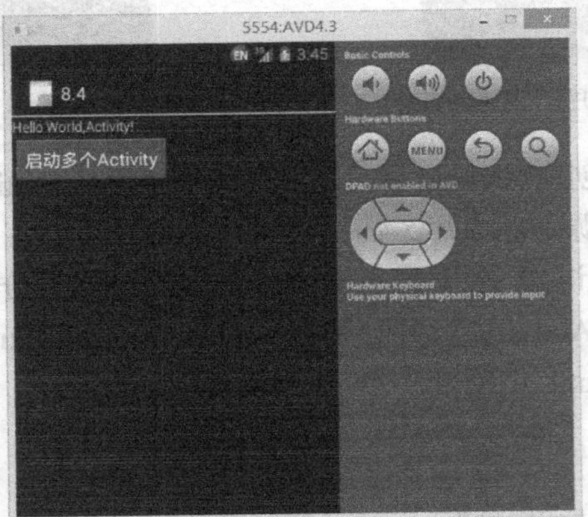

图 5-12　启动多个 Activity 程序的主 Activity

当用户单击图 5-12 中的“启动多个 Activity”按钮时，会同时启动 FirstActivity、SecondActivity 和 ThirdActivity。但是，由于 Android 模拟器中同一时刻只能显示一个普通 Activity 窗口，所以展示给用户的是 ThirdActivity。而当用户单击模拟器中的返回按钮时，会依次显示之前启动的 SecondActivity 和 FirstActivity。在 LogCat 管理器中监测到的结果如图 5-13 所示。

L...	Time	PID	Application	Tag	Text
I	12-02 ...	783	com.xiaoke.e...	ACTIVITY	ThirdActivity==)onCreate
I	12-02 ...	783	com.xiaoke.e...	ACTIVITY	SecondActivity==)onCreate
I	12-02 ...	783	com.xiaoke.e...	ACTIVITY	FirstActivity==)onCreate

图 5-13　LogCat 管理器中监测的结果

使用 finish()方法实现关闭 Activity，该方法用来关闭当前 Activity。其语法格式如下：

```
public void finish ()
```

在 Android 程序中，如果要关闭当前的 Activity，直接使用下面语句即可。

```
finish ();
```

关闭 Activity 还可以使用 finishActivity 方法实现，该方法用来关闭使用 startActivity ForResult 方法启动的 Activity。该方法的语法中有一个 int 类型的参数，用来表示 Activity 的请求标识。

5.3　多个 Activity 的使用

在 Android 应用中，经常会有多个 Activity，而这些 Activity 之间又经常需要交换数据。下面介绍如何使用 Bundle 在 Activity 之间交换数据，以及调用另一个 Activity 并返回结果。

5.3.1　使用 Bundle 在 Activity 之间交换数据

当程序中用到多个 Activity 时，常常需要涉及到 Activity 间的传值问题，这时需要用到 Intent 对象的 putExtra()方法、getExtras()方法和 Bundle 对象。下面通过一个实例讲解如何在多个 Activity 之间实现相互传值。

【例 5-5】 在 Eclipse 中创建 Android 项目，主要实现在两个 Activity 间传值的功能。（实例位置：光盘\MR\源码\第 5 章\5-5）

（1）按照 5.2.1 节中讲解的步骤创建一个 Activity，命名为“AcceptdataActivity”，并在 AndroidManifest.xml 文件中进行配置。

（2）在布局文件 main.xml 中添加一个 Button 组件 btn，并设置其文本为“跳转”。代码如下。

```
<Button
    android:id="@+id/btn"
    android:layout_width="60dp"
    android:layout_height="40dp"
    android:text="跳转"
    />
```

（3）在 res/layout 目录下创建一个 link.xml 文件，用来作为 AcceptdataActivity 的布局文件，在该布局文件中添加一个 TextView 组件和一个 Button 组件。主要代码如下：

```
<?xml version="1.0" encoding="utf-8"?>
<LinearLayout xmlns:android="http://schemas.android.com/apk/res/android"
    android:orientation="vertical"
    android:layout_width="fill_parent"
    android:layout_height="fill_parent"
    >
     <TextView
        android:id="@+id/txt"
        android:layout_width="fill_parent"
        android:layout_height="wrap_content"
        android:text="链接页面"
        />
        <Button
        android:id="@+id/btnBack"
        android:layout_width="60dp"
        android:layout_height="40dp"
        android:text="返回"
        />
</LinearLayout>
```

（4）打开 MainActivity.java 文件，定义一个 int 类型常量，用来作为请求标识。代码如下：

```
private final static int REQUEST_CODE=1;                    //声明请求标识
```

（5）在 MainActivity.java 文件的 onCreate()方法中，获取布局文件中的 Button 按钮，并为其设置单击监听事件。代码如下。

```
@Override
public void onCreate(Bundle savedInstanceState) {
    super.onCreate(savedInstanceState);
    setContentView(R.layout.main);
    Button btnButton=(Button) findViewById(R.id.btn);      // 获取 Button 按钮
        btnButton.setOnClickListener(listener);             // 为 Button 按钮设置监听事件
}
```

（6）上面的代码中用到了 listener 对象，该对象为 OnClickListener 类型，因此在 Activity 中创建该对象，并重写其 onClick()方法。在该方法中，首先创建一个 Intent 对象，并设置要打开的 Activity；然后使用 Intent 对象的 putExtra()方法设置要传递的值；最后使用 startActivityForResult 方法启动 Activity。代码如下。

```
private OnClickListener listener=new OnClickListener() {          // 创建监听对象
    @Override
    public void onClick(View v) {
        // TODO Auto-generated method stub
        Intent intent=new Intent();                                  // 创建 Intent 对象
        //设置要访问的 Activity
        intent.setClass(MainActivity.this, AcceptdataActivity.class);
        intent.putExtra("str", "第一个 Activity 传过来的值");         // 设置要传递的值
        startActivityForResult(intent, REQUEST_CODE);                // 启动 Activity
    }
};
```

（7）在 MainActivity.java 文件中重写 onActivityResult()方法，该方法主要实现获取 Activity 返回值的功能。代码如下。

```
@Override
protected void onActivityResult(int requestCode, int resultCode, Intent data) {
    // TODO Auto-generated method stub
    if(requestCode==REQUEST_CODE){                               // 判断返回标识是否等于请求标识
        if(resultCode==AcceptdataActivity.RESULT_CODE){ // 判断结果标识
            Bundle bundle=data.getExtras();                  // 获取返回值，并用 Bundle 接收
            String str=bundle.getString("back");             // 获取 Bundle 中的返回值
            // 弹出对话框，显示返回值
            Toast.makeText(MainActivity.this, str, Toast.LENGTH_LONG).show();
        }
    }
}
```

（8）打开 AcceptdataActivity.java 文件，首先定义 TextView 对象和 Button 对象，然后定义一个 int 类型常量，用来作为结果标识。代码如下。

```
private TextView txt;                                            // 创建 TextView 组件对象
private Button btnButton;                                        // 创建 Button 组件对象
public final static int RESULT_CODE=1;                           // 定义结果标识
```

（9）在 AcceptdataActivity.java 文件的 onCreate()方法中，首先使用 Intent 对象的 getExtras()方法获取传递的值，并使用 Bundle 对象接收；然后将获取到的值设置为 TextView 组件的文本；最后获取布局文件中的 Button 按钮，并为其设置单击监听事件。onCreate()方法代码如下。

```
@Override
protected void onCreate(Bundle savedInstanceState) {
    // TODO Auto-generated method stub
    super.onCreate(savedInstanceState);
    setContentView(R.layout.link);
    Intent intent=getIntent();                                   // 创建 Intent 对象
    Bundle bundle=intent.getExtras();                            // 获取传递值，并用 Bundle 接收
    String str=bundle.getString("str");                          // 获取传递的字符串值
    txt=(TextView)findViewById(R.id.txt);                        // 获取 TextView 组件
```

```
    txt.setText(str);                                          // 设置文本
    btnButton=(Button)findViewById(R.id.btnBack);              // 获取 Button 组件
    btnButton.setOnClickListener(listener);                    // 为 Button 设置监听事件
}
```

AcceptdataActivity.java 文件使用 link.xml 作为布局文件。

（10）上面的代码中用到了 listener 对象，该对象为 onClickListener 类型，因此在 Activity 中创建该对象，并重写其 onClick()方法。在该方法中，首先创建一个 Intent 对象，并使用 Intent 对象的 putExtra()方法设置要返回的值；然后使用 setResult()方法设置返回标识；最后使用 finish()方法关闭当前 Activity。代码如下。

```
private OnClickListener listener=new OnClickListener() {            // 创建监听对象
    @Override
    public void onClick(View v) {
        // TODO Auto-generated method stub
        Intent intent=new Intent();                                  // 创建 Intent 对象
        intent.putExtra("back", "第二个 Activity 返回的值");         // 设置返回值
        setResult(RESULT_CODE, intent);                              // 设置返回标识
        finish();                                                    // 关闭 Activity
    }
};
```

运行本实例，将显示如图 5-14 所示的运行结果。单击“跳转”按钮，进入第 2 个 Activity，该 Activity 窗口中显示第 1 个 Activity 传过来的值，如图 5-15 所示。单击“返回”按钮，返回到第 1 个 Activity，该 Activity 窗口中弹出提示框，显示第 2 个 Activity 返回的值，如图 5-16 所示。

图 5-14　主 Activity 初始页面

图 5-15　第 2 个 Activity 接收的值

图 5-16　接收第 2 个 Activity 的返回值

5.3.2　调用另一个 Activity 并返回结果

在 Android 应用开发时，有时需要在一个 Activity 中调用另一个 Activity。当用户在第 2 个 Activity 中选择完成后，程序自动返回到第 1 个 Activity 中，第 1 个 Activity 应该能够获取并显示用户在第 2 个 Activity 中选择的结果。或者，在第 1 个 Activity 中将一些数据传递到第 2 个 Activity，由于某些原因，又要返回到第 1 个 Activity 中，并显示传递的数据。例如，程序中经常出现的“返回上一步”功能。这时，也可以通过 Intent 和 Bundle 来实现，与在两个 Acitivity

之间交换数据不同的是，此处需要使用 startActivityForResult()方法来启动另一个 Activity。下面将通过具体的实例介绍如何调用另一个 Activity 并返回结果的典型应用。

【例 5-6】 在 Eclipse 中，实现用户注册中的返回上一步功能。（实例位置：光盘\MR\源码\第 5 章\5-6）

（1）打开 MainActivity，定义一个名称为“CODE”的常量，用于设置 requestCode 请求码。该请求码由开发者根据业务自行设定，这里设置为 0x717。关键代码如下：

```
final int CODE= 0x717;                                         // 定义一个请求码常量
```

（2）将原来使用 startActivity()方法启动新 Activity 的代码修改为使用 startActivityForResult()方法实现，这样就可以在启动一个新的 Activity 时，获取指定 Activity 返回的结果。修改后的代码如下：

```
startActivityForResult(intent, CODE);                          // 启动新的Activity
```

（3）打开 res/layout 目录中的 register.xml 布局文件，在该布局文件中添加一个“返回上一步”按钮，并设置该按钮的 android:id 属性值为@+id/back。关键代码如下：

```
<Button
    android:id="@+id/back"
    android:layout_width="wrap_content"
    android:layout_height="wrap_content"
    android:text="返回上一步" />
```

（4）打开 RegisterActivity，在 onCreate()方法中，获取“返回上一步”按钮，并为其添加单击事件监听器。在重写的 onClick()方法中，首先设置返回的结果码，并返回调用该 Activity 的 Activity，然后关闭当前 Activity。关键代码如下：

```
Button button=(Button)findViewById(R.id.back);           // 获取“返回上一步”按钮
button.setOnClickListener(new OnClickListener() {

    @Override
    public void onClick(View v) {
        setResult(0x717,intent);   // 设置返回的结果码，并返回调用该Activity的Activity
        finish();                  // 关闭当前Activity
    }
});
```

说明

为了让程序知道返回的数据来自于哪个新的 Activity，需要使用 resultCode 结果码。

（5）再次打开 MainActivity，重写 onActivityResult()方法。在该方法中，需要判断 requestCode 请求码和 resultCode 结果码是否与预先设置的相同。如果相同，则清空“密码”编辑框和“确认密码”编辑框。关键代码如下：

```
@Override
protected void onActivityResult(int requestCode, int resultCode, Intent data) {
    super.onActivityResult(requestCode, resultCode, data);
    if(requestCode==CODE && resultCode==CODE){
        ((EditText)findViewById(R.id.pwd)).setText("");        // 清空密码编辑框
        ((EditText)findViewById(R.id.repwd)).setText("");      // 清空确认密码编辑框
    }
}
```

运行本实例，将显示一个填写用户注册信息的界面，输入用户名、密码、确认密码和 E-mail 地址后，单击“提交”按钮，将显示如图 5-17 所示的界面，显示填写的用户注册信息及一个“返回上一步”按钮。单击“返回上一步”按钮，即可返回到如图 5-18 所示的界面，只是没有显示密码和确认密码。

图 5-17　显示用户注册信息及“返回上一步”按钮界面

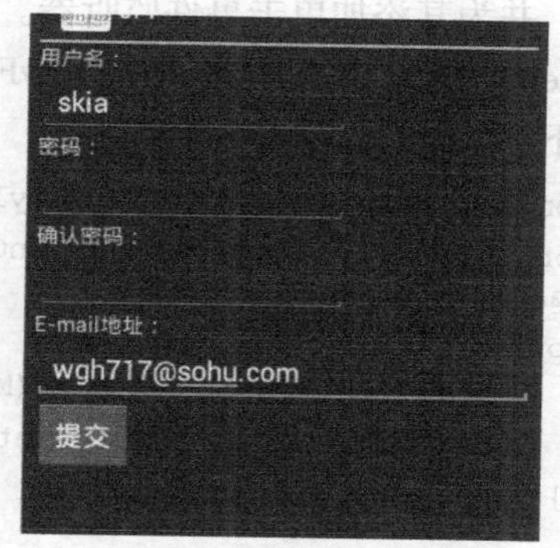

图 5-18　返回上一步的结果

说明：*在实现返回上一页功能时，为了安全考虑，一般不返回密码及确认密码。*

5.4　综合实例——带选择头像的用户注册界面

本实例主要实现带选择头像的用户注册界面，打开新的 Activity 选择头像，并将选择的头像返回到原 Activity 中。运行程序，将显示一个填写用户注册信息的界面，输入用户名、密码、确认密码和 E-mail 地址后，单击“选择头像”按钮，将打开如图 5-19 所示的选择头像的界面。单击想要的头像，将返回到填写用户注册信息界面，如图 5-20 所示。

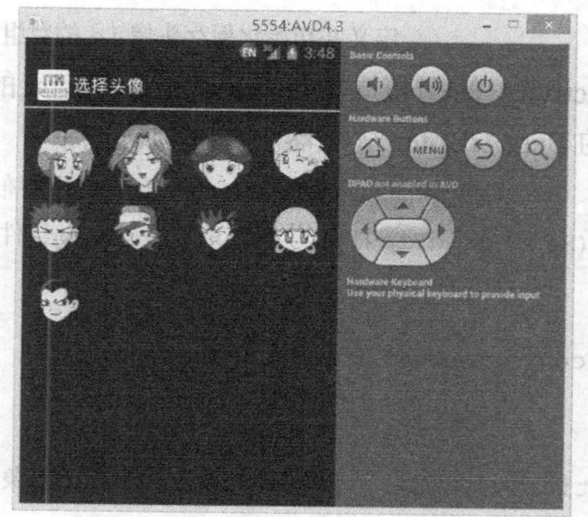

图 5-19　选择头像界面

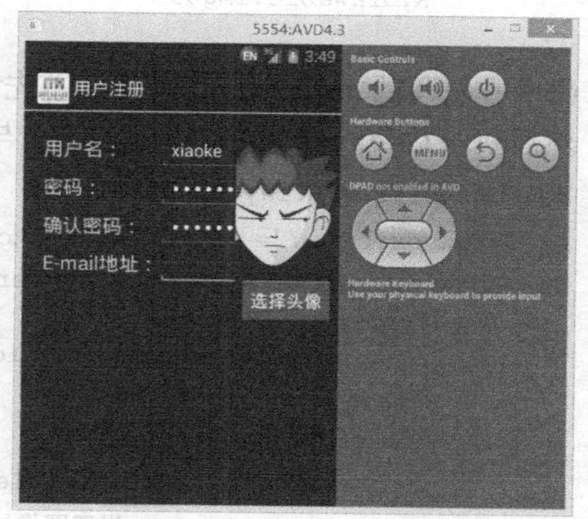

图 5-20　填写用户注册信息界面

程序开发步骤如下。

（1）main.xml 布局文件中，将默认添加的垂直线性布局管理器修改为水平线性布局管理器，并将默认添加的 TextView 组件删除，然后添加两个垂直线性布局管理器，并在第 1 个线性布局管理器中添加一个 4 行的表格布局管理器，在第 2 个线性布局管理器中添加一个 ImageView 组件和一个 Button 组件，最后在表格布局管理器的各行中添加用于输入用户名、密码和 E-mail 地址等的 TextView 组件和 EditText 组件。

（2）打开默认创建的主活动，也就是 MainActivity，在 onCreate()方法中，获取“选择头像”按钮，并为其添加单击事件监听器。在重写的 onClick()方法中，创建一个要启动的 Activity 对应的 Intent 对象，并应用 startActivityForResult()方法启动指定的 Activity 并等待返回结果。具体代码如下。

```
Button button=(Button)findViewById(R.id.button1);              // 获取选择头像按钮
button.setOnClickListener(new OnClickListener() {
     @Override
     public void onClick(View v) {
        Intent intent=new Intent(MainActivity.this,HeadActivity.class);
        startActivityForResult(intent, 0x11);                  // 启动指定的 Activity
     }
});
```

（3）在 res/layout 目录中，创建一个名称为“head.xml”的布局文件，在该布局文件中采用垂直线性布局，并且采用一个 GridView 组件用于显示可选择的头像列表。关键代码如下。

```
<GridView android:id="@+id/gridView1"
     android:layout_height="match_parent"
     android:layout_width="match_parent"
     android:layout_marginTop="10px"
     android:horizontalSpacing="3px"
     android:verticalSpacing="3px"
     android:numColumns="4"
/>
```

（4）在 com.mingrisoft 包中，创建一个继承 Activity 类的 HeadActivity，并且重写 onCreate()方法，然后定义一个保存要显示头像 ID 的一维数组。关键代码如下。

```
public int[] imageId = new int[] { R.drawable.img01, R.drawable.img02,
         R.drawable.img03, R.drawable.img04, R.drawable.img05,
         R.drawable.img06, R.drawable.img07, R.drawable.img08,
         R.drawable.img09
                                              // 定义并初始化保存头像 id 的数组
};
```

（5）在重写的 onCreate()方法中，首先设置该 Activity 使用布局文件 head.xml 中定义的布局，然后获取 GridView 组件，并创建一个与之关联的 BaseAdapter 适配器。关键代码如下。

```
setContentView(R.layout.head);
                                              // 设置该 Activity 使用的布局
GridView gridview = (GridView) findViewById(R.id.gridView1); // 获取 GridView 组件
BaseAdapter adapter=new BaseAdapter() {
    @Override
    public View getView(int position, View convertView, ViewGroup parent) {
         ImageView imageview;                 // 声明 ImageView 的对象
         if(convertView==null){
              imageview=new ImageView(HeadActivity.this); // 实例化 ImageView 的对象
              /*************设置图像的宽度和高度*****************/
              imageview.setAdjustViewBounds(true);
              imageview.setMaxWidth(158);
              imageview.setMaxHeight(150);
              /*************************************************/
              imageview.setPadding(5, 5, 5, 5);  // 设置 ImageView 的内边距
```

```
            }else{
                imageview=(ImageView)convertView;
            }
            imageview.setImageResource(imageId[position]);  // 为 ImageView 设置显示的图片
            return imageview;                               // 返回 ImageView
        }
        @Override
        public long getItemId(int position) {
            return position;
        }
        @Override
        public Object getItem(int position) {
            return position;
        }
        @Override
        public int getCount() {
            return imageId.length;
        }
    };
    gridview.setAdapter(adapter);                               // 将适配器与 GridView 关联
```

（6）为 GridView 添加 OnItemClickListener 事件监听器，在重写的 OnItemClick()方法中，首先获取 Intent 对象，然后创建一个要传递的数据包，并将选中的头像 ID 保存到该数据包中，再将要传递的数据包保存到 intent 中，并设置返回的结果码及返回的 Activity，最后关闭当前 Activity。关键代码如下。

```
    gridview.setOnItemClickListener(new OnItemClickListener() {
        @Override
    public void onItemClick(AdapterView<?> parent, View view, int position,long id) {
            Intent intent=getIntent();                          // 获取 Intent 对象
            Bundle bundle=new Bundle();                         // 实例化传递的数据包
            bundle.putInt("imageId",imageId[position] );        // 显示选中的图片
            intent.putExtras(bundle);                           // 将数据包保存到 intent 中
            setResult(0x11,intent);     // 设置返回的结果码，并返回调用该 Activity 的 Activity
            finish();                   // 关闭当前 Activity
        }
    });
```

（7）重新打开 MainActivity，在该类中，重写 onActivityResult()方法。在该方法中，需要判断 requestCode 请求码和 resultCode 结果码是否与预先设置的相同。如果相同，则获取传递的数据包，并从该数据包中获取出选择的头像 ID，并显示选择的头像。具体代码如下。

```
    @Override
    protected void onActivityResult(int requestCode, int resultCode, Intent data) {
        super.onActivityResult(requestCode, resultCode, data);
        if(requestCode==0x11 && resultCode==0x11){              // 判断是否为待处理的结果
            Bundle bundle=data.getExtras();                     // 获取传递的数据包
            int imageId=bundle.getInt("imageId");               // 获取选择的头像 ID
            // 获取布局文件中添加的 ImageView 组件
            ImageView iv=(ImageView)findViewById(R.id.imageView1);
            iv.setImageResource(imageId);                       // 显示选择的头像
        }
    }
```

（8）在 AndroidManifest.xml 文件中配置 HeadActivity，配置的主要属性有 Activity 使用的标签、图标和实现类。具体代码如下。

```
<activity
    android:label="选择头像"
    android:icon="@drawable/ic_launcher"
    android:name=".HeadActivity">
</activity>
```

知识点提炼

（1）Activity 是 Android 程序中最基本的模块，它是为用户操作而展示的可视化用户界面，一个 Android 应用程序中可以只有一个 Activity，也可以包含多个，每个 Activity 的作用及其数目取决于应用程序及其设计。

（2）Android 程序创建时，系统会自动在其.java 源文件中重写 Activity 类的 onCreate()方法，该方法是创建 Activity 时必须调用的一个方法。另外，Activity 类中还提供了诸如 onStart()、onResume()、onPause()、onStop()和 onDestroy()等方法，这些方法的先后执行顺序构成了 Activity 对象的一个完整生命周期。

（3）当程序中用到多个 Activity 时，常常需要涉及到 Activity 间的传值问题，这时需要用到 Intent 对象的 putExtra()方法、getExtras()方法和 Bundle 对象。

习　题

5-1　简述 Activity 的生命周期。

5-2　Activity 的 4 种状态分别是什么？

5-3　Activity 有哪些常用方法？

5-4　如何创建关闭 Activity？

5-5　多个 Activity 间传值时需要借助什么对象？

实验：根据输入的生日判断星座

实验目的

（1）掌握 Activity 的使用方法。

（2）掌握如何在 Activity 之间传值。

实验内容

在占星学上，黄道十二星座是宇宙方位的代名词，十二星座代表了 12 种基本性格原型，一个人出生时各星体落入黄道上的位置说明了一个人的先天性格及天赋。因此，现在很多人都希望知道自己的星座。本实验将实现根据输入的阳历生日判断所属星座的功能。

实验步骤

（1）修改新建项目的 res/layout 目录下的布局文件 main.xml，在默认添加的垂直线性布局管理器中，添加用于输入生日的编辑框和“确定”按钮，以及一些用于显示说明信息的文本框。

（2）编写一个实现 java.io.Serializable 接口的 Java 类，在该类中，创建一个用于保存生日的属性，并为该属性添加对应的 set()方法和 get()方法。关键代码如下。

```
public class Info implements Serializable {
    private static final long serialVersionUID = 1L;
    private String birthday="";                    // 生日
    public String getBirthday() {
        return birthday;
    }
    public void setBirthday(String birthday) {
        this.birthday = birthday;
    }
}
```

在使用 Bundle 类传递数据包时，可以放入一个可序列化的对象。这样，当要传递的数据字段比较多时，采用该方法比较方便。在实现本实例时，为了在 Bundle 中放入一个可序列化的对象，我们创建了一个可序列化的 Java 类，方便存储可序列化对象。

（3）打开默认创建的主活动，也就是 MainActivity，在 onCreate()方法中，获取“确定”按钮，并为其添加单击事件监听器。在重写的 onClick()方法中，实例化一个保存生日的可序列化对象 info，并判断是否输入生日。如果没有输入，则给出消息提示，并返回；否则，首先获取生日并保存到 info 中，然后实例化一个 Bundle 对象，并将输入的生日保存到 Bundle 对象中，接下来再创建一个启动显示结果 Activity 的 Intent 对象，并将 Bundle 对象保存到该 Intent 对象中，最后启动 intent 对应的 Activity。关键代码如下。

```
    Button button=(Button)findViewById(R.id.button1);
    button.setOnClickListener(new OnClickListener() {
        @Override
        public void onClick(View v) {
            Info info=new Info();                    // 实例化一个保存输入基本信息的对象
if("".equals(((EditText)findViewById(R.id.birthday)).getText().toString())){
                Toast.makeText(MainActivity.this, "请输入您的阳历生日，否则不能计算！",
Toast.LENGTH_SHORT).show();
                return;
            }
            String
birthday=((EditText)findViewById(R.id.birthday)).getText().toString();
            info.setBirthday(birthday);                    // 设置生日
            Bundle bundle=new Bundle();                    // 实例化一个 Bundle 对象
            bundle.putSerializable("info", info);          // 将输入的基本信息保存到 Bundle 对象中
            Intent intent=new Intent(MainActivity.this,ResultActivity.class);
            intent.putExtras(bundle);                      // 将 bundle 保存到 Intent 对象中
```

```
        startActivity(intent);                          // 启动 intent 对应的 Activity
    }
});
```

（4）在 res/layout 目录中，创建一个名称为“result.xml”的布局文件。在该布局文件中采用垂直线性布局，并且添加两个 TextView 组件，分别用于显示生日和计算结果。result.xml 的具体代码如下。

```
<LinearLayout xmlns:android="http://schemas.android.com/apk/res/android"
    android:layout_width="match_parent"
    android:layout_height="match_parent"
    android:orientation="vertical" >
    <TextView
        android:id="@+id/birthday"
        android:layout_width="wrap_content"
        android:layout_height="wrap_content"
        android:padding="10px"
        android:text="阳历生日" />
    <TextView
        android:id="@+id/result"
        android:padding="10px"
        android:layout_width="wrap_content"
        android:layout_height="wrap_content"
        android:text="星座" />
</LinearLayout>
```

（5）在 com.mingrisoft 包中，创建一个继承 Activity 类的 ResultActivity，并且重写 onCreate()方法。在重写的 onCreate()方法中，首先设置该 Activity 使用的布局文件 result.xml 中定义的布局，然后获取生日和显示结果文本框。再获取 Intent 对象以及传递的数据包，最后将传递过来的生日和判断结果显示到对应的文本框中。关键代码如下。

```
setContentView(R.layout.result);                                  // 设置该 Activity 使用的布局
TextView birthday = (TextView) findViewById(R.id.birthday);// 获取显示生日的文本框
TextView result = (TextView) findViewById(R.id.result);        // 获取显示星座的文本框
Intent intent = getIntent();                                       // 获取 Intent 对象
Bundle bundle = intent.getExtras();                                // 获取传递的数据包
Info info = (Info) bundle.getSerializable("info");              // 获取一个可序列化的 Info 对象
birthday.setText("您的阳历生日是" + info.getBirthday());          // 获取性别并显示到相应文本框中
result.setText( query(info.getBirthday()));                       // 显示计算后的星座
```

（6）编写根据阳历生日判断星座的方法 query()，该方法包括一个入口参数，用于指定生日，返回值为字符串类型的所属星座。query()方法的具体代码如下。

```
/**
 * 功能根据生日查询星座
 *
 * @param birthday
 * @return
 */
public String query(String birthday) {
    int month=0;                                                    // 月
    int day=0;                                                      // 日
    try{                                                            // 捕获异常
```

```
        month=Integer.parseInt(birthday.substring(5, 7));     // 获取输入的月份
        day=Integer.parseInt(birthday.substring(8, 10));      // 获取输入的日
    }catch(Exception e){
        e.printStackTrace();
    }
    String name = "";
                                                                // 提示信息
    if (month > 0 && month < 13 && day > 0 && day < 32) {     // 如果输入的月和日有效
        if ((month == 3 && day > 20) || (month == 4 && day < 21)) {
            name = "您是白羊座！";
        } else if ((month == 4 && day > 20) || (month == 5 && day < 21)) {
            name = "您是金牛座！";
        } else if ((month == 5 && day > 20) || (month == 6 && day < 22)) {
            name = "您是双子座！";
        } else if ((month == 6 && day > 21) || (month == 7 && day < 23)) {
            name = "您是巨蟹座！";
        } else if ((month == 7 && day > 22) || (month == 8 && day < 23)) {
            name = "您是狮子座！";
        } else if ((month == 8 && day > 22) || (month == 9 && day < 23)) {
            name = "您是处女座！";
        } else if ((month == 9 && day > 22) || (month == 10 && day < 23)) {
            name = "您是天平座！";
        } else if ((month == 10 && day > 22) || (month == 11 && day < 22)) {
            name = "您是天蝎座！";
        } else if ((month == 11 && day > 21) || (month == 12 && day < 22)) {
            name = "您是射手座！";
        } else if ((month == 12 && day > 21) || (month == 1 && day < 20)) {
            name = "您是摩羯座！";
        } else if ((month == 1 && day > 19) || (month == 2 && day < 19)) {
            name = "您是水牛座！";
        } else if ((month == 2 && day > 18) || (month == 3 && day < 21)) {
            name = "您是双鱼座！";
        }
        name = month + "月" + day + "日  " + name;
    } else {                                                    // 如果输入的月和日无效
        name = "您输入的生日格式不正确或者不是真实生日！";
    }
    return name;                                                // 返回星座或提示信息
}
```

（7）在 AndroidManifest.xml 文件中配置 ResultActivity，配置的主要属性有 Activity 使用的标签、图标和实现类。具体代码如下。

```
<activity
    android:label="显示结果"
    android:icon="@drawable/ic_launcher"
    android:name=".ResultActivity">
</activity>
```

运行程序，将显示一个输入阳历生日的界面，输入正确的生日后，如图 5-21 所示。单击“确定”按钮，将显示如图 5-22 所示的判断结果界面。

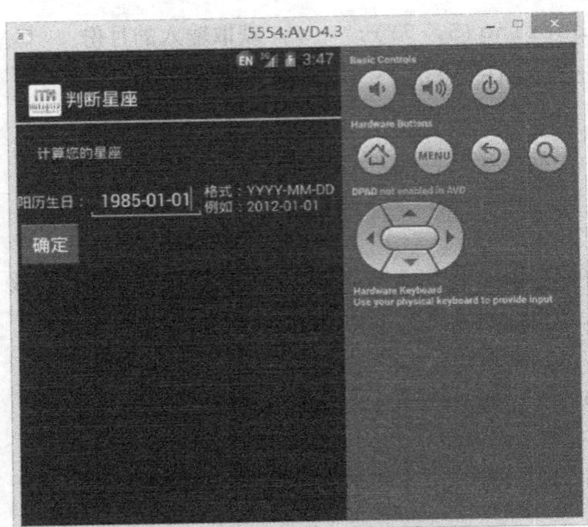

图 5-21　输入阳历生日的界面

图 5-22　显示判断结果的界面

第6章 Intent 和 BroadcastReceiver 广播

本章要点：

- Intent 的基本概念
- 3 种不同的 Intent 传输机制
- Intent 对象的组成
- Intent 的分类和过滤器
- BroadcastReceiver 的使用

在 Android 程序中，其 3 大核心组件——Activity、Service、BroadcastReceiver 都是通过 Intent 消息来激活的。Intent 消息是一种同一或不同应用程序中的组件之间延迟运行时绑定的机制，它本身是一个对象，是一个被动的数据结构保存一个将要执行操作的抽象描述。本章将对 Intent 和 BroadcastReceiver 进行详细讲解。

6.1 Intent 对象简介

Intent 是 Android 程序中传输数据的核心对象，Android 官方文档中对 Intent 的定义是执行某操作的一个抽象描述。本节将对 Intent 对象及其常见的 3 种传输机制进行介绍。

6.1.1 Intent 对象概述

一个 Android 程序主要是由 3 种组件组成的，这 3 种组件是独立的，它们之间可以互相调用，协调工作，最终组成一个真正的 Android 程序。这些组件之间的通信主要是由 Intent 协助完成的。Intent 负责对应用中一次操作的动作、动作涉及数据、附加数据进行描述，Android 则根据此 Intent 的描述，找到对应的组件，将 Intent 传递给调用的组件，并完成组件的调用。因此，Intent 在这里起着一个媒体中介的作用，专门提供组件互相调用的相关信息，实现调用者与被调用者之间的解耦。

6.1.2 3 种不同的 Intent 传输机制

Intent 对象主要用来在 Android 程序的 Activity、Service 和 BroadcastReceiver 这 3 大组件之间传输数据。这 3 大组件有独立的 Intent 传输机制，具体如下。

- Activity：通过将一个 Intent 对象传递给 Context.startActivity()或 Activity.startActivityForRestult()，启动一个活动或者使一个已存在的活动去做新的事情。
- Service：通过将一个 Intent 对象传递给 Context.startService()，初始化一个 Service 或者传递一个新的指令给正在运行的 Service；类似地，通过将一个 Intent 对象传递给 Context.bindService()，可以建立调用组件和目标服务之间的连接。
- BroadcastReceiver：通过将一个 Intent 对象传递给任何广播方法（如 Context.sendBroadcast()、Context.sendOrderedBroadcast()、Context.sendStickyBroadcast()等），都可以传递到所有感兴趣的广播接收者。

在每种传输机制下，Android 程序会自动查找合适的 Activity、Service 或者 BroadcastReceiver 来响应 Intent（意图），如果有必要就将它们初始化。这些消息系统之间没有重叠，即广播意图只会传递给广播接收者，而不会传递活动或服务，反之亦然。

6.2 Intent 对象的组成

一个 Intent 对象实质上是一个捆绑的信息，包含对 Intent 有兴趣的组件的信息（如要执行的动作和要作用的数据）、Android 系统有兴趣的信息（如处理 Intent 组件的分类信息和如何启动目标活动的指令等）。本节将对组成 Intent 对象的主要信息进行讲解。

6.2.1 组件名称（Component name）

组件名称用来指定处理 Intent 对象的组件，它是一个 ComponentName 对象，是目标组件的完全限定类名（如 “com.xiaoke.project.app.IntentExamActivity”）和应用程序所在的包含在清单文件中的名字（如 “com.xiaoke.project”）的组合，其中，组件名称中的包名部分不一定要和清单文件中的包名一样。

组件名称是可选的，如果已经设置，Intent 对象传递到指定类的实例；如果没有设置，Android 使用 Intent 中的其他信息来定位合适的目标组件。组件名称可以通过 setComponent()、setClass()或 setClassName()方法设置，并通过 getComponent()方法读取。下面分别对上面提到的几个方法进行介绍。

- setComponent()方法

setComponent()方法用来为 Intent 设置组件，其语法格式如下：

```
public Intent setComponent (ComponentName component)
```

- component：要设置的组件名称。
- 返回值：Intent 对象。

- setClass()方法

setClass()方法用来为 Intent 设置要打开的 Activity，其语法格式如下：

```
public Intent setClass (Context packageContext, Class<?> cls)
```

- packageContext：当前 Activity 的 this 对象。
- cls：要打开的 Activity 的 class 对象。
- 返回值：Intent 对象。

- setClassName()方法

setClassName()方法用来为 Intent 设置要打开的 Activity 名称，其语法格式如下：

```
public Intent setClassName (Context packageContext, String className)
```

- packageContext：当前 Activity 的 this 对象。
- className：要打开的 Activity 的类名称。
- 返回值：Intent 对象。

❑ getComponent()方法

getComponent()方法用来获取与 Intent 相关的组件，其语法格式如下：

```
public ComponentName getComponent ()
```

返回值为与 Intent 相关的组件名称。

例如，使用 Intent 对象的 setClass()方法设置组件名称，代码如下：

```
Intent intent=new Intent();                                         // 创建 Intent 对象
intent.setClass(IntentExamActivity.this, LinkActivity.class);// 为 Intent 对象设置组件
```

6.2.2　动作（Action）

动作很大程度上决定了 Intent 如何构建，特别是数据（Data）和附加（Extras）信息，就像一个方法名决定了参数和返回值一样。正是由于这个原因，所以应该尽可能明确指定动作，并紧密关联到其他 Intent 字段。也就是说，应该定义组件能够处理的 Intent 对象的整个协议，而不仅仅是单独地定义一个动作。Intent 类定义了一些动作常量，常用的动作常量如表 6-1 所示。

表 6-1　Intent 类的常用动作常量

动 作 常 量	作 用 对 象	描　述
ACTION_CALL	Activity	直接拨打电话
ACTION_DIAL	Activity	打开拨打电话界面
ACTION_VIEW	Activity	查看用户列表
ACTION_EDIT	Activity	编辑用户列表
ACTION_HEADSET_PLUG	Activity	耳机插拔
ACTION_MAIN	Activity	在没有数据输入和输出时，默认启动 Activity
ACTION_SENDTO	Activity	给某人发送信息
ACTION_SYNC	Activity	使移动设备的数据域服务器数据保持同步
ACTION_BATTERY_LOW	BroadcastReceiver	显示电量低的警告信息
ACTION_SCREEN_ON	BroadcastReceiver	打开屏幕
ACTION_TIMEZONE_CHANGED	BroadcastReceiver	修改时区设置

Intent 类有很多动作常量，表 6-1 只是给出了常用的一些动作常量。关于 Intent 类的其他动作常量，读者可以参考 Android 官方帮助文档中的 Intent 类。另外，开发人员还可以定义自己的动作字符串，自定义动作字符串应该包含应用程序包名的前缀，如“com.xiaoke.project.SHOW_COLOR”。

一个 Intent 对象的动作通过 setAction()方法设置，通过 getAction()方法读取。下面分别对 setAction()方法和 getAction()方法进行介绍。

❑ setAction()方法

setAction()方法用来为 Intent 设置动作，其语法格式如下：

```
public Intent setAction (String action)
```

- action：要设置的动作名称，通常设置为 Android API 提供的动作常量。
- 返回值：Intent 对象。

❑ getAction()方法

getAction()方法用来获取 Intent 的动作名称，其语法格式如下：

```
public String getAction ()
```

返回值为 String 字符串，表示 Intent 的动作名称。

例如，使用 Intent 对象的 setAction()方法设置 Intent 对象的动作为拨打电话。代码如下：

```
Intent intent=new Intent();                    // 创建 Intent 对象
intent.setAction(Intent.ACTION_CALL);          // 设置动作为拨打电话
```

6.2.3 数据（Data）

数据（Data）是作用于 Intent 上的数据的 URI 和 MIME 类型，不同的动作有不同的数据规格。例如，如果动作字段是 ACTION_EDIT，数据字段应该包含将显示用于编辑的文档的 URI；如果动作是 ACTION_CALL，数据字段应该是一个 tel:URI 和要拨打的号码；如果动作是 ACTION_VIEW，数据字段应该是一个 http:URI。

说明

当匹配一个 Intent 到一个能够处理数据的组件时，明确其数据类型（它的 MIME 类型）和 URI 很重要。例如，一个组件能够显示图像数据，不应该被调用去播放一个音频文件。

在许多情况下，数据类型能够从 URI 中推测，特别是 content:URIs，它表示位于设备上的数据且被内容提供者（Content Provider）控制。但是，类型也能够显示地设置，使用 setData()方法可以指定数据的 URI；使用 setType()方法可以指定数据的 MIME 类型；使用 setDataAndType()方法可以指定数据的 URI 和 MIME 类型；而通过 getData()方法可以读取数据的 URI；通过 getType()方法可以读取数据的类型。下面分别对上面提到的几个方法进行介绍。

❑ setData()方法

setData()方法用来为 Intent 设置 URI 数据，其语法格式如下：

```
public Intent setData (Uri data)
```

- data：要设置的数据的 URI。
- 返回值：Intent 对象。

❑ setType()方法

setType()方法用来为 Intent 设置数据的 MIME 类型，其语法格式如下：

```
public Intent setType (String type)
```

- type：要设置的数据的 MIME 类型。
- 返回值：Intent 对象。

❑ setDataAndType()方法

setDataAndType()方法用来为 Intent 设置数据及其 MIME 类型，其语法格式如下：

```
public Intent setDataAndType (Uri data, String type)
```

- data：要设置的数据的 URI。
- type：要设置的数据的 MIME 类型。

- 返回值：Intent 对象。

❑ getData()方法

getData()方法用来获取与 Intent 相关的数据，其语法格式如下：

```
public Uri getData ()
```

返回值为 URI 类型，表示获取到的与 Intent 相关数据的 URI。

❑ getType()方法

getType()方法用来获取与 Intent 相关的数据的 MIME 类型，其语法格式如下：

```
public String getType ()
```

返回值为 String 字符串，表示获取到的 MIME 类型。

【例 6-1】 在 Eclipse 中创建 Android 项目，主要通过为 Intent 设置动作和数据实现拨打电话和发送短信的功能。（实例位置：光盘\MR\源码\第 6 章\6-1）

（1）修改新建项目的 res/layout 目录下的布局文件 main.xml，在其中添加两个 Button 组件 btn1 和 btn2，并分别设置它们的文本为"拨打电话"和"发送短信"。代码如下。

```
<Button
    android:id="@+id/btn1"
    android:layout_width="60dp"
    android:layout_height="40dp"
    android:text="拨打电话"
    />
    <Button
    android:id="@+id/btn2"
    android:layout_width="60dp"
    android:layout_height="40dp"
    android:text="发送短信"
    />
```

（2）打开 MainActivity.java 文件，在 onCreate()方法中，获取布局文件中的 Button 按钮，并为其设置单击监听事件。代码如下。

```
@Override
public void onCreate(Bundle savedInstanceState) {
   super.onCreate(savedInstanceState);
   setContentView(R.layout.main);
   Button btnButton1=(Button)findViewById(R.id.btn1);     // 获取 btn1 组件
   btnButton1.setOnClickListener(listener);               // 为 btn1 组件设置监听事件
   Button btnButton2=(Button)findViewById(R.id.btn2);     // 获取 btn2 组件
   btnButton2.setOnClickListener(listener);               // 为 btn2 组件设置监听事件
}
```

（3）上面的代码中用到了 listener 对象，该对象为 OnClickListener 类型，因此在 Activity 中创建该对象，并重写其 onClick()方法。在该方法中，通过判断单击的按钮 id，分别为两个 Button 按钮设置拨打电话和发送短信的动作及数据。代码如下。

```
// 创建监听事件对象
private    android.view.View.OnClickListener    listener=new    android.view.View.
OnClickListener() {
    @Override
    public void onClick(View v) {
        Intent intent=new Intent();                     // 创建 Intent 对象
        Button button=(Button)v;                        // 将 View 强制转换为 Button 对象
        switch (button.getId()) {                       // 根据 Button 组件的 id 进行判断
```

```
case R.id.btn1:                                          // 如果是 btn1 组件
    intent.setAction(Intent.ACTION_CALL);                // 设置动作为拨打电话
    intent.setData(Uri.parse("tel:13610780204"));        // 设置要拨打的号码
    startActivity(intent);                               // 启动 Activity
    break;
case R.id.btn2:
    intent.setAction(Intent.ACTION_SENDTO);              // 设置动作为拨打电话
    intent.setData(Uri.parse("smsto:5554"));             // 设置要发送的号码
    intent.putExtra("sms_body", "Welcome to Android!");// 设置要发送的信息内容
    startActivity(intent);                               // 启动 Activity
    break;
        }
    }
};
```

（4）打开 AndroidManifest.xml 文件，在其中为当前 Android 程序设置拨打电话和发送短信的权限。代码如下。

```
<uses-permission android:name="android.permission.CALL_PHONE"/>
<uses-permission android:name="android.permission.SEND_SMS"/>
```

运行本实例，将显示如图 6-1 所示的运行结果。

图 6-1　主 Activity 界面

单击图 6-1 中的“拨打电话”按钮，进入到拨打电话界面，并开始拨打设置的电话号码，如图 6-2 所示。

单击图 6-1 中的“发送短信”按钮，进入发送信息界面。该界面中自动加载用户设置的号码和要发送的信息，如图 6-3 所示。

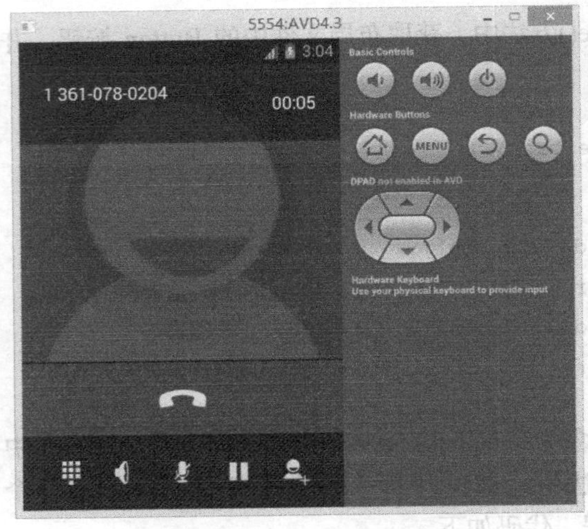

图 6-2　拨打电话

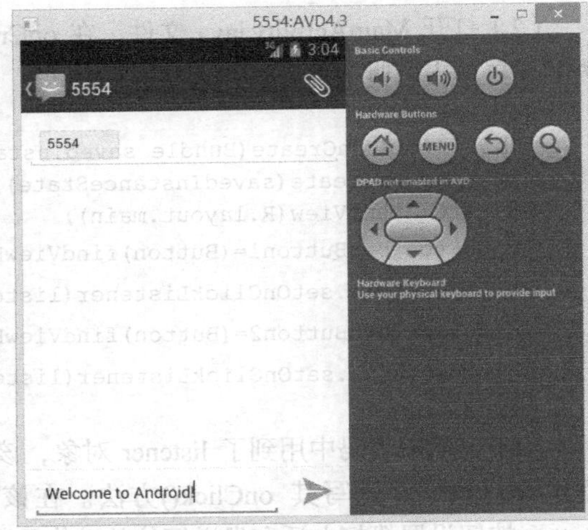

图 6-3　发送信息

6.2.4　种类（Category）

除了组件名称、动作和数据外，Intent 中还可以包含组件类型信息，用来作为被执行动作的附加信息，开发人员可以在一个 Intent 对象中指定任意数量的种类描述。Intent 类中定义了一些种类常量，常用的种类常量如表 6-2 所示。

表 6-2　Intent 类常用的种类常量

种 类 常 量	描　述
CATEGORY_DEFAULT	默认的种类常量
CATEGORY_ALTERNATIVE	表示当前的 Intent 是一系列可选动作中的一个，这些动作可以在同一块数据上执行
CATEGORY_BROWSABLE	表示浏览器在特定条件下可以打开 Activity
CATEGORY_GADGET	表示当前 Activity 可以被嵌入到充当配件宿主的其他 Activity 中
CATEGORY_HOME	表示 Activity 将显示桌面，即用户开机后看到的第一个屏幕，或者按 HOME 键时看到的屏幕
CATEGORY_LAUNCHER	表示 Intent 的接受者应该在 Launcher 中作为顶级应用出现
CATEGORY_PREFERENCE	表示目标 Activity 是一个选择面板

Intent 类有很多种类常量，表 6-2 只是给出了常用的一些种类常量。关于 Intent 类的其他种类常量，读者可以参考 Android 官方帮助文档中的 Intent 类。

在 Android 程序开发中，可以使用 addCategory()方法添加一个种类到 Intent 对象中，使用 removeCategory()方法删除一个之前添加的种类，使用 getCategories()方法获取 Intent 对象中的所有种类。下面分别对上面提到的几个方法进行介绍。

❑ addCategory()方法

addCategory()方法用来为 Intent 添加种类信息，其语法格式如下：

```
public Intent addCategory (String category)
```

- category：要添加的种类信息，通常用 Android API 中提供的种类常量表示。
- 返回值：Intent 对象。

❑ removeCategory()方法

removeCategory()方法用来从 Intent 中删除指定的种类信息，其语法格式如下：

```
public void removeCategory (String category)
```

category 表示要删除的种类信息。

❑ getCategories()方法

getCategories()方法用来获取所有与 Intent 相关的种类信息，其语法格式如下：

```
public Set<String> getCategories ()
```

返回值为字符串类型的泛型数组，表示所有与 Intent 相关的种类信息。

例如，创建 Intent 对象，并为其设置种类常量。代码如下：

```
Intent intent=new Intent();                              // 创建 Intent 对象
intent.addCategory(Intent.CATEGORY_LAUNCHER);            // 为 Intent 对象添加种类信息
```

6.2.5　附加信息（Extras）

额外的键值对信息应该传递到组件处理 Intent，就像动作关联的特定种类的数据 URIs 也关联到某些特定的附加信息。例如，一个 ACTION_TIMEZONE_CHANGE 动作有一个“time-zone”的附加信息，标识新的时区；ACTION_HEADSET_PLUG 动作有一个“state”附加信息，标识头部现在是否塞满或未塞满，还有一个“name”附加信息，标识头部的类型。

Intent 对象中有一系列的 put…()方法用于插入各种附加数据，一系列的 get…()方法用于读取数据，这些方法与 Bundle 对象的方法类似。实际上，附加信息可以作为一个 Bundle 对象使用 putExtra()方法和 getExtras()方法安装和读取，下面分别对 putExtra()方法和 getExtras()方法进行介绍。

❑ putExtra()方法

putExtra()方法用来为 Intent 添加附加信息，该方法有多种重载形式，其常用的一种重载形式如下。

```
public Intent putExtra (String name, String value)
```

- name：附加信息的名称。
- value：附加信息的值。
- 返回值：Intent 对象。

❑ getExtras()方法

getExtras()方法用来获取 Intent 中的附加信息，其语法格式如下：

```
public Bundle getExtras ()
```

返回值为 Bundle 对象，用来存储获取到的 Intent 附加信息。

【例 6-2】 在 Eclipse 中创建 Android 项目，主要使用 putExtra()方法和 getExtras()方法实现为 Intent 添加附加信息和读取附加信息的功能。（实例位置：光盘\MR\源码\第 6 章\6-2）

（1）创建一个 Activity，命名为“AcceptdataActivity”，并在 AndroidManifest.xml 文件中进行配置。

（2）在布局文件 main.xml 中添加一个 Button 组件 btn，并设置其文本为“跳转”。代码如下。

```
<Button
    android:id="@+id/btn"
    android:layout_width="60dp"
    android:layout_height="40dp"
    android:text="跳转"
    />
```

（3）在 res/layout 目录下创建一个 link.xml 文件，用来作为 AcceptdataActivity 的布局文件，在该布局文件中添加一个 TextView 组件。代码如下。

```
<?xml version="1.0" encoding="utf-8"?>
<LinearLayout xmlns:android="http://schemas.android.com/apk/res/android"
   android:orientation="vertical"
   android:layout_width="fill_parent"
   android:layout_height="fill_parent"
   >
    <TextView
        android:id="@+id/txt"
      android:layout_width="fill_parent"
      android:layout_height="wrap_content"
      android:text="链接页面"
      />
</LinearLayout>
```

（4）打开 MainActivity.java 文件，定义一个 int 类型常量，用来作为请求标识。代码如下。

```
private final static int REQUEST_CODE=1;                    // 声明请求标识
```

（5）在 MainActivity.java 文件的 onCreate()方法中，获取布局文件中的 Button 按钮，并为其

设置单击监听事件。代码如下。

```
@Override
public void onCreate(Bundle savedInstanceState) {
    super.onCreate(savedInstanceState);
    setContentView(R.layout.main);
    Button btnButton=(Button) findViewById(R.id.btn);      // 获取 Button 按钮
    btnButton.setOnClickListener(listener);                // 为 Button 按钮设置监听事件
}
```

（6）上面的代码中用到了 listener 对象，该对象为 onClickListener 类型，因此在 Activity 中创建该对象，并重写其 onClick()方法。在该方法中，首先创建一个 Intent 对象，并设置要打开的 Activity；然后使用 Intent 对象的 putExtra()方法设置附加信息；最后使用 startActivityForResult()方法启动 Activity。主要代码如下。

```
private OnClickListener listener=new OnClickListener() {    // 创建监听对象
    @Override
    public void onClick(View v) {
        Intent intent=new Intent();                          // 创建 Intent 对象
// 设置要访问的 Activity
        intent.setClass(MainActivity.this, AcceptdataActivity.class);
        intent.putExtra("str", "第一个 Activity 传过来的值");   // 设置附加信息
        startActivityForResult(intent, REQUEST_CODE);        // 启动 Activity
    }
};
```

（7）打开 AcceptdataActivity.java 文件，在 onCreate()方法中，使用 Intent 对象的 getExtras()方法获取附加信息，并显示到 TextView 组件中。onCreate()方法代码如下。

```
@Override
protected void onCreate(Bundle savedInstanceState) {
    // TODO Auto-generated method stub
    super.onCreate(savedInstanceState);
    setContentView(R.layout.link);
    Intent intent=getIntent();                     // 创建 Intent 对象
    Bundle bundle=intent.getExtras();              // 获取附加信息，并用 Bundle 接收
    String str=bundle.getString("str");            // 获取传递的字符串值
    txt=(TextView)findViewById(R.id.txt);          // 获取 TextView 组件
    txt.setText(str);                              // 设置文本
}
```

AcceptdataActivity.java 文件使用 link.xml 作为布局文件。

运行本实例，将显示如图 6-4 所示的运行结果。单击“跳转”按钮，进入第 2 个 Activity，该 Activity 窗口中显示在第 1 个 Activity 中设置的附加信息，如图 6-5 所示。

图 6-4　主 Activity 初始页面

图 6-5　获取到的附加信息

6.2.6 标志（Flags）

标志主要用来指示 Android 程序如何启动一个活动（例如活动应该属于哪个任务）和启动之后如何对待它（例如，它是否属于最近的活动列表），所有的标志都定义在 Intent 类中。常用的标志常量如表 6-3 所示。

表 6-3 Intent 类的常用标志常量

标 志 常 量	描 述
FLAG_GRANT_READ_URI_PERMISSION	对 Intent 数据具有读取权限
FLAG_GRANT_WRITE_URI_PERMISSION	对 Intent 数据具有写入权限
FLAG_ACTIVITY_CLEAR_TOP	如果在当前 Task 中有要启动的 Activity，那么把该 Activity 之前的所有 Activity 都关掉，并把该 Activity 置前以避免创建 Activity 的实例
FLAG_ACTIVITY_CLEAR_WHEN_TASK_RESET	如果设置，将在 Task 的 Activity Stack 中设置一个还原点。当 Task 恢复时，需要清理 Activity
FLAG_ACTIVITY_EXCLUDE_FROM_RECENTS	如果设置，新的 Activity 不会在最近启动的 Activity 列表中保存
FLAG_ACTIVITY_FORWARD_RESULT	如果设置，并且这个 Intent 用于从一个存在的 Activity 启动一个新的 Activity，那么，这个作为答复目标的 Activity 将会传到这个新的 Activity 中。这种方式下，新的 Activity 可以调用 setResult(int)，并且这个结果值将发送给作为答复目标的 Activity
FLAG_ACTIVITY_LAUNCHED_FROM_HISTORY	该标志一般不由应用程序代码设置，如果 Activity 是从历史记录里启动的（按 HOME 键），那么，系统会自动设定
FLAG_ACTIVITY_MULTIPLE_TASK	与 FLAG_ACTIVITY_NEW_TASK 结合使用，使用时，新的 Task 总是会启动来处理 Intent，而不管是否已经有一个 Task 可以处理相同的事情
FLAG_ACTIVITY_NEW_TASK	系统会检查当前所有已创建的 Task 中是否有需要启动的 Activity 的 Task，如果有，则在该 Task 上创建 Activity；如果没有，则新建具有该 Activity 属性的 Task，并在该新建的 Task 上创建 Activity
FLAG_ACTIVITY_NO_HISTORY	新的 Activity 将不在历史 Stack 中保留，用户一旦离开，这个 Activity 将自动关闭
FLAG_ACTIVITY_NO_USER_ACTION	如果设置，作为新启动的 Activity 进入前台时，这个标志将在 Activity 暂停之前阻止从最前方的 Activity 回调的 onUserLeaveHint()

说明

Intent 类有很多标志常量，表 6-3 只是给出了常用的一些标志常量。关于 Intent 类的其他标志常量，可以参考 Android 官方帮助文档中的 Intent 类。

注意

由于默认的系统不包含图形 Task 管理功能，因此，尽量不要使用 FLAG_ACTIVITY_MULTIPLE_TASK 标志，除非能够提供给用户一种方式——可以返回到已经启动的 Task。

在 Android 程序开发中，可以使用 setFlags()方法和 addFlags()方法添加标志到 Intent 对象中，使用 getFlags()方法获取 Intent 对象中的所有标志。下面分别对上面提到的几个方法进行介绍。

- setFlags()方法

setFlags()方法用来为 Intent 设置标志，其语法格式如下：

```
public Intent setFlags (int flags)
```

- flags：要设置的标志，通常用 Android API 中提供的标志常量表示。
- 返回值：Intent 对象。

- addFlags()方法

addFlags()方法用来为 Intent 添加标志，其语法格式如下：

```
public Intent addFlags (int flags)
```

- flags：要添加的标志，通常用 Android API 中提供的标志常量表示。
- 返回值：Intent 对象。

- getFlags()方法

getFlags()方法用来获取 Intent 的标志，其语法格式如下：

```
public int getFlags ()
```

返回值为 int 类型数据，表示获取到的标志。

例如，创建 Intent 对象，并为其设置标志信息。代码如下：

```
Intent intent=new Intent();                                    // 创建 Intent 对象
intent.addFlags(Intent.FLAG_ACTIVITY_NEW_TASK);                // 为 Intent 对象添加标志信息
```

6.3　Intent 应用

6.3.1　Intent 分类

Intent 可以分为两组，分别为显式 Intent 和隐式 Intent。

- 显式 Intent：通过名字指定目标组件。因为开发者通常不知道其他应用程序的组件名字，显式 Intent 通常用于应用程序内部消息，如一个活动启动从属的服务或启动一个姐妹活动。
- 隐式 Intent：并不指定目标的名字（组件名字字段是空的）。隐式 Intent 经常用于激活其他应用程序中的组件。

当在 Android 程序中使用显式 Intent 时，Intent 对象中只用组件名字内容就可以决定哪个组件应该获得这个 Intent，而不用其他内容。而使用隐式 Intent 时，由于缺省指定目标，Android 程序必须查找一个（一些）最适合的组件去处理 Intent——一个活动或服务去执行请求动作，或一组广播接收者去响应广播声明，该过程是通过比较 Intent 对象的内容和 Intent 过滤器（intent filters）来完成的。Intent 过滤器关联到潜在的接收 Intent 的组件，过滤器声明组件的能力和界定它能处理的 Intent，打开组件接收声明的 Intent 类型的隐式 Intent。如果一个组件没有任何 Intent 过滤器，它仅能接收显式的 Intent，而声明了 Intent 过滤器的组件可以接收显式和隐式的 Intent。本节将对如何解析 Intent 对象进行详细讲解。

只有当一个 Intent 对象的动作、数据（包括 URI 和数据类型）、种类 3 个方面都符合一个 Intent 过滤器，才被考虑是否接收 Intent，而附加信息和标志在解析哪个组件接收 Intent 时不起作用。

6.3.2 Intent 过滤器

活动、服务、广播接收者为了告知系统能够处理哪些隐式 Intent，可以有一个或多个 Intent 过滤器。Intent 过滤器用<intent-filter>元素表示，每个过滤器描述组件的一种能力，即能够接收的一组 Intent。实际上，Intent 过滤器筛选掉的 Intent 也仅仅是不想要的隐式 Intent。一个显式 Intent 不管包含哪些信息，总是能够传递到它的目标组件；但是对于一个隐式 Intent，仅当它能够通过组件的过滤器之一时才能够传递给它的目标组件。

一个 Intent 过滤器是一个 IntentFilter 类的实例，因为 Android 程序在启动一个组件之前必须知道它的能力，但是 Intent 过滤器通常不在 Java 代码中设置，而是在应用程序的主配置文件（AndroidManifest.xml）中以<intent-filter>元素设置。

广播接收者的过滤器通过调用 Context.registerReceiver()方法动态进行注册，它直接创建一个 IntentFilter 对象。

一个过滤器有对应于 Intent 对象的动作、数据和种类的字段，过滤器要检测隐式 Intent 的所有这 3 个字段，其中任何一个失败，Android 程序都不会传递 Intent 给组件。然而，因为一个组件可以有多个 Intent 过滤器，一个 Intent 通不过组件的过滤器检测，其他的过滤器可能通过检测。下面分别对如何使用 Intent 过滤器进行动作、数据和种类的检测进行讲解。

1. 动作检测

在 AndroidManifest.xml 主配置文件中，使用<intent-filter>元素的<action>子元素列出所有动作信息。

例如，使用<intent-filter>过滤器的<action>子元素设置主窗口启动、拨打电话和发送信息等 3 个动作。代码如下：

```
<intent-filter >
    <action android:name="android.intent.action.MAIN" />
    <action android:name="android.intent.action.CALL"/>
    <action android:name="android.intent.action.SENDTO"/>

. . .
</intent-filter>
```

如上面示例所示，虽然一个 Intent 对象仅是单个动作，但是一个<intent-filter>过滤器可以列出不止一个。另外，这个动作列表不能够为空，一个<intent-filter>过滤器必须至少包含一个<action>子元素，否则它将阻塞所有的 Intents。

要通过动作检测，Intent 对象中指定的动作必须匹配<intent-filter>过滤器的动作列表中的一个，而如果 Intent 对象或<intent-filter>过滤器没有指定一个动作，将出现以下结果。

- 如果 Intent 对象没有指定动作，将自动通过检查<intent-filter>过滤器是否指定了动作。
- 如果<intent-filter>过滤器没有指定动作，没有一个 Intent 匹配，所有的 Intent 将检测失败，即没有 Intent 能够通过过滤器。

2. 数据检测

在 AndroidManifest.xml 主配置文件中，使用<intent-filter>元素的<data>子元素列出所有数据

信息。

例如，使用<intent-filter>过滤器的<data>子元素设置两个数据信息。代码如下：

```
<intent-filter>
    <data android:mimeType="video/mpeg" android:scheme="http"/>
    <data android:mimeType="audio/mpeg" android:scheme="http"/>
    ...
</intent-filter>
```

如上面示例所示，每个<data>子元素都需要指定一个数据类型（MIME 类型）和 URI。<data>子元素中有 4 个属性——scheme、host、port 和 path，分别对应于 URI 的每个部分，例如，下面的 URI。

```
content://com.xiaoke.project:80/folder/subfolder/etc
```

如果在<data>中指定上面的 URI，则 scheme 对应"content"，host 对应"com.xiaoke.project"，port 对应"80"，path 对应"folder/subfolder/etc"。host 和 port 一起构成 URI 的凭据（authority），如果 host 没有指定，port 也被忽略。这 4 个属性都是可选的，但它们之间并不都是完全独立的，比如，要使 authority 有意义，scheme 必须也要指定；而要使 path 有意义，scheme 和 authority 也都必须要指定。

说明

当比较 Intent 对象和<intent-filter>过滤器的 URI 时，仅比较<intent-filter>过滤器中出现的 URI 属性。例如，如果一个<intent-filter>过滤器仅指定了 scheme，所有包含该 scheme 的 URIs 都将匹配<intent-filter>过滤器；如果一个<intent-filter>过滤器指定了 scheme 和 authority，但没有指定 path，所有匹配 scheme 和 authority 的 URIs 都可以通过检测，而不管它们的 path 是否匹配；如果 4 个属性都指定了，就需要都匹配才能算是匹配。然而，<intent-filter>过滤器中的 path 可以包含通配符来要求匹配 path 中的一部分。

<data>子元素中的 type 属性用来指定数据的 MIME 类型。Intent 对象和<intent-filter>过滤器都可以用"*"通配符匹配类型字段。例如，"text/*"、"audio/*"表示任何子类型。

在 Android 程序中进行数据检测时，既要检测 URI，也要检测数据类型，检测规则如下。

- 一个 Intent 对象既不包含 URI，也不包含数据类型：仅当<intent-filter>过滤器不指定任何 URIs 和数据类型时，才不能通过检测；否则都能通过。
- 一个 Intent 对象包含 URI，但不包含数据类型：仅当<intent-filter>过滤器不指定数据类型，同时它们的 URI 匹配时，才能通过检测。例如，mailto:和 tel:都不指定实际数据。
- 一个 Intent 对象包含数据类型，但不包含 URI：仅当<intent-filter>过滤器只包含数据类型且与 Intent 相同时，才通过检测。
- 一个 Intent 对象既包含 URI，也包含数据类型（或数据类型能够从 URI 推断出）：数据类型部分，只有与<intent-filter>过滤器中之一匹配时才算通过；URI 部分，它的 URI 要出现在<intent-filter>过滤器中，或者有 content:或 file: URI，又或者<intent-filter>过滤器没有指定 URI。

3. 种类检测

在 AndroidManifest.xml 主配置文件中，使用<intent-filter>元素的<category>子元素列出所有种类信息。

例如，使用<intent-filter>过滤器的<category>子元素设置 CATEGORY_DEFAULT 和 CATEGORY_LAUNCHER 两个种类信息。代码如下：

```
<intent-filter>
    <category android:name="android.intent.category.DEFAULT"/>
```

```
    <category android:name="android.intent.category.LAUNCHER"/>
    ...
</intent-filter>
```

对于一个 Intent 对象，如果要通过种类检测，Intent 对象中的每个种类必须匹配过滤器中的一个，即过滤器能够列出额外的种类。但是，Intent 对象中的种类都必须能够在过滤器中找到，即使只有一个种类在过滤器列表中没有，也算种类检测失败！因此，原则上如果一个 Intent 对象中没有种类（即种类字段为空），应该总是通过种类测试，而不管<intent-filter>过滤器中有什么种类。但是有个例外，Android 程序对待所有传递给 Context.startActivity()的隐式 Intent，都至少包含"android.intent.category.DEFAULT"（对应 CATEGORY_DEFAULT 常量），因此，Activity 如果要接收隐式 Intent，就必须在<intent-filter>过滤器中包含"android.intent.category.DEFAULT"。

6.4 BroadcastReceiver 使用

6.4.1 BroadcastReceiver 简介

BroadcastReceiver 是用于接收广播通知的组件。广播是一种同时通知多个对象的事件通知机制，类似日常生活中的广播，允许多个人同时收听，也允许不收听。Android 中广播来源有系统事件，例如按下拍照键、电池电量低、安装新应用等；还有普通应用程序，例如启动特定线程、文件下载完毕等。

BroadcastReceiver 类是所有广播接收器的抽象基类，其实现类用来对发送出来的广播进行筛选并做出响应。广播接收器的生命周期非常简单。当消息到达时，接收器调用 onReceive()方法。在该方法结束后，BroadcastReceiver 实例失活。

onReceive()方法是实现 BroadcastReceiver 类时需要重写的方法。

广播接收器通常初始化独立的组件，或者在 onReceive()方法中发送通知给用户。如果广播接收器需要完成更加耗时的任务，它应该启动服务而不是一个线程，因为不活跃的广播接收器可能被系统停止。

用于接收的广播有以下两大类。

- 普通广播：使用 Context.sendBroadcast()方法发送，它们完全是异步的。广播的全部接收者以未定义的顺序运行，通常在同一时间。这种方式非常高效，但是也意味着接收者不能使用结果或者终止 API。
- 有序广播：使用 Context.sendOrderedBroadcast()方法发送，它们每次只发送给一个接收者。由于每个接收者依次运行，它能为下一个接收者生成一个结果，或者能完全终止广播以便不传递给其他接收者。有序接收者运行顺序由匹配的 intent-filter 的 android:priority 属性控制，具有相同优先级的接收者运行顺序任意。

6.4.2 BroadcastReceiver 应用

【例 6-3】 在 Eclipse 中创建 Android 项目，实现当接收到短信时给出提示信息的功能。（实例位置：光盘\MR\源码\第 6 章\6-3）

（1）修改 res/layout 文件夹中的 main 文件，设置标签的颜色及字体大小等。

（2）编写 SMSActivity 类，使用刚刚修改的布局文件，代码如下。

```
public class SMSActivity extends Activity {
    @Override
    public void onCreate(Bundle savedInstanceState) {
        super.onCreate(savedInstanceState);
        setContentView(R.layout.main);
    }
}
```

（3）编写 SMSReceiver 类，它继承了 BroadcastReceiver 类，在该类中重写 onReceive()方法，在接收到短信息时给出提示，代码如下。

```
public class SMSReceiver extends BroadcastReceiver {
    private static final String action = "android.provider.Telephony.SMS_RECEIVED";
    @Override
    public void onReceive(Context context, Intent intent) {
        if (intent.getAction().equals(action)) {
            Toast.makeText(context,
context.getResources().getString(R.string.message), Toast.LENGTH_LONG).show();
        }
    }
}
```

（4）编写 AndroidManifest.xml 文件，注册 Activity 及 BroadcastReceiver，代码如下。

```
<application
    android:icon="@drawable/ic_launcher"
    android:label="@string/app_name" >
    <activity
        android:name=".SMSActivity"
        android:label="@string/app_name" >
        <intent-filter>
            <action android:name="android.intent.action.MAIN" />
            <category android:name="android.intent.category.LAUNCHER" />
        </intent-filter>
    </activity>
    <receiver android:name=".SMSReceiver">
        <intent-filter >
            <action android:name="android.provider.Telephony.SMS_RECEIVED"/>
        </intent-filter>
    </receiver>
</application>
```

启动程序后，如果接收到短信息，会显示如图 6-6 所示的界面。

图 6-6　短信息提示界面

6.5 综合实例——使用 Intent 实现发送短信

本实例将实现使用 Intent 发送短信的功能，运行程序、输入电话号码和信息内容，效果如图 6-7 所示。单击“发送短信”按钮，跳转到如图 6-8 所示的界面，该界面中已经填写好了发送短信的接收者号码及短信内容。

图 6-7 应用程序界面

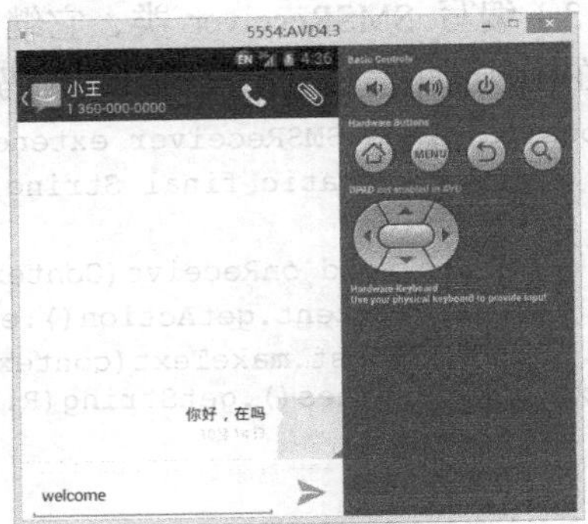

图 6-8 发送短信界面

程序的开发步骤如下。

（1）在 res/layout 文件夹中打开布局文件 main.xml，添加两个 EditText 组件，分别用来输入手机号码和短信内容，添加一个 Button 组件，用来发送短信。

（2）编写 SMSSenderActivity，通过为按钮增加单击事件监听器来完成发送短信功能，其代码如下。

```
public class SMSSenderActivity extends Activity {
    @Override
    public void onCreate(Bundle savedInstanceState) {
        super.onCreate(savedInstanceState);
        setContentView(R.layout.main);                          // 设置页面布局
        // 通过 ID 值获得文本框对象
        final EditText numberET = (EditText) findViewById(R.id.number);
        // 通过 ID 值获得文本框对象
        final EditText messageET = (EditText) findViewById(R.id.message);
        Button call = (Button) findViewById(R.id.send);         // 通过 ID 值获得按钮对象
        call.setOnClickListener(new View.OnClickListener() {
            public void onClick(View v) {
                String number = numberET.getText().toString();  // 获得用户输入的号码
                String message = messageET.getText().toString();// 获得用户输入的短信
                Intent intent = new Intent();                   // 创建 Intent 对象
                intent.setData(Uri.parse("smsto:" + number));   // 设置要发送的号码
                intent.putExtra("sms_body", message);           // 设置要发送的信息内容
                startActivity(intent);                        // 将 Intent 传递给 Activity
            }
        });
    }
}
```

（3）修改 AndroidManifest.xml 文件，增加发送短信的权限，其代码如下。

```
<uses-permission android:name="android.permission.SEND_SMS" />
```

知识点提炼

（1）Intent 是 Android 程序中传输数据的核心对象，Android 官方文档中对 Intent 的定义是执行某操作的一个抽象描述。

（2）Intent 对象主要用来在 Android 程序的 Activity、Service 和 BroadcastReceiver 这 3 大组件之间传输数据。而针对这 3 大组件，有独立的 Intent 传输机制。

（3）组件名称用来指定处理 Intent 对象的组件，它是一个 ComponentName 对象，是目标组件的完全限定类名（如“com.xiaoke.project.app.IntentExamActivity”）和应用程序所在的包在清单文件中的名字（如“com.xiaoke.project”）的组合，其中，组件名称中的包部分不一定要和清单文件中的包名一样。

（4）动作很大程度上决定了 Intent 如何构建，特别是数据（Data）和附加（Extras）信息。

（5）数据（Data）是作用于 Intent 上的数据的 URI 和 MIME 类型，不同的动作有不同的数据规格。

（6）标志主要用来指示 Android 程序如何去启动一个活动（例如，活动应该属于哪个任务）和启动之后如何对待它（例如，它是否属于最近的活动列表），所有的标志都定义在 Intent 类中。

（7）Intent 可以分为两组，分别为显式 Intent 和隐式 Intent。

（8）Intent 过滤器用<intent-filter>元素表示，每个过滤器描述组件的一种能力，即能够接收的一组 Intent。

（9）BroadcastReceiver 是用于接收广播通知的组件。

习　题

6-1　描述 Intent 的 3 种传输机制。

6-2　Intent 对象主要由哪几部分组成？

6-3　如果要为 Intent 添加附加信息，需要使用什么方法？

6-4　动作在 Intent 中有什么作用？

6-5　描述显式 Intent 和隐式 Intent 的区别。

6-6　在 Android 程序中实现广播时，需要继承哪个类？

实验：使用 BroadcastReceiver 查看电池剩余电量

实验目的

（1）巩固 Android 界面布局。

（2）掌握 BroadcastReceiver 的使用。

实验内容

本实验主要实现当用户单击按钮时显示电池剩余电量的功能。

实验步骤

（1）修改 res/layout 文件夹中的 main 文件，增加一个按钮控件并设置其颜色及字体大小等，其代码如下。

```
<?xml version="1.0" encoding="utf-8"?>
<LinearLayout xmlns:android="http://schemas.android.com/apk/res/android"
    android:layout_width="fill_parent"
    android:layout_height="fill_parent"
    android:background="@drawable/background"
    android:orientation="vertical" >
    <Button
        android:id="@+id/button"
        android:layout_width="wrap_content"
        android:layout_height="wrap_content"
        android:text="@string/message"
        android:textColor="@android:color/white"
        android:textSize="20dp" />
</LinearLayout>
```

（2）编写 BatteryReceiver 类，它继承了 BroadcastReceiver 类。在该类中重写 onReceive()方法，在接收到短信息时给出提示，其代码如下。

```
public class BatteryReceiver extends BroadcastReceiver {
    @Override
    public void onReceive(Context context, Intent intent) {
        String action = intent.getAction();
        if (action.equals(Intent.ACTION_BATTERY_CHANGED)) {
            int level = intent.getIntExtra("level", 0);
            int scale = intent.getIntExtra("scale", 100);
            Toast.makeText(context, "剩余电量：" + (level * 100 / scale) + "%",
Toast.LENGTH_LONG).show();
        }
    }
}
```

（3）编写 BatteryActivity 类，它获取了布局文件中定义的按钮，并为其增加单击事件监听器，其代码如下。

```
public class BatteryActivity extends Activity {
    /** Called when the activity is first created. */
    @Override
    public void onCreate(Bundle savedInstanceState) {
        super.onCreate(savedInstanceState);
        setContentView(R.layout.main);
        Button button = (Button) findViewById(R.id.button);
        button.setOnClickListener(new View.OnClickListener() {
            @Override
            public void onClick(View v) {
                registerReceiver(new BatteryReceiver(), new IntentFilter(Intent.
ACTION_BATTERY_CHANGED));
            }
```

```
            });
        }
    }
```

启动程序后，单击“查看剩余电量”按钮，会显示如图 6-9 所示的界面。

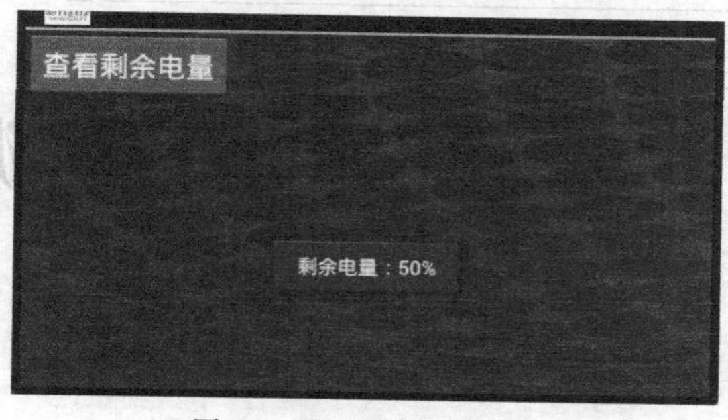

图 6-9　显示剩余电量界面

第 7 章 用户资源的使用

本章要点：

- 字符串、颜色和尺寸资源的使用
- 使用布局资源
- 数组资源的使用
- Drawable 资源的使用
- 样式和主题资源的使用
- 使用菜单资源
- Android 程序的国际化

Android 中的资源是指可以在代码中使用的外部文件，这些文件作为应用程序的一部分，被编译到应用程序当中。在 Android 中，各种资源都被保存到 Android 应用的 res 目录下对应的子目录中，这些资源既可以在 Java 文件中使用，也可以在其他 XML 资源中使用。本章将对 Android 中的资源进行详细介绍。

7.1 字符串（string）资源

在 Android 中，当需要使用大量的字符串作为提示信息时，可以将这些字符串声明在配置文件中，从而实现程序的可配置性。下面将对字符串资源进行详细介绍。

7.1.1 定义字符串资源文件

字符串资源文件位于 res/values 目录下，根元素是<resources> </resources>标记，在该元素中，使用<string></string>标记定义各字符串。其中，通过为<string></string>标记设置 name 属性来指定字符串的名称，在起始标记<string>和结束标记</string>中间添加字符串的内容。例如，在 Android 项目中，创建一个名称为“strings.xml”的字符串资源文件，在该文件中定义一个名称为“introduce”的字符串，内容是公司简介。strings.xml 的具体代码如下：

```
<resources>
    <string name="introduce">明日科技有限公司是一家以计算机软件为核心的高科技企业，
        多年来始终致力于行业管理软件开发、数字化出版物制作、
        计算机网络系统综合应用以及行业电子商务网站开发等领域。</string>
</resources>
```

在 Android 中，资源文件的文件名不能是大写字母，必须是以小写字母 a~z 开头的，由小写字母 a~z、0~9 或者下划线“_”组成。

7.1.2　使用字符串资源

在字符串资源文件中定义字符串资源后，就可以在 Java 文件或是 XML 文件中使用该字符串资源了。在 Java 文件中使用字符串资源的语法格式如下：

```
[<package>.]R.string.字符串名
```

例如，在 MainActivity 中，要获取名称为“introduce”的字符串，可以使用下面的代码。

```
getResources().getString(R.string.introduce)
```

在 XML 文件中使用字符串资源的基本语法格式如下：

```
@[<package>:]string/字符串名
```

例如，在定义 TextView 组件时，通过字符串资源为其指定 android:text 属性的代码如下。

```
<TextView
    android:layout_width=" wrap_content"
    android:layout_height="wrap_content"
android:text="@string/introduce" />
```

下面通过一个具体的实例来介绍字符串资源的具体应用。

【例 7-1】 在 Eclipse 中创建 Android 项目，实现一个游戏的关于界面，并通过字符串资源设置界面中的文字内容。（实例位置：光盘\MR\源码\第 7 章\7-1）

（1）打开新建项目的 res/values 目录下的 strings.xml 文件，在该文件中将默认添加的名称为“hello”的字符串资源删除，然后分别定义名称为“title”、“company”、“url”和“introduce”的字符串资源。关键代码如下：

```
<string name="title">关于泡泡龙</string>
<string name="company">开发公司：吉林省明日科技有限公司</string>
<string name="url">公司网址：http://www.mingribook.com</string>
<string name="introduce">        泡泡龙游戏是一款十分流行的益智游戏。它可以从下方中央的弹珠发射台射出彩珠，当有多于 3 个同色弹珠相连时，这些弹珠将会爆掉，否则该弹珠被连接到指向的位置，直到泡泡下压越过下方的警戒线，游戏结束。</string>
```

（2）打开 res/layout 目录下默认创建的 main.xml 文件，在该文件中，共添加 4 个 TextView 组件，并使用前面 3 个步骤中创建的字符串、颜色和尺寸资源。关键代码如下：

```
<TextView
    android:text="@string/title"
    android:gravity="center"
    android:layout_width="match_parent"
    android:layout_height="wrap_content"
/>
<TextView
    android:text="@string/introduce"
    android:layout_width="wrap_content"
    android:layout_height="wrap_content"
/>
<TextView
    android:text="@string/company"
    android:gravity="center"
    android:layout_width="match_parent"
```

```
        android:layout_height="wrap_content"
    />
    <TextView
        android:text="@string/url"
        android:gravity="center"
        android:layout_width="match_parent"
        android:layout_height="wrap_content"
    />
```

说明

在上面的代码中，第 1 个组件设置要显示的文字是名称为“title”的字符串资源；第 2 个组件设置要显示的文字是名称为“introduce”的字符串资源；第 3 个组件设置要显示的文字是名称为“company”的字符串资源；第 4 个组件设置要显示的文字是名称为“url”的字符串资源。

运行本实例，将显示如图 7-1 所示的运行结果。

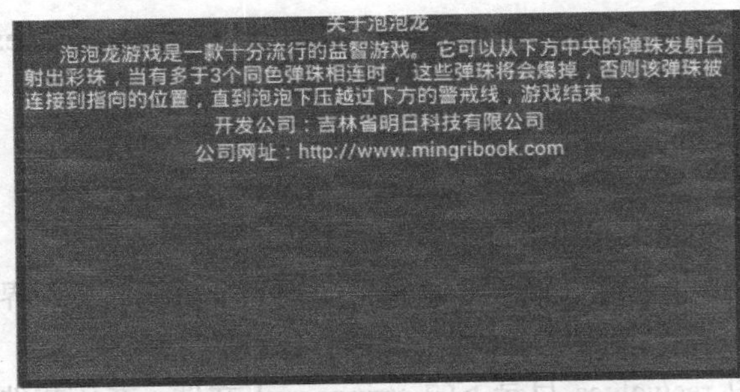

图 7-1　使用字符串资源设置界面中的文字

7.2　颜色（color）资源

颜色资源也是进行 Android 应用开发时比较常用的资源，它通常用于设置文字、背景的颜色等。下面将对颜色资源进行详细介绍。

7.2.1　颜色值的定义

在 Android 中，颜色值通过 RGB（红、绿、蓝）三原色和一个透明度（Alpha）值表示。它必须以井号“#”开头，后面接 Alpha-Red-Green-Blue 形式的内容。其中，Alpha 值可以省略，如果省略，那么该颜色默认是完全不透明的。通常情况下，颜色值使用以下 4 种形式之一。

- #RGB：也就是使用红、绿、蓝三原色的值来表示颜色。其中，红、绿和蓝采用 0~f 来表示。例如，要表示红色，可以使用#f00。
- #ARGB：也就是使用透明度以及红、绿、蓝三原色来表示颜色。其中，透明度、红、绿和蓝均采用 0~f 来表示。例如，要表示半透明的红色，可以使用#6f00。
- #RRGGBB：也就是使用红、绿、蓝三原色的值来表示颜色。与#RGB 不同的是，这里的红、绿和蓝使用 00~ff 来表示。例如，要表示蓝色，可以使用#00f。
- #AARRGGBB：也就是使用透明度以及红、绿、蓝三原色来表示颜色。其中，透明度、红、绿和蓝均采用 00~ff 来表示。例如，要表示半透明的绿色，可以使用#6600ff00。

在表示透明度时，0 表示完全透明，f 表示完全不透明。

7.2.2　定义颜色资源文件

颜色资源文件位于 res/values 目录下，根元素是<resources></resources>标记，在该元素中，使用<color></color>标记定义各颜色资源。其中，通过为<color></color>标记设置 name 属性来指定颜色资源的名称，在起始标记<color>和结束标记</color>中间添加颜色值。例如，在 Android 项目中，创建一个名称为“colors.xml”的颜色资源文件，在该文件中定义 4 个颜色资源。其中，第 1 个名称为“title”，颜色值采用#AARRGGBB 格式；第 2 个名称为“title1”，颜色值采用#ARGB 格式，这两个资源都表示半透明的红色。第 3 个名称为“content”，颜色值采用#RRGGBB 格式；第 4 个名称为“content1”，颜色值采用#RGB 格式，这两个资源都表示完全不透明的红色。colors.xml 的具体代码如下：

```
<resources>
    <color name="title">#66ff0000</color>
    <color name="title1">#6f00</color>
    <color name="content">#ff0000</color>
    <color name="content1">#f00</color>
</resources>
```

7.2.3　使用颜色资源

在颜色资源文件中定义颜色资源后，就可以在 Java 文件或是 XML 文件中使用该颜色资源了。在 Java 文件中使用颜色资源的语法格式如下：

```
[<package>.]R.color.颜色资源名
```

例如，在 MainActivity 中，通过颜色资源为 TextView 组件设置文字颜色，可以使用下面的代码。

```
TextView tv=(TextView)findViewById(R.id.title);
tv.setTextColor(getResources().getColor(R.color.title1));
```

在 XML 文件中使用颜色资源的基本语法格式如下：

```
@[<package>:]color/颜色资源名
```

例如，在定义 TextView 组件时，通过颜色资源为其指定 android:textColor 属性，也就是设置组件内文字的颜色代码如下：

```
<TextView
    android:layout_width=" wrap_content "
    android:layout_height="wrap_content"
android:textColor="@color/title" />
```

下面对例 7-1 进行修改，为界面中的文字设置不同颜色。

首先，在 Eclipse 中打开 7-1 项目，在 res/values 目录下，创建一个保存颜色资源的 colors.xml 文件。在该文件中，分别定义名称为“title”、“introduce”、“company”和“url”的颜色资源。关键代码如下：

```
<resources>
    <color name="title">#ff0</color>
    <color name="introduce">#7e8</color>
    <color name="company">#f70</color>
    <color name="url">#9f60</color>
</resources>
```

然后，打开 main.xml 布局文件，分别为 id 为 title、company、url 和 introduce 的 TextView 组件设置 android:textColor 属性，用于改变各组件的文字颜色。修改后的代码如下：

```
<TextView
    android:text="@string/title"
    android:textColor="@color/title"
    android:gravity="center"
    android:layout_width="match_parent"
    android:layout_height="wrap_content"
/>
<TextView
    android:textColor="@color/introduce"
    android:text="@string/introduce"
    android:layout_width="wrap_content"
    android:layout_height="wrap_content"
/>
<TextView
    android:text="@string/company"
    android:gravity="center"
    android:textColor="@color/company"
    android:layout_width="match_parent"
    android:layout_height="wrap_content"
/>
<TextView
    android:text="@string/url"
    android:gravity="center"
    android:textColor="@color/url"
    android:layout_width="match_parent"
    android:layout_height="wrap_content"
/>
```

再次运行例 7-1 的程序，将显示如图 7-2 所示的运行结果。

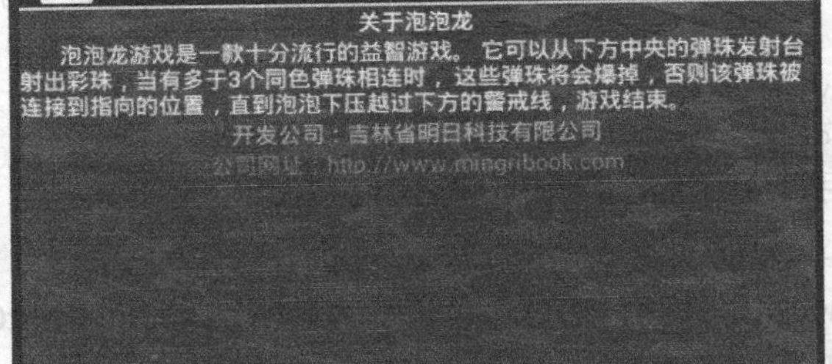

关于泡泡龙
泡泡龙游戏是一款十分流行的益智游戏。它可以从下方中央的弹珠发射台射出彩珠，当有多于3个同色弹珠相连时，这些弹珠将会爆掉，否则该弹珠被连接到指向的位置，直到泡泡下压越过下方的警戒线，游戏结束。
开发公司：吉林省明日科技有限公司
http://www.mingribook.com

图 7-2 使用颜色资源设置文字颜色后的运行结果

7.3 尺寸（dimen）资源

尺寸资源也是进行 Android 应用开发时比较常用的资源，它通常用于设置文字的大小、组件的间距等。下面对尺寸资源进行详细介绍。

7.3.1 Android 支持的尺寸单位

在 Android 中支持的常用尺寸单位如下。

- px（Pixels，像素）：每个 px 对应屏幕上的一个点。例如，320*480 的屏幕在横向有 320 个像素，在纵向有 480 个像素。
- in（Inches，英寸）：标准长度单位。每英寸等于 2.54 厘米。例如，形容手机屏幕大小时，经常用 3.2（英）寸、3.5（英）寸、4（英）寸，都是指这个单位。这些尺寸是屏幕对角线的长度。如果手机的屏幕是 4 英寸，表示手机的屏幕（可视区域）对角线长度是 4*2.54 = 10.16 厘米。
- pt（Points，磅）：屏幕物理长度单位，1/72 英寸。
- dip 或 dp（设置独立像素）：一种基于屏幕密度的抽象单位。在每英寸 160 点的显示器上，1dip=1px。但随着屏幕密度的改变，dip 与 px 的换算也会发生改变。
- sp（比例像素）：主要处理字体的大小，可以根据用户字体大小首选项进行缩放。
- mm（Millimeters，毫米）：屏幕物理长度单位。

7.3.2　定义尺寸资源文件

尺寸资源文件位于 res/values 目录下，根元素是<resources></resources>标记。在该元素中，使用<dimen></dimen>标记定义各尺寸资源。其中，通过为<dimen></dimen>标记设置 name 属性来指定尺寸资源的名称，在起始标记<dimen>和结束标记</dimen>中间定义一个尺寸常量。例如，在 Android 项目中，创建一个名称为“dimens.xml”的尺寸资源文件，在该文件中定义两个尺寸资源，第一个名称为“title”，尺寸值是 24px；第二个名称为“content”，尺寸值是 14dp。dimens.xml 文件的具体代码如下：

```
<?xml version="1.0" encoding="utf-8"?>
<resources>
    <dimen name="title">24px</dimen>
    <dimen name="content">14dp</dimen>
</resources>
```

7.3.3　使用尺寸资源

在尺寸资源文件中定义尺寸资源后，就可以在 Java 文件或是 XML 文件中使用该尺寸资源了。在 Java 文件中使用尺寸资源的语法格式如下：

```
[<package>.]R.dimen.尺寸资源名
```

例如，在 MainActivity 中，通过尺寸资源为 TextView 组件设置文字大小，可以使用下面的代码。

```
TextView tv=(TextView)findViewById(R.id.title);
tv.setTextSize(getResources().getDimension(R.dimen.title));
```

在 XML 文件中使用尺寸资源的基本语法格式如下：

```
@[<package>:]dimen/尺寸资源名
```

例如，在定义 TextView 组件时，通过尺寸资源为其指定 android: textSize 属性，也就是设置组件内文字的大小代码如下：

```
<TextView
    android:layout_width=" wrap_content "
    android:layout_height="wrap_content"
android:textSize="@dimen/content" />
```

下面再次对例 7-1 进行修改，为界面中的文字设置字体大小及内边距。

首先，在 Eclipse 中打开 7-1 项目，在 res/values 目录下，创建一个保存尺寸资源的 dimen.xml 文件。在该文件中，分别定义名称为“title”、“padding”、“introduce”和“titlePadding”的尺寸资源。关键代码如下：

```
<resources>
    <dimen name="title">26dp</dimen>
    <dimen name="padding">6dp</dimen>
    <dimen name="introduce">16dp</dimen>
    <dimen name="titlePadding">10dp</dimen>
</resources>
```

然后，打开 main.xml 布局文件，分别为 id 为 title、company、url 和 introduce 的 TextView 组件设置 android:textSize 属性、android:padding 属性或者 android:paddingLeft 属性，用于改变各组件的文字大小及内边距。修改后的代码如下：

```
<TextView
    android:text="@string/title"
    android:padding="@dimen/titlePadding"
    android:textSize="@dimen/title"
    android:textColor="@color/title"
    android:gravity="center"
    android:layout_width="match_parent"
    android:layout_height="wrap_content"
/>
<TextView
    android:textColor="@color/introduce"
    android:text="@string/introduce"
    android:textSize="@dimen/introduce"
    android:layout_width="wrap_content"
    android:layout_height="wrap_content"
/>
<TextView
    android:text="@string/company"
    android:gravity="center"
    android:textColor="@color/company"
    android:padding="@dimen/padding"
    android:layout_width="match_parent"
    android:layout_height="wrap_content"
/>
<TextView
    android:text="@string/url"
    android:gravity="center"
    android:textColor="@color/url"
    android:paddingLeft="@dimen/padding"
    android:layout_width="match_parent"
    android:layout_height="wrap_content"
/>
```

再次运行例 7-1 的程序，将显示如图 7-3 所示的运行结果。

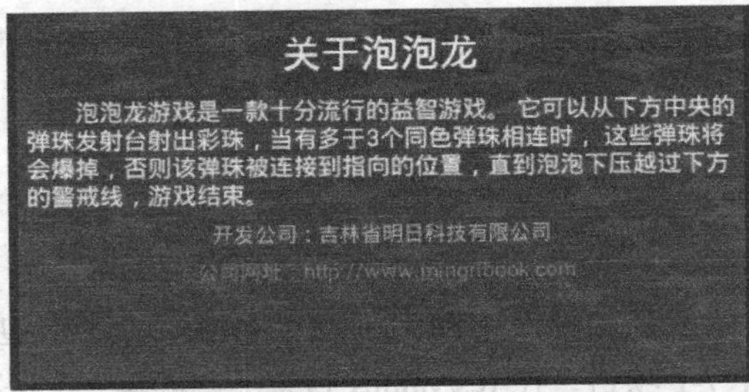

图 7-3　使用尺寸资源设置文字大小及内边距后的运行结果

7.4 数组（array）资源

同 Java 一样，Android 中也允许使用数组。但是在 Android 中，不推荐在 Java 程序中定义数组，而推荐使用数组资源文件来定义数组。下面将对数组资源进行详细介绍。

7.4.1　定义数组资源文件

数组资源文件位于 res/values 目录下，根元素是<resources></resources>标记，在该元素中包括以下 3 个子元素。

- <array />子元素：用于定义普通类型的数组。
- <integer-array />子元素：用于定义整数数组。
- <string-array />子元素：用于定义字符串数组。

无论使用上面 3 个子元素中的哪一个，都可以使用 name 属性定义数组名称，并且在起始标记和结束标记中间使用<item></item>标记定义数组中的元素。例如，要定义一个名称为“arrays.xml”的数组资源文件。在该文件中，添加一个名称为“listItem”、包括 3 个数组元素的字符串数组，可以使用下面的代码。

```
<?xml version="1.0" encoding="utf-8"?>
<resources>
    <string-array name="listItem">
        <item>程序管理</item>
        <item>邮件设置</item>
        <item>保密设置</item>
    </string-array>
</resources>
```

7.4.2　使用数组资源

在数组资源文件中定义数组资源后，就可以在 Java 文件或是 XML 文件中使用该数组资源了。在 Java 文件中使用数组资源的语法格式如下：

```
[<package>.]R.array.数组名
```

例如，在 MainActivity 中，要获取名称为“listItem”的字符串数组，可以使用下面的代码。

```
String[] arr=getResources().getStringArray(R.array.listItem);
```

在 XML 文件中使用数组资源的基本语法格式如下：

```
@[<package>:]array/数组名
```

例如，在定义 ListView 组件时，通过字符串数组资源为其指定 android:entries 属性的代码如下。

```
<ListView
    android:id="@+id/listView1"
    android:entries="@array/listItem"
    android:layout_width="match_parent"
    android:layout_height="wrap_content" >
</ListView>
```

7.5 Drawable资源

Drawable 资源是 Android 应用中使用最为广泛、灵活的资源。它不仅可以直接使用图片作为资源，而且可以使用多种 XML 文件作为资源。只要这个 XML 文件可以被系统编译成 Drawable 子类的对象，那么这个 XML 文件就可以作为 Drawable 资源。

7.5.1 图片资源

在 Android 中，不仅可以将扩展名为".png"、".jpg"和".gif"的普通图片作为图片资源，而且可以将扩展名为".9.png"的 9-Patch 图片作为图片资源。9-Patch 图片是使用 Android SDK 中提供的工具 Draw 9-patch 生成的，该工具位于 Android SDK 安装目录下的 tools 目录中，双击 draw9patch.bat 即可打开该工具。使用该工具可以生成一个可以伸缩的标准 PNG 图像，Android 会自动调整大小来容纳显示的内容。

在使用图片资源时，首先将准备好的图片放置在 res/drawable-xxx 目录中，然后就可以在 Java 文件或是 XML 文件中访问该资源了。在 Java 代码中，可以通过下面的语法格式访问它。

```
[<package>.]R.drawable.<文件名>
```

Android 中不允许图片资源的文件名中出现大写字母，且不能以数字开头。

例如，在 MainActivity 中，通过图片资源为 ImageView 组件设置要显示的图片，可以使用下面的代码。

```
ImageView iv=(ImageView)findViewById(R.id.imageView1);
iv.setImageResource(R.drawable.head);
```

在 XML 文件中，可以通过下面的语法访问布局资源文件。

```
@[<package>:]drawable.文件名
```

例如，在定义 ImageView 组件时，通过图片资源为其指定 android:src 属性，也就是设置要显示的图片。具体代码如下。

```
<ImageView
    android:id="@+id/imageView1"
    android:layout_width="wrap_content"
    android:layout_height="wrap_content"
    android:src="@drawable/head" />
```

在 Android 应用中，使用 9-Patch 图片时不需要加扩展名".9.png"。例如，要在 XML 文件中使用一个名称为"mrbiao.9.png"的 9-Patch 图片，可以使用@drawable/mrbiao。

下面介绍一个使用 9-Patch 图片实现不失真按钮背景的实例。

【例 7-2】 在 Eclipse 中创建 Android 项目，实现应用 9-Patch 图片作为按钮的背景，并为让按钮背景随按下状态动态改变。（实例位置：光盘\MR\源码\第 7 章\7-2）

（1）打开 Draw 9-patch 工具，在该工具中，将已经准备好的 green1.png 图片和 red.png 图片制作成 9-Patch 图片。最终完成后的图片如图 7-4 所示。

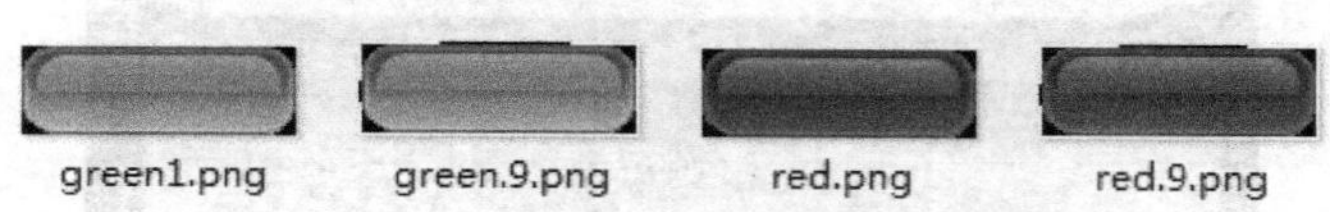

图 7-4　完成后的图片

（2）修改新建项目的 res/layout 目录下的布局文件 main.xml，在默认添加的垂直线性布局管理器中，将默认添加的 TextView 组件删除，然后添加 3 个 Button 按钮，并为各按钮设置背景。其中，第 1 个按钮的背景设置为普通 PNG 图片，第 2 个按钮的背景设置为 9-Patch 图片，第 3 个按钮的背景设置为 StateListDrawable 资源（用于让按钮的背景图片随按钮状态而动态改变）。关键代码如下。

```
<Button
        android:id="@+id/button1"
        android:background="@drawable/green1"
        android:layout_margin="5px"
        android:layout_width="match_parent"
        android:layout_height="50px"
        android:text="我是普通图片背景"/>
 <Button
        android:id="@+id/button2"
        android:background="@drawable/green"
        android:layout_margin="5px"
        android:layout_width="450px"
        android:layout_height="150px"
        android:text="我是 9-Patch 图片背景（按钮宽度和高度固定）"
       />
 <Button
        android:id="@+id/button3"
        android:background="@drawable/button_state"
        android:layout_margin="5px"
        android:layout_width="match_parent"
        android:layout_height="wrap_content"
        android:text="我是 9-Patch 图片背景（单击会变色）"
       />
```

（3）在 res/drawable-mdpi 目录中，创建一个名称为“button_state.xml”的 StateListDrawable 资源文件。在该文件中，分别指定 android:state_pressed 属性为 true 时使用的背景图片，和 android:state_pressed 属性为 false 时使用的背景图片，这两张图片均为 9-Patch 图片。button_state.xml 文件的具体代码如下。

```
<?xml version="1.0" encoding="utf-8"?>
<selector xmlns:android="http://schemas.android.com/apk/res/android" >
    <item android:drawable="@drawable/red" android:state_pressed="true"/>
   <item android:drawable="@drawable/green" android:state_pressed="false"/>
</selector>
```

运行本实例，将显示如图 7-5 所示的运行结果。其中，第 1 个按钮采用的是普通 PNG 图片，所以失真了；而后面两个按钮则采用的是 9-Patch 图片，所以没有失真。另外，在最后一个按钮上按下鼠标后，按钮的背景将变成红色，抬起鼠标后，又变回绿色。

图 7-5　使用 9-Patch 图片实现不失真按钮背景

7.5.2　StateListDrawable 资源

StateListDrawable 资源是定义在 XML 文件中的 Drawable 对象，能根据状态来呈现不同的图像。例如，一个 Button 按钮存在多种不同的状态（pressed、enabled 或 focused 等），使用 StateListDrawable 资源可以为按钮的每个状态提供不同的按钮图片。

StateListDrawable 资源文件同图片资源一样，也放在 res/drawable-xxx 目录中。StateListDrawable 资源文件的根元素为<selector></selector>，在该元素中可以包括多个<item></item>元素。每个 Item 元素可以设置以下两个属性。

- android:color 或 android:drawable：用于指定颜色或者 Drawable 资源。
- android:state_xxx：用于指定一个特定的状态，常用的状态属性如表 7-1 所示。

表 7-1　StateListDrawable 支持的常用状态属性

状态属性	描述
android:state_active	表示是否处于激活状态，属性值为 true 或 false
android:state_checked	表示是否处于勾选状态，属性值为 true 或 false
android:state_enabled	表示是否处于可用状态，属性值为 true 或 false
android:state_first	表示是否处于开始状态，属性值为 true 或 false
android:state_focused	表示是否处于获得焦点状态，属性值为 true 或 false
android:state_last	表示是否处于结束状态，属性值为 true 或 false
android:state_middle	表示是否处于中间状态，属性值为 true 或 false
android:state_pressed	表示是否处于被按下状态，属性值为 true 或 false
android:state_selected	表示是否处于被选择状态，属性值为 true 或 false
android:state_window_focused	表示窗口是否已经得到焦点状态，属性值为 true 或 false

例如，创建一个根据编辑框是否获得焦点来改变文本框内文字颜色的 StateListDrawable 资源，名称为“edittext_focused.xml”，可以使用下面的代码。

```
<?xml version="1.0" encoding="utf-8"?>
<selector xmlns:android="http://schemas.android.com/apk/res/android" >
    <item android:color="#f60" android:state_focused="true"/>
    <item android:color="#0a0" android:state_focused="false"/>
</selector>
```

创建一个 StateListDrawable 资源后，可以将该文件放置在 res/drawable-xxx 目录下，然后在相应的组件中使用该资源即可。例如，要在编辑框中使用名称为“edittext_focused.xml”的

StateListDrawable 资源，可以使用下面的代码。

```
<EditText
    android:id="@+id/editText"
    android:layout_width="wrap_content"
    android:layout_height="wrap_content"
    android:textColor="@drawable/edittext_focused"
    android:text="请输入文字" />
```

下面将通过一个实例来介绍 StateListDrawable 资源的具体应用。

【例 7-3】 在 Eclipse 中创建 Android 项目，实现当按钮为可用状态时，使用绿色背景；为不可用状态时，使用灰色背景。（实例位置：光盘\MR\源码\第 7 章\7-3）

（1）打开 Draw 9-patch 工具，在该工具中，制作如图 7-6 所示的 3 张 9-Patch 图片。

图 7-6 制作完成的 9-Patch 图片

（2）在 res/drawable-mdpi 目录中，创建一个名称为“button_state.xml”的 StateListDrawable 资源文件。在该文件中，分别指定 android:state_enabled 属性为 true 时使用的背景图片（green.9.png），和 android:state_enabled 属性为 false 时使用的背景图片（grey.9.png）。button_state.xml 文件的具体代码如下。

```
<?xml version="1.0" encoding="utf-8"?>
<selector xmlns:android="http://schemas.android.com/apk/res/android" >
    <item android:drawable="@drawable/green" android:state_enabled="true"/>
  <item android:drawable="@drawable/grey" android:state_enabled="false"/>
</selector>
```

（3）修改新建项目的 res/layout 目录下的布局文件 main.xml，在默认添加的垂直线性布局管理器中，将默认添加的 TextView 组件删除，然后添加两个 Button 按钮，并为各按钮设置背景。其中，第 1 个按钮的背景设置为 StateListDrawable 资源（用于让按钮的背景图片随按钮状态而动态改变），第 2 个按钮的背景设置为 9-Patch 图片 red.9.png。关键代码如下。

```
<Button
    android:id="@+id/button1"
    android:background="@drawable/button_state"
    android:padding="15px"
    android:layout_width="wrap_content"
    android:layout_height="wrap_content"
    android:text="我是可用按钮"
    />
<Button
    android:id="@+id/button2"
    android:layout_width="wrap_content"
    android:background="@drawable/red"
    android:layout_marginTop="5px"
    android:padding="15px"
    android:layout_height="wrap_content"
    android:text="单击我可以让上面的按钮变为可用" />
```

（4）打开 MainActivity，在 onCreate()方法中，首先获取第 1 个按钮，并为其添加单击事件监听器。在重写的 onClick()方法中，将该按钮设置为不可用，并改变按钮上的文字，然后再获取第 2 个按钮，并为其添加单击事件监听器。在重写的 onClick()方法中，将第一个按钮设置为可用，并改变按钮上显示的文字。关键代码如下。

```
final Button button1 = (Button) findViewById(R.id.button1); // 获取布局文件中添加的button1
// 为按钮添加单击事件监听
button1.setOnClickListener(new OnClickListener() {
    @Override
    public void onClick(View v) {
        Button b = (Button) v;                     // 获取当前按钮
        b.setEnabled(false);                       // 让按钮变为不可用
        b.setText("我是不可用按钮");                 // 改变按钮上显示的文字
        Toast.makeText(MainActivity.this, "按钮变为不可用", Toast.LENGTH_SHORT)
                .show();                           // 显示消息提示框
    }
});
Button button2 = (Button) findViewById(R.id.button2);   // 获取布局文件中添加的button2
// 为按钮添加单击事件监听
button2.setOnClickListener(new OnClickListener() {
    @Override
    public void onClick(View v) {
        button1.setEnabled(true);                  // 让button1变为可用
        button1.setText("我是可用按钮");             // 改变按钮上显示的文字
    }
});
```

运行本实例，将显示如图 7-7 所示的运行结果。单击“我是可用按钮”按钮，该按钮将变为不可用按钮，如图 7-8 所示。当第 1 个按钮变为不可用按钮后，单击“单击我可以让上面的按钮变为可用”按钮，可以让已经变为不可用的按钮再次变为可用按钮。

图 7-7　显示可用按钮

图 7-8　显示不可用按钮

7.6　样式（style）和主题（theme）资源

Android 中提供了用于对 Android 应用进行美化的样式和主题资源，使用这些资源可以开发出各种风格的 Android 应用。下面将对 Android 中提供的样式资源和主题资源进行详细介绍。

7.6.1　样式资源

样式资源主要用于对组件的显示样式进行控制，例如，改变文本框显示文字的大小和颜色等。样式资源文件放置在 res/values 目录中，它的根元素是<resources></resources>标记。在该元素中，使用<style></style>标记定义样式。其中，通过为<style></style>标记设置 name 属性来指定样式的名称，在起始标记<style>和结束标记</style>中间添加<item></item>标记来定义格式项。在一个<style></style>标记中，可以包括多个<item></item>标记。例如，在 Android 项目中，创建一个名称为“styles.xml”的样式资源文件，在该文件中定义一个名称为“title”的样式，在该样式中定义两个样式，一个是设置文字大小的样式，另一个是设置文字颜色的样式。styles.xml 的具体代码如下：

```
<resources>
    <style name="title">
        <item name="android:textSize">48px</item>
        <item name="android:textColor">#f60</item>
    </style>
</resources>
```

Android 中还支持继承样式的功能，只需要在<style></style>标记中使用 parent 属性进行设置即可。例如，定义一个名称为“basic”的样式，然后再定义一个名称为“title”的样式，让该样式继承 basic 样式，关键代码如下。

```
<resources>
    <style name="basic">
        <item name="android:textSize">48px</item>
        <item name="android:textColor">#f60</item>
    </style>
   <style name="title" parent="basic">
       <item name="android:padding">10px</item>
       <item name="android:gravity">center</item>
   </style>
</resources>
```

说明　当一个样式继承另一样式后，如果这个子样式中出现了与父样式相同的属性，将使用子样式中定义的属性值。

在样式资源文件中定义样式资源后，就可以在 XML 文件中使用该样式资源了。在 XML 文件中使用样式资源的基本语法格式如下。

```
@[<package>:]style/样式资源名
```

例如，在定义 TextView 组件时，使用名称为“title”的样式资源为其定义样式，可以使用下面的代码。

```
<TextView
    android:id="@+id/textView1"
    style="@style/title"
    android:layout_width="match_parent"
    android:layout_height="wrap_content"
    android:text="TextView" />
```

7.6.2　主题资源

主题资源与样式资源类似，定义主题资源的资源文件也保存在 res/values 目录中，其根元素同样是<resource></resource>标记。在该标记中，同样使用<style></style>标记定义主题。所不同的是，主题资源不能作用于单个的 View 组件，而是对所有（或单个）Activity 起作用。通常情况下，主题中定义的格式都是为改变窗口外观而设置的。例如，要定义一个用于改变所有窗口背景的主题，可以使用下面的代码。

```
<resources>
```

```
    <style name="bg">
        <item name="android:windowBackground">@drawable/background</item>
    </style>
</resources>
```

主题资源定义完成后，就可以使用该主题了。在 Android 中，提供了以下两种使用主题资源的方法。

- 在 AndroidManifest.xml 文件中使用主题资源

在 AndroidManifest.xml 文件中使用主题资源时比较简单，只需要使用 android:theme 属性指定要使用的主题资源即可。例如，要使用名称为“bg”的主题资源，可以使用下面的代码。

```
android:theme="@style/bg"
```

android:theme 属性是 AndroidManifest.xml 文件中<application></application>标记和<activity></activity>标记的共有属性，如果要使用的主题资源作用于项目中的全部 Activity 上，可以使用<application></application>标记的 android:theme 属性，也就是为<application></application>标记添加 android:theme 属性，关键代码如下。

```
<application android:theme="@style/bg">…</application>
```

如果要使用的主题资源作用于项目中的指定 Activity 上，那么可以在配置该 Activity 时，为其指定 android:theme 属性，关键代码如下。

```
<activity android:theme="@style/bg">…</activity>
```

说明

在 Android 应用中，android:theme 属性值还可以使用 Android SDK 提供的一些主题资源，这些资源我们只需使用即可。例如，使用 android: theme= “@android:style/Theme.NoTitleBar”后，屏幕上将不显示标题栏。

- 在 Java 文件中使用主题资源

在 Java 文件中也可以为当前的 Activity 指定使用的主题资源，这可以在 Activity 的 onCreate()方法中，通过 setTheme()方法实现。例如，下面的代码指定当前 Activity 使用名称为“bg”的主题资源。

```
@Override
public void onCreate(Bundle savedInstanceState) {
    super.onCreate(savedInstanceState);
    setTheme(R.style.bg);
    setContentView(R.layout.main);
}
```

注意

在 Activity 的 onCreate()方法中，设置使用的主题资源时，一定要在为该 Activity 设置布局内容前设置（也就是在 setContentView()方法之前设置），否则将不起作用。

使用 bg 主题资源后，运行默认的 MainActivity 时，屏幕的背景不再是默认的黑色，如图 7-9 所示。

下面通过一个具体的实例介绍如何应用样式和主题资源实现背景半透明效果的 Activity。

【例 7-4】在 Eclipse 中创建 Android 项目，实现背景半透明效果的游戏开始界面。（实例位置：光盘\MR\源码\第 7 章\7-4）

（1）修改新建项目的 res/layout 目录下的布局文件 main.xml，在默认添加的垂直线性布局管理器中，将默认添加的 TextView 组件删除，然后添加一个用于显示顶部图片的 ImageView，并设置其要显示的图片。接下来再添加一个相对布局管理器，并在该布局管理器中添加一个 ImageView 组件，用于在中间位置显示“进入”按钮。关键代码如下。

图 7-9 更改主题的 MainActivity 的运行结果

```
<LinearLayout xmlns:android="http://schemas.android.com/apk/res/android"
    android:orientation="vertical"
    android:layout_width="fill_parent"
    android:layout_height="fill_parent">
    <!-- 添加顶部图片 -->
    <ImageView android:layout_width="match_parent"
        android:layout_height="wrap_content"
        android:scaleType="centerCrop"
        android:layout_weight="1"
        android:src="@drawable/top" />
    <!-- 添加一个相对布局管理器 -->
    <RelativeLayout android:layout_weight="2"
        android:layout_height="wrap_content"
        android:background="@drawable/bottom"
        android:id="@+id/relativeLayout1"
        android:layout_width="match_parent">
        <!-- 添中间位置的图片 -->
        <ImageView android:layout_width="wrap_content"
            android:layout_height="wrap_content"
            android:id="@+id/imageButton0"
            android:src="@drawable/start_a"
            android:layout_alignTop="@+id/imageButton5"
            android:layout_centerInParent="true" />
    </RelativeLayout>
</LinearLayout>
```

（2）在 res/values 目录中，创建一个名称为“styles.xml”的样式资源文件。在该文件中，定义一个名称为“Theme.Translucent”的样式，该样式继承系统中提供的 android:style/Theme.Translucent 样式。并为该样式设置两个项目，一个用于设置透明度，另一个用于设置不显示窗体标题。styles.xml 文件的完整代码如下。

```
<?xml version="1.0" encoding="utf-8"?>
<resources>
  <style name="Theme.Translucent" parent="android:style/Theme.Translucent">
        <item name="android:alpha">0.95</item>
        <item name="android:windowNoTitle">true</item>
    </style>
</resources>
```

android:alpha 属性用于设置透明度，其属性值为浮点型，0.0 表示完全透明，1.0 为完全不透明。

（3）打开 AndroidManifest.xml 文件，修改默认配置的主活动 MainActivity 的代码，为其设置 android:theme 属性，其属性值采用步骤（2）中创建的样式资源。修改后的关键代码如下。

```
<activity
    android:label="@string/app_name"
    android:theme="@style/Theme.Translucent"
    android:name=".MainActivity" >
    <intent-filter >
        <action android:name="android.intent.action.MAIN" />
        <category android:name="android.intent.category.LAUNCHER" />
    </intent-filter>
</activity>
```

运行本实例，在屏幕上将显示如图 7-10 所示的背景半透明效果的游戏开始界面。

图 7-10　背景半透明效果的游戏开始界面

7.7　使用菜单（menu）资源

在桌面应用程序中，菜单的使用十分广泛，但是在 Android 应用中使用得并不多。不过 Android 还是提供了两种实现菜单的方法，分别是通过 Java 代码创建菜单和使用菜单资源文件创建菜单，Android 推荐使用菜单资源来定义菜单。下面详细介绍如何使用菜单资源来定义菜单。

7.7.1　定义菜单资源文件

菜单资源文件通常应该放置在 res/menu 目录下，在创建项目时，默认是不自动创建 menu 目录的，所以需要我们手动创建。菜单资源的根元素通常是<menu></menu>标记，在该标记中可以包含以下两个子元素。

- <item></item>标记：用于定义菜单项，可以通过如表 7-2 所示的各属性来为菜单项设置标题等内容。

表 7-2 <item></item>标记的常用属性

属　　性	描　　述
android:id	用于为菜单项设置 ID，也就是唯一标识
android:title	用于为菜单项设置标题
android:alphabeticShortcut	用于为菜单项指定字符快捷键
android:numericShortcut	用于为菜单项指定数字快捷键
android:icon	用于为菜单项指定图标
android:enabled	用于指定该菜单项是否可用
android:checkable	用于指定该菜单项是否可选
android:checked	用于指定该菜单项是否已选中
android:visible	用于指定该菜单项是否可见

如果某个菜单项中还包括子菜单，可以在该菜单项中包含<menu></menu>标记来实现。

- <group></group>标记：用于将多个<item></item>标记定义的菜单包装成一个菜单组，其说明如表 7-3 所示。

表 7-3 <group></group>标记的常用属性

属　　性	描　　述
android:id	用于为菜单组设置 ID，也就是唯一标识
android:heckableBehavior	用于指定菜单组内各项菜单项的选择行为，可选值为 none（不可选）、all（多选）和 single（单选）
android:menuCategory	用于对菜单进行分类，指定菜单的优先级，可选值为 container、system、secondary 和 alternative
android:enabled	用于指定该菜单组中的全部菜单项是否可用
android:visible	用于指定该菜单组中的全部菜单项是否见

例如，在 res/xml 目录中，定义一个名称为“menus.xml”的菜单资源文件，在该菜单资源中，包含 3 个菜单项和 1 个包含两个菜单项的菜单组。menus.xml 的具体代码如下：

```
<?xml version="1.0" encoding="utf-8"?>
<menu xmlns:android="http://schemas.android.com/apk/res/android" >
    <item android:id="@+id/item1" android:title="更换背景" android:alphabeticShortcut=
"g"></item>
    <item android:id="@+id/item2" android:title="编辑组件" android:alphabeticShortcut=
"e"></item>
    <item android:id="@+id/item3" android:title="恢复默认" android:alphabeticShortcut=
"r"></item>
    <group android:id="@+id/setting">
        <item android:id="@+id/sound" android:title="使用背景"></item>
        <item android:id="@+id/video" android:title="背景音乐"></item>
    </group>
</menu>
```

7.7.2 使用菜单资源

在 Android 中定义的菜单资源可以用来创建选项菜单（Option Menu）和上下文菜单（Content Menu）。使用菜单资源创建这两种类型的菜单的方法是不同的，下面将分别进行介绍。

1．选项菜单

当用户单击设备上的菜单按键时，弹出的菜单就是选项菜单。使用菜单资源创建选项菜单的具体步骤如下。

（1）重写 Activity 中的 onCreateOptionsMenu()方法。在该方法中，首先创建一个用于解析菜单资源文件的 MenuInflater 对象，然后调用该对象的 inflate()方法解析一个菜单资源文件，并把解析后的菜单保存在 menu 中。关键代码如下。

```
@Override
public boolean onCreateOptionsMenu(Menu menu) {
    MenuInflater inflater=new MenuInflater(this);    // 实例化一个 MenuInflater 对象
    inflater.inflate(R.menu.optionmenu, menu);       // 解析菜单文件
    return super.onCreateOptionsMenu(menu);
}
```

（2）重写 onOptionsItemSelected()方法，用于当菜单项被选择时，做出相应的处理。例如，当菜单项被选择时，弹出一个消息提示框显示被选中菜单项的标题，可以使用下面的代码。

```
@Override
public boolean onOptionsItemSelected(MenuItem item) {
    Toast.makeText(MainActivity.this, item.getTitle(), Toast.LENGTH_SHORT).show();
    return super.onOptionsItemSelected(item);
}
```

下面通过一个具体的实例来介绍如何实现带子菜单的选项菜单。

【例 7-5】 在 Eclipse 中创建 Android 项目，实现一个带子菜单的选项菜单，其中子菜单为可以多选的菜单组。（实例位置：光盘\MR\源码\第 7 章\7-5）

（1）在 res 目录下创建一个 menu 目录，并在该目录中创建一个名称为“optionmenu.xml”的菜单资源文件。在该文件中，定义 3 个菜单项，其中，第 2 个菜单项中，再定义一个多选菜单组的子菜单。具体代码如下。

```
<?xml version="1.0" encoding="utf-8"?>
<menu xmlns:android="http://schemas.android.com/apk/res/android" >
    <item android:id="@+id/item1" android:title="更换背景" android:alphabeticShortcut=
"g"></item>
    <item android:id="@+id/item2" android:title="参数设置" android:alphabeticShortcut=
"e">
        <menu>
            <group android:id="@+id/setting" android:checkableBehavior="all">
                <item android:id="@+id/sound" android:title="使用背景"></item>
                <item android:id="@+id/video" android:title="背景音乐"></item>
            </group>
        </menu>
    </item>
    <item android:id="@+id/item3" android:title="恢复默认" android:alphabeticShortcut=
"r"></item>
</menu>
```

（2）在 Activity 的 onCreate()方法中，重写 onCreateOptionsMenu()方法。在该方法中，首先创建一个用于解析菜单资源文件的 MenuInflater 对象，然后调用该对象的 inflate()方法解析一个

菜单资源文件，并把解析后的菜单保存在 menu 中，最后返回 true。关键代码如下。

```
@Override
public boolean onCreateOptionsMenu(Menu menu) {
    MenuInflater inflater=new MenuInflater(this);    // 实例化一个 MenuInflater 对象
    inflater.inflate(R.menu.optionmenu, menu);       // 解析菜单文件
    return true;
}
```

（3）重写 onOptionsItemSelected()方法，在该方法中，首选判断是否选择了参数设置菜单组，如果选择了，改变菜单项的选中状态，然后获取除“参数设置”菜单项之外的菜单项的标题，并用消息提示框显示，最后返回真值。具体代码如下。

```
@Override
public boolean onOptionsItemSelected(MenuItem item) {
    if(item.getGroupId()==R.id.setting){            // 判断是否选择了参数设置菜单组
        if(item.isChecked()){                       // 当菜单项已经被选中
            item.setChecked(false);                 // 设置菜单项不被选中
        }else{
            item.setChecked(true);                  // 设置菜单项被选中
        }
    }
    if(item.getItemId()!=R.id.item2){
        // 弹出消息提示框显示选择的菜单项的标题
        Toast.makeText(MainActivity.this,  item.getTitle(),  Toast.LENGTH_SHORT).
show();
    }
    return true;
}
```

运行本实例，单击屏幕右上方的菜单按钮，将弹出选项菜单，如图 7-11 所示。单击“参数设置”菜单项，该菜单消失，然后显示对应的子菜单，该子菜单为多选菜单组。例如，单击“使用背景”菜单项，该菜单将消失，同时，该菜单项被设置为选中状态。这时，再次打开“参数设置”菜单组，可以看到“使用背景”菜单项被选中，如图 7-12 所示。

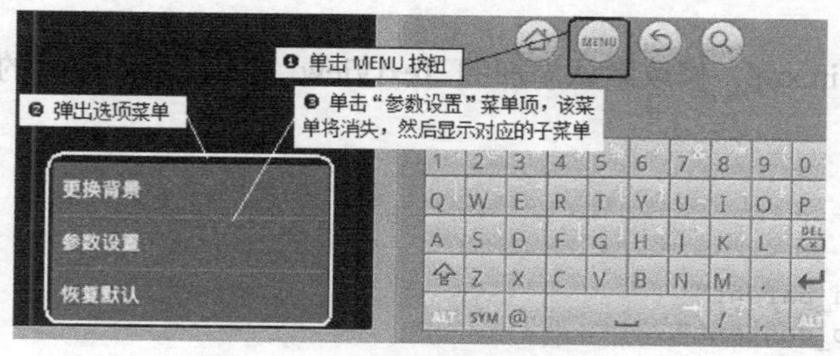

图 7-11　显示选项菜单

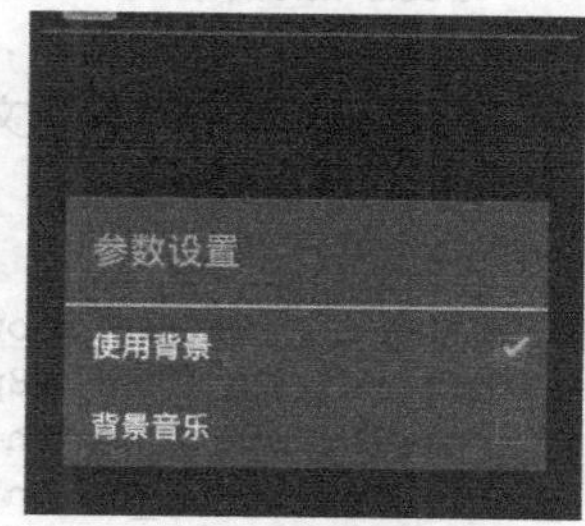

图 7-12　被选中的子菜单项

2. 上下文菜单

当用户长时间按键不放时，弹出的菜单就是上下文菜单。使用菜单资源创建上下文菜单的具体步骤如下。

（1）在 Activity 的 onCreate()方法中注册上下文菜单。例如，为文本框组件注册上下文菜单，可以使用下面的代码。也就是在单击该文本框时，才显示上下文菜单。

```
TextView tv=(TextView)findViewById(R.id.show);
registerForContextMenu(tv);                                  // 为文本框注册上下文菜单
```

（2）重写 Activity 中的 onCreateContextMenu()方法。在该方法中，首先创建一个用于解析菜单资源文件的 MenuInflater 对象，然后调用该对象的 inflate()方法解析一个菜单资源文件，并把解析后的菜单保存在 menu 中，最后再为菜单头设置图标和标题。关键代码如下。

```
@Override
public void onCreateContextMenu(ContextMenu menu, View v,    ContextMenuInfo
menuInfo) {
    MenuInflater inflator=new MenuInflater(this);   // 实例化一个 MenuInflater 对象
    inflator.inflate(R.menu.menus, menu);           // 解析菜单文件
    menu.setHeaderIcon(R.drawable.ic_launcher);     // 为菜单头设置图标
    menu.setHeaderTitle("请选择");                   // 为菜单头设置标题
}
```

（3）重写 onOptionsItemSelected()方法，用于当菜单项被选择时，做出相应的处理。例如，当菜单项被选择时，弹出一个消息提示框显示被选中菜单项的标题，可以使用下面的代码。

```
@Override
public boolean onContextItemSelected(MenuItem item) {
    Toast.makeText(MainActivity.this, item.getTitle(), Toast.LENGTH_SHORT).show();
    return super.onContextItemSelected(item);
}
```

下面将介绍一个实现上下文菜单的实例。

【例 7-6】 在 Eclipse 中创建 Android 项目，实现一个用于改变文字颜色的上下文菜单。（实例位置：光盘\MR\源码\第 7 章\7-6）

（1）在 res 目录下创建一个 menu 目录，并在该目录中创建一个名称为"contextmenu.xml"的菜单资源文件。在该文件中，定义 4 个代表颜色的菜单项和 1 个恢复默认菜单项。具体代码如下：

```
<?xml version="1.0" encoding="utf-8"?>
<menu xmlns:android="http://schemas.android.com/apk/res/android" >
    <item android:id="@+id/color1" android:title="红色"></item>
    <item android:id="@+id/color2" android:title="绿色"></item>
    <item android:id="@+id/color3" android:title="蓝色"></item>
    <item android:id="@+id/color4" android:title="橙色"></item>
    <item android:id="@+id/color5" android:title="恢复默认"></item>
</menu>
```

（2）打开默认创建的布局文件 main.xml，修改默认添加的 TextView 文本框。修改后的代码如下。

```
<TextView
    android:id="@+id/show"
    android:textSize="28px"
    android:layout_width="match_parent"
    android:layout_height="wrap_content"
    android:text="打开菜单..." />
```

（3）在 Activity 的 onCreate()方法中，首先获取要添加上下文菜单的文本框，然后为其注册上下文菜单。关键代码如下。

```
private TextView tv;
...                                            // 省略部分代码
tv=(TextView)findViewById(R.id.show);
registerForContextMenu(tv);                    // 为文本框注册上下文菜单
```

（4）在 Activity 的 onCreate()方法中，重写 onCreateContextMenu()方法。在该方法中，首先创建一个用于解析菜单资源文件的 MenuInflater 对象，然后调用该对象的 inflate()方法解析一个菜单资

源文件，并把解析后的菜单保存在 menu 中，最后再为菜单头设置图标和标题。关键代码如下。

```
@Override
public void onCreateContextMenu(ContextMenu menu, View v, ContextMenuInfo menuInfo) {
     MenuInflater inflator=new MenuInflater(this);    // 实例化一个 MenuInflater 对象
     inflator.inflate(R.menu.contextmenu, menu);      // 解析菜单文件
     menu.setHeaderIcon(R.drawable.ic_launcher);      // 为菜单头设置图标
     menu.setHeaderTitle("请选择文字颜色：");           // 为菜单头设置标题
}
```

（5）重写 onContextItemSelected ()方法，在该方法中，通过 Switch 语句使用用户选择的颜色来设置文本框中显示文字的颜色。具体代码如下。

```
@Override
public boolean onContextItemSelected(MenuItem item) {
    switch(item.getItemId()){
      case R.id.color1:                                   // 当选择红色时
           tv.setTextColor(Color.rgb(255, 0, 0));
           break;
      case R.id.color2:                                   // 当选择绿色时
           tv.setTextColor(Color.rgb(0, 255, 0));
           break;
      case R.id.color3:                                   // 当选择蓝色时
           tv.setTextColor(Color.rgb(0, 0, 255));
           break;
      case R.id.color4:                                   // 当选择橙色时
           tv.setTextColor(Color.rgb(255, 180, 0));
           break;
      default:
           tv.setTextColor(Color.rgb(255, 255, 255));
    }
    return true;
}
```

运行本实例，在文字“打开菜单...”上，长时间按键不放时，将弹出上下文菜单，通过该菜单可以改变该文字的颜色，如图 7-13 所示。

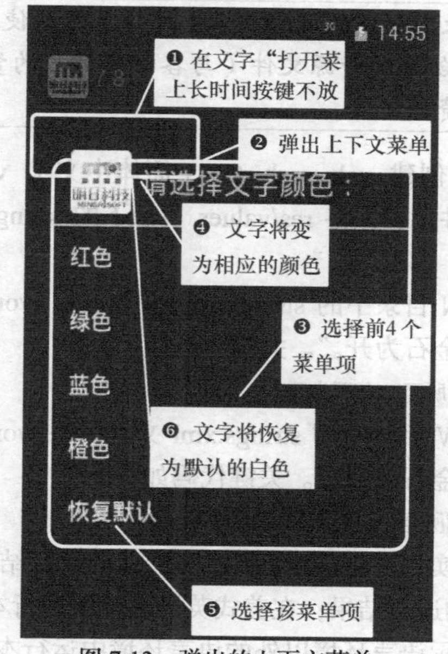

图 7-13　弹出的上下文菜单

7.8 Android 程序国际化

国际化的英文单词是 Internationalization，由于这个单词太长了，有时也简称为 I18N，其中的 I 是这个单词的第一个字符，18 表示中间省略的字母个数，而 N 代表这个单词的最后一个字母。所以，I18N 也就是国际化的意思。Android 程序国际化，也就是程序可以根据系统所使用的语言，将界面中的文字翻译成与之对应的语言，这样可以让程序更加通用。Android 可以通过资源文件非常方便地实现程序的国际化。下面以国际字符串资源为例，介绍如何实现 Android 程序的国际化。

在编写 Android 项目时，通常都是将程序中要使用的字符串资源放置在 res/values 目录下的 strings.xml 文件中。为了将这些字符串资源实现国际化，可以在 Android 项目的 res 目录下，创建对应于各个语言的资源文件夹（例如，为了让程序兼容简体中文、繁体中文和美式英文，可以分别创建名称为“values-zh-rCN”、“values-zh-rTW”和“values-en-rUS”的文件夹），然后在每个文件夹中创建一个对应的 strings.xml 文件，并在该文件中定义对应语言的字符串即可。这样，当程序运行时，就会自动根据操作系统所使用的语言来显示对应的字符串信息了。

下面将通过一个具体的例子来说明 Android 程序的国际化。

【例 7-7】 在 Eclipse 中创建 Android 项目，实现在不同语言的操作系统下显示不同的文字。（实例位置：光盘\MR\源码\第 7 章\7-7）

（1）打开新建项目的 res/values 目录中默认创建的 strings.xml 文件，将默认添加的字符串变量 hello 删除，然后添加一个名称为“word”的字符串变量，内容是“Nothing is impossible to a willing heart.”。修改后的 strings.xml 文件的具体代码如下。

```
<?xml version="1.0" encoding="utf-8"?>
<resources>
    <string name="word"> Nothing is impossible to a willing heart.</string>
    <string name="app_name">7.9</string>
</resources>
```

在 res/values 目录中创建的 strings.xml 文件为默认使用的字符串的资源文件。当系统使用的语言在后面创建的资源文件（与各语言对应的资源文件）中没有与之相对应的文件时，将使用该资源文件。

（2）在 res 目录中，分别创建 values-zh-rCN（简体中文）、values-zh-rTW（繁体中文）和 values-en-rUS（美式英文）文件夹，并将 res/values 目录下的 strings.xml 文件分别复制到这 3 个文件夹中，如图 7-14 所示。

（3）修改 res/values-zh-rCN 目录中的 strings.xml 文件，将 word 变量的内容修改为“精诚所至，金石为开。”。关键代码如下。

```
<string name="word">精诚所至，金石为开。</string>
```

（4）修改 res/values-zh-rTW 目录中的 strings.xml 文件，将 word 变量的内容修改为“精誠所至，金石為開。”。关键代码如下。

```
<string name="word">精誠所至，金石為開。</string>
```

values
strings.xml
values-en-rUS
strings.xml
values-zh-rCN
strings.xml
values-zh-rTW
strings.xml

图 7-14 完成后的文件夹

在简体中文环境中运行本实例，将显示如图 7-15 示的运行结果；在繁体中文环境中运行本实例，将显示如图 7-16 所示的运行结果；在美式英语环境中运行本实例，将显如图 7-17 所示的运行结果。另外，在除上面所示语言环境以外的语言环境中运行本实例，都将显示如图 7-17 所示的运行结果。

图 7-15　简体中文环境中的运行结果

图 7-16　繁体中文环境中的运行结果

Nothing is impossible to a willing heart.

图 7-17　美式英语环境中的运行结果

7.9　综合实例——显示游戏对白

本实例要求通过字符串资源为显示游戏对白的 TextView 组件设置文本内容。程序运行结果如图 7-18 所示。

图 7-18　通过字符串资源显示游戏对白

程序开发步骤如下。

（1）在 Eclipse 中创建 Android 项目。

（2）打开新建项目的 res/values 目录下的 strings.xml 文件，在该文件中将默认添加的名称为“app_name”的字符串资源的内容设置为“游戏对白”，然后再定义一个名称为“welcome”的字符串资源。关键代码如下。

```
<string name="app_name">游戏对白</string>
<string name="welcome">嗨，大家好，欢迎来到我的魔幻乐园！</string>
```

（3）打开 res/layout 目录下默认创建的 main.xml 文件，在该文件中，首先将默认添加的布局代码删除，然后添加一个垂直的线性布局管理器，并设置背景为游戏的场景图片。最后在该线性布局管理器中添加一个文本框，并且通过字符串资源为该文本框设置要显示的内容。关键代码如下。

```
<LinearLayout xmlns:android="http://schemas.android.com/apk/res/android"
    android:layout_width="fill_parent"
    android:layout_height="fill_parent"
    android:background="@drawable/background_rpg"
    android:padding="10dp"
    android:orientation="vertical" >
    <TextView
        android:text="@string/welcome"
```

```
        android:textColor="#000"
        android:textSize="24dp"
        android:background="#f60"
        android:gravity="center"
        android:layout_width="match_parent"
        android:layout_height="wrap_content"
    />
</LinearLayout>
```

知识点提炼

（1）Drawable 资源是 Android 应用中使用最为广泛、灵活的资源。它不仅可以直接使用图片作为资源，而且可以使用多种 XML 文件作为资源。只要是这个 XML 文件可以被系统编译成 Drawable 子类的对象，那么该 XML 文件就可以作为 Drawable 资源。

（2）9-Patch 图片是使用 Android SDK 中提供的工具 Draw 9-patch 生成的，该工具位于 Android SDK 安装目录下的 tools 目录中，双击 draw9patch.bat 即可打开该工具。

（3）StateListDrawable 资源是定义在 XML 文件中的 Drawable 对象，能根据状态来呈现不同的图像。

（4）样式资源主要用于对组件的显示样式进行控制，例如，改变文本框显示文字的大小和颜色等。

（5）选项菜单是指当用户单击设备上的菜单按键时弹出的菜单。

（6）上下文菜单是指当用户长时间按键不放时弹出的菜单。

（7）国际化的英文单词是 Internationalization，由于这个单词太长了，有时也简称为 I18N，其中的 I 是这个单词的第一个字符，18 表示中间省略的字母个数，而 N 代表这个单词的最后一个字母。所以，I18N 也就是国际化的意思。

习　　题

7-1　数组资源文件位于 res/values 目录下，其根元素标记是什么？

7-2　色彩的三原色是什么？

7-3　样式资源的用途是什么？

7-4　什么是上下文菜单？

7-5　如何对一个 Android 程序进行国际化？

实验：创建一组只能单选的选项菜单

实验目的

（1）掌握菜单资源的使用方法。

（2）掌握如何为菜单设置选中项。

实验内容

在进行程序开发时，有时需要创建一个选项菜单，但是在这个选项菜单中，每次只能有一个菜单项处于选中状态。

实验步骤

本实例将实现一个只能有一个菜单项处于选中状态的用于设置窗体背景和背景音乐的选项菜单，实现过程如下。

（1）在 Eclipse 中创建 Android 项目。

（2）在 res 目录下创建一个 menu 目录，并在该目录中创建一个名称为“optionmenu.xml”的菜单资源文件。在该文件中，定义一个单选菜单组，并且在该菜单组中添加两个菜单项。代码如下。

```
<menu xmlns:android="http://schemas.android.com/apk/res/android" >
    <group
        android:id="@+id/setting"
        android:checkableBehavior="single" >
        <item
            android:id="@+id/sound"
            android:title="使用背景">
        </item>
        <item
            android:id="@+id/video"
            android:title="背景音乐">
        </item>
    </group>
</menu>
```

（3）在 Activity 的 onCreate()方法中，重写 onCreateOptionsMenu()方法。在该方法中，首先创建一个用于解析菜单资源文件的 MenuInflater 对象，然后调用该对象的 inflate()方法解析一个菜单资源文件，并把解析后的菜单保存在 menu 中，最后返回 true。关键代码如下。

```
@Override
public boolean onCreateOptionsMenu(Menu menu) {
    MenuInflater inflater=new MenuInflater(this);    // 实例化一个 MenuInflater 对象
    inflater.inflate(R.menu.optionmenu, menu);       // 解析菜单文件
    return true;
}
```

（4）重写 onOptionsItemSelected()方法，在该方法中，首先判断是否选择了菜单组，如果选择了，改变菜单项的选中状态。具体代码如下。

```
@Override
public boolean onOptionsItemSelected(MenuItem item) {
    if(item.getGroupId()==R.id.setting){             // 判断是否选择了菜单组
        if(item.isChecked()){                        // 当菜单项已经被选中
            item.setChecked(false);                  // 设置菜单项不被选中
        }else{
            item.setChecked(true);                   // 设置菜单项被选中
        }
    }
    return true;
}
```

运行本实例，单击屏幕右侧的 MENU 按钮，将弹出选项菜单，单击其中的一个菜单项，可以让其处于选中状态，再单击另一个菜单项时，该菜单项将处于选中状态，同时第一次被选中的菜单项，将处于未选中状态，如图 7-19 所示。

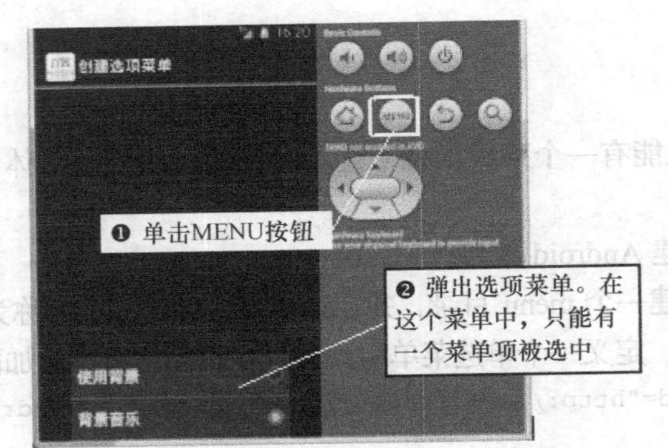

图 7-19　创建一组只能单选的选项菜单

第 8 章 Android 事件处理

本章要点：

- Android 事件处理的基本概念
- 如何处理键盘事件
- 如何处理触摸事件
- 创建并导出手势
- 如何识别手势

用户在使用手机、平板电脑时，总是通过各种操作来与软件进行交互，比较常见的方式包括键盘操作、触摸操作、手势等。在 Android 中，这些操作都转换为对应的事件进行处理。本章对 Android 中的事件处理进行介绍。

8.1 事件处理概述

现代的图形界面应用程序，一般都是通过事件来实现人机交互的，事件就是用户对图形界面的操作。在 Android 手机和平板电脑中，主要包括键盘事件和触摸事件两大类。其中，键盘事件包括按下、弹起等，而触摸事件包括按下、弹起、滑动、双击等。

在 Android 控件中提供了事件处理的相关方法。例如，在 View 类中，提供了 onTouchEvent() 方法来处理触摸事件。但是，仅有重写这个方法才能完成事件处理显然并不实用，这种方式主要适用于重写控件的场景。除了 onTouchEvent()方法外，还可以使用 setOnTouchListener()为控件设置监听器来处理触摸事件，这种方法在日常开发中比较常用。

8.2 处理键盘事件

一个标准的 Android 设备包含了多个能够触发事件的物理按键，各个可用的物理按键能够触发的事件说明如表 8-1 所示。

Android 中的控件在处理物理按键事件时，提供的回调方法有 onKeyUp()、onKeyDown()和 onKeyLongPress()。

表 8-1　Android 设备可用物理按键

物理按键	KeyEvent	说　明
电源键	KEYCODE_POWER	启动或唤醒设备，将界面切换到锁定的屏幕
后退键	KEYCODE_BACK	返回到前一个界面
菜单键	KEYCODE_MENU	显示当前应用的可用菜单
HOME 键	KEYCODE_HOME	返回到 HOME 界面
搜索键	KEYCODE_SEARCH	在当前应用中启动搜索
相机键	KEYCODE_CAMERA	启动相机
音量键	KEYCODE_VOLUME_UP KEYCODE_VOLUME_DOWN	控制当前上下文音量，例如音乐播放器、手机铃声、通话音量等
方向键	KEYCODE_DPAD_CENTER KEYCODE_DPAD_UP KEYCODE_DPAD_DOWN KEYCODE_DPAD_LEFT KEYCODE_DPAD_RIGHT	某些设备中包含的方向键，用于移动光标等

【例 8-1】 在 Eclipse 中创建 Android 项目，主要实现屏蔽物理键盘中后退键的功能。（实例位置：光盘\MR\源码\第 8 章\8-1）

编写 ForbiddenBackActivity 类，重写 onCreate()方法来加载布局文件，重写 onKeyDown()方法来拦截用户单击后退按钮事件。代码如下。

```
public class ForbiddenBackActivity extends Activity {
    @Override
    protected void onCreate(Bundle savedInstanceState) {
        super.onCreate(savedInstanceState);
        setContentView(R.layout.main);                  // 设置页面布局
    }
    @Override
    public boolean onKeyDown(int keyCode, KeyEvent event) {
        if (keyCode == KeyEvent.KEYCODE_BACK) {
            return true;                                // 屏蔽单击后退键
        }
        return super.onKeyDown(keyCode, event);
    }
}
```

运行程序，显示如图 8-1 所示的界面。这时再单击后退键，可以看到应用程序并未退出。

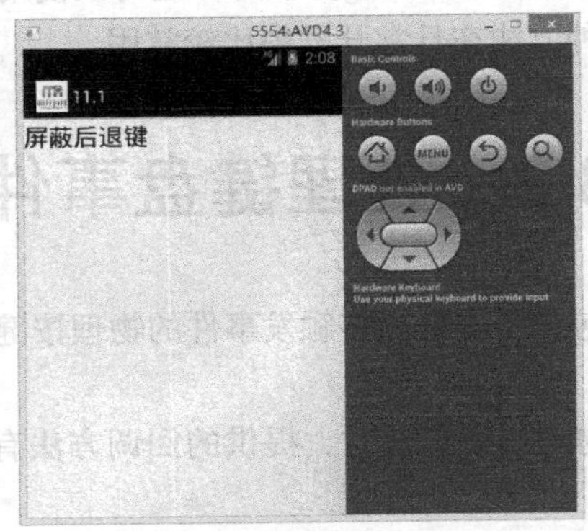

图 8-1　屏蔽物理按键

8.3　处理触摸事件

目前主流的手机都提供了较大屏幕，从而取代了外置键盘，平板电脑也没有提供键盘，这些设备都需要通过触摸来进行操作。下面介绍 Android 中实现触摸事件的处理过程。

对于触摸屏上的按钮，可以使用 OnClickListener 和 OnLongClickListener 两个监听器分别处理用户短时间单击和长时间单击（按住按钮一段时间）事件。下面通过一个实例演示这两种方法的使用。

【例 8-2】 在 Eclipse 中创建 Android 项目，主要实现的功能是：当用户短时间单击按钮和长时间单击按钮时，显示不同的提示信息。（实例位置：光盘\MR\源码\第 8 章\8-2）

编写 ButtonTouchEventActivity 类，它继承自 Activity 类。重写 onCreate()方法来加载布局文件，使用 findViewById()方法获得布局文件中定义的按钮，为其增加 OnClickListener 和 OnLongClickListener 两个事件监听器。代码如下。

```
public class ButtonTouchEventActivity extends Activity {
    /** Called when the activity is first created. */
    @Override
    public void onCreate(Bundle savedInstanceState) {
        super.onCreate(savedInstanceState);
        setContentView(R.layout.main);                          // 设置页面布局
        Button button = (Button) findViewById(R.id.button);    // 获得按钮控件
        button.setOnClickListener(new OnClickListener() {
            public void onClick(View v) {                       // 处理用户短时间单击按钮事件
                Toast.makeText(TouchEventActivity.this, getText(R.string.short_click),
                        Toast.LENGTH_SHORT).show();
            }
        });
        button.setOnLongClickListener(new OnLongClickListener() {
            public boolean onLongClick(View v) {                // 处理用户长时间单击按钮事件
                Toast.makeText(TouchEventActivity.this, getText(R.string.long_click),
                        Toast.LENGTH_SHORT).show();
                return true;
            }
        });
    }
}
```

运行程序后，短时间单击按钮，显示如图 8-2 所示的提示信息。长时间单击按钮，显示如图 8-3 所示的提示信息。

View 类是其他 Android 控件的父类，在该类中定义了 setOnTouchListener()方法，用来为控件设置触摸事件监听器。下面演示该监听器的用法。

【例 8-3】 在 Eclipse 中创建 Android 项目，实现用户触摸屏幕时显示提示信息的功能。（实例位置：光盘\MR\源码\第 8 章\8-3）

编写 ScreenTouchEventActivity 类，它继承自 Activity 类，并实现了 OnTouchListener 接口。重写 onCreate()方法来定义线性布局，并为其增加触摸事件监听器及设置背景图片，重写 onTouch()方法来处理触摸事件，显示提示信息。代码如下。

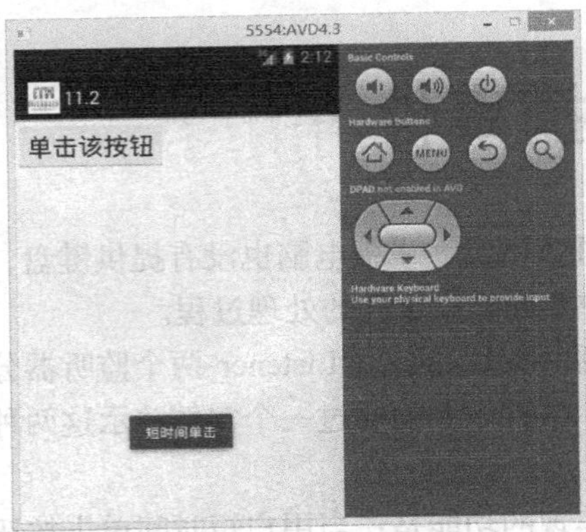

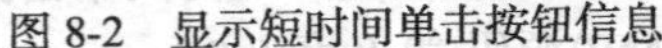
图 8-2 显示短时间单击按钮信息

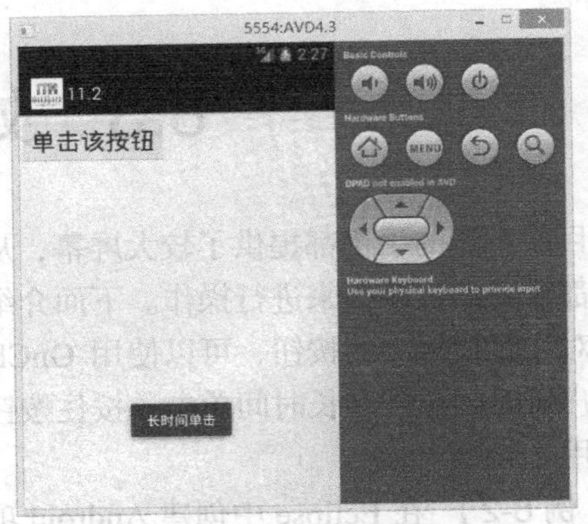

图 8-3 显示长时间单击按钮信息

```
public class ScreenTouchEventActivity extends Activity implements OnTouchListener {
    @Override
    protected void onCreate(Bundle savedInstanceState) {
        super.onCreate(savedInstanceState);                    // 调用父类构造方法
        LinearLayout layout = new LinearLayout(this);          // 定义线性布局
        layout.setOnTouchListener(this);                       // 设置触摸事件监听器
        layout.setBackgroundResource(R.drawable.background);   // 设置背景图片
        setContentView(layout);                                // 使用布局
    }
    @Override
    public boolean onTouch(View v, MotionEvent event) {
        Toast.makeText(this, "发生触摸事件", Toast.LENGTH_LONG).show();
        return true;
    }
}
```

运行程序后，触摸屏幕，显示如图 8-4 所示的提示信息。

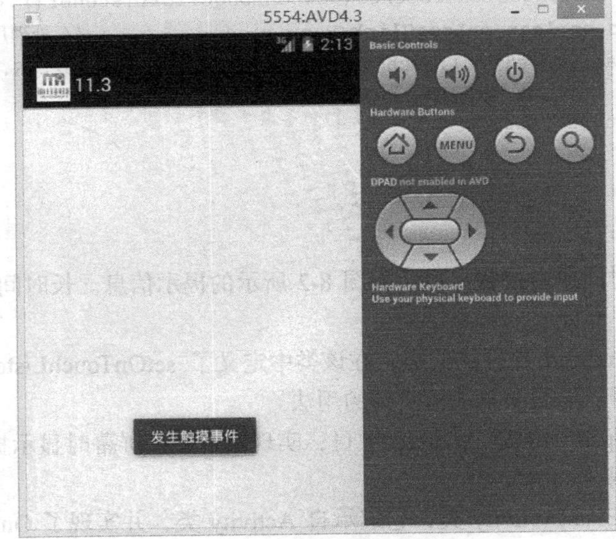

图 8-4 显示触摸事件信息

8.4　手势的创建与识别

8.4.1　手势的创建

下面请读者运行自己的模拟器，进入到应用程序界面，如图 8-5 所示。在图 8-5 中，单击 Gestures Builder 应用，如图 8-6 所示。

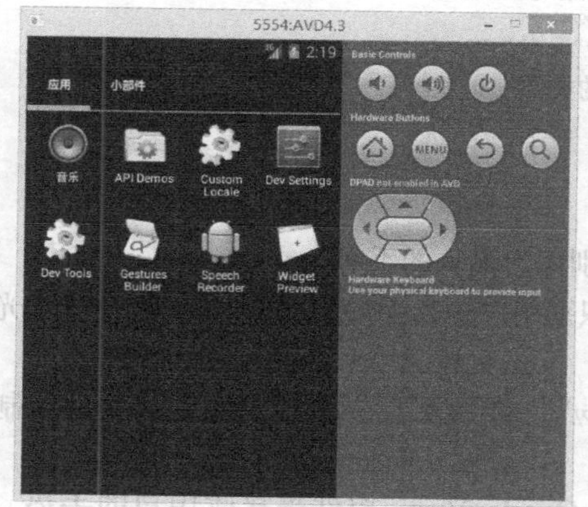

图 8-5　应用程序界面

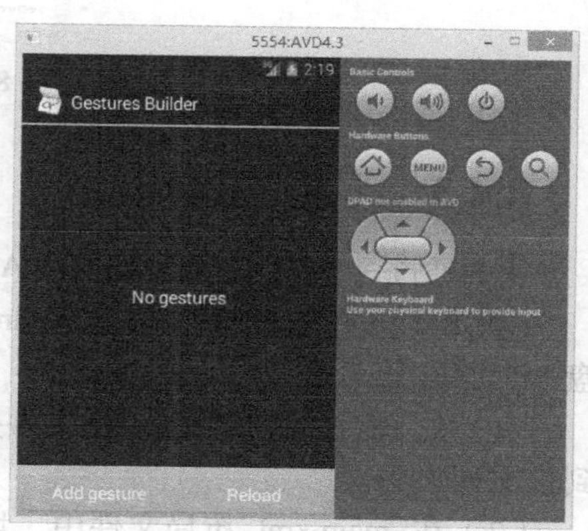

图 8-6　Gestures Builder 程序界面

在图 8-6 中，单击“Add gesture”增加手势，如图 8-7 所示。在“Name”栏中，输入该手势所代表的字符，在“Name”栏下方画出对应的手势。单击“Done”按钮完成手势的增加。按照以上步骤继续增加数字 1、2、3…所对应的手势，如图 8-8 所示。

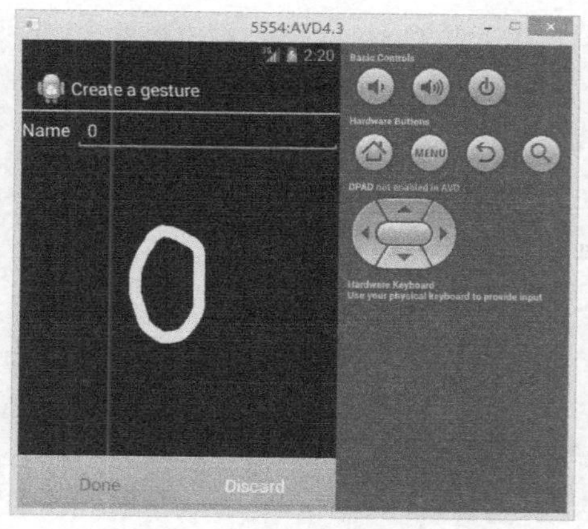

图 8-7　增加手势界面

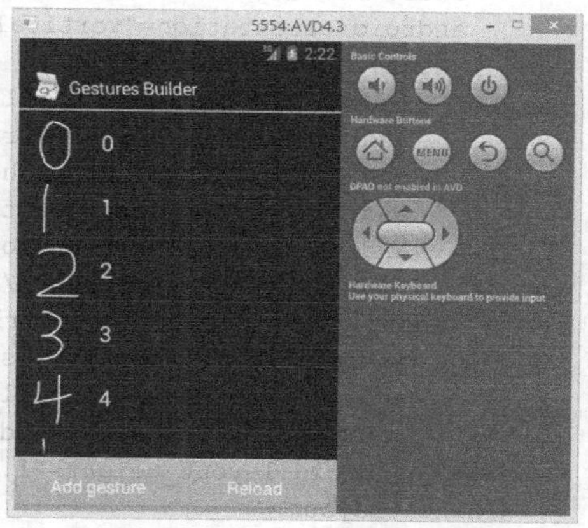

图 8-8　显示当前已经存在的手势

8.4.2　手势的导出

在创建完手势后，需要将保存手势的文件导出，以便在我们自己开发的应用程序中使用。打开 Eclipse 并切换到 DDMS 视图。在“File Explorer”选项卡中，找到 mnt/sdcard/gestures 文件，如图 8-9 所示。将该文件导出，名称使用默认名。

Name	Size	Date	Time	Permissions
data		2012-01-09	11:48	drwxrwx--x
mnt		2012-01-10	09:50	drwxrwxr-x
asec		2012-01-10	09:50	drwxr-xr-x
obb		2012-01-10	09:50	drwxr-xr-x
sdcard		2012-01-10	10:12	d---rwxr-x
Alarms		2012-01-04	08:53	d---rwxr-x
DCIM		2012-01-04	08:53	d---rwxr-x
Download		2012-01-04	08:53	d---rwxr-x
LOST.DIR		2012-01-04	08:53	d---rwxr-x
Movies		2012-01-04	08:53	d---rwxr-x
Music		2012-01-04	08:53	d---rwxr-x
Notifications		2012-01-04	08:53	d---rwxr-x
Pictures		2012-01-04	08:53	d---rwxr-x
Podcasts		2012-01-04	08:53	d---rwxr-x
Ringtones		2012-01-04	08:53	d---rwxr-x
gestures	5058	2012-01-10	10:14	----rwxr-x
sogou		2012-01-04	17:01	d---rwxr-x
secure		2012-01-10	09:50	drwx------
system		2011-12-14	13:41	drwxr-xr-x

图 8-9　导出保存手势的文件

8.4.3　手势的识别

下面通过一个实例，演示如何在 Android 程序中识别用户输入的手势。

【例 8-4】 在 Eclipse 中创建 Android 项目，实现识别用户输入手势的功能。（实例位置：光盘\MR\源码\第 8 章\8-4）

（1）在 res 文件夹中创建子文件夹，名称为“raw”。将 8.4.2 节中导出的手势文件复制到该文件夹中。

（2）在 main.xml 布局文件中，增加一个 GestureOverlayView 控件来接收用户的手势。main.xml 布局文件代码如下。

```
<?xml version="1.0" encoding="utf-8"?>
<LinearLayout xmlns:android="http://schemas.android.com/apk/res/android"
    android:layout_width="fill_parent"
    android:layout_height="fill_parent"
    android:background="@drawable/background"
    android:orientation="vertical" >
    <TextView
        android:layout_width="fill_parent"
        android:layout_height="wrap_content"
        android:gravity="center_horizontal"
        android:text="@string/title"
        android:textColor="@android:color/black"
        android:textSize="20dp" />
    <android.gesture.GestureOverlayView
        android:id="@+id/gestures"
        android:layout_width="fill_parent"
        android:layout_height="0dip"
        android:layout_weight="1.0" />
</LinearLayout>
```

（3）创建 GesturesRecognitionActivity 类，它继承自 Activity 类，并实现了 OnGesturePerformedListener 接口。在 onCreate()方法中，加载 raw 文件夹中的手势文件，并获得布局文件中定义的 GestureOverlayView 控件。在 onGesturePerformed()方法的实现中，获得得分最高的预测结果并提示。该类代码如下。

```
public class GesturesRecognitionActivity extends Activity implements OnGesturePer
formedListener {
    private GestureLibrary library;
    @Override
```

```
    public void onCreate(Bundle savedInstanceState) {
        super.onCreate(savedInstanceState);
        setContentView(R.layout.main);
        // 加载手势文件
        library = GestureLibraries.fromRawResource(this, R.raw.gestures);
        if (!library.load()) {                                    // 如果加载失败则退出
            finish();
        }
        GestureOverlayView        gesture        =        (GestureOverlayView)
findViewById(R.id.gestures);
        gesture.addOnGesturePerformedListener(this);              // 增加事件监听器
    }
    @Override
    public void onGesturePerformed(GestureOverlayView overlay, Gesture gesture) {
        ArrayList<Prediction> gestures = library.recognize(gesture);// 获得全部预测结果
        int index = 0;                                            // 保存当前预测的索引号
        double score = 0.0;                                       // 保存当前预测的得分
        for (int i = 0; i < gestures.size(); i++) {               // 获得最佳匹配结果
            Prediction result = gestures.get(i);                  // 获得一个预测结果
            if (result.score > score) {
                index = i;
                score = result.score;
            }
        }
        Toast.makeText(this, gestures.get(index).name, Toast.LENGTH_LONG).show();
    }
}
```

运行程序后，绘制手势，如图 8-10 所示。

在手势绘制完成后，显示提示信息，如图 8-11 所示。

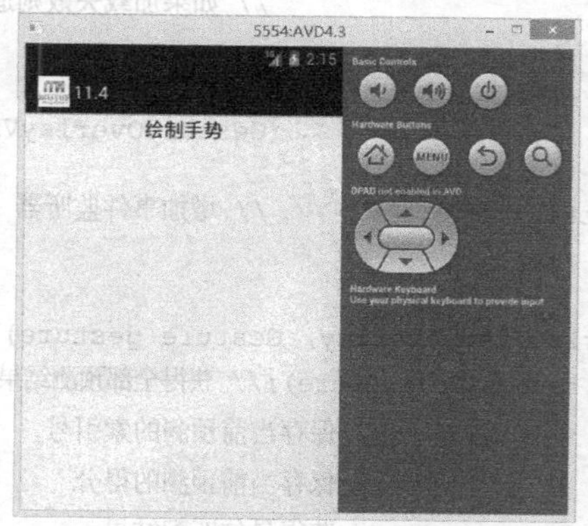

图 8-10　用户绘制的手势

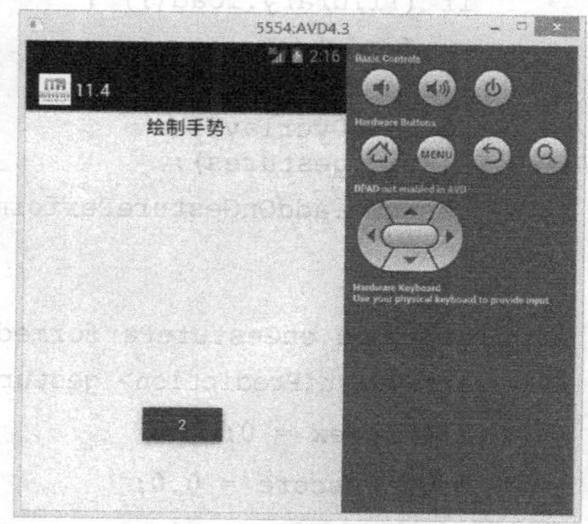

图 8-11　手势对应的信息

8.5　综合实例——使用手势输入数字

本实例主要实现利用用户绘制的手势在编辑框中输入数字的功能，运行程序后，绘制手势，如图 8-12 所示。

在手势绘制完成后，将与其最佳匹配的数字显示在编辑框中，如图 8-13 所示。

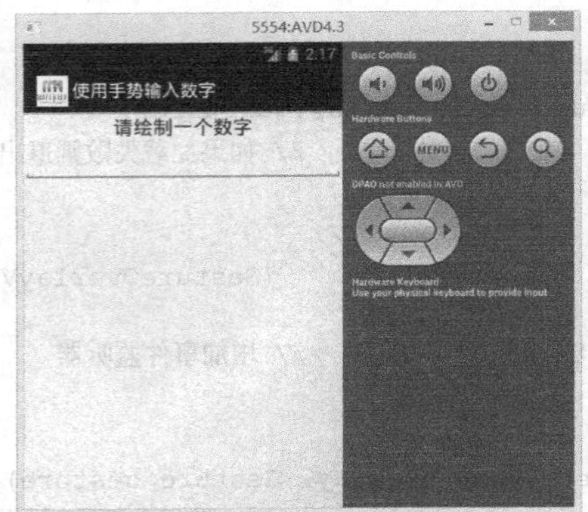

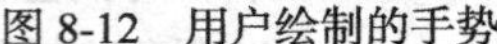
图 8-12　用户绘制的手势

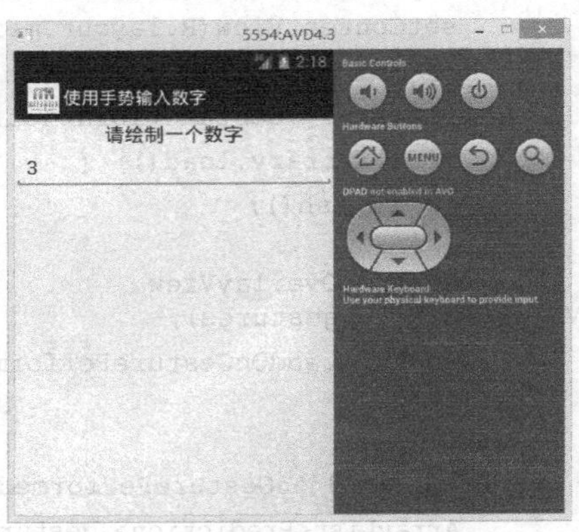

图 8-13　显示与手势最匹配的数字

本实例中，首先需要实现 OnGesturePerformedListener 接口，并重写 Activity 的 onCreate()方法，在该方法中加载自定义的手势文件；然后获得布局文件中定义的 GestureOverlayView 控件，并在 onGesturePerformed()重写方法中，获得手势的最佳匹配数字进行显示。代码如下。

```
public class NumberInputActivity extends Activity implements
OnGesturePerformedListener {
    private GestureLibrary library;
    private EditText et;
    @Override
    public void onCreate(Bundle savedInstanceState) {
        super.onCreate(savedInstanceState);
        setContentView(R.layout.main);
        library = GestureLibraries.fromRawResource(this, R.raw.gestures);// 加载手势文件
        et = (EditText) findViewById(R.id.editText);
        if (!library.load()) {                                  // 如果加载失败则退出
            finish();
        }
        GestureOverlayView gesture = (GestureOverlayView)
findViewById(R.id.gestures);
        gesture.addOnGesturePerformedListener(this);            // 增加事件监听器
    }
    @Override
    public void onGesturePerformed(GestureOverlayView overlay, Gesture gesture) {
        ArrayList<Prediction> gestures = library.recognize(gesture);// 获得全部预测结果
        int index = 0;                                  // 保存当前预测的索引号
        double score = 0.0;                             // 保存当前预测的得分
        for (int i = 0; i < gestures.size(); i++) {     // 获得最佳匹配结果
            Prediction result = gestures.get(i);        // 获得一个预测结果
            if (result.score > score) {
                index = i;
                score = result.score;
            }
        }
        String text = et.getText().toString();          // 获得编辑框中已经包含的文本
        text += gestures.get(index).name;               // 获得最佳匹配
```

```
        et.setText(text);                              // 更新编辑框
    }
}
```

知识点提炼

（1）现代的图形界面应用程序都是通过事件来实现人机交互的。事件就是用户对图形界面的操作。在 Android 手机和平板电脑中，主要包括键盘事件和触摸事件两大类。键盘事件包括按下、弹起等，触摸事件包括按下、弹起、滑动、双击等。

（2）键盘事件是指用户使用物理键盘过程中生成的事件。

（3）触摸事件是指用户触摸屏幕过程中生成的事件。

习　题

8-1　什么是事件处理？

8-2　处理键盘事件时，主要用到哪 3 个回调方法？

8-3　处理用户长时间单击事件需要用到哪个监听器？

8-4　如何在 Android 模拟器中创建手势？

实验：查看手势对应的分值

实验目的

（1）掌握如何在 Android 程序中识别绘制的手势。

（2）根据手势的值获取与其相近的分值。

实验内容

本实例主要根据用户绘制的手势显示其对应分值的功能。

实验步骤

（1）创建一个 Android 程序。

（2）创建一个 MainActivity 类，该类实现 OnGesturePerformedListener 接口，并重写 Activity 的 onCreate()方法，在该方法中加载自定义的手势文件；然后获得布局文件中定义的 GestureOverlayView 控件，并在 onGesturePerformed()重写方法中，获得所有手势所对应的分值进行显示。代码如下：

```
public class MainActivity extends Activity implements OnGesturePerformedListener {
    private GestureLibrary library;
    private TextView resultTV;
    @Override
    public void onCreate(Bundle savedInstanceState) {
```

```
        super.onCreate(savedInstanceState);
        setContentView(R.layout.main);
        library = GestureLibraries.fromRawResource(this, R.raw.gestures);// 加载手势文件
        resultTV = (TextView) findViewById(R.id.prediction);
        if (!library.load()) {                                          // 如果加载失败则退出
            finish();
        }
        GestureOverlayView gesture = (GestureOverlayView)
findViewById(R.id.gestures);
        gesture.addOnGesturePerformedListener(this);                    // 增加事件监听器
    }
    @Override
    public void onGesturePerformed(GestureOverlayView overlay, Gesture gesture) {
        ArrayList<Prediction> gestures = library.recognize(gesture);// 获得全部预测结果
        Collections.sort(gestures, new Comparator<Prediction>(){ // 将预测结果进行排序
                @Override
                public int compare(Prediction lhs, Prediction rhs) {
                    return lhs.name.compareTo(rhs.name); // 使用结果对应的字符串来排序
                }
            });
        StringBuilder results = new StringBuilder();                   // 保存全部结果
        NumberFormat formatter = new DecimalFormat("#00.00");  // 定义格式化样式
        for (int i = 0; i < gestures.size(); i++) {                    // 遍历全部结果
            Prediction result = gestures.get(i);
            results.append(result.name + ":"+formatter.format(result.score) + "\n");
        }
        resultTV.setText(results);                                     // 显示结果
    }
}
```

运行程序后，绘制手势，如图 8-14 所示。在手势绘制完成后，根据绘制的手势显示其得分信息，如图 8-15 所示。

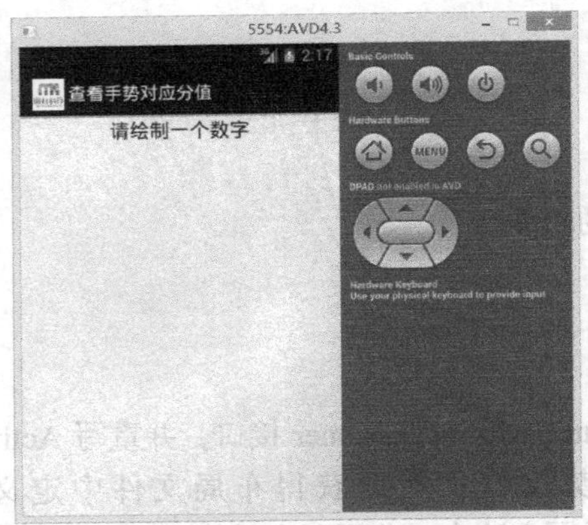

图 8-14　用户绘制的手势

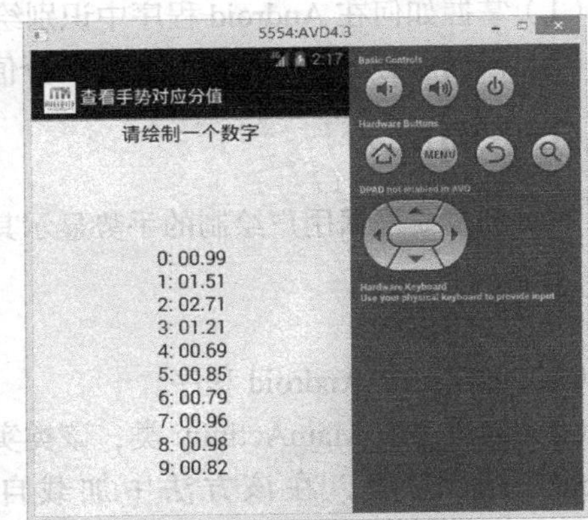

图 8-15　手势得到的分值

第 9 章 通知、对话框与警告

本章要点：

- 通过 Toast 显示消息提示框
- 使用 AlertDialog 实现对话框
- 使用 Notification 在状态栏上显示通知
- 使用 AlarmManager 设置闹钟

在图形界面中，对话框和通知是人机交互的两种重要形式，在开发 Android 应用时，经常需要弹出消息提示框、对话框和显示通知等内容。另外，手机中设置闹钟也是比较常用的功能。本章对 Android 中如何弹出对话框、显示通知和设置闹钟进行详细介绍。

9.1 通过 Toast 显示消息提示框

Toast 类用于在屏幕中显示一个提示信息框，该消息提示框没有任何控制按钮，并且不会获得焦点，经过一定时间后自动消失。通常用于显示一些快速提示信息，应用范围非常广泛。

使用 Toast 来显示消息提示框比较简单，只需要经过以下 3 个步骤即可实现。

（1）创建一个 Toast 对象通常有两种方法，一种是使用构造方式进行创建，另一种是调用 Toast 类的 makeText()方法创建。

使用构造方法创建一个名称为“toast”的 Toast 对象。基本代码如下：

```
Toast toast=new Toast(this);
```

调用 Toast 类的 makeText()方法创建一个名称为 toast 的 Toast 对象的基本代码如下：

```
Toast toast=Toast.makeText(this, "要显示的内容", Toast.LENGTH_SHORT);
```

（2）调用 Toast 类提供的方法来设置该消息提示的对齐方式、页边距、显示的内容等。常用的方法如表 9-1 所示。

表 9-1　　Toast 类的常用方法

方　法	描　述
setDuration(int duration)	用于设置消息提示框持续的时间，通常使用 Toast.LENGTH_LONG 或 Toast.LENGTH_SHORT 参数值
setGravity(int gravity, int xOffset, int yOffset)	用于设置消息提示框的位置，参数 gravity 用于指定对齐方式，xOffset 和 yOffset 用于指定具体的偏移值

续表

方　法	描　述
setMargin(float horizontalMargin, float verticalMargin)	用于设置消息提示的页边距
setText(CharSequence s)	用于设置要显示的文本内容
setView(View view)	用于设置将要在消息提示框中显示的视图

（3）调用 Toast 类的 show()方法显示消息提示框。需要注意的是，一定要调用该方法，否则设置的消息提示框将不显示。

下面通过一个具体的实例说明如何使用 Toast 类显示消息提示框。

【例 9-1】 在 Eclipse 中创建 Android 项目，通过两种方法显示消息提示框。（实例位置：光盘\MR\源码\第 9 章\9-1）

（1）修改新建项目的 res/layout 目录下的布局文件 main.xml，为默认添加的垂直线性布局设置一个 android:id 属性。关键代码如下。

```
android:id="@+id/ll"
```

（2）在主活动 MainActivity.java 的 onCreate()方法中，通过 makeText()方法显示一个消息提示框。关键代码如下。

```
Toast.makeText(this, "我是通过makeText()方法创建的消息提示框", Toast.LENGTH_LONG).
show();
```

在最后一定不要忘记调用 show()方法，否则该消息提示框将不显示。

（3）通过 Toast 类的构造方法创建一个消息提示框，并设置该消息框的持续时间、对齐方式以及要显示的内容等，这里设置其显示内容为带图标的消息。具体代码如下。

```
Toast toast=new Toast(this);
toast.setDuration(Toast.LENGTH_SHORT);              // 设置持续时间
toast.setGravity(Gravity.CENTER, 0, 0);             // 设置对齐方式
LinearLayout ll=new LinearLayout(this);             // 创建一个线性布局管理器
ImageView iv=new ImageView(this);                   // 创建一个 ImageView
iv.setImageResource(R.drawable.alerm);              // 设置要显示的图片
iv.setPadding(0, 0, 5, 0);                          // 设置 ImageView 的右边距
ll.addView(iv);                                     // 将 ImageView 添加到线性布局管理器中
TextView tv=new TextView(this);                     // 创建一个 TextView
tv.setText("我是通过构造方法创建的消息提示框");     // 为 TextView 设置文本内容
ll.addView(tv);                                     // 将 TextView 添加到线性布局管理器中
toast.setView(ll);                                  // 设置消息提示框中要显示的视图
toast.show();                                       // 显示消息提示框
```

运行本实例，首先显示如图 9-1 所示的消息提示框。过一段时间后，该消息提示框消失，然后显示如图 9-2 所示的消息提示框。再过一段时间后，该消息提示框也自动消失。

图 9-1　消息提示框一

图 9-2　消息提示框二

9.2 使用 AlertDialog 实现对话框

AlertDialog 类的功能非常强大，它不仅可以生成带按钮的提示对话框，还可以生成带列表的对话框。使用 AlertDialog 可以生成的对话框概括起来有以下 4 种。

- 带确定、中立和取消等 N 个按钮的提示对话框，其中的按钮个数不是固定的，可以根据需要添加。例如，如果不需要中立按钮，那么就可以生成只带有确定和取消按钮的对话框，也可以是只带有一个按钮的对话框。
- 带列表的列表对话框。
- 带多个单选列表项和 N 个按钮的列表对话框。
- 带多个多选列表项和 N 个按钮的列表对话框。

在使用 AlertDialog 类生成对话框时，常用的方法如表 9-2 所示。

表 9-2　AlertDialog 类的常用方法

方　　法	描　　述
setTitle(CharSequence title)	用于为对话框设置标题
setIcon(Drawable icon)	用于为对话框设置图标
setIcon(int resId)	用于为对话框设置图标
setMessage(CharSequence message)	用于为提示对话框设置要显示的内容
setButton()	用于为提示对话框添加按钮，可以是取消按钮、中立按钮和确定按钮。需要通过为其指定 int 类型的 whichButton 参数实现，其参数值可以是 DialogInterface.BUTTON_POSITIVE（确定按钮）、BUTTON_NEGATIVE（取消按钮）或者 BUTTON_NEUTRAL（中立按钮）

通常情况下，使用 AlertDialog 类只能生成带 N 个按钮的提示对话框，要生成另外 3 种列表对话框，需要使用 AlertDialog.Builder 类。AlertDialog.Builder 类提供的常用方法如表 9-3 所示。

表 9-3　AlertDialog.Builder 类的常用方法

方　　法	描　　述
setTitle(CharSequence title)	用于为对话框设置标题
setIcon(Drawable icon)	用于为对话框设置图标
setIcon(int resId)	用于为对话框设置图标
setMessage(CharSequence message)	用于为提示对话框设置要显示的内容

续表

方　法	描　述
setNegativeButton()	用于为对话框添加取消按钮
setPositiveButton()	用于为对话框添加确定按钮
setNeutralButton()	用于为对话框添加中立按钮
setItems()	用于为对话框添加列表项
setSingleChoiceItems()	用于为对话框添加单选列表项
setMultiChoiceItems()	用于为对话框添加多选列表项

下面通过一个具体的实例说明如何应用 AlertDialog 类生成各种提示对话框和列表对话框。

【例 9-2】在 Eclipse 中创建 Android 项目，应用 AlertDialog 类实现带取消、中立和确定按钮的提示对话框、带列表的列表对话框、带多个单选列表项的列表对话框和带多个多选列表项的列表对话框。（实例位置：光盘\MR\源码\第 9 章\9-2）

（1）修改新建项目的 res/layout 目录下的布局文件 main.xml，将默认添加的 TextView 组件删除，然后添加 4 个用于控制各种对话框显示的按钮。

（2）在主活动 MainActivity.java 的 onCreate()方法中，获取布局文件中添加的第一个按钮，也就是“显示带取消、中立和确定按钮的对话框”按钮，并为其添加单击事件监听器。在重写的 onClick()方法中，应用 AlertDialog 类创建一个带取消、中立和确定按钮的提示对话框。具体代码如下。

```
Button button1 = (Button) findViewById(R.id.button1); // 获取“显示带取消、中立和确定按钮的对话框”按钮
// 为“显示带取消、中立和确定按钮的对话框”按钮添加单击事件监听器
button1.setOnClickListener(new View.OnClickListener() {
    @Override
    public void onClick(View v) {
        AlertDialog alert = new AlertDialog.Builder(MainActivity.this).create();
        alert.setIcon(R.drawable.advise);                        // 设置对话框的图标
        alert.setTitle("系统提示: ");                             // 设置对话框的标题
        alert.setMessage("带取消、中立和确定按钮的对话框! ");      // 设置要显示的内容
        // 添加取消按钮
        alert.setButton(DialogInterface.BUTTON_NEGATIVE,"取消",new OnClickListener() {
            @Override
            public void onClick(DialogInterface dialog, int which) {
                Toast.makeText(MainActivity.this, "您单击了取消按钮",Toast.LENGTH_SHORT).show();
            }
        });
        // 添加确定按钮
        alert.setButton(DialogInterface.BUTTON_POSITIVE,"确定",new OnClickListener() {
            @Override
            public void onClick(DialogInterface dialog, int which) {
                Toast.makeText(MainActivity.this,"您单击了确定按钮",Toast.LENGTH_SHORT).show();
            }
        });
```

```
            alert.setButton(DialogInterface.BUTTON_NEUTRAL,"中立",new OnClickListener(){
                @Override
                public void onClick(DialogInterface dialog, int which) {}
            });                                                        // 添加中立按钮
            alert.show();                                              // 显示对话框
        }
    });
```

（3）在主活动 MainActivity.java 的 onCreate()方法中，获取布局文件中添加的第 2 个按钮，也就是“显示带列表的对话框”按钮，并为其添加单击事件监听器。在重写的 onClick()方法中，应用 AlertDialog 类创建一个带 5 个列表项的列表对话框。具体代码如下。

```
Button button2 = (Button) findViewById(R.id.button2); // 获取“显示带列表的对话框”按钮
button2.setOnClickListener(new View.OnClickListener() {
    @Override
    public void onClick(View v) {
        final String[] items = new String[] { "跑步", "羽毛球", "乒乓球", "网球",
"体操" };
        Builder builder = new AlertDialog.Builder(MainActivity.this);
        builder.setIcon(R.drawable.advise1);                // 设置对话框的图标
        builder.setTitle("请选择您喜欢的运动项目：");         // 设置对话框的标题
        // 添加列表项
        builder.setItems(items, new OnClickListener() {
            @Override
            public void onClick(DialogInterface dialog, int which) {
                Toast.makeText(MainActivity.this,
                        "您选择了" + items[which], Toast.LENGTH_SHORT).show();
            }
        });
        builder.create().show();                            // 创建对话框并显示
    }
});
```

注意　一定不要忘写上面代码中加粗的代码，否则将不能显示生成的对话框。

（4）在主活动 MainActivity.java 的 onCreate()方法中，获取布局文件中添加的第 3 个按钮，也就是“显示带单选列表项的对话框”按钮，并为其添加单击事件监听器。在重写的 onClick()方法中，应用 AlertDialog 类创建一个带 5 个单选列表项和一个确定按钮的列表对话框。具体代码如下。

```
Button button3 = (Button) findViewById(R.id.button3);         // 获取“显示带单选列表项
的对话框”按钮
button3.setOnClickListener(new View.OnClickListener() {
    @Override
    public void onClick(View v) {
        final String[] items = new String[] { "标准", "无声", "会议", "户外","离线" };
        // 显示带单选列表项的对话框
        Builder builder = new AlertDialog.Builder(MainActivity.this);
        builder.setIcon(R.drawable.advise2);                    // 设置对话框的图标
        builder.setTitle("请选择要使用的情景模式：");              // 设置对话框的标题
```

```
        builder.setSingleChoiceItems(items, 0, new OnClickListener() {
            @Override
            public void onClick(DialogInterface dialog, int which) {
                Toast.makeText(MainActivity.this,
                    "您选择了" + items[which], Toast.LENGTH_SHORT).show();
            }
        });

        builder.setPositiveButton("确定", null);            // 添加确定按钮
        builder.create().show();                            // 创建对话框并显示

    }
});
```

（5）在主活动中定义一个 boolean 类型的数组（用于记录各列表项的状态）和一个 String 类型的数组（用于记录各列表项要显示的内容）。关键代码如下。

```
private boolean[] checkedItems;                   // 记录各列表项的状态
private String[] items;                           // 各列表项要显示的内容
```

（6）在主活动 MainActivity 的 onCreate()方法中，获取布局文件中添加的第 4 个按钮，也就是"显示带多选列表项的对话框"按钮，并为其添加单击事件监听器。在重写的 onClick()方法中，应用 AlertDialog 类创建一个带 5 个多选列表项和一个确定按钮的列表对话框。具体代码如下。

```
Button button4 = (Button) findViewById(R.id.button4); // 获取"显示带多选列表项的对话框"按钮
    button4.setOnClickListener(new View.OnClickListener() {
        @Override
        public void onClick(View v) {
checkedItems= new boolean[] { false, true, false,true, false };  // 记录各列表项的状态
            // 各列表项要显示的内容
            items = new String[] { "植物大战僵尸", "愤怒的小鸟", "泡泡龙", "开心农场", " 超
级玛丽" };
            // 显示带单选列表项的对话框
            Builder builder = new AlertDialog.Builder(MainActivity.this);
            builder.setIcon(R.drawable.advise2);                // 设置对话框的图标
            builder.setTitle("请选择您喜爱的游戏: ");            // 设置对话框标题
            builder.setMultiChoiceItems(items, checkedItems,
                    new OnMultiChoiceClickListener() {
                        @Override
                        public void onClick(DialogInterface dialog,   int which, boolean
isChecked) {
                            checkedItems[which]=isChecked;       // 改变被操作列表项的状态
                        }
                    });
            // 为对话框添加"确定"按钮
            builder.setPositiveButton("确定", new OnClickListener() {
                @Override
                public void onClick(DialogInterface dialog, int which) {
                    String result="";                            // 用于保存选择结果
                    for(int i=0;i<checkedItems.length;i++){
                        if(checkedItems[i]){                     // 当选项被选择时
                            result+=items[i]+"、";           //将选项的内容添加到 result 中
```

```
                    }
                }
                // 当 result 不为空时，通过消息提示框显示选择的结果
                if(!"".equals(result)){
            result=result.substring(0, result.length()-1);// 去掉最后面添加的“、”号
                    Toast.makeText(MainActivity.this,
                            "您选择了[ "+result+" ]", Toast.LENGTH_LONG).show();
                }
            }
        });
        builder.create().show();                                // 创建对话框并显示
    }
});
```

运行本实例，在屏幕中将显示 4 个按钮，单击第 1 个按钮，将弹出带取消、中立和确定按钮的对话框，如图 9-3 所示。单击第 2 个按钮，将弹出如图 9-4 所示的带列表的对话框，单击任何一个列表项，都将关闭该对话框，并通过一个消息提示框显示选取的内容。单击第 3 个按钮，将显示如图 9-5 所示的列表对话框，单击“确定”按钮，关闭该对话框。单击第 4 个按钮，将显示一个如图 9-6 所示的带 5 个多选列表项和一个确定按钮的列表对话框。选中多个列表项后，单击“确定”按钮，将显示如图 9-7 所示的消息提示框，显示选取的内容。

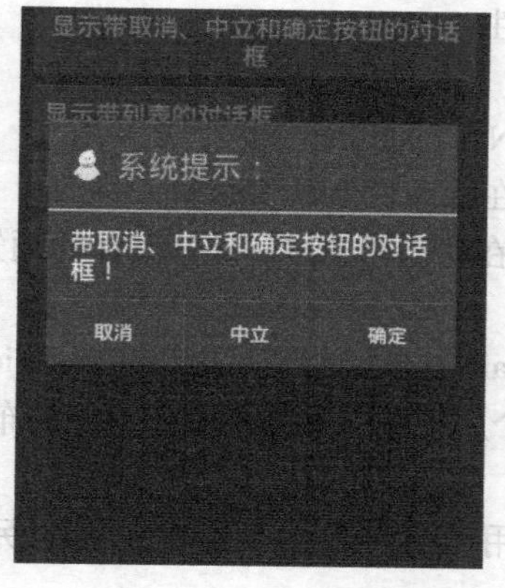

图 9-3　带取消、中立和确定按钮的对话框

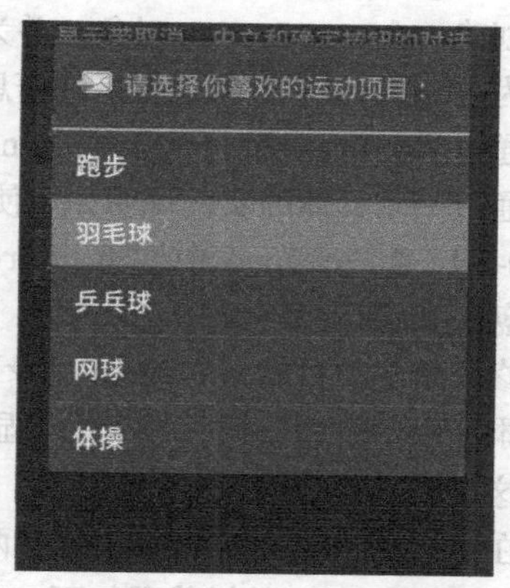

图 9-4　带列表的列表对话框

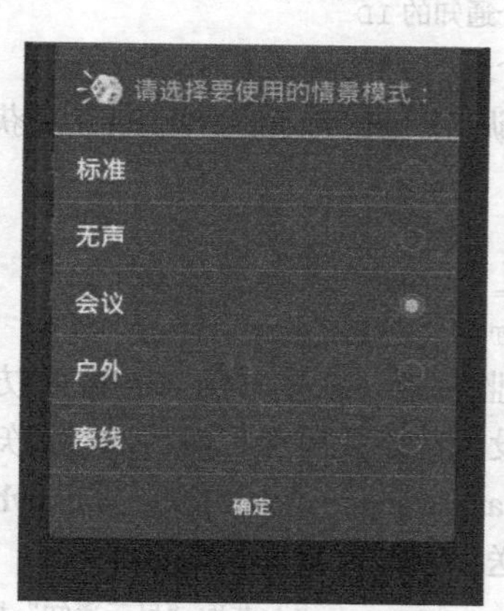

图 9-5　带单选列表的列表对话框

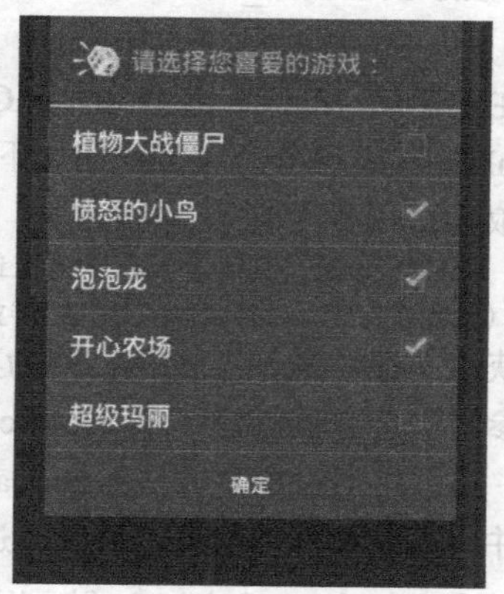

图 9-6　带多选列表的列表对话框

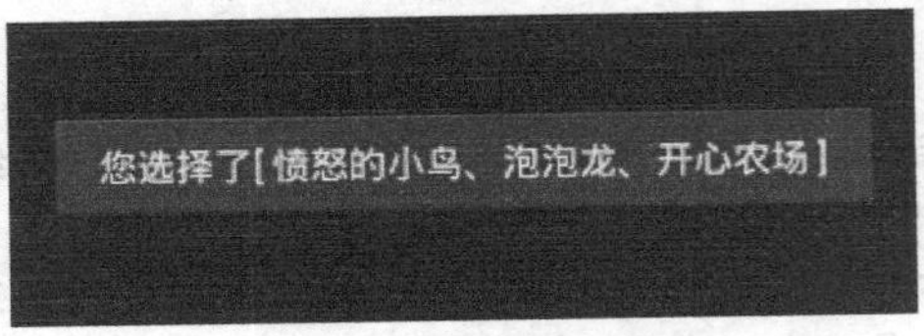

图 9-7　消息提示框

9.3　使用 Notification 在状态栏上显示通知

在使用手机时，当有未接来电或新短消息时，手机会给出相应的提示信息，这些提示信息通常会显示到手机屏幕的状态栏上。Android 也提供了用于处理这些信息的类，它们是 Notification 和 NotificationManager。其中，Notification 代表的是具有全局效果的通知，而 NotificationManager 则用来发送 Notification 通知的系统服务。

使用 Notification 和 NotificationManager 类发送和显示通知也比较简单，大致可以分为以下 4 个步骤实现。

（1）调用 getSystemService()方法获取系统的 NotificationManager 服务。

（2）创建一个 Notification 对象，并为其设置各种属性。

（3）为 Notification 对象设置事件信息。

（4）通过 NotificationManager 类的 notify()方法发送 Notification 通知。

下面通过一个具体的实例说明如何使用 Notification 在状态栏上显示通知。

【例 9-3】 在 Eclipse 中创建 Android 项目，实现在状态栏上显示通知和删除通知。（实例位置：光盘\MR\源码\第 9 章\9-3）

（1）修改新建项目的 res/layout 目录下的布局文件 main.xml，将默认添加的 TextView 组件删除，然后添加两个普通按钮，一个用于显示通知，另一个用于删除通知。由于此处的布局代码比较简单，这里就不再给出。

（2）在主活动 MainActivity 中创建两个常量，一个用于保存第 1 个通知的 ID，另一个用于保存第 2 个通知的 ID。关键代码如下。

```
final int NOTIFYID_1 = 0x123;                // 第 1 个通知的 ID
final int NOTIFYID_2 = 0x124;                // 第 2 个通知的 ID
```

（3）在主活动 MainActivity 的 onCreate()方法中，调用 getSystemService()方法获取系统的 NotificationManager 服务。关键代码如下。

```
// 获取通知管理器，用于发送通知
final NotificationManager notificationManager =
      (NotificationManager) getSystemService(NOTIFICATION_SERVICE);
```

（4）获取“显示通知”按钮，并为其添加单击事件监听器。在重写的 onClick()方法中，首先通过无参的构造方法创建一个 Notification 对象，并设置其相关属性，然后通过通知管理器发送该通知。接下来通过构造方法 Notification(int icon, CharSequence tickerText, long when)创建一个通知，并为其设置事件信息，最后通过通知管理器发送该通知。具体代码如下。

```
Button button1 = (Button) findViewById(R.id.button1);     // 获取“显示通知”按钮
// 为“显示通知”按钮添加单击事件监听器
button1.setOnClickListener(new OnClickListener() {
```

```
        @Override
        public void onClick(View v) {
            Notification notify = new Notification();          // 创建一个Notification对象
            notify.icon = R.drawable.advise;
            notify.tickerText = "显示第一个通知";
            notify.when = System.currentTimeMillis();          // 设置发送时间
            notify.defaults = Notification.DEFAULT_ALL; //设置默认声音、默认振动和默认闪光灯
            notify.setLatestEventInfo(MainActivity.this, "无题", "每天进步一点点",
    null);          // 设置事件信息
            notificationManager.notify(NOTIFYID_1, notify); // 通过通知管理器发送通知
            // 添加第二个通知
            Notification notify1 = new Notification(R.drawable.advise2,
                    "显示第二个通知", System.currentTimeMillis());
            notify1.flags|=Notification.FLAG_AUTO_CANCEL;    // 打开应用程序后图标消失
            Intent intent=new Intent(MainActivity.this,ContentActivity.class);
            PendingIntent   pendingIntent=PendingIntent.getActivity(MainActivity.this,
0, intent, 0);
            notify1.setLatestEventInfo(MainActivity.this, "通知",
                    "查看详细内容", pendingIntent);                    // 设置事件信息
            notificationManager.notify(NOTIFYID_2, notify1);     // 通过通知管理器发送通知
        }
    });
```

注意

上面代码中加粗的代码，其作用是为第 1 个通知设置使用默认声音、默认振动和默认闪光灯。也就是说，程序中需要访问系统闪光灯和振动器，这时就需要在 AndroidManifest.xml 中声明使用权限。具体代码如下：

```
<!-- 添加操作闪光灯的权限 -->
<uses-permission android:name="android.permission.FLASHLIGHT"/>
<!-- 添加操作振动器的权限 -->
<uses-permission android:name="android.permission.VIBRATE"/>
```

另外，在程序中还需要启动另一个活动 ContentActivity。因此，也需要在 AndroidManifest.xml 文件中声明该 Activity。具体代码如下。

```
<activity android:name=".ContentActivity"
    android:label="详细内容"
    android:theme="@android:style/Theme.Dialog"/>
```

（5）获取“删除通知”按钮，并为其添加单击事件监听器。在重写的 onClick()方法，删除全部通知。具体代码如下。

```
Button button2 = (Button) findViewById(R.id.button2);// 获取“删除通知”按钮
// 为“删除通知”按钮添加单击事件监听器
button2.setOnClickListener(new OnClickListener() {
    @Override
    public void onClick(View v) {
//      notificationManager.cancel(NOTIFYID_1);       // 清除ID号为常量NOTIFYID_1的通知
        notificationManager.cancelAll();              // 清除全部通知
    }
});
```

（6）由于在为第 2 个通知指定事件信息时，为其关联了一个 Activity，因此，还需要创建该

Activity。由于在该 Activity 中，只需要通过一个 TextView 组件显示一行具体的通知信息，所以实现起来比较容易，这里就不再赘述。详细代码请参见光盘。

运行本实例，单击“显示通知”按钮，在屏幕的右下角将显示第 1 个通知，如图 9-8 所示。过一段时间后，该通知消失，并显示第 2 个通知，再过一段时间后，该通知也消失，这时在状态栏上将显示这两个通知的图标，如图 9-9 所示。按住状态栏并向下滑动，可以看到通知列表，直到出现如图 9-10 所示的通知窗口。单击第 1 个列表项，可以查看通知的详细内容，如图 9-11 所示。查看后，该通知的图标将不在状态栏中显示。单击“删除通知”按钮，可以删除全部通知。

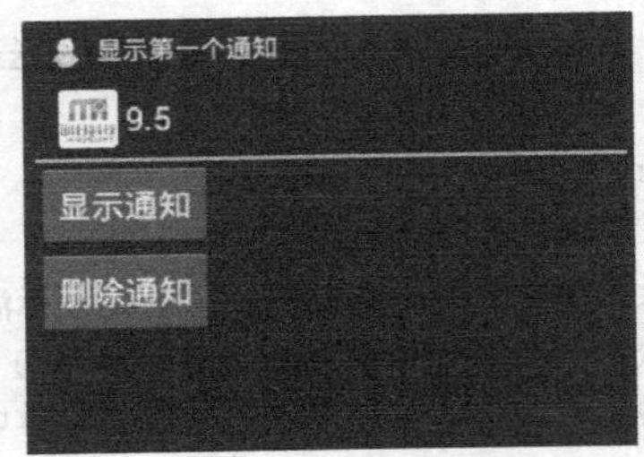

图 9-8　单击“显示通知”按钮后显示的通知

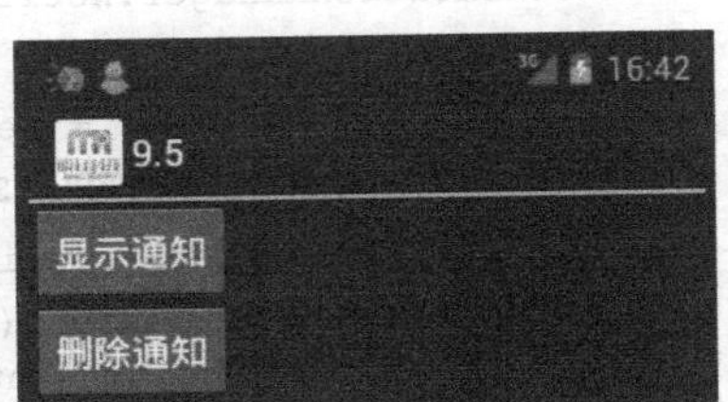

图 9-9　在状态栏上显示通知图标

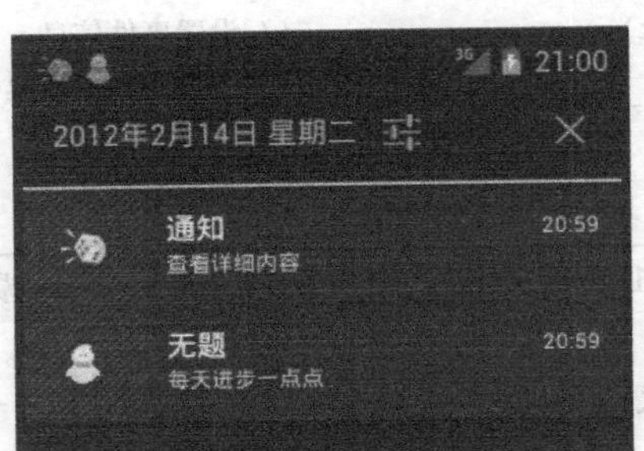

图 9-10　单击状态栏上的通知图标显示通知列表

图 9-11　第 2 个通知的详细内容

9.4　使用 AlarmManager 设置警告（闹钟）

AlarmManager 类是 Android 提供的用于在未来的指定时间弹出一个警告信息，或者完成指定操作的类。实际上，AlarmManager 是一个全局定时器，使用它可以在指定的时间或指定的周期启动其他的组件（包括 Activity、Service 和 BroadcastReceiver）。使用 AlarmManager 设置警告后，Android 将自动开启目标应用，即使手机处于休眠状态。因此，使用 AlarmManager 也可以实现关机后仍可以响应的门铃。

9.4.1　AlarmManager 简介

在 Android 中，要获取 AlarmManager 对象，类似于获取 NotificationManager 服务，也需要使用 Context 类的 getSystemService()方法来实现。具体代码如下：

```
Context.getSystemService(Context.ALARM_SERVICE)
```

获取 AlarmManager 对象后，就可以应用该对象提供的相关方法来设置警告了。AlarmManager 对象提供的常用方法如表 9-4 所示。

表 9-4　AlarmManager 类的常用方法

方　法	描　述
cancel(PendingIntent operation)	用于取消已经设置的与参数匹配的闹钟
set(int type, long triggerAtTime, PendingIntent operation)	用于设置一个新的闹钟
setInexactRepeating(int type, long triggerAtTime, long interval, PendingIntent operation)	用于设置一个非精确重复类型的闹钟。例如，设置一个每小时启动一次的闹钟，但是系统并不一定总在每小时的开始启动闹钟
setRepeating(int type, long triggerAtTime, long interval, PendingIntent operation)	用于设置一个重复类型的闹钟
setTime(long millis)	用于设置闹钟的时间
setTimeZone(String timeZone)	用于设置系统默认的时区

在设置闹钟时，AlarmManager 提供了以下 4 种类型。

- ELAPSED_REALTIME

用于设置从现在时间开始过了一定时间后启动的闹钟。当系统进入睡眠状态时，这种类型的闹钟不会唤醒系统。直到系统下次被唤醒才传递它，该闹钟所用的时间是相对时间，是从系统启动后开始计时的（包括睡眠时间），可以通过调用 SystemClock.elapsedRealtime()方法获得。

- ELAPSED_REALTIME_WAKEUP

用于设置从现在时间开始过了一定时间后启动的闹钟。这种类型的闹钟能够唤醒系统，使用方法与 ELAPSED_REALTIME 类似，也可以通过调用 SystemClock.elapsedRealtime()方法获得。

- RTC

用于设置当系统调用 System.currentTimeMillis()方法的返回值与指定的触发时间相等时启动的闹钟。当系统进入睡眠状态时，这种类型的闹钟不会唤醒系统，直到系统下次被唤醒才传递它。该闹钟所用的时间是绝对时间，所用时间是 UTC 时间，可以通过调用 System.currentTimeMillis()方法获得。

- RTC_WAKEUP

用于设置当系统调用 System.currentTimeMillis()方法的返回值与指定的触发时间相等时启动的闹钟。这种类型的闹钟能够唤醒系统，使用方法与 RTC 类似。

9.4.2　设置一个简单的闹钟

在 Android 中，使用 AlarmManager 设置闹钟比较简单。下面通过一个具体的例子来介绍如何设计一个简单的闹钟。

【例 9-4】在 Eclipse 中创建 Android 项目，应用 AlarmManager 类实现一个定时启动的闹钟。（实例位置：光盘\MR\源码\第 9 章\9-4）

（1）修改新建项目的 res/layout 目录下的布局文件 main.xml，将默认添加的 TextView 组件删除，然后添加一个时间拾取器和一个设置闹钟的按钮。关键代码如下：

```
<TimePicker
    android:id="@+id/timePicker1"
    android:layout_width="wrap_content"
    android:layout_height="wrap_content" />
<Button
    android:id="@+id/button1"
    android:layout_width="wrap_content"
```

```
android:layout_height="wrap_content"
android:text="设置闹钟" />
```

（2）打开默认创建的 MainActivity，在该类中创建两个成员变量，分别是时间拾取器和日历对象。具体代码如下。

```
TimePicker timepicker;          // 时间拾取器
Calendar c;                     // 日历对象
```

（3）在 MainActivity 的 onCreate()方法中，初始化日历对象和时间拾取组件。首先获取日历对象，并为其设置当前时间，然后获取时间拾取器组件，并设置其采用 24 小时制，最后设置时间拾取器的默认显示小时数和分钟数为当前时间。具体代码如下。

```
c = Calendar.getInstance();                                      // 获取日历对象
c.setTimeInMillis(System.currentTimeMillis());                   // 设置当前时间
timepicker = (TimePicker) findViewById(R.id.timePicker1);        // 获取时间拾取组件
timepicker.setIs24HourView(true);                                // 设置使用 24 小时制
timepicker.setCurrentHour(c.get(Calendar.HOUR_OF_DAY));          // 设置当前小时数
timepicker.setCurrentMinute(c.get(Calendar.MINUTE));             // 设置当前分钟数
```

（4）获取布局管理器中添加的“设置闹钟”按钮，并为其添加单击事件监听器。在重写的 onClick()方法中，首先创建一个 Intent 对象，并获取显示闹钟的 PendingIntent 对象。然后再获取 AlarmManager 对象，并且用时间拾取器中设置的小时数和分钟数设置日历对象的时间。接下来再调用 AlarmManager 对象的 set()方法设置一个闹钟，最后显示一个提示闹钟设置成功的消息提示。具体代码如下。

```
Button button1 = (Button) findViewById(R.id.button1);           // 获取“设置闹钟”按钮
// 为“设置闹钟”按钮添加单击事件监听器
button1.setOnClickListener(new OnClickListener() {
   @Override
   public void onClick(View v) {
        Intent intent = new Intent(MainActivity.this,
                  AlarmActivity.class);                          // 创建一个 Intent 对象
        PendingIntent pendingIntent = PendingIntent.getActivity(
                  MainActivity.this, 0, intent, 0); // 获取显示闹钟的 PendingIntent 对象
        // 获取 AlarmManager 对象
        AlarmManager   alarm   =   (AlarmManager)   getSystemService(Context.ALARM_
SERVICE);
        c.set(Calendar.HOUR_OF_DAY, timepicker.getCurrentHour()); // 设置闹钟的小时数
        c.set(Calendar.MINUTE, timepicker.getCurrentMinute());  // 设置闹钟的分钟数
        alarm.set(AlarmManager.RTC_WAKEUP, c.getTimeInMillis(),
                  pendingIntent);                                // 设置一个闹钟
        Toast.makeText(MainActivity.this, "闹钟设置成功", Toast.LENGTH_SHORT)
                  .show();                                       // 显示一个消息提示
   }
});
```

（5）创建一个 AlarmActivity，用于显示闹钟提示内容。在该 Activity 中，重写 onCreate()方法，在该方法中，创建并显示一个带“确定”按钮的对话框，显示闹钟的提示内容。关键代码如下。

```
public class AlarmActivity extends Activity {
    @Override
    protected void onCreate(Bundle savedInstanceState) {
        super.onCreate(savedInstanceState);
```

```
        AlertDialog alert = new AlertDialog.Builder(this).create();
        alert.setIcon(R.drawable.advise);                          // 设置对话框的图标
        alert.setTitle("闹钟：");                                   // 设置对话框的标题
        alert.setMessage("上传工作反馈的时间到了...");                // 设置要显示的内容
        //添加确定按钮
        alert.setButton(DialogInterface.BUTTON_POSITIVE,"确定", new OnClickListener() {
            @Override
            public void onClick(DialogInterface dialog, int which) {}
        });
        alert.show();                                              // 显示对话框
    }
}
```

（6）在 AndroidManifest.xml 文件中配置 AlarmActivity，配置的主要属性有 Activity 使用的实现类和标签。具体代码如下。

```
<activity
    android:name=".AlarmActivity"
    android:label="闹钟"/>
```

运行本实例，在屏幕上方的时间拾取器中选择要设置闹钟的时间，然后单击“设置闹钟”按钮，将设置一个定时启动的闹钟，同时显示消息提示“闹钟设置成功”，如图 9-12 所示。当设置的时间到达时，将弹出一个带确定按钮的对话框，并提示闹钟的内容，如图 9-13 所示。

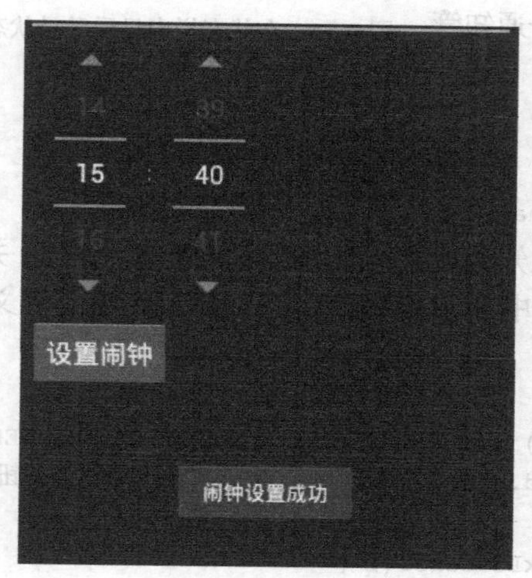

图 9-12　设置闹钟

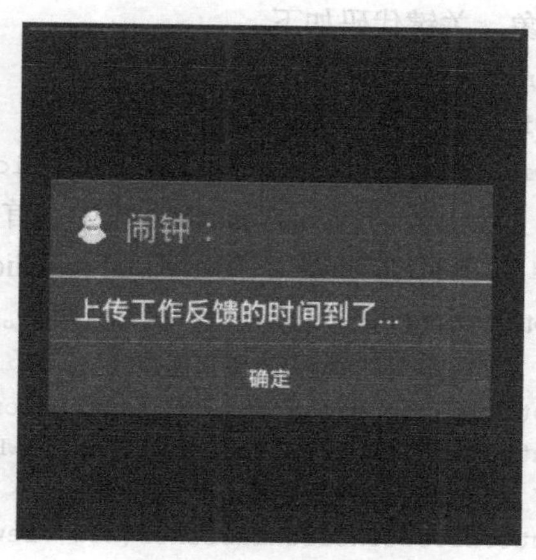

图 9-13　显示的闹钟

9.5　综合实例——仿手机 QQ 登录状态显示

本实例将实现仿手机 QQ 登录状态显示的功能。运行程序，将显示一个用户登录界面，如图 9-14 所示。输入用户名和密码后，单击“登录”按钮，将弹出如图 9-15 所示的选择登录状态的列表对话框。单击代表登录状态的列表项，该对话框消失，并在屏幕的左上角显示代表登录状态的通知，过一段时间后该通知消失，同时在状态栏上显示代表登录状态的图标。向下滑动该图标，将显示通知列表，如图 9-16 所示。单击“退出”按钮，可以删除该通知。

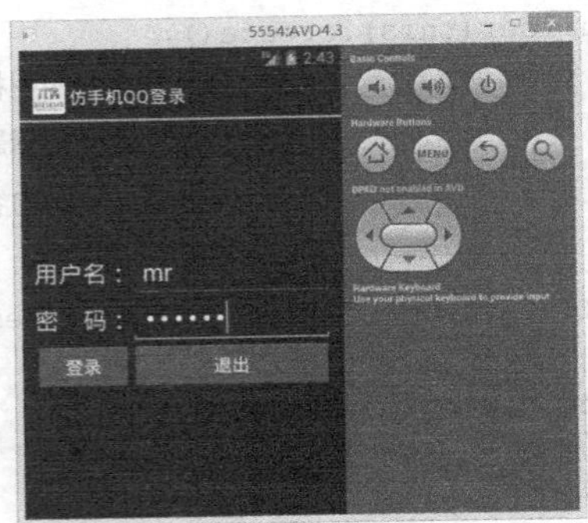

图 9-14　登录界面

图 9-15　弹出的选择登录状态的列表对话框

程序开发步骤如下。

（1）修改新建项目的 res/layout 目录下的布局文件 main.xml，将默认添加的布局代码删除，然后添加一个 TableLayout 表格布局管理器。在该布局管理器中，添加 3 个 TableRow 表格行，接下来再在每个表格行中添加用户登录界面相关的组件，最后设置表格的第 1 列和第 4 列允许被拉伸。

图 9-16　在状态栏中显示登录状态

（2）在主活动中，定义一个整型的常量（记录通知的 ID）、一个 String 类型的变量（记录用户名）和一个通知管理器对象。关键代码如下。

```
final int NOTIFYID_1 = 123;                                     // 第 1 个通知的 ID
private String user="匿名";                                     // 用户名
private NotificationManager notificationManager;                // 定义通知管理器对象
```

（3）在主活动的 onCreate()方法中，首先获取通知管理器，然后获取“登录”按钮，并为其添加单击事件监听器。在重写的 onClick()方法中获取输入的用户名并调用自定义方法 sendNotification()发送通知。具体代码如下。

```
// 获取通知管理器，用于发送通知
notificationManager = (NotificationManager) getSystemService(NOTIFICATION_SERVICE);
Button button1 = (Button) findViewById(R.id.button1);          // 获取“登录”按钮
// 为“登录”按钮添加单击事件监听器
button1.setOnClickListener(new View.OnClickListener() {
    @Override
    public void onClick(View v) {
        EditText etUser=(EditText)findViewById(R.id.user);  // 获取“用户名”编辑框
        if(!"".equals(etUser.getText())){
            user=etUser.getText().toString();
        }
        sendNotification();                                  // 发送通知
    }
});
```

（4）编写 sendNotification()方法。在该方法中，首先创建一个 AlertDialog.Builder 对象，并为其指定要显示对话框的图标、标题等。然后创建两个用于保存列表项图片 ID 和文字的数组，并将这些图片 ID 和文字添加到 List 集合中。再创建一个 SimpleAdapter 简单适配器，并将该适配器作为 Builder 对象的适配器用于为列表对话框添加带图标的列表项，最后创建对话框并显示。sendNotification()方法的具体代码如下。

```
private void sendNotification() {
    Builder builder = new AlertDialog.Builder(MainActivity.this);
    builder.setIcon(R.drawable.advise);                          // 设置对话框的图标
    builder.setTitle("我的登录状态: ");                            // 设置对话框的标题
    final int[] imageId = new int[] { R.drawable.img1, R.drawable.img2,
            R.drawable.img3, R.drawable.img4 };                 // 定义并初始化保存图片 id 的数组
    // 定义并初始化保存列表项文字的数组
    final String[] title = new String[] { "在线", "隐身", "忙碌中", "离线" };
    List<Map<String, Object>> listItems = new ArrayList<Map<String, Object>>();
    // 通过 for 循环将图片 id 和列表项文字放到 Map 中，并添加到 list 集合中
    for (int i = 0; i < imageId.length; i++) {
        Map<String, Object> map = new HashMap<String, Object>(); // 实例化 Map 对象
        map.put("image", imageId[i]);
        map.put("title", title[i]);
        listItems.add(map);                                      // 将 Map 对象添加到 list 集合中
    }
    final SimpleAdapter adapter = new SimpleAdapter(MainActivity.this,
            listItems, R.layout.items, new String[] { "title", "image" },
            new int[] { R.id.title, R.id.image });               // 创建 SimpleAdapter
    builder.setAdapter(adapter, new DialogInterface.OnClickListener() {
        @Override
        public void onClick(DialogInterface dialog, int which) {
            Notification notify = new Notification();  // 创建一个 Notification 对象
            notify.icon = imageId[which];
            notify.tickerText = title[which];
            notify.when = System.currentTimeMillis();           // 设置发送时间
            notify.defaults = Notification.DEFAULT_SOUND;       // 设置默认声音
            notify.setLatestEventInfo(MainActivity.this, user,
                    title[which], null);                        // 设置事件信息
            notificationManager.notify(NOTIFYID_1, notify);// 通过通知管理器发送通知
            // 让布局中的第 1 行不显示
    ((TableRow)findViewById(R.id.tableRow1)).setVisibility(View.INVISIBLE);
            // 让布局中的第 2 行不显示
    ((TableRow)findViewById(R.id.tableRow2)).setVisibility(View.INVISIBLE);
            // 改变"登录"按钮上显示的文字
            ((Button)findViewById(R.id.button1)).setText("更改登录状态");
        }
    });
    builder.create().show();                                    // 创建对话框并显示
}
```

说明

当用户选择了登录状态列表项后，在显示通知的同时，还需要将布局中的第 1 行（用于输入用户名）和第 2 行（用于输入密码）的内容设置为不显示，并且改变“登录”按钮上显示的文字为“更改登录状态”。

（5）在 onCreate()方法中，再获取“退出”按钮，并为其添加单击事件监听器。在重写的 onClick()方法中，清除代表登录状态的通知，然后将布局中的第 1 行和第 2 行的内容显示出来，并改变“更改登录状态”按钮上显示的文字为“登录”。具体代码如下。

```
Button button2 = (Button) findViewById(R.id.button2);    // 获取"退出"按钮
```

```
button2.setOnClickListener(new OnClickListener() {
    @Override
    public void onClick(View v) {
        notificationManager.cancel(NOTIFYID_1);             // 清除通知
         // 让布局中的第 1 行显示
         ((TableRow)findViewById(R.id.tableRow1)).setVisibility(View.VISIBLE);
         // 让布局中的第 2 行显示
         ((TableRow)findViewById(R.id.tableRow2)).setVisibility(View.VISIBLE);
         // 改变"更改登录状态"按钮上显示的文字
         ((Button)findViewById(R.id.button1)).setText("登录");
    }
});
```

知识点提炼

（1）Toast 类用于在屏幕中显示一个提示信息框，该消息提示框没有任何控制按钮，并且不会获得焦点，经过一定时间后自动消失。

（2）AlertDialog 类的功能非常强大，它不仅可以生成带按钮的提示对话框，还可以生成带列表的列表对话框。

（3）Notification 代表具有全局效果的通知。

（4）NotificationManager 是用来发送 Notification 通知的系统服务。

（5）AlarmManager 类是 Android 提供的用于在未来的指定时间弹出一个警告信息，或者完成指定操作的类。

习　题

9-1　使用 Toast 类显示对话框时，需要使用该类的什么方法？

9-2　使用 AlertDialog 可以生成哪几种对话框？

9-3　简单描述使用 Notification 发送和显示通知的步骤。

9-4　在设置闹钟时，AlarmManager 提供的 4 种类型分别是什么？

实验：弹出带图标的列表对话框

实验目的

（1）掌握如何使用 AlertDialog 创建对话框。

（2）掌握如何为列表设置图标。

实验内容

应用 AlertDialog 创建列表对话框时，默认情况下，各列表项是不带图标的。为了让程序更加友好，可以为各列表项添加图标。本实验将实现弹出带图标的列表对话框。

实验步骤

（1）在 Eclipse 中创建 Android 项目。

（2）修改新建项目的 res/layout 目录下的布局文件 main.xml，将默认添加的 TextView 组件删除，然后添加一个用于打开列表对话框的按钮。

（3）编写用于布局列表项内容的 XML 布局文件 items.xml，在该文件中，采用水平线性布局，并在该布局管理器中添加一个 ImageView 组件和一个 TextView 组件，分别用于显示列表项中的图标和文字。具体代码如下。

```
<?xml version="1.0" encoding="utf-8"?>
<LinearLayout xmlns:android="http://schemas.android.com/apk/res/android"
  android:orientation="horizontal"
  android:layout_width="match_parent"
  android:layout_height="match_parent">
 <ImageView
    android:id="@+id/image"
    android:paddingLeft="10px"
    android:paddingTop="20px"
    android:paddingBottom="20px"
    android:adjustViewBounds="true"
    android:maxWidth="72px"
    android:maxHeight="72px"
    android:layout_height="wrap_content"
    android:layout_width="wrap_content"/>
 <TextView
   android:layout_width="wrap_content"
   android:layout_height="wrap_content"
   android:padding="10px"
   android:layout_gravity="center"
   android:id="@+id/title" />
</LinearLayout>
```

（4）在主活动 MainActivity 的 onCreate()方法中，创建两个用于保存列表项图片 ID 和文字的数组，并将这些图片 ID 和文字添加到 List 集合中，然后创建一个 SimpleAdapter 简单适配器。具体代码如下。

```
int[] imageId = new int[] { R.drawable.img01, R.drawable.img02,
      R.drawable.img03, R.drawable.img04, R.drawable.img05 };
                                              // 定义并初始化保存图片 id 的数组
final String[] title = new String[] { "程序管理", "保密设置", "安全设置",
      "邮件设置","铃声设置" };                  // 定义并初始化保存列表项文字的数组
List<Map<String, Object>> listItems = new ArrayList<Map<String, Object>>();
                                              // 创建一个 list 集合
// 通过 for 循环将图片 id 和列表项文字放到 Map 中，并添加到 list 集合中
for (int i = 0; i < imageId.length; i++) {
   Map<String, Object> map = new HashMap<String, Object>(); // 实例化 Map 对象
   map.put("image", imageId[i]);
   map.put("title", title[i]);
   listItems.add(map);                        // 将 Map 对象添加到 list 集合中
}
final SimpleAdapter adapter = new SimpleAdapter(this, listItems,
```

```
R.layout.items, new String[] { "title", "image" }, new int[] {
R.id.title, R.id.image });                          // 创建 SimpleAdapter
```

（5）获取布局文件中添加的按钮，并为其添加单击事件监听器，在重写的 onClick()方法中，应用 AlertDialog 类创建一个带图标的列表对话框，并实现在单击列表项时，获取列表项的内容。具体代码如下。

```
Button button1 = (Button) findViewById(R.id.button1); // 获取布局文件中添加的按钮
button1.setOnClickListener(new View.OnClickListener() {
    @Override
    public void onClick(View v) {
        Builder builder = new AlertDialog.Builder(MainActivity.this);
        builder.setIcon(R.drawable.advise);             // 设置对话框的图标
        builder.setTitle("设置：");                      // 设置对话框的标题
        builder.setAdapter(adapter, new OnClickListener() {
            @Override
            public void onClick(DialogInterface dialog, int which) {
                Toast.makeText(MainActivity.this,
                        "您选择了[ " + title[which]+" ]", Toast.LENGTH_SHORT).show();

            }
        });
        builder.create().show();                        // 创建对话框并显示
    }
});
```

运行本实例，单击“打开设置对话框”按钮，将弹出如图 9-17 所示的选择设置项目的对话框。单击任意列表项，都将关闭该对话框，并通过消息提示框显示选择的列表项内容。

图 9-17　弹出带图标的列表对话框

第 10 章 Android 程序调试

本章要点：

- 使用 Log.d 方法输出 Debug 日志信息
- 使用 Log.e 方法输出错误日志信息
- 使用 Log.i 方法输出程序日志信息
- 使用 Log.v 方法输出冗余日志信息
- 使用 Log.w 方法输出警告日志信息
- 常用的程序调试操作
- 使用 try…catch 语句捕获 Android 程序异常

开发 Android 程序时，不仅要注意程序代码的准确性与合理性，还要处理程序中可能出现的异常情况。Android SDK 中提供了 Log 类来获取程序的日志信息；另外，还提供了 LogCat 管理器，用来查看程序运行的日志信息及错误日志。本章将详细讲解如何对 Android 程序进行调试及异常处理。

10.1 输出日志信息

10.1.1 Log.d 方法

Log.d 方法用来输出 DEBUG 故障日志信息，该方法有两种重载形式。开发人员经常用到的重载形式语法如下。

```
public static int v (String tag, String msg)
```

- tag：String 字符串，用来标识日志信息，它通常指定为可能出现 Debug 的类或者 Activity 的名称。
- msg：String 字符串，表示要输出的字符串信息。

【例 10-1】 在 Eclipse 中创建 Android 项目，主要实现在 Android 程序中使用 Log.d 方法输出 Debug 日志信息的功能。（实例位置：光盘\MR\源码\第 10 章\10-1）

（1）修改新建项目的 res/layout 目录下的布局文件 main.xml，在其中添加一个 Button 组件。主要代码如下。

```
<Button
```

```
    android:id="@+id/btn"
    android:layout_width="wrap_content"
    android:layout_height="wrap_content"
    android:text="Debug 日志"
    />
```

（2）打开 Activity 文件，首先根据 id 获取布局文件中的 Button 组件。然后为该组件设置单击监听事件，在监听事件中，使用 Log.d 方法输出 Debug 日志信息。代码如下。

```
public void onCreate(Bundle savedInstanceState) {
    super.onCreate(savedInstanceState);
    setContentView(R.layout.main);
    Button btnButton=(Button) findViewById(R.id.btn);          // 获取 Button 组件
    btnButton.setOnClickListener(new OnClickListener() {       // 设置监听事件
        @Override
        public void onClick(View v) {
            Log.d("DEBUG", "Debug 日志信息");                    // 输出 Debug 日志信息
        }
    });
}
```

运行本实例，单击 Android 界面中的 Button 按钮，将会在 LogCat 管理器中看到如图 10-1 所示的结果。

L...	Time	PID	Application	Tag	Text
D	11-10 13:06:01.641	568	com.xiaoke.exam06...	DEBUG	Debug日志信息

标识为 Debug 日志

图 10-1　使用 Log.d 方法输出 Debug 日志信息

说明　使用 Log 类的相关方法输出的日志信息需要在 LogCat 管理器中查看，下面遇到时将不再提示。

10.1.2　Log.e 方法

Log.e 方法用来输出 ERROR 错误日志信息，该方法有两种重载形式。开发人员经常用到的重载形式语法如下：

```
public static int e (String tag, String msg)
```

- tag：String 字符串，用来标识日志信息，它通常指定为可能出现错误的类或者 Activity 的名称。
- msg：String 字符串，表示要输出的字符串信息。

【例 10-2】 在 Eclipse 中创建 Android 项目，主要实现在 Android 程序中使用 Log.e 方法输出错误日志信息的功能。（实例位置：光盘\MR\源码\第 10 章\10-2）

（1）修改新建项目的 res/layout 目录下的布局文件 main.xml，在其中添加一个 Button 组件，主要代码如下。

```
<Button
    android:id="@+id/btn"
    android:layout_width="wrap_content"
    android:layout_height="wrap_content"
```

```
    android:text="Error 日志"
    />
```

（2）打开 Activity 文件，首先根据 id 获取布局文件中的 Button 组件。然后为该组件设置单击监听事件，在监听事件中，使用 Log.e 方法输出错误日志信息。代码如下。

```
public void onCreate(Bundle savedInstanceState) {
    super.onCreate(savedInstanceState);
    setContentView(R.layout.main);
    Button btnButton=(Button) findViewById(R.id.btn);      // 获取 Button 组件
    btnButton.setOnClickListener(new OnClickListener() {  // 设置监听事件
        @Override
        public void onClick(View v) {
            Log.e("ERROR", "Error 日志信息");              // 输出 Error 日志信息
        }
    });
}
```

运行本实例，单击 Android 界面中的 Button 按钮，将会在 LogCat 管理器中看到如图 10-2 所示的结果。

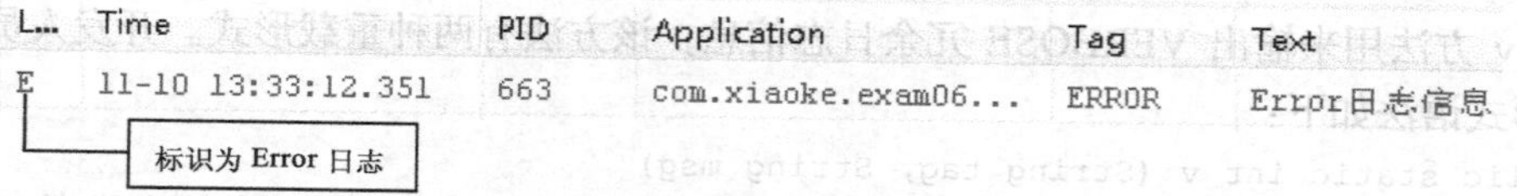

图 10-2 使用 Log.e 方法输出错误日志信息

10.1.3 Log.i 方法

Log.i 方法用来输出 INFO 程序日志信息，该方法有两种重载形式。开发人员经常用到的重载形式语法如下。

```
public static int i (String tag, String msg)
```

- tag：String 字符串，用来标识日志信息，通常指定为类或者 Activity 的名称。
- msg：String 字符串，表示要输出的字符串信息。

【例 10-3】 在 Eclipse 中创建 Android 项目，主要实现在 Android 程序中使用 Log.i 方法输出程序日志信息的功能。（实例位置：光盘\MR\源码\第 10 章\10-3）

（1）修改新建项目的 res/layout 目录下的布局文件 main.xml，在其中添加一个 Button 组件。主要代码如下。

```
<Button
    android:id="@+id/btn"
    android:layout_width="wrap_content"
    android:layout_height="wrap_content"
    android:text="程序日志"
    />
```

（2）打开 Activity 文件，首先根据 id 获取布局文件中的 Button 组件。然后为该组件设置单击监听事件，在监听事件中，使用 Log.i 方法输出程序日志信息。代码如下。

```
public void onCreate(Bundle savedInstanceState) {
    super.onCreate(savedInstanceState);
    setContentView(R.layout.main);
    Button btnButton=(Button) findViewById(R.id.btn);          // 获取 Button 组件
```

```
    btnButton.setOnClickListener(new OnClickListener() { // 设置监听事件
        @Override
        public void onClick(View v) {
            Log.i("INFO", "程序日志信息");                    // 输出程序日志信息
        }
    });
}
```

运行本实例，单击 Android 界面中的 Button 按钮，将会在 LogCat 管理器中看到如图 10-3 所示的结果。

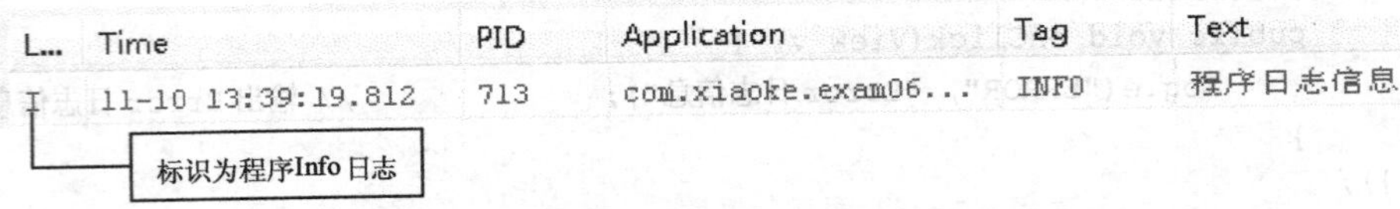

图 10-3　使用 Log.i 方法输出程序日志信息

10.1.4　Log.v 方法

Log.v 方法用来输出 VERBOSE 冗余日志信息，该方法有两种重载形式。开发人员经常用到的重载形式语法如下：

```
public static int v (String tag, String msg)
```

- tag：String 字符串，用来标识日志信息，通常指定为可能出现冗余的类或者 Activity 的名称。
- msg：String 字符串，表示要输出的字符串信息。

【例 10-4】 在 Eclipse 中创建 Android 项目，实现在 Android 程序中使用 Log.v 方法输出冗余日志信息的功能。（实例位置：光盘\MR\源码\第 10 章\10-4）

（1）修改新建项目的 res/layout 目录下的布局文件 main.xml，在其中添加一个 Button 组件。主要代码如下。

```
<Button
    android:id="@+id/btn"
    android:layout_width="wrap_content"
    android:layout_height="wrap_content"
    android:text="冗余日志"
    />
```

（2）打开 Activity 文件，首先根据 id 获取布局文件中的 Button 组件。然后为该组件设置单击监听事件，在监听事件中，使用 Log.v 方法输出冗余日志信息。代码如下。

```
public void onCreate(Bundle savedInstanceState) {
    super.onCreate(savedInstanceState);
    setContentView(R.layout.main);
    Button btnButton=(Button) findViewById(R.id.btn);    // 获取 Button 组件
    btnButton.setOnClickListener(new OnClickListener() { // 设置监听事件
        @Override
        public void onClick(View v) {
            Log.v("VERBOSE", "Verbose 日志信息");          // 输出冗余日志信息
        }
    });
}
```

运行本实例，单击 Android 界面中的 Button 按钮，将会在 LogCat 管理器中看到如图 10-4 所示的结果。

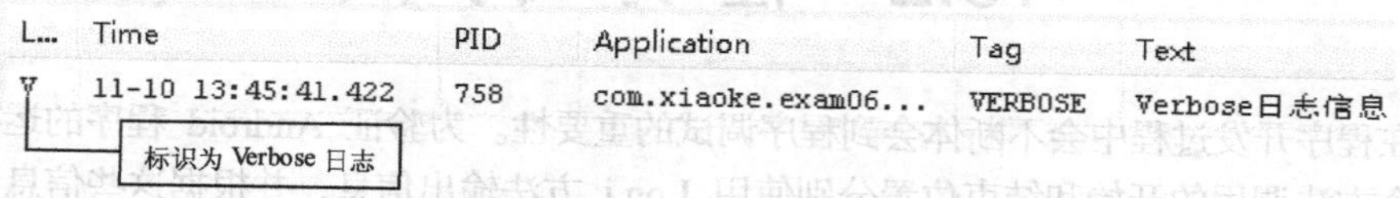

图 10-4 使用 Log.v 方法输出冗余日志信息

10.1.5 Log.w 方法

Log.w 方法用来输出 WARN 警告日志信息，该方法有 3 种重载形式，开发人员经常用到的重载形式语法如下：

```
public static int w (String tag, String msg)
```

- tag：String 字符串，用来标识日志信息，通常指定为可能出现警告的类或者 Activity 的名称。
- msg：String 字符串，表示要输出的字符串信息。

【例 10-5】 在 Eclipse 中创建 Android 项目，主要实现在 Android 程序中使用 Log.w 方法输出警告日志信息的功能。（实例位置：光盘\MR\源码\第 10 章\10-5）

（1）修改新建项目的 res/layout 目录下的布局文件 main.xml，在其中添加一个 Button 组件。主要代码如下。

```
<Button
    android:id="@+id/btn"
    android:layout_width="wrap_content"
    android:layout_height="wrap_content"
    android:text="Warn 日志"
    />
```

（2）打开 Activity 文件，首先根据 id 获取布局文件中的 Button 组件。然后为该组件设置单击监听事件，在监听事件中，使用 Log.w 方法输出警告日志信息。代码如下。

```
public void onCreate(Bundle savedInstanceState) {
    super.onCreate(savedInstanceState);
    setContentView(R.layout.main);
    Button btnButton=(Button) findViewById(R.id.btn);        // 获取 Button 组件
    btnButton.setOnClickListener(new OnClickListener() {  // 设置监听事件
        @Override
        public void onClick(View v) {
            Log.w("WARN", "Warn 日志信息");                    // 输出 Warn 日志信息
        }
    });
}
```

运行本实例，单击 Android 界面中的 Button 按钮，将会在 LogCat 管理器中看到如图 10-5 所示的结果。

L...	Time	PID	Application	Tag	Text
W	11-10 13:48:00.812	805	com.xiaoke.exam06...	WARN	Warn日志信息

标识为 Warn 日志

图 10-5 使用 Log.w 方法输出警告日志信息

10.2 程序调试

读者在程序开发过程中会不断体会到程序调试的重要性。为验证 Android 程序的运行状况，会经常在某个方法调用的开始和结束位置分别使用 Log.i 方法输出信息，并根据这些信息判断程序执行状况。这是非常古老的程序调试方法，而且经常导致程序代码混乱（导出的都是 Log.i()方法）。

本节介绍使用 Eclipse 内置的 Java 调试器调试 Android 程序的方法，使用该调试器可以实现设置程序的断点、单步执行程序、在调试过程中查看变量和表达式的值等调试操作，这样可以避免在程序中编写大量的 Log.i ()方法输出调试信息。

使用 Eclipse 的 Java 调试器需要设置程序断点，然后使用单步调试分别执行程序的每一行代码。

10.2.1 断点

设置断点是程序调试中必不可少的有效手段，Java 调试器每次遇到程序断点时都会将当前线程挂起，即暂停当前程序的运行。

可以在 Java 编辑器中显示代码行号的位置双击添加或删除当前行的断点，或者在当前行号的位置单击鼠标右键，在弹出的快捷菜单中选择“切换断点”命令实现断点的添加与删除，如图 10-6 所示。

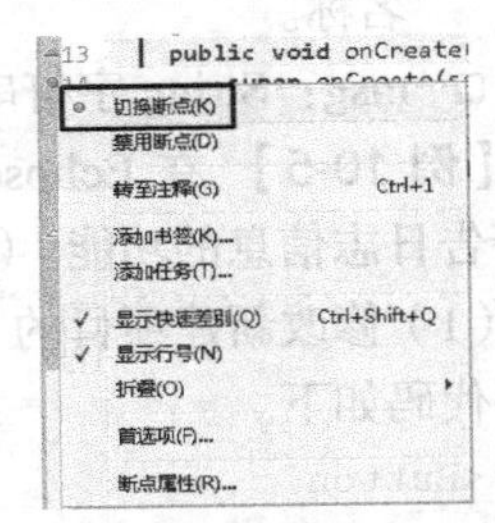

图 10-6 选择“切换断点”命令

10.2.2 程序调试

程序执行到断点被暂停后，可以通过“调试”视图工具栏上的按钮执行相应的调试操作，如运行、停止等。“调试”视图如图 10-7 所示。

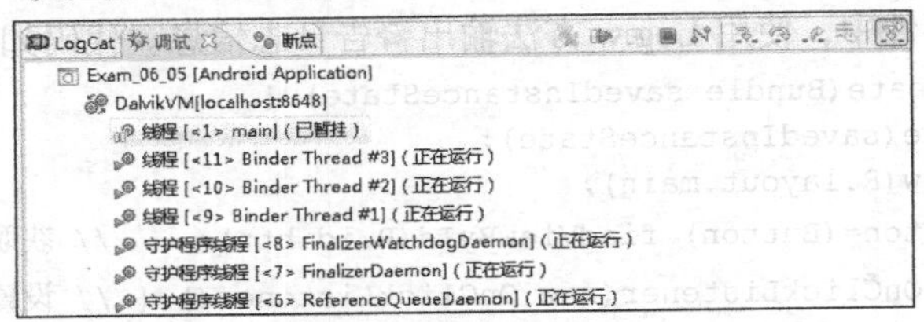

图 10-7 “调试”视图

- 单步跳过

在“调试”视图的工具栏中单击按钮或按 F6 键，将执行单步跳过操作，即运行单独的一行程序代码，但是不进入调用方法的内部，然后跳到下一个可执行点并暂挂线程。

不停地执行单步跳过操作，会每次执行一行程序代码，直到程序结束或等待用户操作。

- 单步跳入

在“调试”视图的工具栏中单击按钮或按 F5 键，执行该操作将跳入调用方法或对象的内部，单步执行程序并暂挂线程。

10.3　程序异常处理

10.3.1　Android 程序出现异常

异常产生后，如果不做任何处理，程序就会被终止。例如，将一个字符串转换为整型，可以通过 Integer 类的 parseInt()方法来实现。但如果该字符串不是数字形式，parseInt()方法就会抛出异常，程序将停留在出现异常的位置，不再执行下面的语句。

【例 10-6】在 Android 程序中将非字符型数值转换为 int 型，运行程序，系统会报出错误提示。（实例位置：光盘\MR\源码\第 10 章\10-6）

```
@Override
public void onCreate(Bundle savedInstanceState) {
    super.onCreate(savedInstanceState);
    setContentView(R.layout.main);
int age = Integer.parseInt("20L");                          // 数据类型的转换
}
```

运行结果如图 10-8 所示。

很抱歉，"7.6"已停止运行。

确定

图 10-8　错误提示

在 LogCat 管理器中查看错误，可以看到如图 10-9 所示的结果。

从图 10-9 中可以看出，本实例报出的是 NumberFormatException（字符串转换为数字）异常，程序在执行类型转换代码时终止。

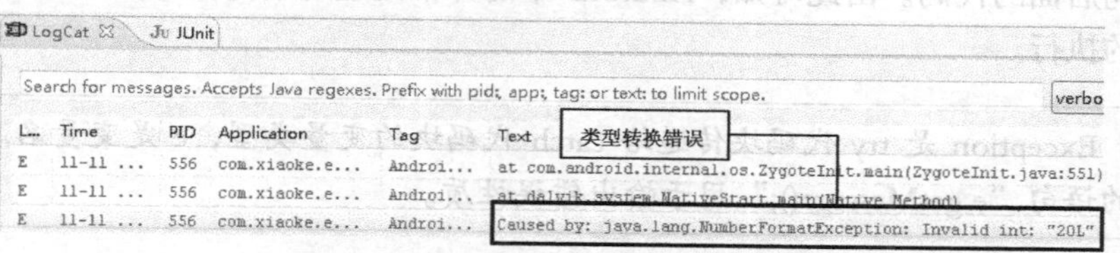

图 10-9　在 LogCat 管理器中查看错误

10.3.2　捕捉 Android 程序异常

Android 程序中的异常捕获结构与 Java 类似，都是由 try、catch 和 finally 3 部分组成。其中，try 语句块存放的是可能发生异常的 Java 语句；catch 程序块在 try 语句块之后，用来激发被捕获的异常；finally 语句块是异常处理结构的最后执行部分，无论 try 块中的代码如何退出，都将执行 finally 块。

语法如下：

```
try{
    // 程序代码块
}
catch(Exceptiontype1 e){
    // 对 Exceptiontype1 的处理
}
catch(Exceptiontype2 e){
    // 对 Exceptiontype2 的处理
}
```

```
……
finally{
    // 程序块
}
```

通过异常处理器的语法可知，异常处理器大致分为 try…catch 语句块和 finally 语句块。

1. try…catch 语句

可将例 10-6 中的代码进行修改，使用 try…catch 语句捕获异常。

【例 10-7】在例 10-6 基础上，使用 try…catch 语句将可能出现的异常语句进行异常处理。（实例位置：光盘\MR\源码\第 10 章\10-7）

```
@Override
public void onCreate(Bundle savedInstanceState) {
    super.onCreate(savedInstanceState);
    setContentView(R.layout.main);
    try {
        int age = Integer.parseInt("20L");          // 数据类型转换
    } catch (Exception e) {                         // catch 语句块用来获取异常信息
        e.printStackTrace();                        // 输出异常
    }
}
```

上面的程序在运行时不会因为异常而终止，因为程序中将可能出现异常的代码用 try…catch 语句进行处理。当 try 代码块中的语句发生异常时，程序就会调转到 catch 代码块中执行，执行完 catch 代码块中的程序代码后，继续执行 catch 代码块后的其他代码，而不会执行 try 代码块中发生异常语句后面的代码。由此可知，Android 中的异常处理是结构化的，不会因为一个异常影响整个程序的执行。

Exception 是 try 代码块传递给 catch 代码块的变量类型，e 是变量名。catch 代码块中的语句“e.getMessage();”用于输出错误性质。

通常，异常处理常用以下 3 个函数来获取异常的有关信息。

- getMessage()函数：输出错误性质。
- toString()函数：给出异常的类型与性质。
- printStackTrace()函数：指出异常的类型、性质、栈层次及出现在程序中的位置。

2. finally 语句

完整的异常处理语句一定要包含 finally 语句，无论程序中有无异常发生，并且无论之前的 try…catch 是否顺利执行完毕，都会执行 finally 语句。

在以下 4 种特殊情况下，finally 块不会被执行。

- 在 finally 语句块中发生了异常。
- 在前面的代码中使用了 System.exit()退出程序。
- 程序所在的线程死亡。
- 关闭 CPU。

10.3.3 抛出异常的两种方法

若某个方法可能会发生异常，但不想在当前方法中处理这个异常，则可以使用 throws、

throw 关键字在方法中抛出异常。下面分别介绍如何使用这两个关键字抛出异常。

1. 使用 throws 关键字抛出异常

throws 关键字通常在声明方法时，用来指定方法可能抛出的异常。多个异常可使用逗号分隔。

【例 10-8】在 Android 项目的 Activity 中创建方法 pop()，在该方法中抛出 NegativeArraySize Exception 异常。然后在 onCreate()方法中调用 pop()方法，并实现异常处理。（实例位置：光盘\MR\源码\第 10 章\10-8）

```
// 定义方法并抛出 NegativeArraySizeException 异常
static void pop() throws NegativeArraySizeException {
    int[] arr = new int[-3];                          // 创建数组
}
@Override
public void onCreate(Bundle savedInstanceState) {
    super.onCreate(savedInstanceState);
    setContentView(R.layout.main);
    try {                                             // try 语句处理异常信息
        pop();                                        // 调用 pop()方法
    } catch (NegativeArraySizeException e) {
        Log.i("EXCEPTION","pop()方法抛出的异常");    // 输出异常信息
    }
}
```

运行结果如图 10-10 所示。

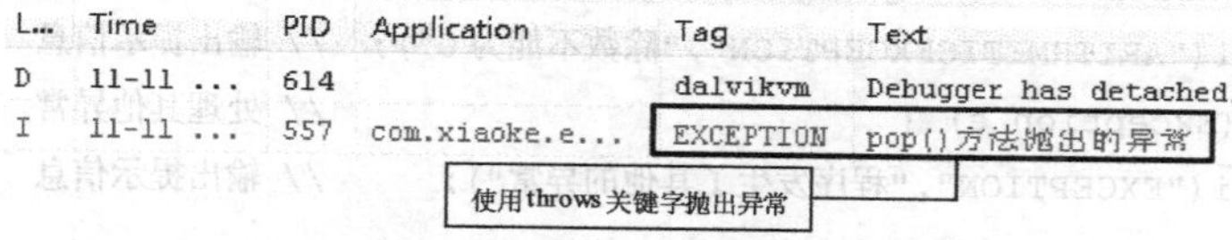

L...	Time	PID	Application	Tag	Text
D	11-11 ...	614		dalvikvm	Debugger has detached;
I	11-11 ...	557	com.xiaoke.e...	EXCEPTION	pop()方法抛出的异常

使用 throws 关键字抛出异常

图 10-10　使用 throws 关键字抛出异常

使用 throws 关键字将异常抛给上一级后，如果不想处理该异常，可以继续向上抛出，但最终要有能够处理该异常的代码。

2. 使用 throw 关键字抛出异常

throw 关键字通常用于方法体中，并且抛出一个异常对象。程序在执行到 throw 语句时立即终止，它后面的语句都不执行。通过 throw 抛出异常后，如果想在上一级代码中来捕获并处理异常，则需要在抛出异常的方法中使用 throws 关键字，在方法的声明中指明要抛出的异常。如果要捕捉 throw 抛出的异常，则必须使用 try…catch 语句。

throw 通常用来抛出用户自定义异常。下面通过实例介绍 throw 关键字的用法。

【例 10-9】在 Eclipse 中创建 Android 项目，主要实现使用 throw 关键字抛出异常的功能。（实例位置：光盘\MR\源码\第 10 章\10-9）

（1）在项目中创建自定义异常类 MyException，继承类 Exception。代码如下。

```
public class MyException extends Exception {          // 创建自定义异常类
        private static final long serialVersionUID = 1911857297231201652L;
        String message;                               // 定义 String 类型变量
    public MyException(String ErrorMessagr) {         // 父类方法
        message = ErrorMessagr;
```

```
    }
    public String getMessage() {                          // 覆盖 getMessage()方法
        return message;
    }
}
```

（2）在项目中创建 quotient()方法，该方法传递两个 int 型参数，如果其中的一个参数为负数，则抛出 MyException 异常。代码如下。

```
int quotient(int x, int y) throws MyException {          // 定义方法抛出异常
    if (y < 0) {                                           // 判断参数是否小于 0
        throw new MyException("除数不能是负数");            // 异常信息
    }
    return x / y;                                          // 返回值
}
```

（3）在 onCreate()方法中捕捉异常。代码如下。

```
@Override
public void onCreate(Bundle savedInstanceState) {
    super.onCreate(savedInstanceState);
    setContentView(R.layout.main);
    try {                                                  // try 语句包含可能发生异常的语句
        int result = quotient(3, -1);                      // 调用方法 quotient()
    } catch (MyException e) {                              // 处理自定义异常
        Log.i("MYEXCEPTION",e.getMessage());               // 输出异常信息
    } catch (ArithmeticException e) {                      // 处理 ArithmeticException 异常
        Log.i("ARITHMETICEXCEPTION","除数不能为 0");         // 输出提示信息
    } catch (Exception e) {                                // 处理其他异常
        Log.i("EXCEPTION","程序发生了其他的异常");            // 输出提示信息
    }
}
```

运行结果如图 10-11 所示。

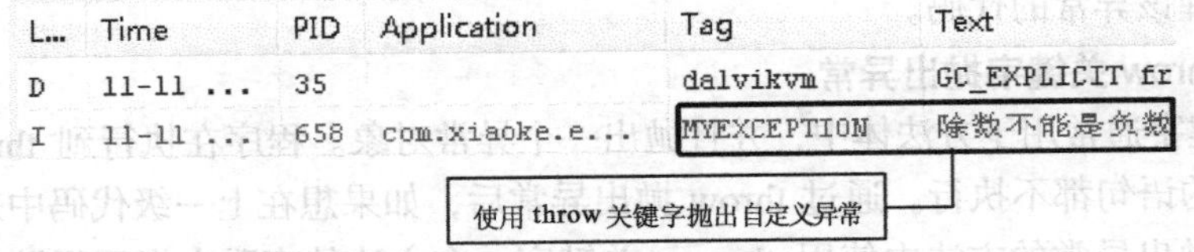

L...	Time	PID	Application	Tag	Text
D	11-11 ...	35		dalvikvm	GC_EXPLICIT fr
I	11-11 ...	658	com.xiaoke.e...	MYEXCEPTION	除数不能是负数

图 10-11　使用 throw 关键字抛出自定义异常

10.3.4　何时使用异常处理

Android 异常强制用户去考虑程序的强健性和安全性。异常处理不应用来控制程序的正常流程，其主要作用是捕获程序在运行时发生的异常并进行相应的处理。编写代码时处理某个方法可能出现的异常，可遵循以下几条原则。

- 在当前方法声明中使用 try…catch 语句捕获异常。
- 一个方法被覆盖时，覆盖它的方法必须抛出相同的异常或异常的子类。
- 如果父类抛出多个异常，则覆盖方法必须抛出那些异常的一个子集，不能抛出新异常。

10.4 综合实例——向 LogCat 视图中输出程序 Info 日志

本实例要求在屏幕中添加一个“用户登录”按钮，单击该按钮，向 LogCat 视图中输出用户的登录时间，效果如图 10-12 所示。

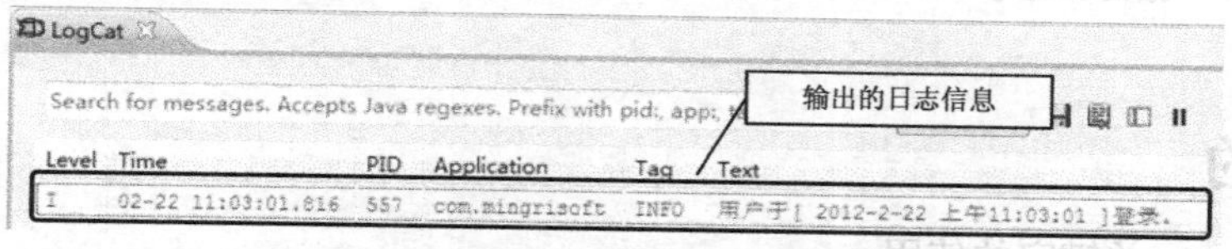

图 10-12 向 LogCat 视图中输出用户登录时间

本实例主要用到了 Log.i 方法，代码如下。

```
Button btnButton = (Button) findViewById(R.id.button1);                    // 获取 Button 组件
btnButton.setOnClickListener(new OnClickListener() {                       // 设置监听事件
    @Override
    public void onClick(View v) {
        // 输出程序 Info 日志信息
        Log.i("INFO", "用户于[ "+new Date().toLocaleString()+" ]登录。");
    }
});
```

知识点提炼

（1）Log.d 方法用来输出 DEBUG 故障日志信息。

（2）Log.e 方法用来输出 ERROR 错误日志信息。

（3）Log.i 方法用来输出 INFO 程序日志信息。

（4）Log.v 方法用来输出 VERBOSE 冗余日志信息。

（5）Log.w 方法用来输出 WARN 警告日志信息。

（6）设置断点是程序调试中必不可少的有效手段，Java 调试器每次遇到程序断点时都会将当前线程挂起，即暂停当前程序的运行。

（7）单步跳过：在“调试”视图的工具栏中单击按钮或按 F6 键，将执行单步跳过操作，即运行单独的一行程序代码，但是不进入调用方法的内部，然后跳到下一个可执行点并暂挂线程。

（8）单步跳入：在“调试”视图的工具栏中单击按钮或按 F5 键，执行该操作将跳入调用方法或对象的内部单步执行程序并暂挂线程。

（9）Android 程序中的异常捕获结构与 Java 类似，都由 try、catch 和 finally 3 部分组成。

习　题

10-1　在 Android 程序中输出故障日志信息需要用到什么方法？

10-2　Log.v 方法用来输出什么信息？

10-3　简单描述设置断点的作用。

10-4　throws 关键字和 throw 关键字有什么区别？

10-5　简述异常处理的使用原则。

实验：使用 throw 关键字在方法中抛出异常

实验目的

（1）掌握 throw 关键字的使用。

（2）了解 UnsupportedOperationException 异常。

实验内容

项目开发通常是自上而下进行的，在完成项目的整体设计后，需要对每个接口和类进行编写。如果一个类使用了其他类还没有实现的方法，则可以在实现其他类方法时让其抛出 UnsupportedOperationException 异常，以便在以后进行修改。

实验步骤

本实验主要使用 throw 关键字实现在方法中抛出 UnsupportedOperationException 异常，代码如下。

```
public class MainActivity extends Activity {
    @Override
    public void onCreate(Bundle savedInstanceState) {
        super.onCreate(savedInstanceState);
        setContentView(R.layout.main);
        throwException();                              // 调用抛出异常的方法
    }
    public static void throwException() {
          throw new UnsupportedOperationException("方法尚未实现"); // 抛出异常
    }
}
```

程序运行效果如图 10-13 所示。

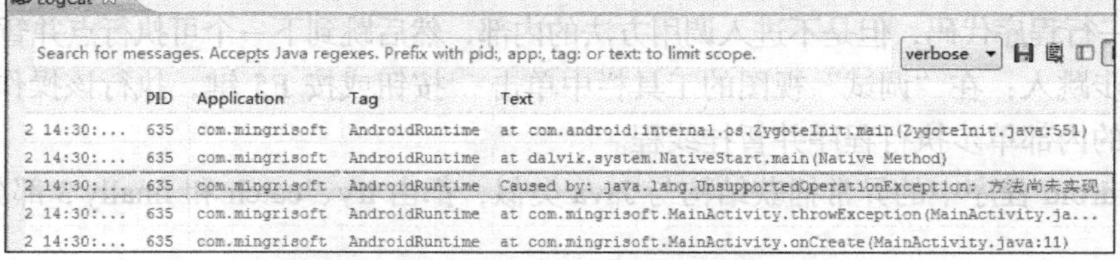

图 10-13　使用 throw 关键字在方法中抛出异常

第11章 图像与动画处理技术

本章要点：

- Android 中常用的绘图类
- 在 Android 中绘制 2D 图像
- 为图像添加特效
- 逐帧动画的实现
- 补间动画的实现

图像与动画处理技术在 Android 中非常重要，特别是在开发益智类游戏或者 2D 游戏时，都离不开图形与动画处理技术的支持。本章对 Android 中的图像与动画处理技术进行详细介绍。

11.1 常用绘图类

在 Android 中绘制图像时，最常用的是 Paint 类、Canvas 类、Bitmap 类和 BitmapFactory 类。其中，Paint 类代表画笔，Canvas 类代表画布。在现实生活中，有画笔和画布我们就可以正常作画了，在 Android 中也是如此，通过 Paint 类和 Canvas 类就可绘制图像了。下面对这 4 个类进行详细介绍。

11.1.1 Paint 类

Paint 类代表画笔，用来描述图形的颜色和风格，如线宽、颜色、透明度和填充效果等信息。使用 Paint 类时，需要先创建该类的对象，这可以通过该类提供的构造方法来实现。通常情况下，只需要使用 Paint()方法来创建一个使用默认设置的 Paint 对象。具体代码如下：

```
Paint paint=new Paint();
```

创建 Paint 类的对象后，还可以通过该对象提供的方法来对画笔的默认设置进行改变，例如，改变画笔的颜色、笔触宽度等。用于改变画笔设置的常用方法如表 11-1 所示。

例如，要定义一个画笔，指定该画笔的颜色为绿色并带一个浅灰色的阴影，可以使用下面的代码。

```
Paint paint=new Paint();
paint.setColor(Color. RED);
paint.setShadowLayer(2, 3, 3, Color.rgb(180, 180, 180));
```

表 11-1　　Paint 类的常用方法

方　法	描　述
setARGB(int a, int r, int g, int b)	用于设置颜色，各参数值均为 0~255 之间的整数，分别用于表示透明度、红色、绿色和蓝色值
setColor(int color)	用于设置颜色，参数 color 可以通过 Color 类提供的颜色常量指定，也可以通过 Color.rgb(int red,int green,int blue)方法指定
setAlpha(int a)	用于设置透明度，值为 0~255 之间的整数
setAntiAlias(boolean aa)	用于指定是否使用抗锯齿功能，如果使用会使绘图速度变慢
setDither(boolean dither)	用于指定是否使用图像抖动处理，如果使用会使图像颜色更加平滑和饱满，且更加清晰
setPathEffect(PathEffect effect)	用于设置绘制路径时的路径效果，例如点画线
setShader(Shader shader)	用于设置渐变，可以使用 LinearGradient（线性渐变）、RadialGradient（径向渐变）或者 SweepGradient（角度渐变）
setShadowLayer(float radius, float dx, float dy, int color)	用于设置阴影，参数 radius 为阴影的角度，dx 和 dy 为阴影在 x 轴和 y 轴上的距离，color 为阴影的颜色。如果参数 radius 的值为 0，那么将没有阴影
setStrokeCap(Paint.Cap cap)	用于当画笔的填充样式为 STROKE 或 FILL_AND_STROKE 时，设置笔刷的图形样式，参数值可以是 Cap.BUTT、Cap.ROUND 或 Cap.SQUARE，主要体现在线的端点上
setStrokeJoin(Paint.Join join)	用于设置画笔转弯处的连接风格，参数值为 Join.BEVEL、Join.MITER 或 Join.ROUND
setStrokeWidth(float width)	用于设置笔触的宽度
setStyle(Paint.Style style)	用于设置填充风格，参数值为 Style.FILL、Style.FILL_AND_STROKE 或 Style.STROKE
setTextAlign(Paint.Align align)	用于设置绘制文本时文字的对齐方式，参数值为 Align.CENTER、Align.LEFT 或 Align.RIGHT
setTextSize(float textSize)	用于设置绘制文本时文字的大小
setFakeBoldText(boolean fakeBoldText)	用于设置是否为粗体文字
setXfermode(Xfermode xfermode)	用于设置图形重叠时的处理方式，例如合并、取交集或并集，经常用来制作橡皮的擦除效果

应用该画笔，在画布上绘制一个带阴影的矩形效果，如图 11-1 所示。

图 11-1　绘制带阴影的矩形

【例 11-1】 分别定义一个线性渐变、径向渐变和角度渐变的画笔，并应用这“3 只画笔”绘制 3 个矩形。（实例位置：光盘\MR\源码\第 11 章\11-1）

关键代码如下：

```
Paint paint=new Paint();                                // 定义一个默认的画笔
```

```
// 线性渐变
Shader shader=new LinearGradient(0, 0, 50, 50, Color.RED, Color.GREEN, Shader.
TileMode.MIRROR);
paint.setShader(shader);                              // 为画笔设置渐变器
canvas.drawRect(10, 70, 100, 150, paint);             // 绘制矩形
// 径向渐变
shader=new RadialGradient(160, 110, 50, Color.RED, Color.GREEN, Shader.TileMode.
MIRROR);
paint.setShader(shader);                              // 为画笔设置渐变器
canvas.drawRect(115,70,205,150, paint);               // 绘制矩形
// 角度渐变
shader=new SweepGradient(265,110,new int[]{Color.RED,Color.GREEN,Color.BLUE},null);
paint.setShader(shader);                              // 为画笔设置渐变器
canvas.drawRect(220, 70, 310, 150, paint);            // 绘制矩形
```

运行本实例，将显示如图 11-2 所示的运行结果。

图 11-2　绘制以渐变色填充的矩形

11.1.2　Canvas 类

Canvas 类代表画布，通过该类提供的方法，我们可以绘制各种图形（例如，矩形、圆形和线条等）。通常情况下，要在 Android 中绘图，首先需要创建一个继承自 View 类的视图，并且在该类中重写它的 onDraw(Canvas canvas)方法，然后在显示绘图的 Activity 中添加该视图。下面将通过一个具体的实例来说明如何创建用于绘图的画布。

【例 11-2】 在 Eclipse 中创建 Android 项目，实现创建绘图画布功能。（实例位置：光盘\MR\源码\第 11 章\11-2）

（1）创建一个名称为 DrawView 的类，该类继承自 android.view.View 类，并添加构造方法和重写 onDraw(Canvas canvas)方法。关键代码如下：

```
public class DrawView extends View {
    /**
     * 功能：构造方法
     */
    public DrawView(Context context, AttributeSet attrs) {
        super(context, attrs);
    }
    /*
     * 功能：重写 onDraw()方法
     */
    @Override
    protected void onDraw(Canvas canvas) {
        super.onDraw(canvas);
    }
}
```

上面加粗的代码为重写 onDraw()方法的代码。在重写的 onDraw()方法中，可以编写绘图代码，参数 canvas 就是我们要进行绘图的画布。

（2）修改新建项目的 res/layout 目录下的布局文件 main.xml，将默认添加的线性布局管理器和 TextView 组件删除，然后添加一个帧布局管理器，并在帧布局管理器中添加步骤（1）创建的自定义视图。修改后的代码如下：

```
<?xml version="1.0" encoding="utf-8"?>
<FrameLayout xmlns:android="http://schemas.android.com/apk/res/android"
    android:layout_width="fill_parent"
    android:layout_height="fill_parent"
    android:orientation="vertical" >
    <com.mingrisoft.DrawView
        android:id="@+id/drawView1"
        android:layout_width="wrap_content"
        android:layout_height="wrap_content" />
</FrameLayout>
```

（3）在 DrawView 的 onDraw()方法中，添加以下代码，用于绘制一个带阴影的红色矩形。

```
Paint paint=new Paint();                                 // 定义一个采用默认设置的画笔
paint.setColor(Color.RED);                               // 设置颜色为红色
paint.setShadowLayer(2, 3, 3, Color.rgb(180, 180, 180)); // 设置阴影
canvas.drawRect(40, 40, 200, 100, paint);                // 绘制矩形
```

运行本实例，将显示如图 11-3 所示的运行结果。

图 11-3　创建绘图画布并绘制带阴影的矩形

11.1.3 Bitmap 类

Bitmap 类代表位图，它是 Android 系统中图像处理最重要的类之一，使用它不仅可以获取图像文件信息，进行图像剪切、旋转、缩放等操作，还可以以指定格式保存图像文件。Bitmap 类提供的常用方法如表 11-2 所示。

表 11-2　Bitmap 类的常用方法

方　法	描　述
compress(Bitmap.CompressFormat format, int quality, OutputStream stream)	用于将 Bitmap 对象压缩为指定格式并保存到指定的文件输出流中，其中，format 参数值可以是 Bitmap.CompressFormat.PNG、Bitmap.CompressFormat.JPEG 和 Bitmap.CompressFormat.WEBP
createBitmap(Bitmap source, int x, int y, int width, int height, Matrix m, boolean filter)	用于从源位图的指定坐标点开始，“挖取”指定宽度和高度的一块图像来创建新的 Bitmap 对象，并按 Matrix 指定规则进行变换

续表

方　法	描　述
createBitmap(int width, int height, Bitmap.Config config)	用于创建一个指定宽度和高度的新 Bitmap 对象
createBitmap(Bitmap source, int x, int y, int width, int height)	用于从源位图的指定坐标点开始，“挖取”指定宽度和高度的一块图像来创建新的 Bitmap 对象
createBitmap(int[] colors, int width, int height, Bitmap.Config config)	使用颜色数组创建一个指定宽度和高度的新 Bitmap 对象，其中，数组元素的个数为 width*height
createBitmap(Bitmap src)	用于使用源位图创建一个新的 Bitmap 对象
createScaledBitmap(Bitmap src, int dstWidth, int dstHeight, boolean filter)	用于将源位图缩放为指定宽度和高度的新 Bitmap 对象
isRecycled()	用于判断 Bitmap 对象是否被回收
recycle()	强制回收 Bitmap 对象

说明

表 11-2 中给出的方法不包括对图像进行缩放和旋转的方法，关于如何使用 Bitmap 类对图像进行缩放和旋转将在 11.3 节进行介绍。

例如，创建一个包括 4 个像素（每个像素对应一种颜色）的 Bitmap 对象的代码如下：

```
Bitmap bitmap=Bitmap.createBitmap(new int[]{Color.RED,Color.GREEN,Color.BLUE,Color.
MAGENTA}, 4, 1, Config.RGB_565);
```

11.1.4　BitmapFactory 类

在 Android 中，还提供了一个 BitmapFactory 类，该类为一个工具类，用于从不同的数据源来解析、创建 Bitmap 对象。BitmapFactory 类提供的创建 Bitmap 对象的常用方法如表 11-3 所示。

表 11-3　BitmapFactory 类的常用方法

方　法	描　述
decodeFile(String pathName)	用于从给定的路径所指定的文件中解析、创建 Bitmap 对象
decodeFileDescriptor(FileDescriptor fd)	用于从 FileDescriptor 对应的文件中解析、创建 Bitmap 对象
decodeResource(Resources res, int id)	用于根据给定的资源 ID 从指定的资源中解析、创建 Bitmap 对象
decodeStream(InputStream is)	用于从指定的输入流中解析、创建 Bitmap 对象

例如，要解析 SD 卡上的图片文件 img01.jpg，并创建对应的 Bitmap 对象，可以使用下面的代码。

```
String path="/sdcard/pictures/bccd/img01.jpg";
Bitmap bm=BitmapFactory.decodeFile(path);
```

要解析 Drawable 资源中保存的图片文件 img02.jpg，并创建对应的 Bitmap 对象，可以使用下面的代码。

```
Bitmap bm=BitmapFactory.decodeResource(MainActivity.this.getResources(), R.drawable.
img02);
```

11.2 绘制 2D 图像

在 Android 中，提供了非常强大的本机二维图形库，用于绘制 2D 图像。在 Android 应用中，比较常用的是绘制几何图形、绘制文本、路径和图片等。下面分别进行介绍。

11.2.1 绘制几何图形

比较常见的几何图形包括点、线、弧、圆形、矩形等。在 Android 中，Canvas 类提供了丰富的绘制几何图形的方法，通过这些方法可以绘制出各种几何图形。常用的绘制几何图形的方法如表 11-4 所示。

表 11-4　Canvas 类提供的绘制几何图形的方法

方法	描述	举例	绘图效果
drawArc(RectF oval, float startAngle, float sweepAngle, boolean useCenter, Paint paint)	绘制弧	RectF rectf=new RectF(10, 20, 100, 110); canvas.drawArc(rectf, 0, 60, true, paint);	
		RectF rectf1=new RectF(10, 20, 100, 110); canvas.drawArc(rectf1, 0, 60, false, paint);	
drawCircle(float cx, float cy, float radius, Paint paint)	绘制圆形	paint.setStyle(Style.STROKE); canvas.drawCircle(50, 50, 15, paint);	
drawLine(float startX, float startY, float stopX, float stopY, Paint paint)	绘制一条线	canvas.drawLine(100, 10, 150, 10, paint);	
drawLines(float[] pts, Paint paint)	绘制多条线	canvas.drawLines(new float[]{10,10, 30, 10, 30,10, 15,30, 15,30, 10,10}, paint);	
drawOval(RectF oval, Paint paint)	绘制椭圆	RectF rectf=new RectF(40, 20, 80, 40); canvas.drawOval(rectf,paint);	
drawPoint(float x, float y, Paint paint)	绘制一个点	canvas.drawPoint(10, 10, paint);	
drawPoints(float[] pts, Paint paint)	绘制多个点	canvas.drawPoints(new float[]{10,10, 15,10, 20,15, 25,10, 30,10}, paint);	
drawRect(float left, float top, float right, float bottom, Paint paint)	绘制矩形	canvas.drawRect(10, 10, 40, 30, paint);	
drawRoundRect(RectF rect, float rx, float ry, Paint paint)	绘制圆角矩形	RectF rectf=new RectF(40, 20, 80, 40); canvas.drawRoundRect(rectf, 6, 6, paint);	

```
Paint paint=new Paint();                 // 创建一个采用默认设置的画笔
paint.setAntiAlias(true);                // 使用抗锯齿功能
paint.setColor(Color.RED);               // 设置颜色为红色
paint.setStrokeWidth(2);                 // 笔触的宽度为 2 像素
paint.setStyle(Style.STROKE);            // 填充样式为描边
```

【例 11-3】 在 Eclipse 中创建 Android 项目，实现绘制 5 个不同颜色的圆形组成的图案。（实例位置：光盘\MR\源码\第 11 章\11-3）

（1）修改新建项目的 res/layout 目录下的布局文件 main.xml，将默认添加的线性布局管理器和 TextView 组件删除，然后添加一个帧布局管理器，用于显示自定义的绘图类。修改后的代码如下。

```
<?xml version="1.0" encoding="utf-8"?>
<FrameLayout xmlns:android="http://schemas.android.com/apk/res/android"
```

```
    android:id="@+id/frameLayout1"
    android:layout_width="fill_parent"
    android:layout_height="fill_parent"
    android:orientation="vertical" >
</FrameLayout>
```

（2）打开默认创建的 MainActivity，在该文件中，创建一个名称为“MyView”的内部类，该类继承自 android.view.View 类，并添加构造方法和重写 onDraw(Canvas canvas)方法。关键代码如下。

```
public class MyView extends View{
        public MyView(Context context) {
            super(context);
        }
        @Override
        protected void onDraw(Canvas canvas) {
            super.onDraw(canvas);
        }
    }
```

（3）在 MainActivity 的 onCreate()方法中，获取布局文件中添加的帧布局管理器，并将步骤（2）中创建的 MyView 视图添加到该帧布局管理器中。关键代码如下。

```
//获取布局文件中添加的帧布局管理器
FrameLayout ll=(FrameLayout)findViewById(R.id.frameLayout1);
ll.addView(new MyView(this));                    // 将自定义的MyView视图添加到帧布局管理器中
```

（4）在 DrawView 的 onDraw()方法中，首先指定画布的背景色，然后创建一个采用默认设置的画笔，并设置该画笔使用抗锯齿功能以及笔触的宽度，再设置填充样式为描边，最后设置画笔颜色并绘制圆形。具体代码如下。

```
canvas.drawColor(Color.WHITE);                   // 指定画布的背景色为白色
Paint paint=new Paint();                         // 创建采用默认设置的画笔
paint.setAntiAlias(true);                        // 使用抗锯齿功能
paint.setStrokeWidth(3);                         // 设置笔触的宽度
paint.setStyle(Style.STROKE);                    // 设置填充样式为描边
paint.setColor(Color.BLUE);
canvas.drawCircle(50, 50, 30, paint);            // 绘制蓝色的圆形
paint.setColor(Color.YELLOW);
canvas.drawCircle(100, 50, 30, paint);           // 绘制黄色的圆形
paint.setColor(Color.BLACK);
canvas.drawCircle(150, 50, 30, paint);           // 绘制黑色的圆形
paint.setColor(Color.GREEN);
canvas.drawCircle(75, 90, 30, paint);            // 绘制绿色的圆形
paint.setColor(Color.RED);
canvas.drawCircle(125, 90, 30, paint);           // 绘制红色的圆形
```

运行本实例，将显示如图 11-4 所示的运行结果。

图 11-4　绘制 5 个不同颜色的圆形

11.2.2 绘制文本

在 Android 中，虽然可以通过 TextView 或是图片显示文本，但是在开发游戏时，特别是开发 RPG（角色）类游戏时，会包含很多文字，使用 TextView 和图片显示文本不太合适，这时就需要通过绘制文本的方式来实现。Canvas 类提供了一系列绘制文本的方法，下面分别进行介绍。

1. drawText()方法

drawText()方法用于在画布的指定位置绘制文字。该方法比较常用的语法格式如下：

```
drawText(String text, float x, float y, Paint paint)
```

在该语法中，参数 text 用于指定要绘制的文字；x 用于指定文字起始位置的 x 轴坐标；y 用于指定文字起始位置的 y 轴坐标；paint 用于指定使用的画笔。

例如，要在画布上输出文字“明日科技”，可以使用下面的代码。

```
Paint paintText=new Paint();
paintText.setTextSize(20);
canvas.drawText("明日科技", 165,65, paintText);
```

2. drawPosText()方法

drawPosText()方法也用于在画布上绘制文字，与 drawText()方法不同的是，使用该方法绘制字符串时，需要为每个字符指定一个位置。该方法比较常用的语法格式如下。

```
drawPosText(String text, float[] pos, Paint paint)
```

在该语法中，参数 text 用于指定要绘制的文字；post 用于指定每一个字符的位置；paint 用于指定要使用的画笔。

例如，要在画布上分两行输出文字“”，可以使用下面的代码。

```
Paint paintText=new Paint();
paintText.setTextSize(24);
float[] pos= new float[]{80,215, 105,215, 130,215,80,240, 105,240, 130,240};
canvas.drawPosText("很高兴见到你", pos, paintText);
```

【例 11-4】 在 Eclipse 中创建 Android 项目，实现绘制一个游戏对白界面。（实例位置：光盘\MR\源码\第 11 章\11-4）

（1）修改新建项目的 res/layout 目录下的布局文件 main.xml，将默认添加的线性布局管理器和 TextView 组件删除，然后添加一个帧布局管理器，并为其设置背景，用于显示自定义的绘图类。修改后的代码如下。

```
<FrameLayout xmlns:android="http://schemas.android.com/apk/res/android"
    android:id="@+id/frameLayout1"
    android:layout_width="fill_parent"
    android:layout_height="fill_parent"
    android:background="@drawable/background"
    android:orientation="vertical" >
</FrameLayout>
```

（2）打开默认创建的 MainActivity，在该文件中，创建一个名称为“MyView”的内部类，该类继承自 android.view.View 类，并添加构造方法和重写 onDraw(Canvas canvas)方法。关键代码如下。

```
public class MyView extends View{
        public MyView(Context context) {
            super(context);
        }
        @Override
        protected void onDraw(Canvas canvas) {
```

```
            super.onDraw(canvas);
        }
    }
```

（3）在 MainActivity 的 onCreate()方法中，获取布局文件中添加的帧布局管理器，并将步骤（2）中创建的 MyView 视图添加到该帧布局管理器中。关键代码如下。

```
FrameLayout ll=(FrameLayout)findViewById(R.id.frameLayout1);
ll.addView(new MyView(this));                // 将自定义的“MyView”视图添加到帧布局管理器中
```

（4）在 MyView 的 onDraw()方法中，首先创建一个采用默认设置的画笔，然后设置画笔颜色，以及对齐方式、文字大小和使用抗锯齿功能。再通过 drawText()方法绘制一段文字。最后通过 drawPosText()方法绘制文字。具体代码如下。

```
Paint paintText=new Paint();                                  // 创建一个采用默认设置的画笔
paintText.setColor(0xFFFF6600);                               // 设置画笔颜色
paintText.setTextAlign(Align.LEFT);                           // 设置文字左对齐
paintText.setTextSize(24);                                    // 设置文字大小
paintText.setAntiAlias(true);                                 // 使用抗锯齿功能
canvas.drawText("不，我不想去！", 520,75, paintText);          // 通过 drawText()方法绘制文字
//定义代表文字位置的数组
float[] pos= new float[]{400,260, 425,260, 450,260, 475,260,
        363,290, 388,290, 413,290, 438,290, 463,290, 488,290, 513,290};
canvas.drawPosText("你想和我一起去探险吗？", pos, paintText);   // 绘制文字
```

运行本实例，将显示如图 11-5 所示的运行结果。

图 11-5　在画布上绘制文字

运行本实例时，需要将 Android 模拟器（AVD）修改为 WSVGA 模式。

11.2.3　绘制路径

在 Android 中提供了绘制路径的功能。绘制一条路径可以分为创建路径和绘制定义好的路径两部分，下面分别进行介绍。

1．创建路径

要创建路径可以使用 android.graphics.Path 类来实现。Path 类包含一组矢量绘图方法，例如，绘制圆、矩形、弧、线条等。常用的绘图方法如表 11-5 所示。

表 11-5 Path 类的常用方法

方　法	描　述
addArc(RectF oval, float startAngle, float sweepAngle)	添加弧形路径
addCircle(float x, float y, float radius, Path.Direction dir)	添加圆形路径
addOval(RectF oval, Path.Direction dir)	添加椭圆形路径
addRect(RectF rect, Path.Direction dir)	添加矩形路径
addRoundRect(RectF rect, float rx, float ry, Path.Direction dir)	添加圆角矩形路径
moveTo(float x, float y)	设置开始绘制直线的起始点
lineTo(float x, float y)	在 moveTo()方法设置的起始点与该方法指定的结束点之间画一条直线，如果在调用该方法之前没使用 moveTo()方法设置起始点，那么将从（0,0）点开始绘制直线
quadTo(float x1, float y1, float x2, float y2)	用于根据指定的参数绘制一条线段轨迹
close()	闭合路径

在使用 addCircle()、addOval()、addRect()和 addRoundRect()方法时，需要指定 Path.Direction 类型的常量，可选值为 Path.Direction.CW（顺时针）和 Path.Direction.CCW（逆时针）。

例如，要创建一个顺时针旋转的圆形路径，可以使用下面的代码。

```
Path path=new Path();                              // 创建并实例化一个 path 对象
path.addCircle(150, 200, 60, Path.Direction.CW);   // 在 path 对象中添加一个圆形路径
```

2. 将定义好的路径绘制在画布上

使用 Canvas 类提供的 drawPath()方法可以将定义好的路径绘制在画布上。

在 Android 的 Canvas 类中，还提供了另一个应用路径的方法 drawTextOnPath()，也就是沿着指定的路径绘制字符串。使用该方法可绘制环型文字。

【例 11-5】 在 Eclipse 中创建 Android 项目，实现在屏幕上绘制圆形路径、折线路径、三角形路径，以及绕路径的环形文字。（实例位置：光盘\MR\源码\第 11 章\11-5）

（1）修改新建项目的 res/layout 目录下的布局文件 main.xml，将默认添加的线性布局管理器和 TextView 组件删除，然后添加一个帧布局管理器，用于显示自定义的绘图类。

（2）打开默认创建的 MainActivity，在该文件中，首先创建一个名称为“MyView”的内部类，该类继承自 android.view.View 类，并添加构造方法和重写 onDraw(Canvas canvas)方法。然后在 onCreate()方法中，获取布局文件中添加的帧布局管理器，并将 MyView 视图添加到该帧布局管理器中。

（3）在 MyView 的 onDraw()方法中，首先创建一个画笔，并设置画笔的相关属性，然后创建并绘制一个圆形路径、折线路径和三角形路径，最后再绘制绕路径的环形文字。具体代码如下。

```
Paint paint=new Paint();                 // 创建一个画笔
paint.setAntiAlias(true);                // 设置使用抗锯齿功能
paint.setColor(0xFFFF6600);              // 设置画笔颜色
paint.setTextSize(18);                   // 设置文字大小
```

```
paint.setStyle(Style.STROKE);                          // 设置填充方式为描边
// 绘制圆形路径
Path pathCircle=new Path();                            // 创建并实例化一个 Path 对象
pathCircle.addCircle(70, 70, 40, Path.Direction.CCW);  // 添加逆时针的圆形路径
canvas.drawPath(pathCircle, paint);                    // 绘制路径
// 绘制折线路径
Path pathLine=new Path();                              // 创建并实例化一个 Path 对象
pathLine.moveTo(150, 100);                             // 设置起始点
pathLine.lineTo(200, 45);                              // 设置第 1 段直线的结束点
pathLine.lineTo(250, 100);                             // 设置第 2 段直线的结束点
pathLine.lineTo(300, 80);                              // 设置第 3 段直线的结束点
canvas.drawPath(pathLine, paint);                      // 绘制路径
// 绘制三角形路径
Path pathTr=new Path();                                // 创建并实例化一个 Path 对象
pathTr.moveTo(350,80);                                 // 设置起始点
pathTr.lineTo(400, 30);                  // 设置第 1 条边的结束点，也是第 2 条边的起始点
pathTr.lineTo(450, 80);                  // 设置第 2 条边的结束点，也是第 3 条边的起始点
pathTr.close();                                        // 闭合路径
canvas.drawPath(pathTr, paint);                        // 绘制路径
//绘制绕路径的环形文字
String str="风萧萧兮易水寒，壮士一去兮不复还";
Path path=new Path();                                  // 创建并实例化一个 Path 对象
path.addCircle(550, 100, 48, Path.Direction.CW);       // 添加顺时针的圆形路径
paint.setStyle(Style.FILL);                            // 设置画笔的填充方式
canvas.drawTextOnPath(str, path,0, -18, paint);        // 绘制绕路径文字
```

运行本实例，将显示如图 11-6 所示的运行结果。

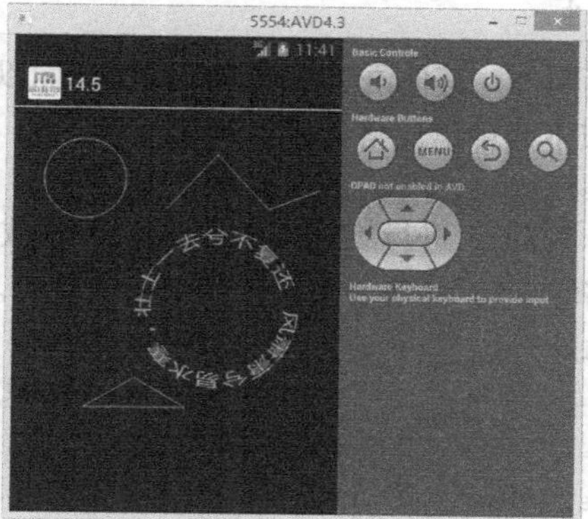

图 11-6　绘制路径及绕路径文字

11.2.4　绘制图片

在 Android 中，Canvas 类不仅可以绘制几何图形、文件和路径，还可用来绘制图片。要想使用 Canvas 类绘制图片，只需要使用 Canvas 类提供的如表 11-6 所示的方法来将 Bitmap 对象中保存的图片绘制到画布上即可。

表 11-6　　Canvas 类提供的绘制图片的常用方法

方　法	描　述
drawBitmap(Bitmap bitmap, Rect src, RectF dst, Paint paint)	用于从指定点绘制从源位图中“挖取”的一块
drawBitmap(Bitmap bitmap, float left, float top, Paint paint)	用于在指定点绘制位图
drawBitmap(Bitmap bitmap, Rect src, Rect dst, Paint paint)	用于从指定点绘制从源位图中“挖取”的一块

例如，从源位图上“挖取”从（0,0）点到（500,300）点的一块图像，然后绘制到画布的（50,50）点到（450,350）点所指区域，可以使用下面的代码。

```
Rect src=new Rect(0,0,500,300);                    // 设置挖取的区域
Rect dst=new Rect(50,50,450,350);                  // 设置绘制的区域
canvas.drawBitmap(bm, src, dst, paint);            // 绘制图片
```

11.3　为图像添加特效

在 Android 中，不仅可以绘制图形，还可以为图形添加特效。例如，对图形进行旋转、缩放、倾斜、扭曲和渲染等。下面分别介绍如何为图形添加这些特效。

11.3.1　旋转图像

使用 Android 提供的 android.graphics.Matrix 类的 setRotate()、postRotate()和 preRotate()方法，可以对图像进行旋转。

Android API 中提供了 3 种方式，即 setXXX()、postXXX()和 preXXX()方法。其中，setXXX()方法用于直接设置 Matrix 的值，每使用一次 setXXX()方法，整个 Matrix 都会变；postXXX()方法用于采用后乘的方式为 Matrix 设置值，可以连续多次使用 post 完成多个变换；preXXX()方法用于采用前乘的方式为 Matrix 设置值，使用 preXXX()方法设置的操作最先发生。

这 3 种方法除了方法名不同外，其他语法格式均相同，下面以 setRotate()方法为例来介绍其语法格式。setRotate()方法有以下两种语法格式。

```
setRotate(float degrees)
```

使用该语法格式可以控制 Matrix 进行旋转，float 类型的参数用于指定旋转的角度。例如，创建一个 Matrix 的对象，并将它旋转 30 度，可以使用下面的代码。

```
Matrix matrix=new Matrix();                    // 创建一个 Matrix 的对象
matrix.setRotate(30);                          // 将 Matrix 的对象旋转 30 度
```

另一种语法格式如下。

```
setRotate(float degrees, float px, float py)
```

使用该语法格式可以控制 Matrix 以参数 px 和 py 为轴心进行旋转，float 类型的参数用于指定旋转的角度。例如，创建一个 Matrix 的对象，并将它以（10,10）为轴心旋转 30 度，可以使用下面的代码。

```
Matrix matrix=new Matrix();                    // 创建一个 Matrix 的对象
matrix.setRotate(30,10,10);                    // 将 Matrix 的对象旋转 30 度
```

创建 Matrix 的对象，对其进行旋转后，还需要应用该 Matrix 对图像或组件进行控制。在 Canvas 类中提供了一个 drawBitmap(Bitmap bitmap, Matrix matrix, Paint paint)方法，可以在绘制图

像的同时应用 Matrix 上的变化。例如，将一个图像旋转 30 度后，再绘制到画布上，可以使用下面的代码。

```
Paint paint=new Paint();
Bitmap bitmap=BitmapFactory.decodeResource(MainActivity.this.getResources(), R.
drawable.rabbit);
Matrix matrix=new Matrix();
matrix.setRotate(30);
canvas.drawBitmap(bitmap, matrix, paint);
```

【例 11-6】 在 Eclipse 中创建 Android 项目，实现应用 Matrix 旋转图像。（实例位置：光盘\MR\源码\第 11 章\11-6）

（1）修改新建项目的 res/layout 目录下的布局文件 main.xml，将默认添加的线性布局管理器和 TextView 组件删除，然后添加一个帧布局管理器，用于显示自定义的绘图类。

（2）打开默认创建的 MainActivity，在该文件中，首先创建一个名称为“MyView”的内部类，该类继承自 android.view.View 类，并添加构造方法和重写 onDraw(Canvas canvas)方法，然后在 onCreate()方法中，获取布局文件中添加的帧布局管理器，并将 MyView 视图添加到该帧布局管理器中。

（3）在 MyView 的 onDraw()方法中，首先定义一个画笔，并绘制一张背景图像，然后在（0,0）点的位置绘制要旋转图像的原图，再绘制以（0,0）点为轴心旋转 30 度的图像，最后绘制以（87,87）点为轴心旋转 90 度的图像。具体代码如下：

```
Paint paint=new Paint();                                    // 定义一个画笔
Bitmap bitmap_bg=BitmapFactory.decodeResource(MainActivity.this.getResources(), R.
drawable.background);
canvas.drawBitmap(bitmap_bg, 0, 0, paint);                  // 绘制背景图像
Bitmap bitmap_rabbit=BitmapFactory.decodeResource(MainActivity.this.getResources(),
R.drawable.rabbit);
canvas.drawBitmap(bitmap_rabbit, 0, 0, paint);              // 绘制原图
// 应用 setRotate(float degrees)方法旋转图像
Matrix matrix=new Matrix();
matrix.setRotate(30);                                       // 以（0,0）点为轴心转换 30 度
canvas.drawBitmap(bitmap_rabbit, matrix, paint);            // 绘制图像并应用 Matrix 的变换
// 应用 setRotate(float degrees, float px, float py)方法旋转图像
Matrix m=new Matrix();
m.setRotate(90,87,87);                                      // 以（87,87）点为轴心转换 90 度
canvas.drawBitmap(bitmap_rabbit, m, paint);                 // 绘制图像并应用 Matrix 的变换
```

运行本实例，将显示如图 11-7 所示的运行结果。

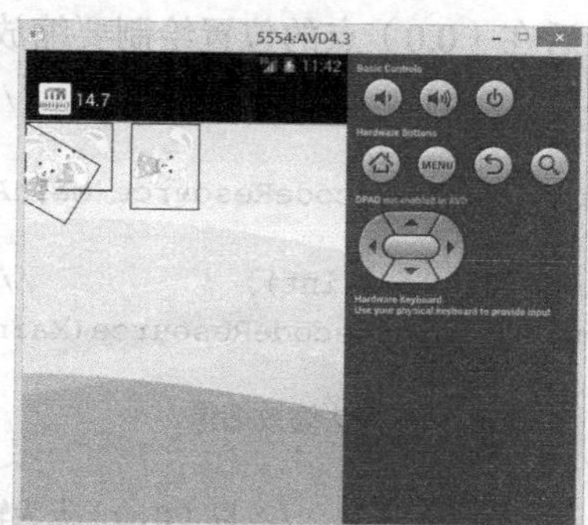

图 11-7　旋转图像

11.3.2 缩放图像

使用 Android 提供的 android.graphics.Matrix 类的 setScale()、postScale()和 preScale()方法，可对图像进行缩放。这 3 种方法除了方法名不同外，其他语法格式均相同。下面以 setScale()方法为例来介绍其语法格式。setScale()方法有以下两种语法格式。

```
setScale(float sx, float sy)
```

使用该语法格式可以控制 Matrix 进行缩放，参数 sx 和 sy 用于指定 X 轴和 Y 轴的缩放比例。例如，创建一个 Matrix 的对象，并将它在 X 轴上缩放 30%，在 Y 轴上缩放 20%，可以使用下面的代码。

```
Matrix matrix=new Matrix();                 // 创建一个 Matrix 的对象
matrix.setScale(0.3f, 0.2f);                // 缩放 Matrix 对象
```

另一种语法格式如下。

```
setScale(float sx, float sy, float px, float py)
```

使用该语法格式可以控制 Matrix 以参数 px 和 py 为轴心进行缩放，参数 sx 和 sy 用于指定 X 轴和 Y 轴的缩放比例。例如，创建一个 Matrix 的对象，并将它以（100,100）为轴心，在 X 轴和 Y 轴均缩放 30%，可以使用下面的代码。

```
Matrix matrix=new Matrix();                 // 创建一个 Matrix 的对象
matrix. setScale (30,30,100,100);           // 缩放 Matrix 对象
```

创建 Matrix 的对象，对其进行缩放后，还需要应用该 Matrix 对图像或组件进行控制。同旋转图像一样，也可应用 Canvas 类中提供的 drawBitmap(Bitmap bitmap, Matrix matrix, Paint paint)方法，在绘制图像的同时应用 Matrix 上的变化。下面通过一个具体的实例来说明如何对图像进行缩放。

【例 11-7】 在 Eclipse 中创建 Android 项目，实现应用 Matrix 缩放图像。（实例位置：光盘\MR\源码\第 11 章\11-7）

（1）修改新建项目的 res/layout 目录下的布局文件 main.xml，将默认添加的线性布局管理器和 TextView 组件删除，然后添加一个帧布局管理器，用于显示自定义的绘图类。

（2）打开默认创建的 MainActivity，在该文件中，首先创建一个名称为"MyView"的内部类，该类继承自 android.view.View 类，并添加构造方法和重写 onDraw(Canvas canvas)方法。然后在 onCreate()方法中，获取布局文件中添加的帧布局管理器，并将 MyView 视图添加到该帧布局管理器中。

（3）在 MyView 的 onDraw()方法中，首先定义一个画笔，并绘制一张背景图像，然后绘制以（0,0）点为轴心在 X 轴和 Y 轴上均缩放 200%的图像，再绘制以（156,156）点为轴心在 X 轴和 Y 轴上均缩放 80%的图像，最后在（0,0）点的位置绘制要缩放图像的原图。具体代码如下。

```
    Paint paint=new Paint();                                    // 定义一个画笔
    paint.setAntiAlias(true);
    Bitmap    bitmap_bg=BitmapFactory.decodeResource(MainActivity.this.getResources(),
R.drawable.background);
    canvas.drawBitmap(bitmap_bg, 0, 0, paint);                  // 绘制背景
    Bitmap bitmap_rabbit=BitmapFactory.decodeResource(MainActivity.this.getResources(),
R.drawable.rabbit);
    // 应用 setScale(float sx, float sy)方法缩放图像
    Matrix matrix=new Matrix();
    matrix.setScale(2f, 2f);                   // 以（0,0）点为轴心将图像在 X 轴和 Y 轴均缩放 200%
    canvas.drawBitmap(bitmap_rabbit, matrix, paint);     // 绘制图像并应用 matrix 的变换
```

```
// 应用 setScale(float sx, float sy, float px, float py) 方法缩放图像
Matrix m=new Matrix();
m.setScale(0.8f,0.8f,156,156);        // 以（156,156）点为轴心将图像在 X 轴和 Y 轴均缩放 80%
canvas.drawBitmap(bitmap_rabbit, m, paint);            // 绘制图像并应用 matrix 的变换
canvas.drawBitmap(bitmap_rabbit, 0, 0, paint);         // 绘制原图
```

运行本实例，将显示如图 11-8 所示的运行结果。

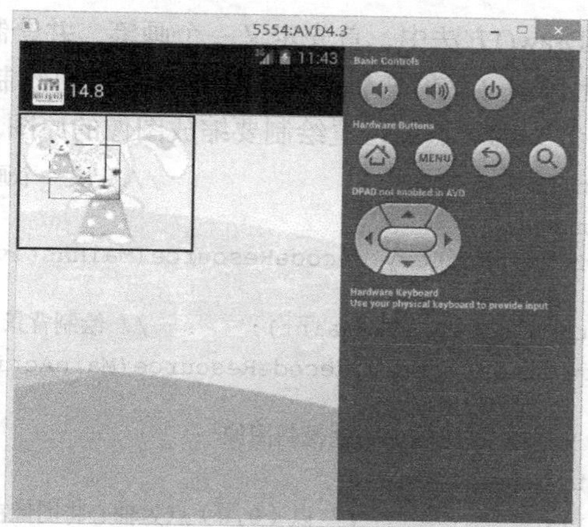

图 11-8　缩放图像

11.3.3　倾斜图像

使用 Android 提供的 android.graphics.Matrix 类的 setSkew()、postSkew()和 preSkew()方法，可对图像进行倾斜。这 3 种方法除了方法名不同外，其他语法格式均相同。下面以 setSkew()方法为例来介绍其语法格式。setSkew()方法有以下两种语法格式。

```
setSkew(float kx, float ky)
```

使用该语法格式可以控制 Matrix 进行倾斜，参数 kx 和 ky 用于指定 X 轴和 Y 轴的倾斜量。例如，创建一个 Matrix 的对象，并将它在 X 轴上倾斜 0.3，Y 轴上不倾斜，可以使用下面的代码。

```
Matrix matrix=new Matrix();                    // 创建一个 Matrix 的对象
matrix.setScale(0.3f, 0);                      // 倾斜 Matrix 对象
```

另一种语法格式如下。

```
setSkew(float kx, float ky, float px, float py)
```

使用该语法格式可以控制 Matrix 以参数 px 和 py 为轴心进行倾斜，参数 kx 和 ky 用于指定 X 轴和 Y 轴的倾斜量。例如，创建一个 Matrix 的对象，并将它以（100,100）为轴心，在 X 轴和 Y 轴均倾斜 0.1，可以使用下面的代码。

```
Matrix matrix=new Matrix();                    // 创建一个 Matrix 的对象
matrix. setScale (0.1f,0.1f,100,100);          // 缩放 Matrix 对象
```

创建 Matrix 的对象，对其进行倾斜后，还需要应用该 Matrix 对图像或组件进行控制。同旋转图像一样，也可应用 Canvas 类中提供的 drawBitmap(Bitmap bitmap, Matrix matrix, Paint paint)方法，在绘制图像的同时应用 Matrix 上的变化。下面通过一个具体的实例来说明如何对图像进行倾斜。

【例 11-8】在 Eclipse 中创建 Android 项目，实现应用 Matrix 倾斜图像。（实例位置：光盘\MR\源码\第 11 章\11-8）

（1）修改新建项目的 res/layout 目录下的布局文件 main.xml，将默认添加的线性布局管理器和 TextView 组件删除，然后添加一个帧布局管理器，用于显示自定义的绘图类。

（2）打开默认创建的 MainActivity，在该文件中，首先创建一个名称为“MyView”的内部类，该类继承自 android.view.View 类，并添加构造方法和重写 onDraw(Canvas canvas)方法，然后在 onCreate()方法中，获取布局文件中添加的帧布局管理器，并将 MyView 视图添加到该帧布局管理器中。

（3）在 MyView 的 onDraw()方法中，首先定义一个画笔，并绘制一张背景图像，然后绘制以（0,0）点为轴心在 X 轴上倾斜 2、在 Y 轴上倾斜 1 的图像，再绘制以（78,69）点为轴心在 X 轴上倾斜-0.5 的图像，最后在（0,0）点的位置绘制要缩放图像的原图。具体代码如下。

```
    Paint paint=new Paint();                              // 定义一个画笔
    paint.setAntiAlias(true);
    Bitmap    bitmap_bg=BitmapFactory.decodeResource(MainActivity.this.getResources(),
R.drawable.background);
    canvas.drawBitmap(bitmap_bg, 0, 0, paint);       // 绘制背景
    Bitmap bitmap_rabbit=BitmapFactory.decodeResource(MainActivity.this.getResources(),
R.drawable.rabbit);
    // 应用 setSkew(float kx, float ky)方法倾斜图像
    Matrix matrix=new Matrix();
    matrix.setSkew(2f, 1f);              // 以（0,0）点为轴心将图像在 X 轴上倾斜 2，在 Y 轴上倾斜 1
    canvas.drawBitmap(bitmap_rabbit, matrix, paint);// 绘制图像并应用 matrix 的变换
    // 应用 setSkew(float kx, float ky, float px, float py) 方法倾斜图像
    Matrix m=new Matrix();
    m.setSkew(-0.5f, 0f,78,69);          // 以（78,69）点为轴心将图像在 X 轴上倾斜-0.5
    canvas.drawBitmap(bitmap_rabbit, m, paint);     // 绘制图像并应用 matrix 的变换
    canvas.drawBitmap(bitmap_rabbit, 0, 0, paint); // 绘制原图
```

运行本实例，将显示如图 11-9 所示的运行结果。

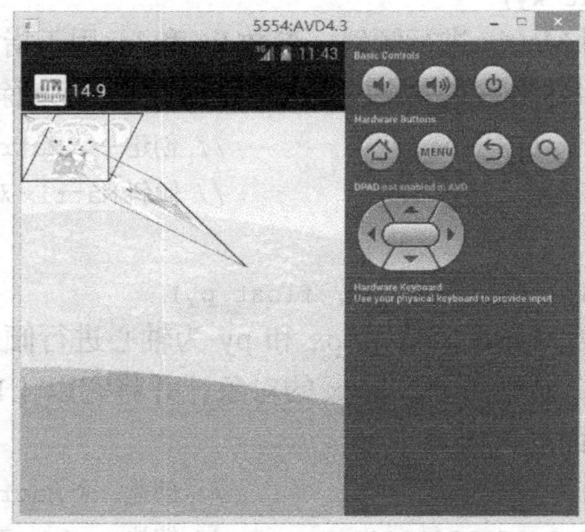

图 11-9　倾斜图像

11.3.4　平移图像

使用 Android 提供的 android.graphics.Matrix 类的 setTranslate()、postTranslate()和 preTranslate()方法，可对图像进行平移。这 3 种方法除了方法名不同外，其他语法格式均相同。下面以 setTranslate()方法为例来介绍其语法格式。setTranslate()方法的语法格式如下。

```
setTranslate (float dx, float dy)
```

在该语法中，参数 dx 和 dy 用于指定将 Matrix 移动到的位置的 X 和 Y 坐标。

例如，创建一个 Matrix 的对象，并将它平移到（100,100）的位置，可以使用下面的代码。

```
Matrix matrix=new Matrix();                    // 创建一个 Matrix 的对象
matrix.setTranslate(100,50);                   // 将 matrix 平移到（100,50）的位置
```

创建 Matrix 的对象，对其进行平移后，还需要应用该 Matrix 对图像或组件进行控制。同旋转图像一样，也可应用 Canvas 类中提供的 drawBitmap(Bitmap bitmap, Matrix matrix, Paint paint) 方法，在绘制图像的同时应用 Matrix 上的变化。下面通过一个具体的实例来说明如何对图像进行倾斜。

【例 11-9】 在 Eclipse 中创建 Android 项目，实现应用 Matrix 将图像旋转后再平移。（实例位置：光盘\MR\源码\第 11 章\11-9）

（1）修改新建项目的 res/layout 目录下的布局文件 main.xml，将默认添加的线性布局管理器和 TextView 组件删除，然后添加一个帧布局管理器，用于显示自定义的绘图类。

（2）打开默认创建的 MainActivity，在该文件中，首先创建一个名称为"MyView"的内部类，该类继承自 android.view.View 类，并添加构造方法和重写 onDraw(Canvas canvas)方法。然后在 onCreate()方法中，获取布局文件中添加的帧布局管理器，并将 MyView 视图添加到该帧布局管理器中。

（3）在 MyView 的 onDraw()方法中，首先定义一个画笔，并绘制一张背景图像，然后在（0,0）点的位置绘制要缩放图像的原图。再创建一个 Matrix 的对象，将其旋转 30 度后，再将其平移到指定位置，最后绘制应用 Matrix 变换的图像。具体代码如下。

```
Paint paint=new Paint();                          // 定义一个画笔
paint.setAntiAlias(true);                         // 使用抗锯齿功能
Bitmap    bitmap_bg=BitmapFactory.decodeResource(MainActivity.this.getResources(),
R.drawable.background);
canvas.drawBitmap(bitmap_bg, 0, 0, paint);        // 绘制背景
Bitmap bitmap_rabbit=BitmapFactory.decodeResource(MainActivity.this.getResources(),
R.drawable.rabbit);
canvas.drawBitmap(bitmap_rabbit, 0, 0, paint);    // 绘制原图
Matrix matrix=new Matrix();                       // 创建一个 Matrix 的对象
matrix.setRotate(30);                             // 将 matrix 旋转 30 度
matrix.postTranslate(100,50);                     // 将 matrix 平移到（100,50）的位置
canvas.drawBitmap(bitmap_rabbit, matrix, paint);  // 绘制图像并应用 matrix 的变换
```

运行本实例，将显示如图 11-10 所示的运行结果。

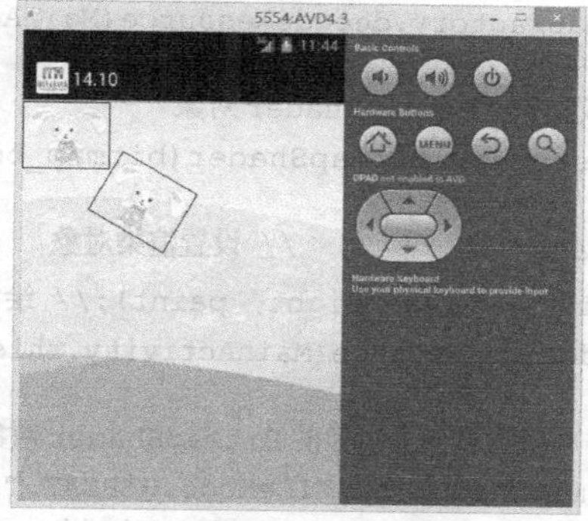

图 11-10　旋转并平移图像

11.3.5　使用 BitmapShader 渲染图像

Android 中提供的 BitmapShader 类主要用来渲染图像。如果需要将一张图片裁剪成椭圆或圆形等形状显示到屏幕上时，就可以使用 BitmapShader 类来实现。使用 BitmapShader 来渲染图像的基本步骤如下。

（1）创建 BitmapShader 类的对象，可以通过以下的构造方法进行创建。

```
BitmapShader(Bitmap bitmap, Shader.TileMode tileX, Shader.TileMode tileY)
```

其中的 bitmap 参数用于指定一个位图对象，通常是用来渲染的原图像；tileX 参数用于指定在水平方向上图像的重复方式；tileY 参数用于指定在垂直方向上图像的重复方式。例如，要创建一个在水平方向上重复、在垂直方向上镜像的 BitmapShader 对象，可以使用下面的代码。

```
BitmapShader bitmapshader= new BitmapShader(bitmap_bg,TileMode.REPEAT,TileMode.
MIRROR);
```

Shader.TileMode 类型的参数包括 CLAMP、MIRROR 和 REPEAT 这 3 个可选值，其中，CLAMP 为使用边界颜色来填充剩余的空间；MIRROR 为采用镜像方式；REPEAT 为采用重复方式。

（2）通过 Paint 的 setShader()方法来设置渲染对象。

（3）在绘制图像时，使用已经设置了 setShader()方法的画笔。

下面通过一个具体的实例来说明如何使用 BitmapShader 渲染图像。

【例 11-10】 在 Eclipse 中创建 Android 项目，应用 BitmapShader 实现平铺的画布背景和椭圆形的图片。（实例位置：光盘\MR\源码\第 11 章\11-10）

（1）修改新建项目的 res/layout 目录下的布局文件 main.xml，将默认添加的线性布局管理器和 TextView 组件删除，然后添加一个帧布局管理器，用于显示自定义的绘图类。

（2）打开默认创建的 MainActivity，在该文件中，首先创建一个名称为"MyView"的内部类，该类继承自 android.view.View 类，并添加构造方法和重写 onDraw(Canvas canvas)方法。然后在 onCreate()方法中，获取布局文件中添加的帧布局管理器，并将 MyView 视图添加到该帧布局管理器中。

（3）在 MyView 的 onDraw()方法中，首先定义一个画笔，并设置其使用抗锯齿功能，然后应用 BitmapShader 实现平铺的画布背景，这里使用的是一张机器人图片，接下来再绘制一张椭圆形的图片。具体代码如下。

```
Paint paint=new Paint();                                    // 定义一个画笔
paint.setAntiAlias(true);                                   // 使用抗锯齿功能
Bitmap    bitmap_bg=BitmapFactory.decodeResource(MainActivity.this.getResources(),
R.drawable.android);
// 创建一个在水平和垂直方向都重复的 BitmapShader 对象
BitmapShader bitmapshader= new BitmapShader(bitmap_bg,TileMode.REPEAT,TileMode.
REPEAT);
paint.setShader(bitmapshader);                              // 设置渲染对象
canvas.drawRect(0, 0, view_width, view_height, paint);// 绘制使用 BitmapShader 渲染的矩形
Bitmap bm=BitmapFactory.decodeResource(MainActivity.this.getResources(), R.drawable.
img02);
// 创建一个在水平方向上重复、在垂直方向上镜像的 BitmapShader 对象
BitmapShader bs= new BitmapShader(bm,TileMode.REPEAT,TileMode.MIRROR);
paint.setShader(bs);                                        // 设置渲染对象
```

```
RectF oval=new RectF(0,0,280,180);
canvas.translate(40, 20);                    // 将画面在X轴上平移40像素，在Y轴上平移20像素
canvas.drawOval(oval, paint);                // 绘制一个使用BitmapShader渲染的椭圆形
```

运行本实例，将显示如图 11-11 所示的运行结果。

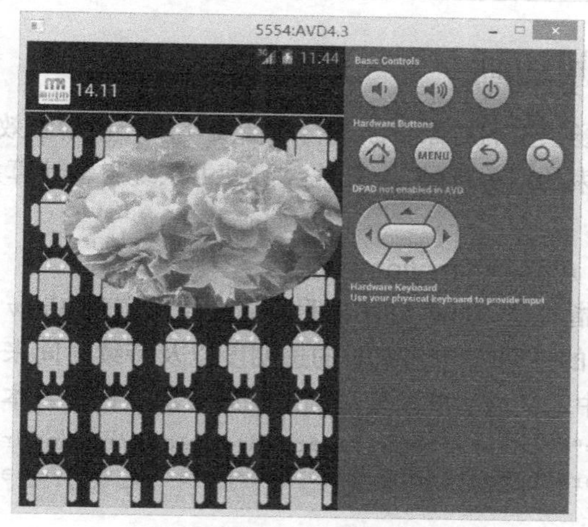

图 11-11　显示平铺背景和椭圆形的图片

11.4　Android 中的动画

在应用 Android 进行项目开发时，经常需要涉及动画，特别是在进行游戏开发时。Android 中的动画通常可以分为逐帧动画和补间动画两种。下面分别介绍如何实现这两种动画。

11.4.1　实现逐帧动画

逐帧动画就是顺序播放事先准备好的静态图像，利用人眼的“视觉暂留”原理，给用户造成动画的错觉。实现逐帧动画比较简单，只需要经过以下两个步骤即可实现。

（1）在 Android XML 资源文件中定义一组用于生成动画的图片资源。

要在 Android XML 资源文件中定义一组生成动画的图片资源，可以使用包含一系列<item></item>子标记的<animation-list></animation-list>标记来实现。具体语法格式如下。

```
<animation-list xmlns:android="http://schemas.android.com/apk/res/android"
android:oneshot="true|false">
    <item android:drawable="@drawable/图片资源名1" android:duration="integer" />
…       <!-- 省略了部分<item></item>标记 -->
    <item android:drawable="@drawable/图片资源名n" android:duration="integer" />
</animation-list>
```

在上面的语法中，android:oneshot 属性用于设置是否循环播放，默认值为 true，也就是循环播放；android:drawable 属性用于指定要显示的图片资源；android:duration 属性指定图片资源持续的时间。

（2）使用步骤（1）中定义的动画资源，通常情况下，可以将其作为组件的背景使用。例如，可以在布局文件中添加一个线性布局管理器，然后将该布局管理器的 android:background 属性设置为我们定义的动画资源，也可以将定义的动画资源作为 ImageView 的背景使用。

说明

Android 中还支持在 Java 代码中创建逐帧动画，具体的步骤是：首先创建 AnimationDrawable 对象，然后调用 addFrame()方法向动画中添加帧，每调用一次 addFrame()方法，将添加一个帧。

11.4.2 实现补间动画

补间动画就是通过对场景里的对象不断进行图像变化来产生动画效果。在实现补间动画时，只需要定义动画开始和结束的“关键帧”，其他过渡帧由系统自动计算并补齐。在 Android 中，提供了以下 4 种补间动画。

1. 透明度渐变动画（AlphaAnimation）

透明度渐变动画就是指通过 View 组件透明度的变化来实现 View 的渐隐渐显的效果。它主要通过为动画指定开始时的透明度和结束时的透明度以及持续时间来创建动画。同逐帧动画一样，也可以在 XML 文件中定义透明度渐变动画的动画资源文件。基本的语法格式如下。

```
<set xmlns:android="http://schemas.android.com/apk/res/android"
android:interpolator="@[package:]anim/interpolator_resource">
<alpha
    android:repeatMode="reverse|restart"
    android:repeatCount="次数|infinite"
    android:duration="Integer"
    android:fromAlpha="float"
    android:toAlpha="float" />
</set>
```

上面的语法中各属性的说明如表 11-7 和表 11-8 所示。

表 11-7　定义透明度渐变动画时常用的属性

属　性	描　述
android:interpolator	用于控制动画的变化速度，使得动画效果可以匀速、加速、减速或抛物线速度等各种速度变化，其属性值如表 11-8 所示
android:repeatMode	用于设置动画的重复方式，可选值为 reverse（反向）或 restart（重新开始）
android:repeatCount	用于设置动画的重复次数，属性可以是代表次数的数值，也可以是 infinite（无限循环）
android:duration	用于指定动画持续的时间，单位为毫秒
android:fromAlpha	用于指定动画开始时的透明度，值为 0.0 代表完全透明，值为 1.0 代表完全不透明
android:toAlpha	用于指定动画结束时的透明度，值为 0.0 代表完全透明，值为 1.0 代表完全不透明

表 11-8　android:interpolator 属性的常用属性值

属 性 值	描　述
@android:anim/linear_interpolator	动画一直在做匀速改变
@android:anim/accelerate_interpolator	动画在开始的地方改变较慢，然后开始加速
@android:anim/decelerate_interpolator	动画在开始的地方改变速度较快，然后开始减速
@android:anim/accelerate_decelerate_interpolator	动画在开始和结束的地方改变速度较慢，在中间的时候加速

续表

属 性 值	描 述
@android:anim/cycle_interpolator	动画循环播放特定的次数，变化速度按正弦曲线改变
@android:anim/bounce_interpolator	动画结束的地方采用弹球效果
@android:anim/anticipate_overshoot_interpolator	在动画开始的地方先向后退一小步，再开始动画，到结束的地方再超出一小步，最后回到动画结束的地方
@android:anim/overshoot_interpolator	动画快速到达终点，并超出一小步，最后回到动画结束的地方
@android:anim/anticipate_interpolator	在动画开始的地方先向后退一小步，再快速到达动画结束的地方

例如，定义一个让 View 组件从完全透明到完全不透明、持续时间为 2 秒钟的动画，可以使用下面的代码。

```
<set xmlns:android="http://schemas.android.com/apk/res/android">
    <alpha android:fromAlpha="0"
        android:toAlpha="1"
        android:duration="2000"/>
</set>
```

2. 旋转动画（RotateAnimation）

旋转动画就是通过为动画指定开始时的旋转角度、结束时的旋转角度以及持续时间来创建动画。在旋转时还可以通过指定轴心点坐标来改变旋转的中心。同透明度渐变动画一样，也可以在 XML 文件中定义旋转动画资源文件。基本的语法格式如下。

```
<set xmlns:android="http://schemas.android.com/apk/res/android"
android:interpolator="@[package:]anim/interpolator_resource">
<rotate
    android:fromDegrees="float"
    android:toDegrees="float"
    android:pivotX="float"
    android:pivotY="float"
      android:repeatMode="reverse|restart"
      android:repeatCount="次数|infinite"
      android:duration="Integer"/>
</set>
```

在上面的语法中，各属性说明如表 11-9 所示。

表 11-9 定义旋转动画时常用的属性

属 性	描 述
android:interpolator	用于控制动画的变化速度，使得动画效果可以匀速、加速、减速或抛物线速度等各种速度变化，其属性值如表 11-8 所示
android:fromDegrees	用于指定动画开始时旋转的角度
android:toDegrees	用于指定动画结束时旋转的角度
android:pivotX	用于指定轴心点 X 轴的坐标
android:pivotY	用于指定轴心点 Y 轴的坐标
android:repeatMode	用于设置动画的重复方式，可选值为 reverse（反向）或 restart（重新开始）
android:repeatCount	用于设置动画的重复次数，属性可以是代表次数的数值，也可以是 infinite（无限循环）
android:duration	用于指定动画持续的时间，单位为毫秒

例如，定义一个让图片从 0 度转到 360 度、持续时间为 2 秒、中心点在图片中心的动画，可以使用下面的代码。

```
<rotate
    android:fromDegrees="0"
    android:toDegrees="360"
    android:pivotX="50%"
    android:pivotY="50%"
    android:duration="2000">
</rotate>
```

3．缩放动画（ScaleAnimation）

缩放动画就是通过为动画指定开始时的缩放系数、结束时的缩放系数以及持续时间来创建动画。在缩放时还可以通过指定轴心点坐标来改变缩放的中心。同透明度渐变动画一样，也可以在 XML 文件中定义缩放动画资源文件。基本的语法格式如下。

```
<set xmlns:android="http://schemas.android.com/apk/res/android"
android:interpolator="@[package:]anim/interpolator_resource">
<scale
    android:fromXScale="float"
    android:toXScale="float"
    android:fromYScale="float"
    android:toYScale="float"
    android:pivotX="float"
    android:pivotY="float"
    android:repeatMode="reverse|restart"
    android:repeatCount="次数|infinite"
    android:duration="Integer"/>
</set>
```

在上面的语法中，各属性说明如表 11-10 所示。

表 11-10　　定义缩放动画时常用的属性

属　　性	描　　述
android:interpolator	用于控制动画的变化速度，使得动画效果可以匀速、加速、减速或抛物线速度等各种速度变化，其属性值如表 11-8 所示
android:fromXScale	用于指定动画开始时水平方向上的缩放系数，值为 1.0 表示不变化
android:toXScale	用于指定动画结束时水平方向上的缩放系数，值为 1.0 表示不变化
android:fromYScale	用于指定动画开始时垂直方向上的缩放系数，值为 1.0 表示不变化
android:toYScale	用于指定动画结束时水平方向上的缩放系数，值为 1.0 表示不变化
android:pivotX	用于指定轴心点 X 轴的坐标
android:pivotY	用于指定轴心点 Y 轴的坐标
android:repeatMode	用于设置动画的重复方式，可选值为 reverse（反向）或 restart（重新开始）
android:repeatCount	用于设置动画的重复次数，属性可以是代表次数的数值，也可以是 infinite（无限循环）
android:duration	用于指定动画持续的时间，单位为毫秒

例如，定义一个以图片的中心为轴心点、将图片放大 2 倍、持续时间为 2 秒的动画，可以使用下面的代码。

```
<scale android:fromXScale="1"
    android:fromYScale="1"
```

```
    android:toXScale="2.0"
    android:toYScale="2.0"
    android:pivotX="50%"
    android:pivotY="50%"
    android:duration="2000"/>
```

4. 平移动画（TranslateAnimation）

平移动画就是通过为动画指定开始时的位置、结束时的位置以及持续时间来创建动画。同透明度渐变动画一样，也可以在 XML 文件中定义平移动画资源文件。基本的语法格式如下。

```
<set xmlns:android="http://schemas.android.com/apk/res/android"
android:interpolator="@[package:]anim/interpolator_resource">
<translate
    android:fromXDelta="float"
    android:toXDelta="float"
    android:fromYDelta="float"
    android:toYDelta="float"
    android:repeatMode="reverse|restart"
    android:repeatCount="次数|infinite"
    android:duration="Integer"/>
</set>
```

在上面的语法中，各属性说明如表 11-11 所示。

表 11-11　　定义平移动画时常用的属性

属　性	描　述
android:interpolator	用于控制动画的变化速度，使得动画效果可以匀速、加速、减速或抛物线速度等各种速度变化，其属性值如表 11-8 所示
android:fromXDelta	用于指定动画开始时水平方向上的起始位置
android:toXDelta	用于指定动画结束时水平方向上的起始位置
android:fromYDelta	用于指定动画开始时垂直方向上的起始位置
android:toYDelta	用于指定动画结束时垂直方向上的起始位置
android:repeatMode	用于设置动画的重复方式，可选值为 reverse（反向）或 restart（重新开始）
android:repeatCount	用于设置动画的重复次数，属性可以是代表次数的数值，也可以是 infinite（无限循环）
android:duration	用于指定动画持续的时间，单位为毫秒

例如，定义一个让图片从（0,0）点到（300,300）点、持续时间为 2 秒的动画，可以使用下面的代码。

```
<translate
    android:fromXDelta="0"
    android:toXDelta="300"
    android:fromYDelta="0"
    android:toYDelta="300"
    android:duration="2000">
</translate>
```

【例 11-11】 在 Eclipse 中创建 Android 项目，实现旋转、平移、缩放和透明度渐变的补间动画。（实例位置：光盘\MR\源码\第 11 章\11-11）

（1）在新建项目的 res 目录中，创建一个名称为“anim”的目录，并在该目录中创建实现旋转、平移、缩放和透明度渐变的动画资源文件。

创建名称为“anim_alpha.xml”的 XML 资源文件，在该文件中定义一个实现透明度渐变的动画。该动画为从完全不透明到完全透明，再到完全不透明的渐变过程。具体代码如下。

```
<?xml version="1.0" encoding="utf-8"?>
<set xmlns:android="http://schemas.android.com/apk/res/android">
    <alpha android:fromAlpha="1"
        android:toAlpha="0"
        android:fillAfter="true"
        android:repeatMode="reverse"
        android:repeatCount="1"
        android:duration="2000"/>
</set>
```

创建名称为“anim_rotate.xml”的 XML 资源文件，在该文件中定义一个实现旋转的动画。该动画为从 0 度旋转到 720 度，再从 360 度旋转到 0 度的过程。具体代码如下。

```
<set xmlns:android="http://schemas.android.com/apk/res/android">
    <rotate
        android:interpolator="@android:anim/accelerate_interpolator"
        android:fromDegrees="0"
        android:toDegrees="720"
        android:pivotX="50%"
        android:pivotY="50%"
        android:duration="2000">
    </rotate>
    <rotate
        android:interpolator="@android:anim/accelerate_interpolator"
        android:startOffset="2000"
        android:fromDegrees="360"
        android:toDegrees="0"
        android:pivotX="50%"
        android:pivotY="50%"
        android:duration="2000">
    </rotate>
</set>
```

创建名称为“anim_scale.xml”的 XML 资源文件，在该文件中定义一个实现缩放的动画。该动画首先将原图像放大 2 倍，再逐渐收缩为图像的原尺寸。具体代码如下。

```
<?xml version="1.0" encoding="utf-8"?>
<set  xmlns:android="http://schemas.android.com/apk/res/android">
    <scale android:fromXScale="1"
        android:interpolator="@android:anim/decelerate_interpolator"
        android:fromYScale="1"
        android:toXScale="2.0"
        android:toYScale="2.0"
        android:pivotX="50%"
        android:pivotY="50%"
        android:fillAfter="true"
        android:repeatCount="1"
        android:repeatMode="reverse"
        android:duration="2000"/>

</set>
```

创建名称为“anim_translate.xml”的 XML 资源文件，在该文件中定义一个实现平移的动画。该动画为从屏幕的左侧移动到屏幕的右侧，再从屏幕的右侧返回到左侧的过程。具体代码如下。

```
<?xml version="1.0" encoding="utf-8"?>
```

```
<set xmlns:android="http://schemas.android.com/apk/res/android">
<translate
        android:fromXDelta="0"
        android:toXDelta="860"
        android:fromYDelta="0"
        android:toYDelta="0"
        android:fillAfter="true"
        android:repeatMode="reverse"
        android:repeatCount="1"
        android:duration="2000">
</translate>
</set>
```

（2）修改新建项目的 res/layout 目录下的布局文件 main.xml，将默认添加的 TextView 组件删除，然后在默认添加的线性布局管理器中再添加一个水平线性布局管理器和一个 ImageView 组件，再向这个水平线性布局管理器中添加 4 个 Button 按钮，最后再设置 ImageView 组件的左边距和要显示的图片。

（3）打开默认创建的 MainActivity，在 onCreate()方法中，首先获取动画资源文件中创建的动画资源，然后获取要应用动画效果的 ImageView，再获取“旋转”按钮，并为该按钮添加单击事件监听器，在重写的 onClick()方法中，播放“旋转”动画。具体代码如下。

```
// 获取“旋转”动画资源
final Animation rotate=AnimationUtils.loadAnimation(this, R.anim.anim_rotate);
// 获取“平移”动画资源
final Animation translate=AnimationUtils.loadAnimation(this, R.anim.anim_translate);
// 获取“缩放”动画资源
final Animation scale=AnimationUtils.loadAnimation(this, R.anim.anim_scale);
// 获取“透明度变化”动画资源
final Animation alpha=AnimationUtils.loadAnimation(this, R.anim.anim_alpha);
final ImageView iv=(ImageView)findViewById(R.id.imageView1);
                                                    // 获取要应用动画效果的 ImageView
Button button1=(Button)findViewById(R.id.button1);  // 获取“旋转”按钮
button1.setOnClickListener(new OnClickListener() {
    @Override
    public void onClick(View v) {
        iv.startAnimation(rotate);                  // 播放“旋转”动画
    }
});
```

获取“平移”按钮，并为该按钮添加单击事件监听器，在重写的 onClick()方法中，播放“平移”动画。关键代码如下。

```
iv.startAnimation(translate);                       // 播放“平移”动画
```

获取“缩放”按钮，并为该按钮添加单击事件监听器，在重写的 onClick()方法中，播放“缩放”动画。关键代码如下。

```
iv.startAnimation(scale);                           // 播放“缩放”动画
```

获取“透明度渐变”按钮，并为该按钮添加单击事件监听器，在重写的 onClick()方法中，播放“透明度渐变”动画。关键代码如下。

```
iv.startAnimation(alpha);                           // 播放“透明度渐变”动画
```

运行本实例，单击“旋转”按钮，屏幕中的小猫将旋转，如图 11-12 所示；单击“平移”按钮，屏幕中的小猫将从屏幕的左侧移动到右侧，再从右侧返回左侧；单击“缩放”按钮，屏幕中的小猫将放大 2 倍，再恢复为原来的大小；单击“透明度渐变”按钮，屏幕中的小猫将逐渐隐藏，再逐渐显示。

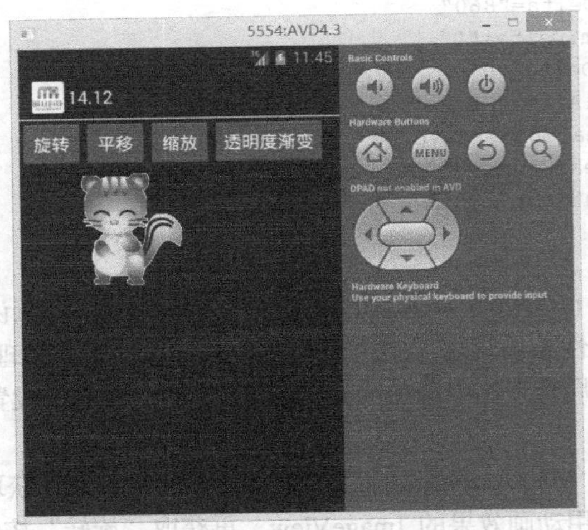

图 11-12　旋转、平移、缩放和透明度渐变的补间动画

11.5　综合实例——忐忑的精灵

在 Eclipse 中创建 Android 项目，使用逐帧动画实现一个忐忑的精灵动画。运行本实例并单击屏幕，将播放自定义的逐帧动画，如图 11-13 所示。当动画播放时，单击屏幕，将停止动画的播放，再次单击屏幕，将继续播放动画。

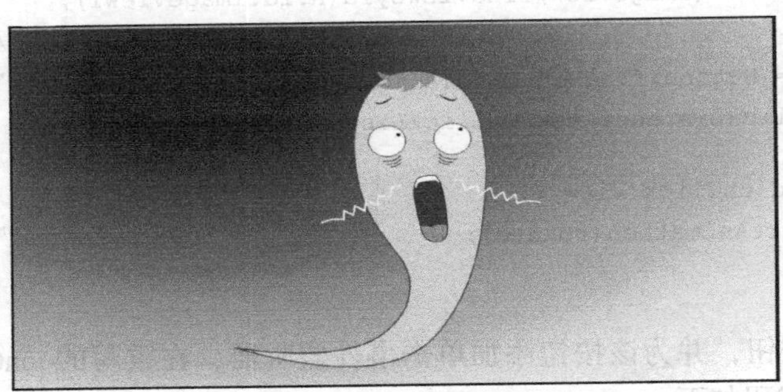

图 11-13　忐忑的精灵

程序开发步骤如下。

（1）在新建项目的 res 目录中，首先创建一个名称为“anim”的目录，并在该目录中，添加一个名称为“fairy.xml”的 XML 资源文件，然后在该文件中定义一组成动画的图片资源。具体代码如下。

```
<?xml version="1.0" encoding="utf-8"?>
<animation-list xmlns:android="http://schemas.android.com/apk/res/android" >
    <item android:drawable="@drawable/img001" android:duration="60"/>
    <item android:drawable="@drawable/img002" android:duration="60"/>
    <item android:drawable="@drawable/img003" android:duration="60"/>
    <item android:drawable="@drawable/img004" android:duration="60"/>
```

```
        <item android:drawable="@drawable/img005" android:duration="60"/>
        <item android:drawable="@drawable/img006" android:duration="60"/>
    </animation-list>
```

（2）修改新建项目的 res/layout 目录下的布局文件 main.xml，将默认添加的 TextView 组件删除，然后为默认添加的线性布局管理器设置 android:id 属性和 android:background 属性。将 android:background 属性设置为步骤（1）中创建的动画资源。修改后的代码如下。

```
<LinearLayout xmlns:android="http://schemas.android.com/apk/res/android"
    android:layout_width="fill_parent"
    android:layout_height="fill_parent"
    android:background="@anim/umbrella"
    android:id="@+id/ll"
    android:orientation="vertical" >
</LinearLayout>
```

（3）打开默认创建的 MainActivity，首先获取布局文件中添加的线性布局管理器和 AnimationDrawable 对象，然后为线性布局管理器添加事件监听器。该事件监听器中，分别调用 AnimationDrawable 对象的 start 方法和 stop 方法实现开始播放动画和停止播放动画的功能。代码如下。

```
LinearLayout ll=(LinearLayout)findViewById(R.id.ll);
                                        // 获取布局文件中添加的线性布局管理器
// 获取 AnimationDrawable 对象
final AnimationDrawable anim=(AnimationDrawable)ll.getBackground();
// 为线性布局管理器添加单击事件监听器
ll.setOnClickListener(new OnClickListener() {
    @Override
    public void onClick(View v) {
        if(flag){
            anim.start();                   // 开始播放动画
            flag=false;
        }else{
            anim.stop();                    // 停止播放动画
            flag=true;
        }
    }
});
```

知识点提炼

（1）Paint 类代表画笔，用来描述图形的颜色和风格，如线宽、颜色、透明度和填充效果等信息。

（2）Canvas 类代表画布，通过该类提供的方法，我们可以绘制各种图形（例如，矩形、圆形和线条等）。

（3）Bitmap 类代表位图，它是 Android 系统中图像处理最重要的类之一，使用它不仅可以获取图像文件信息，进行图像剪切、旋转、缩放等操作，而且还可以指定格式保存图像文件。

（4）在 Android 中，还提供了一个 BitmapFactory 类，该类为一个工具类，用于从不同的数据源来解析、创建 Bitmap 对象。

（5）在 Android 中，虽然可以通过 TextView 或是图片显示文本，但是在开发游戏时，特别是开发 RPG（角色）类游戏时，会包含很多文字，使用 TextView 和图片显示文本不太合适，这时，就需要通过绘制文本的方式来实现。

（6）使用 Android 提供的 android.graphics.Matrix 类的 setRotate()、postRotate()和 preRotate()方法，可以对图像进行旋转。

（7）使用 Android 提供的 android.graphics.Matrix 类的 setScale()、postScale()和 preScale()方法，可对图像进行缩放。

（8）使用 Android 提供的 android.graphics.Matrix 类的 setSkew()、postSkew()和 preSkew()方法，可对图像进行倾斜。

（9）使用 Android 提供的 android.graphics.Matrix 类的 setTranslate()、postTranslate()和 preTranslate()方法，可对图像进行平移。

（10）逐帧动画就是顺序播放事先准备好的静态图像，利用人眼的“视觉暂留”原理，给用户造成动画的错觉。

（11）补间动画就是通过对场景里的对象不断进行图像变化来产生动画效果。在实现补间动画时，只需要定义动画开始和结束的“关键帧”，其他过渡帧由系统自动计算并补齐。

习　题

11-1　在 Android 程序中绘制图形时，主要用到哪几个类？

11-2　如果要在 Android 程序中绘制一个圆形，需要使用什么方法？

11-3　简述 Matrix 类的作用。

11-4　对 Android 图形进行旋转时，需要用到 Matrix 类的哪几种方法？

11-5　对 Android 图形进行平移操作时，需要用到 Matrix 类的哪几种方法？

实验：绘制 Android 的机器人

实验目的

（1）熟练掌握 Paint 类的使用。

（2）熟练掌握 Canvas 类及其绘图方法的使用。

（3）掌握如何将图像绘制到画布上。

实验内容

实现在屏幕上绘制 Android 的机器人。

实验步骤

（1）修改新建项目的 res/layout 目录下的布局文件 main.xml，将默认添加的线性布局管理器和 TextView 组件删除，然后添加一个帧布局管理器，用于显示自定义的绘图类。

（2）打开默认创建的 AndroidIco，在该文件中，首先创建一个名称为“MyView”的内部类，该类继承自 android.view.View 类，并添加构造方法和重写 onDraw(Canvas canvas)方法。然后在 onCreate()方法中，获取布局文件中添加的帧布局管理器，并将 MyView 视图添加到该帧布局管理器中。

（3）在 MyView 的 onDraw()方法中，首先创建一个画笔，并设置画笔的相关属性，然后绘制 Android 机器人的头、眼睛、天线、身体、胳膊和腿。具体代码如下。

```
Paint paint=new Paint();                                   // 采用默认设置创建一个画笔
paint.setAntiAlias(true);                                  // 使用抗锯齿功能
paint.setColor(0xFFA4C739);                                // 设置画笔的颜色为绿色
// 绘制机器人的头
RectF rectf_head=new RectF(10, 10, 100, 100);
rectf_head.offset(100, 20);
canvas.drawArc(rectf_head, -10, -160, false, paint);       // 绘制弧
// 绘制眼睛
paint.setColor(Color.WHITE);                               // 设置画笔的颜色为白色
canvas.drawCircle(135, 53, 4, paint);                      // 绘制圆
canvas.drawCircle(175, 53, 4, paint);                      // 绘制圆
paint.setColor(0xFFA4C739);                                // 设置画笔的颜色为绿色
// 绘制天线
paint.setStrokeWidth(2);                                   // 设置笔触的宽度
canvas.drawLine(120, 15, 135, 35, paint);                  // 绘制线
canvas.drawLine(190, 15, 175, 35, paint);                  // 绘制线
// 绘制身体
canvas.drawRect(110, 75, 200, 150, paint);                 // 绘制矩形
RectF rectf_body=new RectF(110,140,200,160);
canvas.drawRoundRect(rectf_body, 10, 10, paint);           // 绘制圆角矩形
// 绘制胳膊
RectF rectf_arm=new RectF(85,75,105,140);
canvas.drawRoundRect(rectf_arm, 10, 10, paint);            // 绘制左侧的胳膊
rectf_arm.offset(120, 0);                                  // 设置在 X 轴上偏移 120 像素
canvas.drawRoundRect(rectf_arm, 10, 10, paint);            // 绘制右侧的胳膊
// 绘制腿
RectF rectf_leg=new RectF(125,150,145,200);
canvas.drawRoundRect(rectf_leg, 10, 10, paint);            // 绘制左侧的腿
rectf_leg.offset(40, 0);                                   // 设置在 X 轴上偏移 40 像素
canvas.drawRoundRect(rectf_leg, 10, 10, paint);            // 绘制右侧的腿
```

运行本实例，将显示如图 11-14 所示的运行结果。

图 11-14　在屏幕上绘制 Android 的机器人

第12章 利用 OpenGL 实现3D图形

本章要点：

- OpenGL 的基本概念
- 构建 3D 开发的基本框架
- 绘制 3D 模型
- 为 3D 图形添加纹理贴图效果
- 为 3D 图形添加旋转效果
- 为 3D 图形添加光照效果
- 为 3D 图形添加透明效果

在现在这个网络游戏逐渐盛行的时代，2D 游戏已经不能完全满足用户的需求，3D 技术已经被广泛地应用在 PC 游戏中。3D 技术下一步会向手机平台发展，而 Android 系统作为当前最流行的手机操作系统，完全内置 3D 技术——OpenGL 支持。本章对如何在 Android 中利用 OpenGL 实现 3D 图形进行详细讲解。

12.1 OpenGL 简介

OpenGL（Open Graphics Library）是由 SGI 公司于 1992 年发布的，这是一个功能强大、调用方便的底层图形库，它为编程人员提供了统一的操作，以便充分利用任何制造商提供的硬件。OpenGL 的核心实现了视区和光照等我们熟知的概念，并试图向开发人员隐藏大部分硬件层。

由于 OpenGL 是专门为工作站设计的，它太大了，无法安装在移动设备上，因此 Khronos Group 为 OpenGL 提供了一个子集 OpenGL ES（OpenGL for Embedded System）。OpenGL ES 是免费的、跨平台的、功能完善的 2D/3D 图形库接口 API，专门针对多种嵌入式系统（包括手机、PDA 和游戏主机等）而设计，提供一种标准方法来描述在图形处理器或主 CPU 上渲染这些图像的底层硬件。

Khronos Group 是一个图形软硬件行业协会，该协会主要关注图形和多媒体方向的开放标准。

OpenGL ES 去除了 OpenGL 中的 glBegin/glEnd、四边形（GL_QUADS）、多边形（GL_

POLYGONS）等复杂图元等许多非绝对必要的特性。经过多年发展，目前的 OpenGL ES 主要有 OpenGL ES 1.x（针对固定管线硬件）和 OpenGL ES 2.x（针对可编程管线硬件）两个版本。OpenGL ES 1.0 是以 OpenGL 1.3 规范为基础的；OpenGL ES 1.1 是以 OpenGL 1.5 规范为基础的；OpenGL ES 2.0 则是参照 OpenGL 2.0 规范定义的，它补充和修改了 OpenGL ES 1.1 标准着色器语言及 API，将 OpenGL ES 1.1 中所有可以用着色器程序替换的功能全部删除了，这样可以节约移动设备的开销及电力消耗。

说明

OpenGL ES 可以应用于很多主流移动平台上，包括 Android、Symbian 和 iOS 等。

Android 为 OpenGL 提供了相应的支持，并为支持 OpenGL 专门提供了 android.opengl 包。在该包中，GLES10 类是为支持 OpenGL ES 1.0 而提供的，GLES11 类是为支持 OpenGL ES 1.1 而提供的，GLES20 类是为支持 OpenGL ES 2.0 而提供的。其中，OpenGL ES 2.0 是从 Android 2.2（API Level 8）版本才开始使用的。

如果应用只支持 OpenGL ES 2.0，则必须在该项目的 AndroidManifest.xml 文件中添加下列设置。

```
<uses-feature android:glEsVersion="0x00020000" android:required="true" />
```

12.2 绘制 3D 图形

OpenGL ES 一个最常用的功能就是绘制 3D 图形。要绘制 3D 图形，大致可以分为两个步骤，下面分别进行讲解。

12.2.1 构建 3D 开发的基本框架

构建一个 3D 开发的基本框架大致可以分为以下几个步骤。

（1）创建一个 Activity，并指定该 Activity 显示的内容是一个指定了 Renderer 对象的 GLSurfaceView 对象。例如，创建一个名称为“MainActivity”的 Activity，在重写的 onCreate() 方法中，创建一个 GLSurfaceView 对象，并为其指定使用的 Renderer 对象，再将其设置为 Activity 要显示的内容，可以使用下面的代码。

```
@Override
protected void onCreate(Bundle savedInstanceState) {
    super.onCreate(savedInstanceState);
    GLSurfaceView mGLView = new GLSurfaceView(this); // 创建一个GLSurfaceView对象
    mGLView.setRenderer(new CubeRenderer());// 为GLSurfaceView指定使用的Renderer对象
    setContentView(mGLView);                // 设置Activity显示的内容为GLSurfaceView对象
}
```

通常情况下，考虑到当 Activity 恢复和暂停时，GLSurfaceView 对象也恢复或者暂停，还要重写 Activity 的 onResume()方法和 onPause()方法。例如，如果一个 Activity 使用的 GLSurfaceView 对象为 mGLView，那么，可以使用以下重写 onResume()和 onPause()方法的代码。

```
@Override
protected void onResume() {
    super.onResume();
    mGLView.onResume();
```

```
}
@Override
protected void onPause() {
    super.onPause();
    mGLView.onPause();
}
```

（2）创建实现 GLSurfaceView.Renderer 接口的类。在创建该类时，需要实现接口中的以下 3 个方法。

- public void onSurfaceCreated(GL10 gl, EGLConfig config)：当 GLSurfaceView 被创建时回调该方法。
- public void onDrawFrame(GL10 gl)：Renderer 对象调用该方法绘制 GLSurfaceView 的当前帧。
- public void onSurfaceChanged(GL10 gl, int width, int height)：当 GLSurfaceView 的大小改变时回调该方法。

例如，创建一个实现 GLSurfaceView.Renderer 接口的类 EmptyRenderer，并实现 onSurfaceCreated()、onDrawFrame()和 onSurfaceChanged()方法，为窗体设置背景颜色。具体代码如下：

```
import javax.microedition.khronos.egl.EGLConfig;
import javax.microedition.khronos.opengles.GL10;
import android.opengl.GLSurfaceView;
public class EmptyRenderer implements GLSurfaceView.Renderer {
    public void onSurfaceCreated(GL10 gl, EGLConfig config) {
        // 设置窗体的背景颜色
        gl.glClearColor(0.7f, 0.7f, 0.9f, 1.0f);
    }
    public void onDrawFrame(GL10 gl) {
        // 重设背景颜色
        gl.glClear(GL10.GL_COLOR_BUFFER_BIT | GL10.GL_DEPTH_BUFFER_BIT);
    }
    public void onSurfaceChanged(GL10 gl, int width, int height) {
        gl.glViewport(0, 0, width, height);
    }
}
```

当窗口被创建时，需要调用 onSurfaceCreated()方法，进行一些初始化操作。onSurfaceCreated()方法有一个 GL10 类型的参数 gl，gl 相当于 OpenGL ES 的画笔。通过它提供的方法不仅可以绘制 3D 图形，也可以对 OpenGL 进行初始化。下面以表格的形式给出 GL10 提供的用于进行初始化的方法。GL10 提供的用于进行初始化的方法如表 12-1 所示。

表 12-1　GL10 提供的用于进行初始化的方法

方　法	描　述
glClearColor(float red, float green, float blue, float alpha)	用于指定清除屏幕时使用的颜色，4 个参数分别用于设置红、绿、蓝和透明度的值，值的范围是 0.0f~1.0f
glDisable(int cap)	用于禁用 OpenGL ES 某个方面的特性。例如，要关闭抗抖动功能，可以使用 gl.glDisable(GL10.GL_DITHER);语句
glEnable(int cap)	用于启用 OpenGL ES 某个方面的特性

续表

方　　法	描　　述
glFrustumf(float left, float right, float bottom, float top, float zNear, float zFar)	用于设置透视视窗的空间大小
glHint(int target, int mode)	用于对 OpenGL ES 某个方面进行修正
glLoadIdentity()	用于初始化单位矩阵
glMatrixMode(int mode)	用于设置视图的矩阵模式。通常可以使用 GL10.GL_MODELVIEW 和 GL10.GL_PROJECTION 两个常量值
glShadeModel(int mode)	用于设置 OpenGL ES 的阴影模式。例如，要设置为平滑模式，可以使用 gl.glShadeModel(GL10.GL_SMOOTH);语句
glViewport(int x, int y, int width, int height)	用于设置 3D 场景的大小

12.2.2　绘制一个模型

基本框架构建完成后，就可以在该框架的基础上绘制 3D 模型了。在 OpenGL ES 中，任何模型都会被分解为三角形。下面以绘制一个 2D 的三角形为例介绍绘制 3D 模型的基本步骤。

（1）在 onSurfaceCreated()方法中，定义顶点坐标数组。例如，要绘制一个二维的三角形，可以使用以下代码定义顶点坐标数组。

```
private final IntBuffer mVertexBuffer;
public GLTriangle() {
    int one = 65536;
    int vertices[] = {
            0, one, 0,          // 上顶点
            -one, -one, 0,      // 左下点
            one, -one, 0        // 右下点
    };
    ByteBuffer vbb = ByteBuffer.allocateDirect(vertices.length * 4);
    vbb.order(ByteOrder.nativeOrder());
    mVertexBuffer = vbb.asIntBuffer();
    mVertexBuffer.put(vertices);
    mVertexBuffer.position(0);
}
```

在默认的情况下，OpenGL ES 采取的坐标是[0,0,0]（X,Y,Z），表示 GLSurfaceView 的中心；[1,1,0]表示 GLSurfaceView 的右上角；[−1,−1,0]表示 GLSurfaceView 的左下角。

（2）在 onSurfaceCreated()方法中，应用以下代码启用顶点坐标数组。

```
gl.glEnableClientState(GL10.GL_VERTEX_ARRAY);             // 启用顶点坐标数组
```

（3）在 onDrawFrame()方法中，应用步骤（1）定义的顶点坐标数组绘制图形。例如，要绘制一个三角形可以使用下面的代码。

```
gl.glVertexPointer(3, GL10.GL_FIXED, 0, mVertexBuffer); // 为画笔指定顶点坐标数据
gl.glColor4f(1, 0, 0, 0.5f);                             // 设置画笔颜色
gl.glDrawArrays(GL10.GL_TRIANGLE_STRIP, 0, 3);           // 绘制图形
```

在了解了应用 OpenGL ES 绘制 3D 图形的基本步骤后，下面通过一个具体的实例来介绍如何绘制一个立方体。

【例 12-1】在 Eclipse 中创建 Android 项目，实现绘制一个 6 个面均采用不同颜色的立方体。（实例位置：光盘\MR\源码\第 12 章\12-1）

（1）在默认创建的 MainActivity 中，创建一个 GLSurfaceView 类型的成员变量。关键代码如下。

```
private GLSurfaceView mGLView;
```

（2）在重写的 onCreate()方法中，首先创建一个 GLSurfaceView 对象，然后为 GLSurfaceView 指定使用的 Renderer 对象，最后再设置 Activity 显示的内容为 GLSurfaceView 对象。代码如下。

```
@Override
protected void onCreate(Bundle savedInstanceState) {
    super.onCreate(savedInstanceState);
    mGLView = new GLSurfaceView(this);        // 创建一个 GLSurfaceView 对象
    // 为 GLSurfaceView 指定使用的 Renderer 对象
    mGLView.setRenderer(new CubeRenderer());
    // 设置 Activity 显示的内容为 GLSurfaceView 对象
    setContentView(mGLView);
}
```

（3）重写 onResume()和 onPause()方法，具体代码如下。

```
@Override
protected void onResume() {
    super.onResume();
    mGLView.onResume();
}
@Override
protected void onPause() {
    super.onPause();
    mGLView.onPause();
}
```

（4）创建一个实现 GLSurfaceView.Renderer 接口的类 CubeRenderer，并实现 onSurfaceCreated()、onDrawFrame()和 onSurfaceChanged()方法。具体代码如下。

```
import javax.microedition.khronos.egl.EGLConfig;
import javax.microedition.khronos.opengles.GL10;
import android.opengl.GLSurfaceView;
public class CubeRenderer implements GLSurfaceView.Renderer {
    @Override
    public void onDrawFrame(GL10 gl) {
    }
    @Override
    public void onSurfaceChanged(GL10 gl, int width, int height) {
    }
    @Override
    public void onSurfaceCreated(GL10 gl, EGLConfig config) {
    }
}
```

（5）在 onSurfaceCreated()方法中，应用以下代码进行初始化操作，主要包括设置窗体背景颜色、启用顶点坐标数组、关闭抗抖动功能、设置系统对透视进行修正、设置阴影平滑模式、启用深度测试及设置深度测试的类型等。具体代码如下。

```
public void onSurfaceCreated(GL10 gl, EGLConfig config) {
    gl.glClearColor(0.7f, 0.9f, 0.9f, 1.0f);          // 设置窗体背景颜色
    gl.glEnableClientState(GL10.GL_VERTEX_ARRAY);    // 启用顶点坐标数组
```

```
    gl.glDisable(GL10.GL_DITHER);                         // 关闭抗抖动
    // 设置系统对透视进行修正
    gl.glHint(GL10.GL_PERSPECTIVE_CORRECTION_HINT, GL10.GL_FASTEST);
    gl.glShadeModel(GL10.GL_SMOOTH);                      // 设置阴影平滑模式
    gl.glEnable(GL10.GL_DEPTH_TEST);                      // 启用深度测试
    gl.glDepthFunc(GL10.GL_LEQUAL);                       // 设置深度测试的类型
}
```

说明　深度测试就是让 OpenGL ES 负责跟踪每个物体在 Z 轴上的深度，这样可避免后面的物体遮挡前面的物体。

（6）在 onSurfaceChanged()方法中，首先设置 OpenGL 场景的大小，并计算透视视窗的宽度、高度比，然后将当前矩阵模式设为投影矩阵，再初始化单位矩阵，最后设置透视视窗的空间大小。具体代码如下。

```
public void onSurfaceChanged(GL10 gl, int width, int height) {
        gl.glViewport(0, 0, width, height);              // 设置 OpenGL 场景的大小
        float ratio = (float) width / height;            // 计算透视视窗的宽度、高度比
        gl.glMatrixMode(GL10.GL_PROJECTION);             // 将当前矩阵模式设为投影矩阵
        gl.glLoadIdentity();                             // 初始化单位矩阵
        GLU.gluPerspective(gl, 45.0f, ratio, 1, 100f);   // 设置透视视窗的空间大小
}
```

（7）在 onDrawFrame()方法中，首先清除颜色缓存和深度缓存，并设置使用模型矩阵进行变换，然后初始化单位矩阵，再设置视点，并旋转总坐标系，最后绘制立方体。具体代码如下。

```
public void onDrawFrame(GL10 gl) {
    // 清除颜色缓存和深度缓存
    gl.glClear(GL10.GL_COLOR_BUFFER_BIT | GL10.GL_DEPTH_BUFFER_BIT);
    gl.glMatrixMode(GL10.GL_MODELVIEW);              // 设置使用模型矩阵进行变换
    gl.glLoadIdentity();                             // 初始化单位矩阵
    // 当使用 GL_MODELVIEW 模式时，必须设置视点，也就是观察点
    GLU.gluLookAt(gl, 0, 0, -5, 0f, 0f, 0f, 0f, 1.0f, 0.0f);
    gl.glRotatef(1000, -0.1f, -0.1f, 0.05f);         // 旋转总坐标系
    cube.draw(gl);                                   // 绘制立方体
}
```

（8）创建一个用于绘制立方体模型的 Java 类，名称为“GLCube”。在该类中，首先定义一个用于记录顶点坐标数据缓冲的成员变量。关键代码如下。

```
public class GLCube {
    private final IntBuffer mVertexBuffer;           // 顶点坐标数据缓冲
}
```

（9）定义 GLCube 类的构造方法，在构造方法中创建一个记录顶点位置的数组，并根据该数组创建顶点坐标数据缓冲。具体代码如下。

```
    public GLCube() {
        int one = 65536;
        int half = one / 2;
        int vertices[] = {
            // 前面
            -half, -half, half, half, -half, half,
```

```
            -half, half, half, half, half, half,
            // 背面
            -half,-half, -half, -half, half, -half,
            half, -half, -half, half, half, -half,
            // 左面
            -half, -half, half, -half, half, half,
            -half, -half, -half, -half, half, -half,
            // 右面
            half, -half, -half, half, half, -half,
            half,-half, half, half, half, half,
            // 上面
            -half, half, half, half, half, half,
            -half, half,-half, half, half, -half,
            // 下面
            -half, -half, half, -half, -half, -half,
            half, -half, half, half, -half, -half,
        };                                                    // 定义顶点位置
        //创建顶点坐标数据缓冲
        ByteBuffer vbb = ByteBuffer.allocateDirect(vertices.length * 4);
        vbb.order(ByteOrder.nativeOrder());                   // 设置字节顺序
        mVertexBuffer = vbb.asIntBuffer();                    // 转换为 int 型缓冲
        mVertexBuffer.put(vertices);                          // 向缓冲中放入顶点坐标数据
        mVertexBuffer.position(0);                            // 设置缓冲区的起始位置
    }
```

（10）在 GLCube 类中，编写用于绘制立方体的 draw()方法。在该方法中，首先为画笔指定顶点坐标数组，然后分别绘制立方体的 6 个面，每个面使用的颜色是不同的。draw()方法的具体代码如下。

```
public void draw(GL10 gl) {
    gl.glVertexPointer(3, GL10.GL_FIXED, 0, mVertexBuffer);  // 为画笔指定顶点坐标数据
    // 绘制 FRONT 和 BACK 两个面
    gl.glColor4f(1, 0, 0, 1);
    gl.glNormal3f(0, 0, 1);
    gl.glDrawArrays(GL10.GL_TRIANGLE_STRIP, 0, 4);          // 绘制图形
    gl.glColor4f(1, 0, 0.5f, 1);
    gl.glNormal3f(0, 0, -1);
    gl.glDrawArrays(GL10.GL_TRIANGLE_STRIP, 4, 4);          // 绘制图形
    // 绘制 LEFT 和 RIGHT 两个面
    gl.glColor4f(0, 1, 0, 1);
    gl.glNormal3f(-1, 0, 0);
    gl.glDrawArrays(GL10.GL_TRIANGLE_STRIP, 8, 4);          // 绘制图形
    gl.glColor4f(0, 1, 0.5f, 1);
    gl.glNormal3f(1, 0, 0);
    gl.glDrawArrays(GL10.GL_TRIANGLE_STRIP, 12, 4);         // 绘制图形
    // 绘制 TOP 和 BOTTOM 两个面
    gl.glColor4f(0, 0, 1, 1);
    gl.glNormal3f(0, 1, 0);
    gl.glDrawArrays(GL10.GL_TRIANGLE_STRIP, 16, 4);         // 绘制图形
    gl.glColor4f(0, 0, 0.5f, 1);
    gl.glNormal3f(0, -1, 0);
```

```
    gl.glDrawArrays(GL10.GL_TRIANGLE_STRIP, 20, 4);              // 绘制图形
}
```

（11）打开 CubeRenderer 类，在该类中创建一个代表立方体对象的成员变量，并为 CubeRenderer 类创建无参的构造方法，在该构造方法中，实例化立方体对象。关键代码如下。

```
private final GLCube cube;                                       // 立方体对象
public CubeRenderer() {
    cube = new GLCube();                                         // 实例化立方体对象
}
```

实例运行结果如图 12-1 所示。

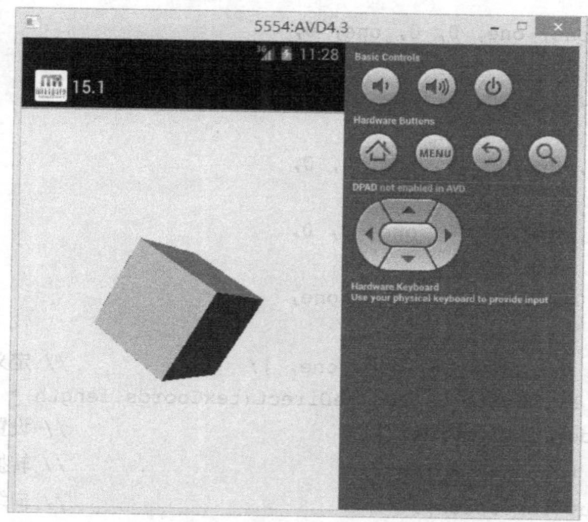

图 12-1　绘制一个立方体

12.3 添加效果

上一节中介绍了如何绘制 3D 模型，在实际应用开发时，经常需要为其添加纹理贴图、光照、旋转等效果。本节介绍如何为 3D 模型添加纹理贴图、光照、旋转以及透明效果等。

12.3.1 应用纹理贴图

为了让 3D 图形更加逼真，我们需要为这些 3D 图形应用纹理贴图。例如，要在场景中放置一个木箱，那么就需要为场景中绘制的立方体应用木材纹理进行贴图。为 3D 模型添加纹理贴图大致可以分为以下 3 个步骤。

（1）设置贴图坐标的数组信息，这与设置顶点坐标数组类似。

（2）设置启用贴图坐标数组。

（3）调用 GL10 的 texImage2D()方法生成纹理。

说明　在使用纹理贴图时，需要准备一张纹理图片，建议该图片的长宽是 2 的 N 次方，例如，可以是 256*256 的图片，也可以是 512*512 的图片。

【例 12-2】 在例 12-1 的基础上为绘制的立方体进行纹理贴图。（实例位置：光盘\MR\源码\第 12 章\12-2）

（1）打开 GLCube 类文件，在该类中定义用于保存纹理贴图数据缓冲的成员变量。具体代码如下。

```
private IntBuffer mTextureBuffer;                    // 纹理贴图数据缓冲
```

（2）打开 GLCube 类文件，在构造方法中定义贴图坐标数组，并根据该数组创建贴图坐标数据缓冲。具体代码如下。

```
int texCoords[] = {
        // 前面
        0, one, one, one, 0, 0, one, 0,
        // 后面
        one, one, one, 0, 0, one, 0, 0,
        // 左面
        one, one, one, 0, 0, one, 0, 0,
        // 右面
        one, one, one, 0, 0, one, 0, 0,
        // 上面
        one, 0, 0, 0, one, one, 0, one,
        // 下面
        0, 0, 0, one, one, 0, one, one, };                 // 定义贴图坐标数组
ByteBuffer tbb = ByteBuffer.allocateDirect(texCoords.length * 4);
tbb.order(ByteOrder.nativeOrder());                      // 设置字节顺序
mTextureBuffer = tbb.asIntBuffer();                      // 转换为 int 型缓冲
mTextureBuffer.put(texCoords);                           // 向缓冲中放入贴图坐标数组
mTextureBuffer.position(0);                              // 设置缓冲区的起始位置
```

（3）在 GLCube 类的 draw()方法最后，首先应用 GL10 的 glTexCoordPointer()方法为画笔指定贴图坐标数据。关键代码如下。

```
gl.glTexCoordPointer(2, GL10.GL_FIXED, 0, mTextureBuffer);// 为画笔指定贴图坐标数据
```

（4）编写 loadTexture()方法，用于进行纹理贴图。具体代码如下：

```
/**
 *
 * 功能：进行纹理贴图
 *
 * @param gl
 * @param context
 * @param resource
 */
void loadTexture(GL10 gl, Context context, int resource) {
    Bitmap bmp = BitmapFactory.decodeResource(context.getResources(),
            resource);                                   // 加载位图
    GLUtils.texImage2D(GL10.GL_TEXTURE_2D, 0, bmp, 0);   // 使用图片生成纹理
    bmp.recycle();                                       // 释放资源
}
```

（5）打开 CubeRenderer 类文件，在 onSurfaceCreated()方法中，添加以下代码，首先启用贴图坐标数组，然后启用纹理贴图，最后调用 GLCube 类的 loadTexture()方法进行纹理贴图。

```
gl.glEnableClientState(GL10.GL_TEXTURE_COORD_ARRAY);          // 启用贴图坐标数组
```

```
gl.glEnable(GL10.GL_TEXTURE_2D);                          // 启用纹理贴图
cube.loadTexture(gl, context, R.drawable.mr);             // 进行纹理贴图
```

运行本实例，将显示如图 12-2 所示的运行结果。

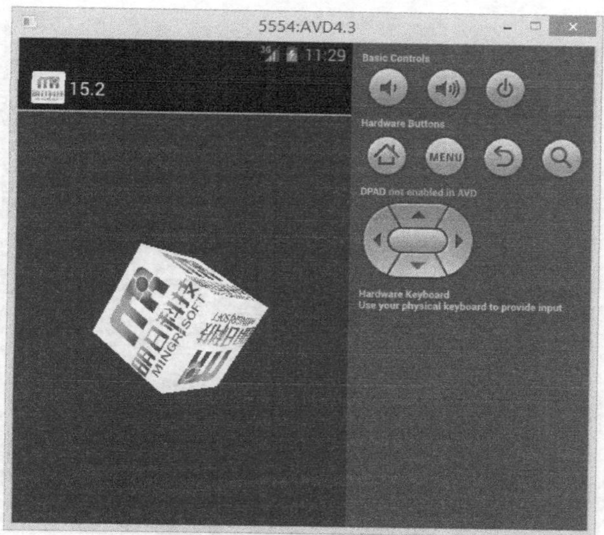

图 12-2　为立方体进行纹理贴图

12.3.2　旋转

到目前为止，绘制的 3D 物体还是静止的，为了更好地看到 3D 效果，还可以为其添加旋转效果，这样就可达到动画效果了。要实现旋转比较简单，只需要使用 GL10 的 glRotatef()方法不断旋转要放置的对象即可。glRotatef()方法的语法格式如下。

```
glRotatef(float angle, float x, float y, float z)
```

其中，参数 angle 通常是一个变量，表示对象转过的角度；x 表示 X 轴的旋转方向（值为 1 表示顺时针，-1 表示逆时针方向，0 表示不旋转）；y 表示 Y 轴的旋转方向（值为 1 表示顺时针，-1 表示逆时针方向，0 表示不旋转）；z 表示 Z 轴的旋转方向（值为 1 表示顺时针，-1 表示逆时针方向，0 表示不旋转）。

例如，要将对象经过 X 轴旋转 n 角度，可以使用下面的代码。

```
gl.glRotatef(n, 1, 0, 0);
```

【例 12-3】 在例 12-2 的基础上实现一个不断旋转的立方体。（实例位置：光盘\MR\源码\第 12 章\12-3）

（1）打开 CubeRenderer 类文件，在该类中定义用于保存开始时间的成员变量。具体代码如下。

```
private long startTime;                              // 保存开始时间
```

（2）在构造方法中，为成员变量 startTime 赋初始值为当前时间。具体代码如下。

```
startTime=System.currentTimeMillis();
```

（3）在用 onDrawFrame()方法绘制立方体的代码之前，添加以下代码，完成旋转立方体的操作。

```
// 旋转
long elapsed = System.currentTimeMillis() - startTime;   // 计算逝去的时间
```

```
gl.glRotatef(elapsed * (30f / 1000f), 0, 1, 0);          // 在 y 轴上旋转 30 度
gl.glRotatef(elapsed * (15f / 1000f), 1, 0, 0);          // 在 x 轴上旋转 15 度
```

运行本实例，将显示如图 12-3 所示的运行结果。

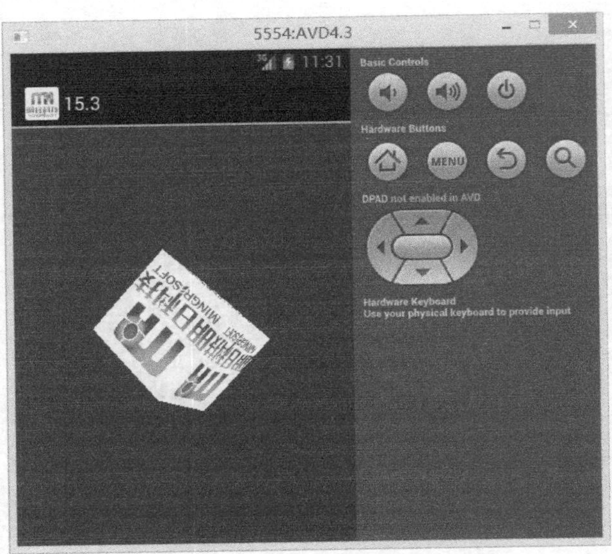

图 12-3　旋转的立方体

12.3.3　光照效果

为了使程序效果更加美观、逼真，还可以让其模拟光照效果。在为物体添加光照效果前，我们先来了解一下 3D 图形支持的光照类型。所有的 3D 图形都支持以下 3 种光照类型。

- 环境光：一种普通的光线，光线会照亮整个场景，即使对象背对着光线也可以。
- 散射光：柔和的方向性光线，例如，荧光板上发出的光线就是散射光。场景中的大部分光线通常来源于散射光源。
- 镜面高光：耀眼的光线，通常来源于明亮的点光源。与有光泽的材料结合使用时，这种光会带来高光效果，增加场景的真实感。

在 OpenGL 中添加光照效果，通常分为以下两个步骤进行。

1. 光线

在定义光照效果时，通常需要定义光线，也就是为场景添加光源。这可以通过 GL10 提供的 glLightfv()方法实现。glLightfv()方法的语法格式如下。

```
glLightfv(int light, int pname, float[] params, int offset)
```

其中，light 表示光源的 ID，当程序中包含多个光源时，可以通过这个 ID 来区分光源；pname 表示光源的类型（参数值为 GL10.GL_AMBIENT 表示环境光，参数值为 GL10.GL_DIFFUSE 表示散射光）；params 表示光源数组；offset 表示偏移量。

例如，要定义一个发出白色全方向光的光源，可以使用下面的代码。

```
float lightAmbient[]=new float[]{0.2f,0.2f,0.2f,1};        // 定义环境光
float lightDiffuse[]=new float[]{1,1,1,1};                  // 定义散射光
float lightPos[]=new float[]{1,1,1,1};                      // 定义光源的位置
gl.glEnable(GL10.GL_LIGHTING);                              // 启用光源
```

```
gl.glEnable(GL10.GL_LIGHT0);                                          // 启用 0 号光源
gl.glLightfv(GL10.GL_LIGHT0, GL10.GL_AMBIENT, lightAmbient,0);        // 设置环境光
gl.glLightfv(GL10.GL_LIGHT0, GL10.GL_DIFFUSE, lightDiffuse, 0);       // 设置散射光
gl.glLightfv(GL10.GL_LIGHT0, GL10.GL_POSITION, lightPos, 0);          // 设置光源的位置
```

注意

在定义和设置光源后，还需要使用 glEnable()方法启用光源，否则，设置的光源将不起作用。

2. 被照射的物体

在定义光照效果时，通常需要定义被照射物体的制作材料，因为不同材料的光线反射情况是不同的。使用 GL10 提供的 glMaterialfv()方法可以设置材质的环境光和散射光。glMaterialfv()方法的语法格式如下。

```
glMaterialfv(int face, int pname, float[] params, int offset)
```

其中，face 表示是为正面还是背面材质设置光源；pname 表示光源的类型（参数值为 GL10.GL_AMBIENT 表示环境光，参数值为 GL10.GL_DIFFUSE 表示散射光）；params 表示光源数组；offset 表示偏移量。

例如，定义一个不是很亮的纸质的物体，可以使用下面的代码。

```
float matAmbient[]=new float[]{1,1,1,1};                              // 定义材质的环境光
float matDiffuse[]=new float[]{1,1,1,1};                              // 定义材质的散射光
gl.glMaterialfv(GL10.GL_FRONT_AND_BACK, GL10.GL_AMBIENT, matAmbient,0);// 设置环境光
gl.glMaterialfv(GL10.GL_FRONT_AND_BACK, GL10.GL_DIFFUSE, matDiffuse,0);// 设置散射光
```

下面通过一个具体的实例来说明为物体添加光照效果的具体步骤。

【例 12-4】 在例 12-3 的基础上实现为旋转的立方体添加光照效果的功能。（实例位置：光盘\MR\源码\第 12 章\12-4）

（1）打开 CubeRenderer 类文件，在 onSurfaceCreated()方法中为被照射的物体设置材质。首先定义材质的环境光和散射光，然后设置材质的环境光和散射光。具体代码如下。

```
float matAmbient[]=new float[]{1,1,1,1};                              // 定义材质的环境光
float matDiffuse[]=new float[]{1,1,1,1};                              // 定义材质的散射光
gl.glMaterialfv(GL10.GL_FRONT_AND_BACK, GL10.GL_AMBIENT, matAmbient,0);// 设置环境光
gl.glMaterialfv(GL10.GL_FRONT_AND_BACK, GL10.GL_DIFFUSE, matDiffuse,0);// 设置散射光
```

（2）在 onSurfaceCreated()方法中添加场景光线。首先定义环境光和散射光，并定义光源的位置，然后启用光源和 0 号光源，最后设置环境光、散射光和光源的位置。具体代码如下。

```
float lightAmbient[]=new float[]{0.2f,0.2f,0.2f,1};                   // 定义环境光
float lightDiffuse[]=new float[]{1,1,1,1};                            // 定义散射光
float lightPos[]=new float[]{1,1,1,1};                                // 定义光源的位置
gl.glEnable(GL10.GL_LIGHTING);                                        // 启用光源
gl.glEnable(GL10.GL_LIGHT0);                                          // 启用 0 号光源
gl.glLightfv(GL10.GL_LIGHT0, GL10.GL_AMBIENT, lightAmbient,0);        // 设置环境光
gl.glLightfv(GL10.GL_LIGHT0, GL10.GL_DIFFUSE, lightDiffuse, 0);       // 设置散射光
gl.glLightfv(GL10.GL_LIGHT0, GL10.GL_POSITION, lightPos, 0);          // 设置光源的位置
```

运行本实例，将显示如图 12-4 所示的运行结果。

图 12-4　为立方体添加光照效果

12.3.4　透明效果

在游戏中，经常需要应用透明效果，使用 OpenGL ES 实现透明效果也比较简单，只需要应用以下代码就可以实现。

```
gl.glDisable(GL10.GL_DEPTH_TEST);                  // 关闭深度测试
gl.glEnable(GL10.GL_BLEND);                        // 打开混合
gl.glBlendFunc(GL10.GL_SRC_ALPHA, GL10.GL_ONE); // 使用 alpha 通道值进行混色
```

实现透明效果时，需要关闭深度测试，并且打开混合效果，然后才能使用 GL10 类的 glBlendFunc()方法进行混色，从而达到透明效果。

下面通过一个具体的实例来说明实现透明效果的具体步骤。

【例 12-5】 在例 12-4 的基础上制作一个透明的、不断旋转的立方体。（实例位置：光盘\MR\源码\第 12 章\12-5）

打开 CubeRenderer 类文件，在 onSurfaceCreated()方法中为立方体添加透明效果。首先关闭深度测试，然后打开混合效果，最后再使用 alpha 通道值进行混色，从而达到透明效果。具体代码如下。

```
gl.glDisable(GL10.GL_DEPTH_TEST);                  // 关闭深度测试
gl.glEnable(GL10.GL_BLEND);                        // 打开混合
gl.glBlendFunc(GL10.GL_SRC_ALPHA, GL10.GL_ONE); // 使用 alpha 通道值进行混色
```

运行本实例，将显示如图 12-5 所示的运行结果。

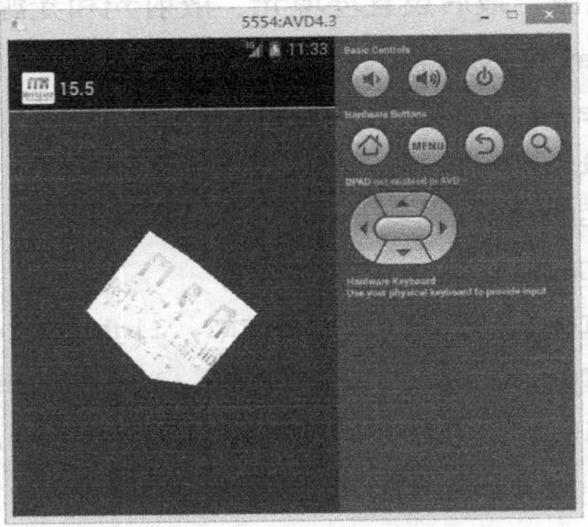

图 12-5　透明且旋转的立方体

12.4 综合实例——绘制一个不断旋转的金字塔

使用 OpenGL ES 可以很方便地绘制一个不断旋转的金字塔，也就是一个四棱锥。本实例要求绘制一个从顶到底渐变的、不断旋转的金字塔，程序运行效果如图 12-6 所示。

图 12-6　绘制一个不断旋转的金字塔

程序开发步骤如下。

（1）绘制金字塔，首先需要定义金字塔的顶点坐标位置和各个切面的颜色，并使用 GL10 对象的相关方法绘制金字塔。然后通过自定义类实现 GLSurfaceView.Renderer 接口的 CubeRenderer 类，并实现其中的 onSurfaceCreated()、onDrawFrame()和 onSurfaceChanged()方法，在这 3 个方法中分别对金字塔的背景颜色、场景、旋转等进行设置。定义金字塔顶点坐标及绘制金字塔的代码如下。

```
public class GLPyramid {
    private final IntBuffer mVertexBuffer;              // 顶点坐标数据缓冲
    private IntBuffer mColorBuffer;                     // 纹理贴图数据缓冲
    public GLPyramid() {
        int one = 65535;
        int vertices[] = {
                //底面
                -one,  0, one,
                one,  0,  one,
                -one, 0, -one,
                one, 0, -one,
                one,0,one,one,0,-one,0,one,0,
                0,one,0,one,0,-one,-one,0,-one,
                -one,0,-one,-one,0,one,0,one,0,
                0,one,0,-one,0,one,one,0,one
        };                                              // 定义顶点位置
        // 创建顶点坐标数据缓冲
        ByteBuffer vbb = ByteBuffer.allocateDirect(vertices.length * 4);
```

```
    vbb.order(ByteOrder.nativeOrder());                    // 设置字节顺序
    mVertexBuffer = vbb.asIntBuffer();                     // 转换为 int 型缓冲
    mVertexBuffer.put(vertices);                           // 向缓冲中放入顶点坐标数据
    mVertexBuffer.position(0);                             // 设置缓冲区的起始位置
    /**********************颜色 ******************************************/
   int colors[] = {
         one, one, one, one,
         one, one, one, one,
         one, one, one, one,
         one, one, one, one,
         one, one, one, one,
         one, one, one, one,
         one, 0, one, one,
         one, 0, one, one,
         one, one, one, one,
         one, one, one, one,
         one, one, one, one,
         one, one, one, one,
         one, 0, one, one,
         one, 0, one, one,
         one, one, one, one,
         one, one, one, one,
   };                                                       // 定义颜色坐标数据
    ByteBuffer tbb = ByteBuffer.allocateDirect(colors.length * 4);
    tbb.order(ByteOrder.nativeOrder())                     // 设置字节顺序
    mColorBuffer = tbb.asIntBuffer();                      // 转换为 int 型缓冲
    mColorBuffer.put(colors);                              // 向缓冲中放入颜色坐标数据
    mColorBuffer.position(0);                              // 设置缓冲区的起始位置
/*************************************************************************/
  }
  public void draw(GL10 gl) {
  gl.glVertexPointer(3, GL10.GL_FIXED, 0, mVertexBuffer); // 为画笔指定顶点坐标数据
      gl.glEnableClientState(GL10.GL_COLOR_ARRAY);
      // 绘制底面
      gl.glColorPointer(4, GL10.GL_FIXED, 0, mColorBuffer);
      gl.glDrawArrays(GL10.GL_TRIANGLE_STRIP, 0, 4);     // 绘制图形
      // 绘制 4 个侧面
      gl.glDrawArrays(GL10.GL_TRIANGLE_STRIP, 4, 12);    // 绘制图形
  }
}
```

（2）实现 GLSurfaceView.Renderer 接口的 CubeRenderer 类，并实现其中的 onSurfaceCreated()、onDrawFrame()和 onSurfaceChanged()方法。代码如下。

```
public class PyramidRenderer implements GLSurfaceView.Renderer {
    private final GLPyramid pyramid;                       // 四棱锥对象
    private long startTime;                                // 定义变量保存开始时间
    public PyramidRenderer(Context context) {
        pyramid = new GLPyramid();                         // 实例化四棱锥对象
        startTime=System.currentTimeMillis();
    }
```

```
    public void onSurfaceCreated(GL10 gl, EGLConfig config) {
        gl.glClearColor(0.08f, 0.16f, 0.39f, 1.0f);          // 设置窗体背景颜色
        gl.glEnableClientState(GL10.GL_VERTEX_ARRAY);        // 启用顶点坐标数组
        gl.glDisable(GL10.GL_DITHER);                        // 关闭抗抖动
        gl.glShadeModel(GL10.GL_SMOOTH);                     // 设置阴影平滑模式
        gl.glEnable(GL10.GL_DEPTH_TEST);                     // 启用深度测试
        gl.glDepthFunc(GL10.GL_LEQUAL);                      // 设置深度测试的类型
    }
    public void onSurfaceChanged(GL10 gl, int width, int height) {
        gl.glViewport(0, 0, width, height);                // 设置 OpenGL 场景的大小
        gl.glMatrixMode(GL10.GL_PROJECTION);               // 将当前矩阵模式设为投影矩阵
        float ratio = (float) width / height;              // 计算透视视窗的宽度、高度比
        gl.glLoadIdentity();                               // 初始化单位矩阵
        GLU.gluPerspective(gl, 60.0f, ratio, 1, 100f);     // 设置透视视窗的空间大小
    }
    public void onDrawFrame(GL10 gl) {
        // 清除颜色缓存和深度缓存
        gl.glClear(GL10.GL_COLOR_BUFFER_BIT | GL10.GL_DEPTH_BUFFER_BIT);
        gl.glMatrixMode(GL10.GL_MODELVIEW);                // 设置使用模型矩阵进行变换
        gl.glLoadIdentity();                               // 初始化单位矩阵
        // 当使用 GL_MODELVIEW 模式时，必须设置视点，也就是观察点
        GLU.gluLookAt(gl, 0, 0, -5, 0f, 0f, 0f, 0f, 1.0f, 0.0f);
        gl.glRotatef(1000, -0.1f, -0.1f, 0.05f);           // 旋转总坐标系
        /*******************旋转*******************************************/
        long elapsed = System.currentTimeMillis() - startTime;   // 计算逝去的时间
        gl.glRotatef(elapsed * (30f / 1000f), 0, 1, 0);   // 在 y 轴上旋转 30 度
        gl.glRotatef(elapsed * (15f / 1000f), 1, 0, 0);   // 在 x 轴上旋转 15 度
        /*****************************************************************/
        pyramid.draw(gl);                                  // 绘制四棱锥
    }
}
```

知识点提炼

（1）OpenGL（Open Graphics Library）是由 SGI 公司于 1992 年发布的，它是一个功能强大、调用方便的底层图形库，为编程人员提供了统一的操作，以便充分利用任何制造商提供的硬件。

（2）OpenGL ES 是免费的、跨平台的、功能完善的 2D/3D 图形库接口 API，它专门针对多种嵌入式系统（包括手机、PDA 和游戏主机等）而设计，提供一种标准方法来描述在图形处理器或主 CPU 上渲染这些图像的底层硬件。

（3）Khronos Group 是一个图形软硬件行业协会，该协会主要关注图形和多媒体方向的开放标准。

习 题

12-1 简单描述 OpenGL 的基本概念。
12-2 构建一个 3D 开发的基本框架大致可以分为哪几个步骤？
12-3 简述绘制 3D 图形的步骤。
12-4 旋转 3D 图形时用到什么方法？
12-5 3D 图形支持的光照类型有哪几种？

实验：绘制一个三棱锥

实验目的

（1）掌握 OpenGL 的使用方法。
（2）掌握三棱锥的绘制原理。
（3）掌握如何为 3D 图形添加背景色。

实验内容

本次实验要求绘制一个每个面颜色都不同的三棱锥。

实验步骤

三棱锥有 4 个面，而且每一个面都是由三角形组成的，这正好符合 OpenGL ES 的绘图机制，即所有图形都是由三角形组成的。所以，首先定义一个 GLTriPyramid 类，用来定义三棱锥的坐标点及绘制三棱锥的方法。代码如下。

```
public class GLTriPyramid {
    private final IntBuffer mVertexBuffer;
    public GLTriPyramid() {
        int one = 65536;
        int half = one / 2;
        // 三棱锥
        int vertices[] = {
                // LEFT
                0, half, 0, -half, -half, 0, half, -half, half,
                // RIGHT
                0, half, 0, -half, -half, 0, half, -half, 0,
                // BACK
                0, half, 0, half,-half, half, half, -half, 0,
                // BOTTOM
                half, -half, 0, -half, -half, 0, half, -half, half, };
        ByteBuffer vbb = ByteBuffer.allocateDirect(vertices.length * 4);
        vbb.order(ByteOrder.nativeOrder());
        mVertexBuffer = vbb.asIntBuffer();
        mVertexBuffer.put(vertices);
        mVertexBuffer.position(0);
```

```
    }
    public void draw(GL10 gl) {
        gl.glVertexPointer(3, GL10.GL_FIXED, 0, mVertexBuffer);
        // 绘制 Left 面
        gl.glColor4f(1, 0, 0, 0.5f);
        gl.glDrawArrays(GL10.GL_TRIANGLE_STRIP, 0, 3);
        // 绘制 RIGHT 面
        gl.glColor4f(0, 1, 0, 0.5f);
        gl.glDrawArrays(GL10.GL_TRIANGLE_STRIP, 3, 3);
        // 绘制 BACK 面
        gl.glColor4f(0, 0, 1, 0.5f);
        gl.glDrawArrays(GL10.GL_TRIANGLE_STRIP, 6, 3);
        // 绘制 BOTTOM 面
        gl.glColor4f(0, 1, 1, 0.5f);
        gl.glDrawArrays(GL10.GL_TRIANGLE_STRIP, 9, 3);
    }
}
```

定义一个 TriPyramidRenderer 类，继承自 GLSurfaceView.Renderer 接口，然后实现其中的 onSurfaceCreated()、onDrawFrame()和 onSurfaceChanged()方法。在这 3 个方法中分别对三棱锥的背景颜色、场景等进行设置，从而绘制一个每个面颜色不同的三棱锥。代码如下。

```
public class TriPyramidRenderer implements GLSurfaceView.Renderer {
    private final GLTriPyramid cube ;
    private long startTime;
    public TriPyramidRenderer(){
        cube = new GLTriPyramid();
        startTime=System.currentTimeMillis();
    }
    public void onSurfaceCreated(GL10 gl, EGLConfig config) {
        gl.glClearColor(0.5f, 0.5f, 0.5f, 1);                // 设置窗体背景颜色
        gl.glEnableClientState(GL10.GL_VERTEX_ARRAY);
        gl.glDisable(GL10.GL_DITHER);                          // 关闭抗抖动
        // 设置系统对透视进行修正
        gl.glHint(GL10.GL_PERSPECTIVE_CORRECTION_HINT, GL10.GL_FASTEST);
        gl.glShadeModel(GL10.GL_SMOOTH);                       // 设置阴影平滑模式
        gl.glEnable(GL10.GL_DEPTH_TEST);                       // 启用深度测试
        gl.glDepthFunc(GL10.GL_LEQUAL);                        // 设置深度测试的类型
    }
    public void onDrawFrame(GL10 gl) {
        // 重绘背景颜色
        gl.glClear(GL10.GL_COLOR_BUFFER_BIT | GL10.GL_DEPTH_BUFFER_BIT);
        /********* 将屏幕设置为黑色 *********************/
        gl.glMatrixMode(GL10.GL_MODELVIEW);
        gl.glLoadIdentity();                                   // 初始化单位矩阵
        /*********************************************/
        // 当使用 GL_MODELVIEW 时，必须设置视窗的位置
        GLU.gluLookAt(gl, 0, 0, -5, 0f, 0f, 0f, 0f, 1.0f, 0.0f);
        gl.glRotatef(1000, -0.1f, -0.1f, 0.05f);              // 旋转
        /*************旋转*********************/
      long time = System.currentTimeMillis() - startTime;
//      gl.glRotatef(time * (30f/1000f),0,1,0);
```

```
//        gl.glRotatef(time * (15f/1000f),1,0,0);
          cube.draw(gl);                                    // 绘制三棱锥
     }
     public void onSurfaceChanged(GL10 gl, int width, int height) {
          gl.glViewport(0, 0, width, height);
          float ratio = (float) width / height;             // 计算透视视窗的宽度、高度比
          gl.glMatrixMode(GL10.GL_PROJECTION);              // 将当前矩阵模式设为投影矩阵
          gl.glLoadIdentity();                              // 初始化单位矩阵
          GLU.gluPerspective(gl, 45.0f, ratio, 1, 100f); // 设置透视视窗的空间大小
     }
}
```

程序运行效果如图 12-7 所示。

图 12-7　绘制一个三棱锥

第 13 章 多媒体应用开发

本章要点：

- 使用 MediaPlayer 播放音频
- 使用 SoundPool 播放音频
- 使用 VideoView 组件播放视频
- 使用 MediaPlayer 和 SurfaceView 播放视频

随着 3G 时代的到来，在手机和平板电脑上应用多媒体已经非常普遍了。Android 作为一大手机、平板电脑操作系统，对多媒体应用提供了良好的支持。它不仅支持音频和视频的播放，而且还支持录制音频等。本章对 Android 中的音频及视频等多媒体应用进行详细介绍。

13.1 播放音频与视频

Android 提供了对常用音频和视频格式的支持，它所支持的音频格式有 MP3（.mp3）、3GPP（.3gp）、Ogg（.ogg）和 WAVE（.ave）等，支持的视频格式有 3GPP（.3gp）和 MPEG-4（.mp4）等。通过 Android API 提供的相关方法，可以实现音频与视频的播放。下面分别介绍播放音频与视频的不同方法。

13.1.1 使用 MediaPlayer 播放音频

在 Android 中，提供了 MediaPlayer 类用来播放音频。使用 MediaPlayer 类播放音频比较简单，只需要创建该类的对象，并为其指定要播放的音频文件，然后再调用它的 start()方法就可以播放音频文件了。下面详细介绍如何使用 MediaPlayer 播放音频文件。

1. 创建 MediaPlayer 对象，并装载音频文件

创建 MediaPlayer 对象，并装载音频文件。可以使用该类提供的静态方法 create()来实现，也可通过它的无参构造方法来创建并实例化该类的对象来实现。

MediaPlayer 类的静态方法 create()常用的语法格式有以下两种。

- create(Context context, int resid)

用于从资源 ID 所对应的资源文件中装载音频，并返回新创建的 MediaPlayer 对象。例如，要创建装载音频资源（res/raw/d.wav）的 MediaPlayer 对象，可以使用下面的代码。

```
MediaPlayer player=MediaPlayer.create(this, R.raw.d);
```

- create(Context context, Uri uri)

用于根据指定的 URI 来装载音频，并返回新创建的 MediaPlayer 对象。例如，要创建装载了音频文件（URI 地址为 http://www.mingribook.com/sound/bg.mp3）的 MediaPlayer 对象，可以使用下面的代码。

```
MediaPlayer player=MediaPlayer.create(this, Uri.parse("http://www.mingribook.com/
sound/bg.mp3"));
```

说明

在访问网络中的资源时，要在 AndroidManifest.xml 文件中授予该程序访问网络的权限。具体的授权代码如下。

```
<uses-permission android:name="android.permission.INTERNET"/>
```

在通过 MediaPlayer 类的静态方法 create()创建 MediaPlayer 对象时，已经装载了要播放的音频。而使用无参的构造方法来创建 MediaPlayer 对象时，需要单独指定要装载的资源，这可以使用 MediaPlayer 类的 setDataSource()方法实现。

在使用 setDataSource()方法装载音频文件后，实际上 MediaPlayer 并未真正去装载该音频文件，还需要调用 MediaPlayer 的 prepare()方法去装载音频文件。使用无参的构造方法来创建 MediaPlayer 对象并装载指定的音频文件可以使用下面的代码。

```
MediaPlayer player=new MediaPlayer();
try {
    player.setDataSource("/sdcard/s.wav");      // 指定要装载的音频文件
} catch (IllegalArgumentException e1) {
    e1.printStackTrace();
} catch (SecurityException e1) {
    e1.printStackTrace();
} catch (IllegalStateException e1) {
    e1.printStackTrace();
} catch (IOException e1) {
    e1.printStackTrace();
}
try {
    player.prepare();                            // 预加载音频
} catch (IllegalStateException e) {
    e.printStackTrace();
} catch (IOException e) {
    e.printStackTrace();
}
```

2. 开始或恢复播放

在获取到 MediaPlayer 对象后，就可以使用 MediaPlayer 类提供的 start()方法开始播放或恢复已经暂停的音频的播放。例如，已经创建了一个名称为“player”并且装载了要播放音频的 MediaPlayer，可以使用下面的代码播放该音频。

```
player.start();                                  // 开始播放
```

3. 停止播放

使用 MediaPlayer 类提供的 stop()方法可以停止正在播放的音频。例如，已经创建了一个名称为“player”并且已经开始播放装载的音频，可以使用下面的代码停止播放该音频。

```
player.stop();                                   // 停止播放
```

4. 暂停播放

使用 MediaPlayer 类提供的 pause()方法可以暂停正在播放的音频。例如，已经创建了一个名称为“player”并且已经开始播放装载的音频，可以使用下面的代码暂停播放该音频。

```
player.pause();                                    // 暂停播放
```

【例 13-1】 在 Eclipse 中创建 Android 项目，实现包括播放、暂停/继续和停止功能的简易音乐播放器。（实例位置：光盘\MR\源码\第 13 章\13-1）

（1）将要播放的音频文件上传到 SD 卡的根目录中，这里要播放的音频文件为 ninan.mp3。

（2）修改新建项目的 res/layout 目录下的布局文件 main.xml，在默认添加的线性布局管理器中添加一个水平线性布局管理器，并在其中添加 3 个按钮，分别为“播放”按钮、“暂停/继续”按钮和“停止”按钮。

（3）打开默认添加的 MainActivity，在该类中定义所需的成员变量。具体代码如下。

```
private MediaPlayer player;                        // MediaPlayer 对象
private boolean isPause = false;                   // 是否暂停
private File file;                                 // 要播放的音频文件
private TextView hint;                             // 声明显示提示信息的文本框
```

（4）在 onCreate()方法中，首先获取布局管理器中添加的“播放”按钮、“暂停/继续”按钮、“停止”按钮和显示提示信息的文本框，然后获取要播放的文件，最后再判断该文件是否存在。如果存在，则创建一个装载该文件的 MediaPlayer 对象；否则，显示提示信息，并设置“播放”按钮不可用。关键代码如下。

```
final Button button1 = (Button) findViewById(R.id.button1); // 获取播放按钮
final Button button2 = (Button) findViewById(R.id.button2); // 获取“暂停/继续”按钮
final Button button3 = (Button) findViewById(R.id.button3); // 获取“停止”按钮
hint = (TextView) findViewById(R.id.hint);                  // 获取用户显示提示信息的文本框
file = new File("/sdcard/ninan.mp3");                       // 获取要播放的文件
if (file.exists()) {                                        // 如果文件存在
    player = MediaPlayer
        .create(this, Uri.parse(file.getAbsolutePath()));   // 创建 MediaPlayer 对象
} else {
    hint.setText("要播放的音频文件不存在！");
    button1.setEnabled(false);
    return;
}
```

（5）编写用于播放音乐的 play()方法，该方法没有入口参数的返回值。在该方法中，首先调用 MediaPlayer 对象的 reset()方法重置 MediaPlayer 对象，然后重新为其设置要播放的音频文件，并预加载该音频，最后调用 start()方法开始播放音频，并修改显示提示信息的文本框中的内容。具体代码如下。

```
private void play() {
    try {
        player.reset();
        player.setDataSource(file.getAbsolutePath());   // 重新设置要播放的音频
        player.prepare();                               // 预加载音频
        player.start();                                 // 开始播放
        hint.setText("正在播放音频...");
    } catch (Exception e) {
        e.printStackTrace();                            // 输出异常信息
    }
}
```

```
}
```

（6）为 MediaPlayer 对象添加完成事件监听器，用于当音乐播放完毕后，重新开始播放音乐。具体代码如下。

```
player.setOnCompletionListener(new OnCompletionListener() {
    @Override
    public void onCompletion(MediaPlayer mp) {
        play();                                    // 重新开始播放
    }
});
```

（7）为“播放”按钮添加单击事件监听器，在重写的 onClick()方法中，首先调用 play()方法开始播放音乐，然后对代表是否暂停的标记变量 isPause 进行设置，最后再设置各按钮的可用状态。关键代码如下。

```
button1.setOnClickListener(new OnClickListener() {
    @Override
    public void onClick(View v) {
        play();                                    // 开始播放音乐
        if (isPause) {
            button2.setText("暂停");
            isPause = false;                       // 设置暂停标记变量的值为 false

        }
        button2.setEnabled(true);                  // “暂停/继续”按钮可用
        button3.setEnabled(true);                  // “停止”按钮可用
        button1.setEnabled(false);                 // “播放”按钮不可用
    }
});
```

（8）为“暂停/继续”按钮添加单击事件监听器，在重写的 onClick()方法中，如果 MediaPlayer 处于播放状态并且标记变量 isPause 的值为 false，则暂停播放音频，并设置相关信息；否则调用 MediaPlayer 对象的 start()方法继续播放音乐，并设置相关信息。关键代码如下。

```
button2.setOnClickListener(new OnClickListener() {
    @Override
    public void onClick(View v) {
        if (player.isPlaying() && !isPause) {
            player.pause();                        // 暂停播放;
            isPause = true;
            ((Button) v).setText("继续");
            hint.setText("暂停播放音频...");
            button1.setEnabled(true);              // “播放”按钮可用
        } else {
            player.start();                        // 继续播放
            ((Button) v).setText("暂停");
            hint.setText("继续播放音频...");
            isPause = false;
            button1.setEnabled(false);             // “播放”按钮不可用
        }
    }
});
```

（9）为“停止”按钮添加单击事件监听器，在重写的 onClick()方法中，首先调用 MediaPlayer 对象的 stop()方法停止播放音频，然后设置提示信息及各按钮的可用状态。具体代码如下。

```
button3.setOnClickListener(new OnClickListener() {
    @Override
    public void onClick(View v) {
        player.stop();                      // 停止播放;
        hint.setText("停止播放音频...");
        button2.setEnabled(false);          // "暂停/继续"按钮不可用
        button3.setEnabled(false);          // "停止"按钮不可用
        button1.setEnabled(true);           // "播放"按钮可用
    }
});
```

（10）重写 Acitivity 的 onDestroy()方法，用于在当前 Activity 销毁时，停止正在播放的视频，并释放 MediaPlayer 所占用的资源。具体代码如下。

```
@Override
protected void onDestroy() {
    if(player.isPlaying()){
        player.stop();                      // 停止音频的播放
    }
    player.release();                       // 释放资源
    super.onDestroy();
}
```

运行本实例，将显示一个简易音乐播放器，单击“播放”按钮，将开始播放音乐，同时“播放”按钮变为不可用状态，而“暂停”按钮和“停止”按钮变为可用状态，如图 13-1 所示。单击“暂停”按钮，将暂停音乐的播放，同时“播放”按钮变为可用；单击“继续”按钮，将继续音乐的播放，同时“继续”按钮变为“暂停”按钮；单击“停止”按钮，将停止音乐的播放，同时“暂停/继续”和“停止”按钮变为不可用，“播放”按钮可用。

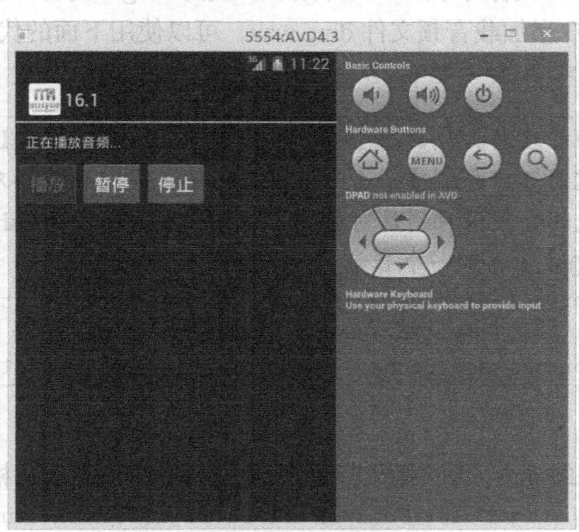

图 13-1　简易音乐播放器

13.1.2　使用 SoundPool 播放音频

由于 MediaPlayer 占用资源较高，且不支持同时播放多个音频，因此 Android 还提供了另一个播放音频的 SoundPool。SoundPool 也就是音频池，它可以同时播放多个短促的音频，而且占用的资源少。SoundPool 适合在应用程序中播放按键音或者消息提示音等，在游戏中实现密集而短暂的声音，例如多个飞机的爆炸声等。使用 SoundPool 播放音频，首先需要创建 SoundPool 对象，然后加载所要播放的音频，最后再调用 play()方法播放音频，下面进行详细介绍。

1. 创建 SoundPool 对象

SoundPool 类提供了一个构造方法，用来创建 SoundPool 对象。该构造方法的语法格式如下。

```
SoundPool (int maxStreams, int streamType, int srcQuality)
```

其中，maxStreams 参数用于指定可以容纳多少个音频；streamType 参数用于指定声音类型，可以通过 AudioManager 类提供的常量进行指定，通常使用 STREAM_MUSIC；srcQuality 参数用于指定音频的品质，默认值为 0。

例如，创建一个可以容纳 10 个音频的 SoundPool 对象，可以使用下面的代码。

```
SoundPool soundpool = new SoundPool(10,
AudioManager.STREAM_SYSTEM, 0);    // 创建一个 SoundPool 对象，该对象可以容纳 10 个音频流
```

2. 加载所要播放的音频

创建 SoundPool 对象后，可以调用它的 load()方法来加载要播放的音频。load()方法的语法格式有以下 4 种。

```
public int load (Context context, int resId, int priority)
```

用于通过指定的资源 ID 来加载音频。

```
public int load (String path, int priority)
```

用于通过音频文件的路径来加载音频。

```
public int load (AssetFileDescriptor afd, int priority)
```

用于从 AssetFileDescriptor 所对应的文件中加载音频。

```
public int load (FileDescriptor fd, long offset, long length, int priority)
```

用于加载 FileDescriptor 对象中从 offset 开始、长度为 length 的音频。

例如，要通过资源 ID 来加载音频文件 ding.wav，可以使用下面的代码。

```
soundpool.load(this, R.raw.ding, 1);
```

为了更好地管理所加载的每个音频，一般使用 HashMap<Integer, Integer>对象来管理这些音频。这时可以先创建一个 HashMap<Integer, Integer>对象，然后应用该对象的 put()方法将加载的音频保存到该对象中。例如，创建一个 HashMap<Integer, Integer>对象，并应用 put()方法添加一个音频，可以使用下面的代码。

```
HashMap<Integer, Integer> soundmap = new HashMap<Integer, Integer>();
                                                    //创建一个 HashMap 对象
soundmap.put(1, soundpool.load(this, R.raw.chimes, 1));
```

3. 播放音频

调用 SoundPool 对象的 play()方法播放指定音频。play()方法的语法格式如下。

```
play (int soundID, float leftVolume, float rightVolume, int priority, int loop,
float rate)
```

play()方法各参数的说明如表 13-1 所示。

例如，要播放音频资源中保存的音频文件 notify.wav，可以使用下面的代码。

```
soundpool.play(soundpool.load(MainActivity.this, R.raw.notify, 1), 1, 1, 0, 0, 1);
```

【例 13-2】 在 Eclipse 中创建 Android 项目，实现通过 SoundPool 播放音频。（实例位置：光盘\MR\源码\第 13 章\13-2）

（1）修改新建项目的 res/layout 目录下的布局文件 main.xml，将默认添加的 TextView 组件删

除，然后在默认添加的线性布局管理器中添加 4 个按钮，分别为"风铃声"按钮、"布谷鸟叫声"按钮、"门铃声"按钮和"电话声"按钮。

表 13-1　　play()方法的参数说明

方　法	描　述
soundID	用于指定要播放的音频，该音频为通过 load()方法返回的音频
leftVolume	用于指定左声道的音量，取值范例为 0.0~1.0
rightVolume	用于指定右声道的音量，取值范例为 0.0~1.0
priority	用于指定播放音频的优先级，数值越大，优先级越高
loop	用于指定循环次数，0 为不循环，-1 为循环
rate	用于指定速率，1 为正常，最低为 0.5，最高为 2

（2）打开默认添加的 MainActivity，在该类中，创建两个成员变量。具体代码如下。

```
private SoundPool soundpool;                                    // 声明一个 SoundPool 对象
// 创建一个 HashMap 对象
private HashMap<Integer, Integer> soundmap = new HashMap<Integer, Integer>();
```

（3）在 onCreate()方法中，首先获取布局管理器中添加的"风铃声"按钮、"布谷鸟叫声"按钮、"门铃声"按钮和"电话声"按钮，然后实例化 SoundPool 对象，再将要播放的全部音频流保存到 HashMap 对象中。具体代码如下。

```
Button chimes = (Button) findViewById(R.id.button1);     // 获取"风铃声"按钮
Button enter = (Button) findViewById(R.id.button2);      // 获取"布谷鸟叫声"按钮
Button notify = (Button) findViewById(R.id.button3);     // 获取"门铃声"按钮
Button ringout = (Button) findViewById(R.id.button4);    // 获取"电话声"按钮
soundpool = new SoundPool(5,
        AudioManager.STREAM_SYSTEM, 0);
                                    // 创建一个 SoundPool 对象，该对象可以容纳 5 个音频流
// 将要播放的音频流保存到 HashMap 对象中
soundmap.put(1, soundpool.load(this, R.raw.chimes, 1));
soundmap.put(2, soundpool.load(this, R.raw.enter, 1));
soundmap.put(3, soundpool.load(this, R.raw.notify, 1));
soundmap.put(4, soundpool.load(this, R.raw.ringout, 1));
soundmap.put(5, soundpool.load(this, R.raw.ding, 1));
```

（4）分别为"风铃声"按钮、"布谷鸟叫声"按钮、"门铃声"按钮和"电话声"按钮添加单击事件监听器，在重写的 onClick()方法中播放指定音频。具体代码如下。

```
chimes.setOnClickListener(new OnClickListener() {
    @Override
    public void onClick(View v) {
        soundpool.play(soundmap.get(1), 1, 1, 0, 0, 1);         // 播放指定的音频
    }
});
enter.setOnClickListener(new OnClickListener() {
    @Override
    public void onClick(View v) {
        soundpool.play(soundmap.get(2), 1, 1, 0, 0, 1);         // 播放指定的音频
    }
});
notify.setOnClickListener(new OnClickListener() {
```

```
        @Override
        public void onClick(View v) {
            soundpool.play(soundmap.get(3), 1, 1, 0, 0, 1);                // 播放指定的音频
        }
    });
    ringout.setOnClickListener(new OnClickListener() {
        @Override
        public void onClick(View v) {
            soundpool.play(soundmap.get(4), 1, 1, 0, 0, 1);                // 播放指定的音频
        }
    });
```

（5）重写键盘按键被按下的方法 onKeyDown()，用于实现播放按键音的功能。具体代码如下。

```
@Override
public boolean onKeyDown(int keyCode, KeyEvent event) {
                                                                        // 播放按键音
    soundpool.play(soundmap.get(5), 1, 1, 0, 0, 1);
    return true;
}
```

运行本实例，将显示如图 13-2 所示的运行结果。单击“风铃声”、“布谷鸟叫声”等按钮，将播放相应的音乐；按下键盘上的按钮，将播放一个按键音。

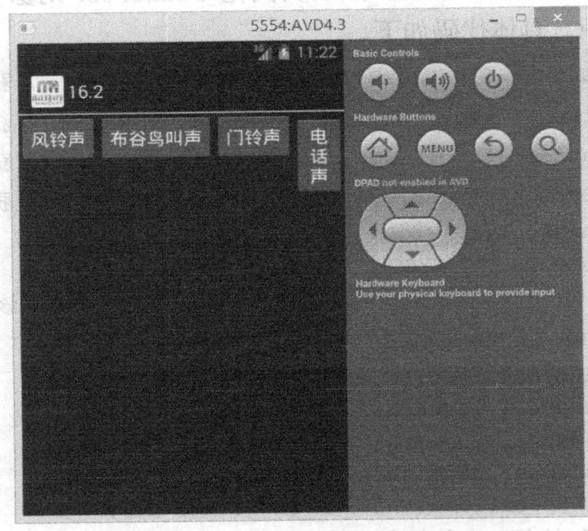

图 13-2　应用 SoundPool 播放音频

13.1.3　使用 VideoView 播放视频

Android 中提供了一个 VideoView 组件，用于播放视频文件。要想使用 VideoView 组件播放视频，首先需要在布局文件中创建该组件，然后在 Activity 中获取该组件，并应用其 setVideoPath() 方法或 setVideoURI()方法加载要播放的视频，最后调用 VideoView 组件的 start()方法来播放视频。另外，VideoView 组件还提供了 stop()和 pause()方法来停止或暂停视频的播放。

在布局文件中创建 VideoView 组件的基本语法格式如下。

```
<VideoView
    属性列表
</VideoView>
```

VideoView 组件支持的 XML 属性如表 13-2 所示。

表 13-2　　VideoView 组件支持的 XML 属性

XML 属性	描　述
android:id	用于设置组件的 ID
android:background	用于设置背景，可以设置背景图片，也可以设置背景颜色
android:layout_gravity	用于设置对齐方式
android:layout_width	用于设置宽度
android:layout_height	用于设置高度

Android 还提供了一个可以与 VideoView 组件结合使用的 MediaController 组件。MediaController 组件用于通过图形控制界面来控制视频的播放。

下面通过一个具体的实例来说明如何使用 VideoView 和 MediaController 来播放视频。

【例 13-3】 在 Eclipse 中创建 Android 项目，实现通过 VideoView 和 MediaController 播放视频。（实例位置：光盘\MR\源码\第 13 章\13-3）

（1）修改新建项目的 res/layout 目录下的布局文件 main.xml，将默认添加的 TextView 组件删除，然后在默认添加的线性布局管理器中添加一个 VideoView 组件用于播放视频文件。关键代码如下。

```
<VideoView
    android:id="@+id/video"
    android:background="@drawable/mpbackground"
    android:layout_width="match_parent"
    android:layout_height="wrap_content"
    android:layout_gravity="center" />
```

（2）打开默认添加的 MainActivity，在该类中声明一个 VideoView 对象。具体代码如下。

```
private VideoView video;                              // 声明VideoView对象
```

（3）在 onCreate()方法中，首先获取布局管理器中添加的 VideoView，并创建一个播放视频所对应的 File 对象。然后创建一个 MediaController 对象，用于控制视频的播放。最后再判断要播放的视频文件是否存在，如果存在，使用 VideoView 播放该视频；否则显示消息提示框，显示提示信息。具体代码如下。

```
video=(VideoView) findViewById(R.id.video);           // 获取VideoView组件
File file=new File("/sdcard/mingrisoft.mp4");         // 获取SD卡上要播放的文件
MediaController mc=new MediaController(MainActivity.this);
if(file.exists()){                                    // 判断要播放的视频文件是否存在
    video.setVideoPath(file.getAbsolutePath());       // 指定要播放的视频
    video.setMediaController(mc);            // 设置VideoView与MediaController相关联
    video.requestFocus();                             // 让VideoView获得焦点
    try {
        video.start();                                // 开始播放视频
    } catch (Exception e) {
        e.printStackTrace();                          // 输出异常信息
    }
    // 为VideoView添加完成事件监听器
    video.setOnCompletionListener(new OnCompletionListener() {
    @Override
            public void onCompletion(MediaPlayer mp) {
        Toast.makeText(MainActivity.this, "视频播放完毕！", Toast.LENGTH_SHORT).
```

```
show();
                }
            });
        }else{
            Toast.makeText(this, "要播放的视频文件不存在", Toast.LENGTH_SHORT).show();
        }
```

实例运行结果如图 13-3 所示。

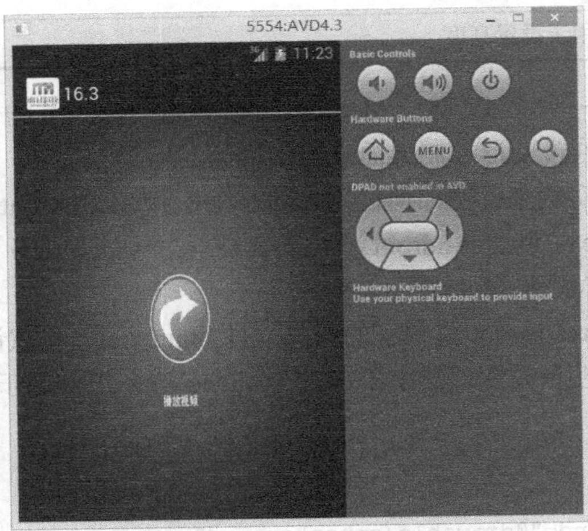

图 13-3　使用 VideoView 组件播放视频

13.1.4　使用 MediaPlayer 和 SurfaceView 播放视频

13.1.1 节介绍了使用 MediaPlayer 播放音频，实际上，MediaPlayer 还可以用来播放视频文件，只不过使用 MediaPlayer 播放视频时，没有提供图像输出界面。这时，可以使用 SurfaceView 组件来显示视频图像。使用 MediaPlayer 和 SurfaceView 播放视频，大致可以分为以下 4 个步骤。

1．定义 SurfaceView 组件

定义 SurfaceView 组件可以在布局管理器中实现，也可以直接在 Java 代码中创建，推荐使用布局管理器创建。在布局管理器中定义 SurfaceView 组件的基本语法格式如下。

```
<SurfaceView
    android:id="@+id/ID号"
    android:background="背景"
    android:keepScreenOn="true|false"
    android:layout_width="宽度"
    android:layout_height="高度"/>
```

在上面的语法中，android:keepScreenOn 属性用于指定在播放视频时，是否打开屏幕。

例如，在布局管理器中，添加一个 ID 号为 surfaceView1、设置了背景的 SurfaceView 组件，可以使用下面的代码。

```
<SurfaceView
    android:id="@+id/surfaceView1"
    android:background="@drawable/bg"
    android:keepScreenOn="true"
    android:layout_width="576px"
    android:layout_height="432px"/>
```

2. 创建 MediaPlayer 对象，并为其加载要播放的视频

与播放音频时创建 MediaPlayer 对象一样，也可以使用 MediaPlayer 类的静态方法 create()和无参的构造方法两种方式创建 MediaPlayer 对象。

3. 将所播放的视频画面输出到 SurfaceView

使用 MediaPlayer 对象的 setDisplay()方法可以将所播放的视频画面输出到 SurfaceView。setDisplay()方法的语法格式如下。

```
setDisplay(SurfaceHolder sh)
```

参数 sh 用于指定 SurfaceHolder 对象，可以通过 SurfaceView 对象的 getHolder()方法获得。例如，为 MediaPlayer 对象指定输出视频画面的 SurfaceView，可以使用下面的代码。

```
mediaplayer.setDisplay(surfaceview.getHolder());   // 设置将视频画面输出到 SurfaceView
```

4. 调用 MediaPlayer 对象的相应方法控制视频的播放

使用 MediaPlayer 对象提供的 play()、pause()和 stop()方法，可以控制视频的播放、暂停和停止。

下面通过一个具体的实例演示如何使用 MediaPlayer 和 SurfaceView 播放视频。

【例 13-4】 在 Eclipse 中创建 Android 项目，实现通过 MeidaPlayer 和 SurfaceView 播放视频。（实例位置：光盘\MR\源码\第 13 章\13-4）

（1）修改新建项目的 res/layout 目录下的布局文件 main.xml，将默认添加的 TextView 组件删除，然后在默认添加的线性布局管理器中添加一个 SurfaceView 组件用于显示视频图像；同时添加一个水平线性布局管理器，并在该水平线性布局管理器中添加 3 个按钮，分别为“播放”按钮、“暂停/继续”按钮和“停止”按钮。关键代码如下。

```
<SurfaceView
  android:id="@+id/surfaceView1"
  android:layout_width="264dp"
  android:layout_height="234dp"
  android:background="@drawable/bg"
  android:keepScreenOn="true" />
```

（2）打开默认添加的 MainActivity，在该类中声明一个 MediaPlayer 对象和一个 SurfaceView 对象。具体代码如下。

```
private MediaPlayer mp;                              // 声明 MediaPlayer 对象
private SurfaceView sv;                              // 声明 SurfaceView 对象
```

（3）在 onCreate()方法中，首先实例化 MediaPlayer 对象，然后获取布局管理器中添加的 SurfaceView 组件，最后再分别获取“播放”按钮、“暂停/继续”按钮和“停止”按钮。具体代码如下。

```
mp=new MediaPlayer();                                // 实例化 MediaPlayer 对象
sv=(SurfaceView)findViewById(R.id.surfaceView1);
                                                     // 获取布局管理器中添加的 SurfaceView 组件
Button play=(Button)findViewById(R.id.play);         // 获取“播放”按钮
final Button pause=(Button)findViewById(R.id.pause);// 获取“暂停/继续”按钮
Button stop=(Button)findViewById(R.id.stop);         // 获取“停止”按钮
```

（4）分别为“播放”按钮、“暂停/继续”按钮和“停止”按钮添加单击事件监听器，并在重写的 onClick()方法中，实现播放视频、暂停/继续播放视频和停止播放视频等功能。具体代码如下。

```
// 为“播放”按钮添加单击事件监听器
```

```
play.setOnClickListener(new OnClickListener() {
    @Override
    public void onClick(View v) {
        mp.reset();                                          // 重置 MediaPlayer 对象
        try {
            mp.setDataSource("/sdcard/ccc.mp4");             // 设置要播放的视频
            mp.setDisplay(sv.getHolder());                   // 设置将视频画面输出到 SurfaceView
            mp.prepare();                                    // 预加载视频
            mp.start();                                      // 开始播放
        sv.setBackgroundResource(R.drawable.bg_playing);
                                                             // 改变 SurfaceView 的背景图片
            pause.setText("暂停");
            pause.setEnabled(true);                          // 设置"暂停"按钮可用
        } catch (IllegalArgumentException e) {
            e.printStackTrace();
        } catch (SecurityException e) {
            e.printStackTrace();
        } catch (IllegalStateException e) {
            e.printStackTrace();
        } catch (IOException e) {
            e.printStackTrace();
        }
    }
});
// 为"停止"按钮添加单击事件监听器
stop.setOnClickListener(new OnClickListener() {
    @Override
    public void onClick(View v) {
        if(mp.isPlaying()){
            mp.stop();                                       // 停止播放
        sv.setBackgroundResource(R.drawable.bg_finish); // 改变 SurfaceView 的背景图片
            pause.setEnabled(false);                         // 设置"暂停"按钮不可用
        }
    }
});
//为"暂停"按钮添加单击事件监听器
pause.setOnClickListener(new OnClickListener() {
    @Override
    public void onClick(View v) {
        if(mp.isPlaying()){
            mp.pause();                                      // 暂停视频的播放
            ((Button)v).setText("继续");
        }else{
            mp.start();                                      // 继续视频的播放
            ((Button)v).setText("暂停");
        }
    }
});
```

（5）为 MediaPlayer 对象添加完成事件监听器，在重写的 onCompletion()方法中改变 SurfaceView 的背景图片，并弹出消息提示框显示视频已经播放完毕。具体代码如下。

```
mp.setOnCompletionListener(new OnCompletionListener() {
    @Override
    public void onCompletion(MediaPlayer mp) {
        sv.setBackgroundResource(R.drawable.bg_finish); // 改变 SurfaceView 的背景图片
        Toast.makeText(MainActivity.this, "视频播放完毕！", Toast.LENGTH_SHORT).show();
    }
});
```

（6）重写 Acitivity 的 onDestroy()方法，用于在当前 Activity 销毁时，停止正在播放的视频，并释放 MediaPlayer 所占用的资源。具体代码如下。

```
@Override
protected void onDestroy() {
    if(mp.isPlaying()){
        mp.stop();                                          // 停止播放视频
    }
    mp.release();                                           // 释放资源
    super.onDestroy();
}
```

运行本实例，效果如图 13-4 所示。单击“播放”按钮，开始播放视频，并且“暂停”按钮可用；单击“暂停”按钮，暂停视频的播放，同时该按钮变为“继续”按钮；单击“停止”按钮，停止正在播放的视频。

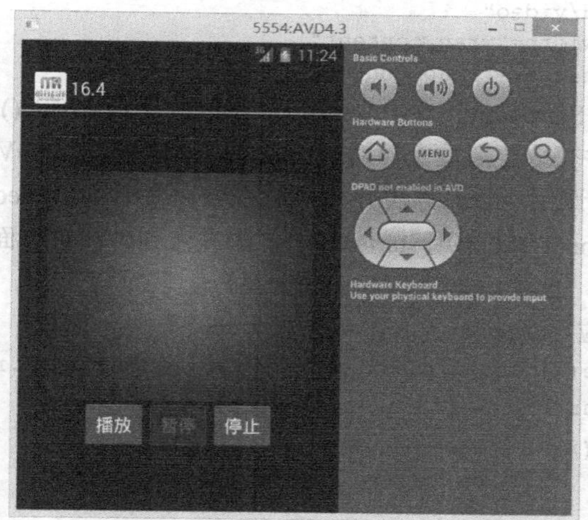

图 13-4　使用 MediaPlayer 和 SurfaceView 播放视频

13.2　综合实例——制作开场动画

本实例主要在 Android 程序中实现开场动画的功能，运行程序，首先播放指定的视频，视频播放完毕后，将进入到如图 13-5 所示的游戏主界面。

程序开发步骤如下。

（1）修改新建项目的 res/layout 目录下的布局文件 main.xml，将默认添加的布局代码删除，然后添加一个 FrameLayout 帧布局管理器，并在该布局管理器中添加一个 ImageView 组件，用于显示一只小兔子。另外，还需要为添加的帧布局管理器设置背景图片。

图 13-5　游戏主界面

（2）在 res/layout 目录下创建一个布局文件 start.xml，在该文件中添加一个居中显示的线性布局管理器，并在该布局管理器中添加一个 VideoView 组件用于播放开场动画视频文件。代码如下。

```
<VideoView
    android:id="@+id/video"
    android:layout_width="wrap_content"
    android:layout_height="wrap_content" />
```

（3）创建一个名称为 StartActivity 的 Activity，并重写其 onCreate()方法。在该方法中，首先获取 VideoView 组件，并获取要播放文件对应的 URI，然后为 VideoView 组件指定要播放的视频，并让其获得焦点，再调用 start()方法开始播放视频。最后为 VideoView 添加完成事件监听器，在重写的 onCompletion()方法调用 startMain()方法进入到游戏主界面。具体代码如下。

```
video = (VideoView) findViewById(R.id.video);                    // 获取 VideoView 组件
// 获取要播放的文件对应的 URI
Uri uri = Uri.parse("android.resource://com.mingrisoft/"+R.raw.mingrisoft);
video.setVideoURI(uri);                                          // 指定要播放的视频
video.requestFocus();                                            // 让 VideoView 获得焦点
try {
    video.start();                                               // 开始播放视频
    } catch (Exception e) {
        e.printStackTrace();                                     // 输出异常信息
    }
    // 为 VideoView 添加完成事件监听器
    video.setOnCompletionListener(new OnCompletionListener() {
        @Override
        public void onCompletion(MediaPlayer mp) {
            startMain();                                         // 进入游戏主界面
        }
    });
```

（4）编写进入游戏主界面的 startMain()方法，在该方法中创建一个新的 Intent，来启动游戏主界面的 Activity。具体代码如下。

```
    private void startMain(){                                    // 进入游戏主界面
        Intent intent = new Intent(StartActivity.this, MainActivity.class);
```

```
        startActivity(intent);                              // 启动新的 Activity
        StartActivity.this.finish();                        // 结束当前 Activity
    }
```

（5）打开 AndroidManifest.xml 文件，在该文件中，配置项目中应用的 Activity。这里首先将主 Activity 设置为 StartActivity，然后再配置 MainActivity。关键代码如下。

```
<activity
    android:label="@string/app_name"
    android:name=".StartActivity" >
    <intent-filter >
        <action android:name="android.intent.action.MAIN" />
        <category android:name="android.intent.category.LAUNCHER" />
    </intent-filter>
</activity>
<activity android:name=".MainActivity"/>
```

知识点提炼

（1）MediaPlayer 类用来播放音频。使用 MediaPlayer 类播放音频比较简单，只需要创建该类的对象，并为其指定要播放的音频文件，然后再调用它的 start()方法就可以播放音频文件了。

（2）SoundPool 也就是音频池，它可以同时播放多个短促的音频，而且占用的资源少。SoundPool 适合在应用程序中播放按键音或者消息提示音等，在游戏中实现密集而短暂的声音。

（3）VideoView 组件用于播放视频文件。

习　题

13-1　使用 MediaPlayer 播放音频分为几步？每步分别是什么？

13-2　简述如何使用 SoundPool。

13-3　简述如何使用 VideoView。

13-4　简述如何使用 MediaPlayer 和 SurfaceView 播放视频。

实验：为游戏界面添加背景音乐和按键音

实验目的

（1）巩固 Android 布局相关知识。

（2）掌握如何在 Android 程序中播放音乐。

（3）掌握如何为 Android 程序设置按键音。

实验内容

本实验主要实现为游戏界面添加背景音乐和按键音的功能。

实验步骤

（1）修改新建项目的 res/layout 目录下的布局文件 main.xml，将默认添加的布局代码删除，然后添加一个 FrameLayout 帧布局管理器，并在该布局管理器中添加一个 ImageView，用于显示一只小兔子。另外，还需要为添加的帧布局管理器设置背景图片。

（2）打开默认添加的 MainActivity，在该类中，创建程序中所需的成员变量。具体代码如下。

```
private SoundPool soundpool;                    // 声明一个 SoundPool 对象
// 创建一个 HashMap 对象
private HashMap<Integer, Integer> soundmap = new HashMap<Integer, Integer>();
private ImageView rabbit;
private int x=0;                                // 兔子在 x 轴的位置
private int y=0;                                // 兔子在 y 轴的位置
private int width=0;                            // 屏幕的宽度
private int height=0;                           // 屏幕的高度
```

（3）在 onCreate()方法中，首先实例化 SoundPool 对象，并将要播放的全部音频流保存到 HashMap 对象中。然后获取布局管理器中添加的小兔子，并获取屏幕的宽度和高度。再计算小兔子在 X 轴和 Y 轴的位置，最后通过 setX()和 setY()方法设置兔子的默认位置。具体代码如下。

```
soundpool = new SoundPool(5,
        AudioManager.STREAM_SYSTEM, 0);// 创建一个 SoundPool 对象，该对象可以容纳 5 个音频流
// 将要播放的音频流保存到 HashMap 对象中
soundmap.put(1, soundpool.load(this, R.raw.chimes, 1));
soundmap.put(2, soundpool.load(this, R.raw.enter, 1));
soundmap.put(3, soundpool.load(this, R.raw.notify, 1));
soundmap.put(4, soundpool.load(this, R.raw.ringout, 1));
soundmap.put(5, soundpool.load(this, R.raw.ding, 1));
rabbit=(ImageView)findViewById(R.id.rabbit);
width= MainActivity.this.getResources().getDisplayMetrics().widthPixels;
height=MainActivity.this.getResources().getDisplayMetrics().heightPixels;
x=width/2-44;                                   // 计算兔子在 x 轴的位置
y=height/2-35;                                  // 计算兔子在 y 轴的位置
rabbit.setX(x);                                 // 设置兔子在 x 轴的位置
rabbit.setY(y);                                 // 设置兔子在 y 轴的位置
```

（4）重写键盘按键被按下的 onKeyDown()方法，在该方法中，应用 switch()语句分别为上、下、左、右方向键和其他按键指定不同的按键音。同时，在按下上、下、左和右方向键时，还会控制小兔子在相应方向上移动。具体代码如下。

```
@Override
public boolean onKeyDown(int keyCode, KeyEvent event) {
    switch(keyCode){
        case KeyEvent.KEYCODE_DPAD_LEFT:                        // 向左方向键
            soundpool.play(soundmap.get(1), 1, 1, 0, 0, 1); // 播放指定的音频
            if(x>0){
                x-=10;
                rabbit.setX(x);                                 // 移动小兔子
            }
            break;
        case KeyEvent.KEYCODE_DPAD_RIGHT:                       // 向右方向键
```

```
                soundpool.play(soundmap.get(2), 1, 1, 0, 0, 1); // 播放指定的音频
                if(x<width-88){
                    x+=10;
                    rabbit.setX(x);                          // 移动小兔子
                }
                break;
            case KeyEvent.KEYCODE_DPAD_UP:                   // 向上方向键
                soundpool.play(soundmap.get(3), 1, 1, 0, 0, 1); // 播放指定的音频
                if(y>0){
                    y-=10;
                    rabbit.setY(y);                          // 移动小兔子
                }
                break;
            case KeyEvent.KEYCODE_DPAD_DOWN:                 // 向下方向键
                soundpool.play(soundmap.get(4), 1, 1, 0, 0, 1); // 播放指定的音频
                if(y<height-70){
                    y+=10;
                    rabbit.setY(y);                          // 移动小兔子
                }
                break;
            default:
                soundpool.play(soundmap.get(5), 1, 1, 0, 0, 1); // 播放默认按键音
        }
        return super.onKeyDown(keyCode, event);
    }
```

（5）在 res 目录下，创建一个 menu 子目录，并在该目录中创建一个名称为“setting.xml”的菜单资源。在该文件中，添加一个控制是否播放背景音乐的多选菜单组，默认为选中状态。setting.xml 文件的具体代码如下。

```
<?xml version="1.0" encoding="utf-8"?>
<menu xmlns:android="http://schemas.android.com/apk/res/android" >
    <group android:id="@+id/setting" android:checkableBehavior="all">
    <item android:id="@+id/bgsound" android:title="播放背景音乐" android:checked=
"true"></item>
    </group>
</menu>
```

（6）重写 onCreateOptionsMenu()方法，应用步骤（5）中添加的菜单文件，创建一个选项菜单。并重写 onOptionsItemSelected()方法，对菜单项的选取状态进行处理，主要是用于根据菜单项的选取状态控制是否播放背景音乐。具体代码如下。

```
@Override
public boolean onCreateOptionsMenu(Menu menu) {
    MenuInflater inflater=new MenuInflater(this);   // 实例化一个 MenuInflater 对象
    inflater.inflate(R.menu.setting, menu);         // 解析菜单文件
    return super.onCreateOptionsMenu(menu);
}
@Override
public boolean onOptionsItemSelected(MenuItem item) {
    if(item.getGroupId()==R.id.setting){            // 判断是否选择了参数设置菜单组
        if(item.isChecked()){                       // 当菜单项已经被选中
            item.setChecked(false);                 // 设置菜单项不被选中
```

```
            Music.stop(this);
        }else{
            item.setChecked(true);                              // 设置菜单项被选中
            Music.play(this, R.raw.jasmine);
        }
    }
    return true;
}
```

（7）编写 Music 类，在该类中，首先声明一个 MediaPlayer 对象，然后编写用于播放背景音乐的 play()方法，最后再编写用于停止播放背景音乐的 stop()方法。关键代码如下。

```
public class Music {
    private static MediaPlayer mp = null;                  // 声明一个MediaPlayer对象
    public static void play(Context context, int resource) {
        stop(context);
        if (SettingsActivity.getBgSound(context)) {       // 判断是否播放背景音乐
            mp = MediaPlayer.create(context, resource);
            mp.setLooping(true);                           // 是否循环播放
            mp.start();                                    // 开始播放
        }
    }
    public static void stop(Context context) {
        if (mp != null) {
            mp.stop();                                     //停止播放
            mp.release();                                  //释放资源
            mp = null;
        }
    }
}
```

上面的代码中，加粗的代码"SettingsActivity.getBgSound(context)"用于获取选项菜单存储的首选值，这样可以实现通过选项菜单控制是否播放背景音乐。

（8）编写 SettingsActivity 类，该类继承 PreferenceActivity 类，用于实现自动存储首选项的值。在 SettingsActivity 类中，首先重写 onCreate()方法，在该方法中调用 addPreferencesFromResource()方法加载首选项资源文件，然后编写获取是否播放背景音乐首选项值的 getBgSound()方法，在该方法中返回获取到的值。关键代码如下。

```
public class SettingsActivity extends PreferenceActivity {
@Override
    protected void onCreate(Bundle savedInstanceState) {
        super.onCreate(savedInstanceState);
        addPreferencesFromResource(R.xml.setting);
    }
    // 获取是否播放背景音乐首选项的值
    public static boolean getBgSound(Context context){
        return PreferenceManager.getDefaultSharedPreferences(context)
        .getBoolean("bgsound",true);
    }
}
```

说明

PreferenceActivity 类用于实现对程序设置参数的存储。在该 Activity 中，设置参数的存储是完全自动的，不需要手动保存，非常方便。

（9）在 res 目录下，创建一个 xml 目录，在该目录中添加一个名称为“setting.xml”的首选项资源文件。具体代码如下。

```
<PreferenceScreen  xmlns:android="http://schemas.android.com/apk/res/android">
    <CheckBoxPreference
        android:key="bgsound"
        android:title="播放背景音乐"
        android:summary="选中为播放背景音乐"
        android:defaultValue="true"/>
</PreferenceScreen>
```

（10）在 MainActivity 中，重写 onPause()方法。在该方法中，调用 Music 类的 stop()方法停止播放背景音乐。具体代码如下。

```
@Override
protected void onPause() {
    Music.stop(this);                                    // 停止播放背景音乐
    super.onPause();
}
```

（11）在 MainActivity 中，重写 onResume()方法。在该方法中，调用 Music 类的 play()方法开始播放背景音乐。具体代码如下。

```
@Override
protected void onResume() {
    Music.play(this, R.raw.jasmine);    // 播放背景音乐
    super.onResume();
}
```

实例运行结果如图 13-6 所示。

图 13-6　为游戏界面添加背景音乐和按键音

第 14 章 Android 数据存储技术

本章要点：

- 使用 SharedPreferences 对象存储数据
- openFileOutput 和 openFileInput 的使用
- 对 Android 模拟器中的 SD 卡进行操作
- SQLite 数据库编程应用

Android 为开发人员提供了多种持久化应用数据的方式，具体选择哪种方式需要具体问题具体分析。例如，数据是否仅限于本程序使用，还是可以用于其他程序，以及保存数据所占用的空间等。Android 中主要提供了 3 种数据存储技术，分别是 SharedPreferences、Files 和 SQLite 数据库。本章对 Android 中的这 3 种数据存储技术进行详细讲解。

14.1 使用 SharedPreferences 对象存储数据

SharedPreferences 类供开发人员保存和获取基本数据类型的键值对。该类主要用于基本类型，例如 booleans、floats、ints、longs 和 strings。在应用程序结束后，数据仍旧会保存。

有两种方式可以获得 SharedPreferences 对象。

- getSharedPreferences()：如果需要多个使用名称来区分的共享文件，则可以使用该方法，其第一个参数就是共享文件的名称。对于使用同一个名称获得的多个 SharedPreferences 引用，其指向同一个对象。
- getPreferences()：如果 Activity 仅需要一个共享文件，则可以使用该方法。因为只有一个文件，它并不需要提供名称。

向 SharedPreferences 类中增加值的步骤如下。

（1）调用 SharedPreferences 类的 edit()方法获得 SharedPreferences.Editor 对象。

（2）调用诸如 putBoolean()、putString()等方法增加值。

（3）使用 commit()方法提交新值。

从 SharedPreferences 类中读取值时，主要使用该类中定义的 getXXX()方法。下面通过一个简单的实例演示 SharedPreferences 类的使用。

【例 14-1】 在 Eclipse 中创建 Android 项目，使用 SharedPreferences 保存用户输入的用户名和密码，并在第 2 个 Activity 中显示。（实例位置：光盘\MR\源码\第 14 章\14-1）

（1）修改 res/layout 包中的 main.xml 文件，添加文本框、编辑框、按钮等控件，并修改它们的默认属性。代码如下。

```
<?xml version="1.0" encoding="utf-8"?>
<LinearLayout xmlns:android="http://schemas.android.com/apk/res/android"
    android:layout_width="match_parent"
    android:layout_height="match_parent"
    android:background="@drawable/background"
    android:orientation="vertical" >
    <LinearLayout
        android:layout_width="match_parent"
        android:layout_height="wrap_content" >
        <TextView
            android:layout_width="wrap_content"
            android:layout_height="wrap_content"
            android:text="@string/username"
            android:textColor="@android:color/white"
            android:textSize="20dp" />
        <EditText
            android:id="@+id/username"
            android:layout_width="0dip"
            android:layout_height="wrap_content"
            android:layout_weight="1"
            android:inputType="text"
            android:textColor="@android:color/white"
            android:textSize="20dp" >
            <requestFocus />
        </EditText>
    </LinearLayout>
    <LinearLayout
        android:layout_width="match_parent"
        android:layout_height="wrap_content" >
        <TextView
            android:layout_width="wrap_content"
            android:layout_height="wrap_content"
            android:text="@string/password"
            android:textColor="@android:color/white"
            android:textSize="20dp" />
        <EditText
            android:id="@+id/password"
            android:layout_width="0dip"
            android:layout_height="wrap_content"
            android:layout_weight="1"
            android:inputType="textPassword"
            android:textColor="@android:color/white"
            android:textSize="20dp" />
    </LinearLayout>
    <Button
        android:id="@+id/login"
        android:layout_width="wrap_content"
        android:layout_height="wrap_content"
        android:text="@string/login"
        android:textColor="@android:color/white"
        android:textSize="20dp" />
</LinearLayout>
```

（2）创建 SharedPreferencesWriteActivity 类，重写 onCreate()方法，获得用户输入的用户名和密码，然后将其保存到 SharedPreferences 类中，最后使用 Intent 跳转到 SharedPreferencesRead Activity。其代码如下。

```
public class SharedPreferencesWriteActivity extends Activity {
    @Override
    protected void onCreate(Bundle savedInstanceState) {
        super.onCreate(savedInstanceState);                          // 调用父类方法
        setContentView(R.layout.main);                               // 应用自定义布局文件
      final EditText usernameET = (EditText) findViewById(R.id.username);// 用户名控件
      final EditText passwordET = (EditText) findViewById(R.id.password);// 密码控件
        Button login = (Button) findViewById(R.id.login);            // 获得按钮控件
        login.setOnClickListener(new View.OnClickListener() {
            @Override
            public void onClick(View v) {
                String username = usernameET.getText().toString();  // 获得用户名
                String password = passwordET.getText().toString();  // 获得密码
                // 获得私有类型的 SharedPreferences
                SharedPreferences sp = getSharedPreferences("mrsoft", MODE_PRIVATE);
                Editor editor = sp.edit();                           // 获得 Editor 对象
                editor.putString("username", username);              // 增加用户名
                editor.putString("password", password);              // 增加密码
                editor.commit();                                     // 确认提交
                Intent intent = new Intent();                        // 创建 Intent 对象
                // 指定跳转到 SharedPreferencesReadActivity
                intent.setClass(SharedPreferencesWriteActivity.this, SharedPreferences
ReadActivity.class);
                startActivity(intent);                               // 实现跳转
            }
        });
    }
}
```

（3）在 res/layout 包中新建名为 result.xml 的布局文件，增加两个文本框并修改其默认属性。代码如下。

```
<?xml version="1.0" encoding="utf-8"?>
<LinearLayout xmlns:android="http://schemas.android.com/apk/res/android"
    android:layout_width="match_parent"
    android:layout_height="match_parent"
    android:background="@drawable/background"
    android:orientation="vertical" >
    <TextView
        android:id="@+id/username"
        android:layout_width="wrap_content"
        android:layout_height="wrap_content"
        android:textColor="@android:color/white"
        android:textSize="20dp" />
    <TextView
        android:id="@+id/password"
        android:layout_width="wrap_content"
        android:layout_height="wrap_content"
        android:textColor="@android:color/white"
```

```
        android:textSize="20dp" />
</LinearLayout>
```

（4）创建 SharedPreferencesReadActivity，它从 SharedPreferences 中读取已经保存的用户名和密码，然后使用文本框显示。其代码如下。

```
public class SharedPreferencesReadActivity extends Activity {
    @Override
    protected void onCreate(Bundle savedInstanceState) {
        super.onCreate(savedInstanceState);                                     // 调用父类方法
        setContentView(R.layout.activity);                                      // 设置布局文件
        TextView usernameTV = (TextView) findViewById(R.id.username);
        TextView passwordTV = (TextView) findViewById(R.id.password);
        // 获得私有类型的 SharedPreferences
        SharedPreferences sp = getSharedPreferences("mrsoft", MODE_PRIVATE);
        String username = sp.getString("username", "mr");                     // 获得用户名
        String password = sp.getString("password", "001");                    // 获得密码
        usernameTV.setText("用户名: " + username);                              // 显示用户名
        passwordTV.setText("密码: " + password);                                // 显示密码
    }
}
```

（5）在 AndroidManifest.xml 文件中，定义两个 Activity 并配置启动项。其代码如下。

```
<?xml version="1.0" encoding="utf-8"?>
<manifest xmlns:android="http://schemas.android.com/apk/res/android"
    package="com.mingrisoft"
    android:versionCode="1"
    android:versionName="1.0" >
    <uses-sdk android:minSdkVersion="15" />
    <application
        android:icon="@drawable/ic_launcher"
        android:label="@string/app_name" >
        <activity android:name=".SharedPreferencesWriteActivity" >
            <intent-filter>
                <action android:name="android.intent.action.MAIN" />
                <category android:name="android.intent.category.LAUNCHER" />
            </intent-filter>
        </activity>
        <activity android:name=".SharedPreferencesReadActivity" />
    </application>
</manifest>
```

运行程序，显示如图 14-1 所示的用户登录界面。输入用户名“mr”和密码“123”，单击“登录”按钮，跳转到如图 14-2 所示的用户信息界面。

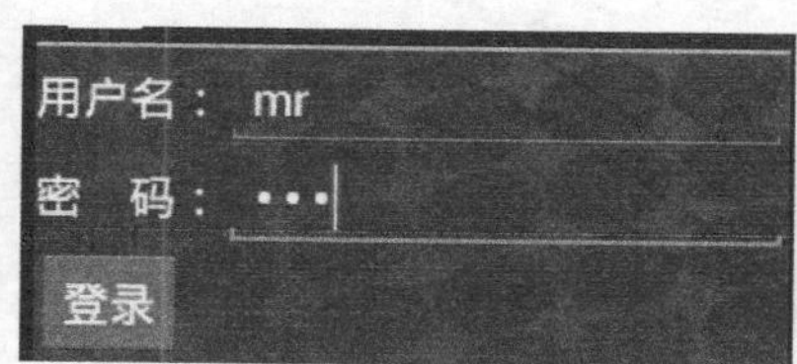

图 14-1　获得用户输入信息

图 14-2　显示用户输入信息

对于 SharedPreferences 而言，它使用 XML 文件来保存数据，文件名与指定的名称相同。打开 DDMS 视图，在 File Explorer 中，打开 data/data 文件夹，可以看到如图 14-3 所示的文件。

com.mingrisoft	2012-02-15	16:57	drwxr-x--x
cache	2012-02-15	16:52	drwxrwx--x
lib	2012-02-15	16:52	drwxr-xr-x
shared_prefs	2012-02-15	16:57	drwxrwx--x
mrsoft.xml	143 2012-02-15	16:57	-rw-rw----

图 14-3　XML 文件保存位置

在例 14-1 中，演示了如何使用私有的 SharedPreferences 来实现不同 Activity 之间的数据传递。除了 MODE_PRIVATE（默认模式），还有另外两种模式——MODE_WORLD_READABLE 和 MODE_WORLD_WRITEABLE，它们分别表示对于其他应用程序是否可读与可写。下面演示这两个模式的使用。

【例 14-2】 在 Eclipse 中创建两个 Android 项目，分别命名为“1”和“2”，在 1 中使用 SharedPreferences 保存用户输入值，在 2 中读取这些值。（实例位置：光盘\MR\源码\第 14 章\14-2）

（1）在项目 1 中，修改 res/layout 包中的 main.xml 文件，增加文本框、编辑框、按钮等控件并修改它们的默认属性。代码如下。

```
<?xml version="1.0" encoding="utf-8"?>
<LinearLayout xmlns:android="http://schemas.android.com/apk/res/android"
    android:layout_width="fill_parent"
    android:layout_height="fill_parent"
    android:background="@drawable/background"
    android:orientation="vertical" >
    <LinearLayout
        android:layout_width="match_parent"
        android:layout_height="wrap_content" >
        <TextView
            android:layout_width="wrap_content"
            android:layout_height="wrap_content"
            android:text="@string/world_read"
            android:textColor="@android:color/white"
            android:textSize="20dp" />
        <EditText
            android:id="@+id/worldRead"
            android:layout_width="0dip"
            android:layout_height="wrap_content"
            android:layout_weight="1"
            android:inputType="text"
            android:textColor="@android:color/white"
            android:textSize="20dp" >
            <requestFocus />
        </EditText>
    </LinearLayout>
    <LinearLayout
        android:layout_width="match_parent"
        android:layout_height="wrap_content" >
        <TextView
            android:layout_width="wrap_content"
            android:layout_height="wrap_content"
            android:text="@string/world_write"
            android:textColor="@android:color/white"
            android:textSize="20dp" />
        <EditText
```

```
            android:id="@+id/worldWrite"
            android:layout_width="0dip"
            android:layout_height="wrap_content"
            android:layout_weight="1"
            android:inputType="text"
            android:textColor="@android:color/white"
            android:textSize="20dp" />
    </LinearLayout>
    <LinearLayout
        android:layout_width="match_parent"
        android:layout_height="wrap_content" >
        <TextView
            android:layout_width="wrap_content"
            android:layout_height="wrap_content"
            android:text="@string/word_read_write"
            android:textColor="@android:color/white"
            android:textSize="20dp" />
        <EditText
            android:id="@+id/worldReadWrite"
            android:layout_width="0dip"
            android:layout_height="wrap_content"
            android:layout_weight="1"
            android:inputType="text"
            android:textColor="@android:color/white"
            android:textSize="20dp" />
    </LinearLayout>
    <Button
        android:id="@+id/save"
        android:layout_width="wrap_content"
        android:layout_height="wrap_content"
        android:text="@string/save"
        android:textColor="@android:color/white"
        android:textSize="20dp" />
</LinearLayout>
```

（2）在项目 1 中，创建 SharedPreferencesWriteActivity 类，它位于 com.mingrisoft 包中，该类继承了 Activity 类。在该类中，创建 3 个名称和权限都不相同的 SharedPreferences，向其中写入用户需要保存的值。其代码如下。

```
public class SharedPreferencesWriteActivity extends Activity {
    private EditText worldReadET;
    private EditText worldWriteET;
    private EditText worldReadWriteET;
    private SharedPreferences worldReadSP;
    private SharedPreferences worldWriteSP;
    private SharedPreferences worldReadWriteSP;
    @Override
    public void onCreate(Bundle savedInstanceState) {
        super.onCreate(savedInstanceState);                          // 调用父类方法
        setContentView(R.layout.main);                          // 应用自定义布局文件
        worldReadET = (EditText) findViewById(R.id.worldRead);  // 获得全局可读控件
        worldWriteET = (EditText) findViewById(R.id.worldWrite);  // 获得全局可写控件
    worldReadWriteET = (EditText) findViewById(R.id.worldReadWrite);// 全局可读可写控件
        worldReadSP = getSharedPreferences("worldRead", MODE_WORLD_READABLE);
        worldWriteSP = getSharedPreferences("worldWrite", MODE_WORLD_WRITEABLE);
```

```
        worldReadWriteSP = getSharedPreferences("worldReadWrite", MODE_WORLD_READABLE
+ MODE_WORLD_WRITEABLE);
        Button save = (Button) findViewById(R.id.save);
        save.setOnClickListener(new View.OnClickListener() {
            @Override
            public void onClick(View v) {
                String worldReadS = worldReadET.getText().toString();
                String worldWriteS = worldWriteET.getText().toString();
                String worldReadWriteS = worldReadWriteET.getText().toString();
                Editor worldReadE = worldReadSP.edit();
                Editor worldWriteE = worldWriteSP.edit();
                Editor worldReadWriteE = worldReadWriteSP.edit();
                worldReadE.putString("key", worldReadS);
                worldWriteE.putString("key", worldWriteS);
                worldReadWriteE.putString("key", worldReadWriteS);
                worldReadE.commit();
                worldWriteE.commit();
                worldReadWriteE.commit();
            }
        });
    }
}
```

（3）在项目 2 中，修改 res/layout 包中的 main.xml 文件，增加文本框控件并修改它们的默认属性。代码如下。

```
<?xml version="1.0" encoding="utf-8"?>
<LinearLayout xmlns:android="http://schemas.android.com/apk/res/android"
    android:layout_width="fill_parent"
    android:layout_height="fill_parent"
    android:background="@drawable/background"
    android:orientation="vertical" >
    <TextView
        android:id="@+id/worldRead"
        android:layout_width="wrap_content"
        android:layout_height="wrap_content"
        android:textColor="@android:color/white"
        android:textSize="20dp" />
    <TextView
        android:id="@+id/worldWrite"
        android:layout_width="wrap_content"
        android:layout_height="wrap_content"
        android:textColor="@android:color/white"
        android:textSize="20dp" />
    <TextView
        android:id="@+id/worldReadWrite"
        android:layout_width="wrap_content"
        android:layout_height="wrap_content"
        android:textColor="@android:color/white"
        android:textSize="20dp" />
</LinearLayout>
```

（4）在项目 2 中，创建 SharedPreferencesReadActivity 类，它位于 com.mingrisoft.other 包中，该类继承了 Activity 类。在该类中，获得在项目 1 中定义的 SharedPreferences，然后显示其值。其代码如下。

```
public class SharedPreferencesReadActivity extends Activity {
    private SharedPreferences worldReadSP;
```

```
    private SharedPreferences worldWriteSP;
    private SharedPreferences worldReadWriteSP;
    private TextView worldReadTV;
    private TextView worldWriteTV;
    private TextView worldReadWriteTV;
    @Override
    public void onCreate(Bundle savedInstanceState) {
        super.onCreate(savedInstanceState);
        setContentView(R.layout.main);
        Context otherContext = null;
        try {
            otherContext = createPackageContext("com.mingrisoft", MODE_PRIVATE);
        } catch (NameNotFoundException e) {
            e.printStackTrace();
        }
        worldReadSP = otherContext.getSharedPreferences("worldRead", MODE_WORLD_
READABLE);
        worldWriteSP = otherContext.getSharedPreferences("worldWrite", MODE_WORLD_
WRITEABLE);
        worldReadWriteSP = otherContext.getSharedPreferences("worldReadWrite", MODE_
WORLD_READABLE + MODE_WORLD_WRITEABLE);
        worldReadTV = (TextView) findViewById(R.id.worldRead);
        worldWriteTV = (TextView) findViewById(R.id.worldWrite);
        worldReadWriteTV = (TextView) findViewById(R.id.worldReadWrite);
        worldReadTV.setText("全局可读: " + worldReadSP.getString("key", "null"));
        worldWriteTV.setText("全局可写: " + worldWriteSP.getString("key", "null"));
        worldReadWriteTV.setText("全局可读可写: " + worldReadWriteSP.getString("key",
"null"));
    }
}
```

运行项目 1，显示如图 14-4 所示的接收用户信息界面，全部输入“mr”，单击“保存键值对”按钮。

运行项目 2，显示如图 14-5 所示的界面。界面上显示了用户刚刚输入信息的获取情况。

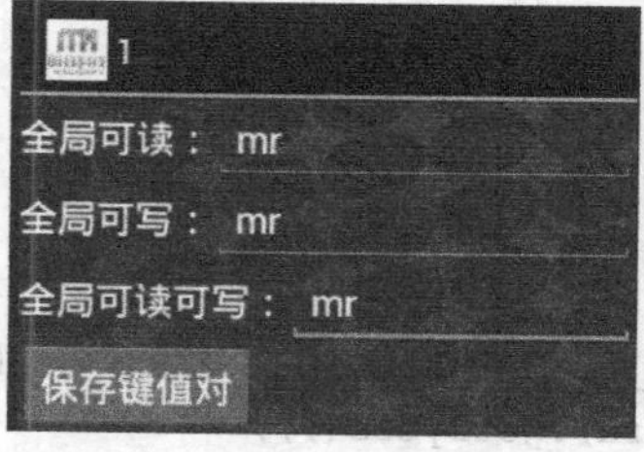

图 14-4　接收用户信息界面

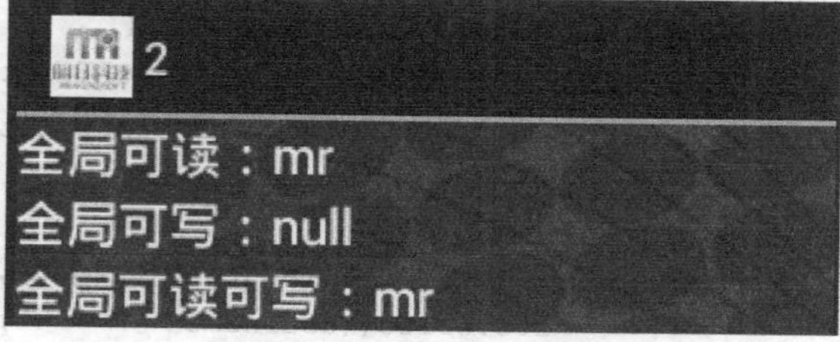

图 14-5　显示获得的信息

14.2　使用 Files 对象存储数据

在 Android 中，使用 Files 对象存储数据主要有两种方式，一种是 Java 提供的 IO 流体系，即使用 FileOutputStream 类提供的 openFileOutput()方法和 FileInputStream 类提供的 openFileInput() 方法访问磁盘上的内容文件；另一种是使用 Environment 类的 getExternalStorageDirectory()方法对 Android 模拟器的 SD 卡进行数据读写。本节对这两种方式进行详细讲解。

14.2.1 openFileOutput 和 openFileInput

使用 Java 提供的 IO 流体系可以很方便地对 Android 模拟器本地存储的数据进行读写操作。其中，FileOutputStream 类的 openFileOutput()方法用来打开相应的输出流；而 FileInputStream 类的 openFileInput()方法用来打开相应的输入流。默认情况下，使用 IO 流保存的文件仅对当前应用程序可见，对其他应用程序（包括用户）是不可见的（即不能访问其中的数据）。如果用户卸载了该应用程序，则保存数据的文件也会一起被删除。

下面通过一个实例演示如何使用 Java 提供的 IO 流体系对 Android 程序中的本地文件进行操作。

【例 14-3】 在 Eclipse 中创建 Android 项目，使用内部存储保存用户输入的用户名和密码，并在第 2 个 Activity 中显示。（实例位置：光盘\MR\源码\第 14 章\14-3）

（1）本实例使用的布局文件与例 14-1 相同，请读者参考前面给出的代码。

（2）创建 InternalDataWriteActivity 类，重写 onCreate()方法，获得用户输入的用户名和密码，然后将其保存到 login 文件中，最后使用 Intent 跳转到 InternalDataReadActivity。其代码如下。

```
public class InternalDataWriteActivity extends Activity {
    /** Called when the activity is first created. */
    @Override
    public void onCreate(Bundle savedInstanceState) {
                                                                // 调用父类方法
        super.onCreate(savedInstanceState);
                                                                // 应用布局文件
        setContentView(R.layout.main);
      final EditText usernameET = (EditText) findViewById(R.id.username);
                                                                // 用户名控件
      final EditText passwordET = (EditText) findViewById(R.id.password);// 密码控件
        Button login = (Button) findViewById(R.id.login);       // 获得按钮控件
        login.setOnClickListener(new View.OnClickListener() {
            @Override
            public void onClick(View v) {
                String username = usernameET.getText().toString();  // 获得用户名
                String password = passwordET.getText().toString();  // 获得密码
                FileOutputStream fos = null;
                try {
                    fos = openFileOutput("login", MODE_PRIVATE);      // 获得文件输出流
                    fos.write((username + " " + password).getBytes());
                                                                // 保存用户名和密码
                    fos.flush();                                // 清除缓存
                } catch (FileNotFoundException e) {
                    e.printStackTrace();
                } catch (IOException e) {
                    e.printStackTrace();
                } finally {
                    if (fos != null) {
                        try {
                            fos.close();                        // 关闭文件输出流
                        } catch (IOException e) {
                            e.printStackTrace();
```

```
                }
            }
        }
        Intent intent = new Intent();                               // 创建 Intent 对象
        // 指定跳转到 InternalDataReadActivity
        intent.setClass(InternalDataWriteActivity.this, InternalDataRead
Activity.class);
        startActivity(intent);                                      // 实现跳转
      }
    });
  }
}
```

（3）创建 InternalDataReadActivity，它从 login 文件中读取已经保存的用户名和密码，然后使用文本框显示。其代码如下。

```
public class InternalDataReadActivity extends Activity {
    protected void onCreate(Bundle savedInstanceState) {
        super.onCreate(savedInstanceState);                        // 调用父类方法
        setContentView(R.layout.result);                           // 使用布局文件
        FileInputStream fis = null;
        byte[] buffer = null;
        try {
            fis = openFileInput("login");                          // 获得文件输入流
            buffer = new byte[fis.available()];                    // 定义保存数据的数组
            fis.read(buffer);                                      // 从输入流中读取数据
        } catch (FileNotFoundException e) {
            e.printStackTrace();
        } catch (IOException e) {
            e.printStackTrace();
        } finally {
            if (fis != null) {
                try {
                    fis.close();                                   // 关闭文件输入流
                } catch (IOException e) {
                    e.printStackTrace();
                }
            }
        }
        TextView usernameTV = (TextView) findViewById(R.id.username);
        TextView passwordTV = (TextView) findViewById(R.id.password);
        String data = new String(buffer);                          // 获得数组中保存的数据
        String username = data.split(" ")[0];                      // 获得 username
        String password = data.split(" ")[1];                      // 获得 password
        usernameTV.setText("用户名: " + username);                  // 显示用户名
        passwordTV.setText("密  码: " + password);                  // 显示密码
    }
}
```

（4）在 AndroidManifest.xml 文件中，定义两个 Activity 并配置启动项。其代码如下。

```
<?xml version="1.0" encoding="utf-8"?>
<manifest xmlns:android="http://schemas.android.com/apk/res/android"
    package="com.mingrisoft"
    android:versionCode="1"
```

```
    android:versionName="1.0" >
    <uses-sdk android:minSdkVersion="15" />
    <application
        android:icon="@drawable/ic_launcher"
        android:label="@string/app_name" >
        <activity
            android:name=".InternalDataWriteActivity"
            android:label="@string/app_name" >
            <intent-filter>
                <action android:name="android.intent.action.MAIN" />
                <category android:name="android.intent.category.LAUNCHER" />
            </intent-filter>
        </activity>
        <activity android:name=".InternalDataReadActivity" />
    </application>
</manifest>
```

运行程序，显示如图 14-6 所示的用户登录界面。输入用户名“mr”和密码“123”，单击“登录”按钮，跳转到如图 14-7 所示的用户信息界面。

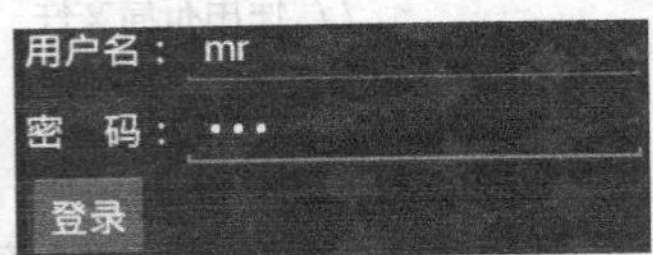

图 14-6 获得用户输入信息

图 14-7 显示用户输入信息

将 Eclipse 切换到 DDMS 视图，打开 File Explorer 中的 data/data 文件夹，可以看到保存数据的文件位于如图 14-8 所示的位置。

Name	Size	Date	Time	Permissions
com.mingrisoft		2012-02-15	17:57	drwxr-x--x
cache		2012-02-15	16:52	drwxrwx--x
files		2012-02-15	17:57	drwxrwx--x
login	6	2012-02-15	18:04	-rw-rw----
lib		2012-02-15	16:52	drwxr-xr-x
shared_prefs		2012-02-15	16:57	drwxrwx--x

图 14-8 login 文件保存位置

14.2.2 对 Android 模拟器中的 SD 卡进行操作

每个 Android 设备都支持共享的外部存储用来保存文件，可以是 SD 卡等可以移除的存储介质，也可以是手机内存等不可以移除的存储介质。保存的外部存储的文件都是全局可读的，而且在用户使用 USB 连接电脑后，可以修改这些文件。在 Android 程序中，对 SD 卡等外部存储的文件进行操作时，需要使用 Environment 类的 getExternalStorageDirectory()方法，该方法用来获取外部存储器（SD 卡）的目录。

【例 14-4】 在 Eclipse 中创建 Android 项目，实现在 SD 卡上创建文件的功能。（实例位置：光盘\MR\源码\第 14 章\14-4）

（1）修改 res/layout 包中的 main.xml 文件，在该文件中定义一个文本框并修改它的默认属性。代码如下。

```
<?xml version="1.0" encoding="utf-8"?>
<LinearLayout xmlns:android="http://schemas.android.com/apk/res/android"
    android:layout_width="fill_parent"
```

```
        android:layout_height="fill_parent"
        android:background="@drawable/background"
        android:orientation="vertical" >
        <TextView
            android:id="@+id/message"
            android:layout_width="wrap_content"
            android:layout_height="wrap_content"
            android:textColor="@android:color/white"
            android:textSize="20dp" />
</LinearLayout>
```

（2）创建 FileCreateActivity 类，重写 onCreate()方法，使用 getExternalStorageDirectory ()方法获得 SD 卡根文件夹，然后使用 createNewFile()方法创建文件并给出提示。其代码如下。

```
public class FileCreateActivityextends Activity {
    @Override
    public void onCreate(Bundle savedInstanceState) {
        super.onCreate(savedInstanceState);                    // 调用父类方法
        setContentView(R.layout.main);                         // 应用布局文件
        TextView tv = (TextView) findViewById(R.id.message);
        File root = Environment.getExternalStorageDirectory();  // 获得 SD 卡根路径
        if(root.exists()&&root.canWrite()){
            File file = new File(root, "DemoFile.png");
            try {
                if (file.createNewFile()) {
                    tv.setText(file.getName() + "创建成功！");
                } else {
                    tv.setText(file.getName() + "创建失败！");
                }
            } catch (IOException e) {
                e.printStackTrace();
            }
        }else {
            tv.setText("SD 卡不存在或者不可写！");
        }
    }
}
```

（3）修改 AndroidManifest.xml 配置文件，增加外部存储写入权限。代码如下。

```
<uses-permission android:name="android.permission.WRITE_EXTERNAL_STORAGE"/>
```

运行程序，显示如图 14-9 所示的文件创建成功信息。

DemoFile.png创建成功！

图 14-9　文件创建成功

14.3　Android 数据库编程——SQLite

对于更加复杂的数据结构，Android 提供了内置的 SQLite 数据库来存储数据。SQLite 使用 SQL 命令提供了完整的关系型数据库能力。每个使用 SQLite 的应用程序都有一个该数据库的实例，并且在默认情况下仅限当前程序使用。数据库存储在 Android 设置的 data/data/<package_name>/databases 文件夹中。使用 SQLite 数据库的步骤如下。

（1）创建数据库。

（2）打开数据库。

（3）创建表。

（4）完成数据的增、删、改、查操作。

（5）关闭数据库。

【例 14-5】 在 Eclipse 中创建 Android 项目，使用 SQLite 数据库保存用户输入的用户名和密码，并在第 2 个 Activity 中显示。（实例位置：光盘\MR\源码\第 14 章\14-5）

（1）本实例使用的布局文件与例 14-1 相同，请读者参考前面给出的代码。

（2）在 com.mingrisoft.util 包中创建 User 类，用来封装用户写入的信息。其代码如下。

```
public class User {
    private int id;                                          // 保存用户的 ID
    private String username;                                 // 保存用户名
    private String password;                                 // 保存密码
    public User() {
    }
    public User(String username, String password) {
        this.username = username;
        this.password = password;
    }
    public int getId() {
        return id;
    }
    public String getUsername() {
        return username;
    }
    public void setUsername(String username) {
        this.username = username;
    }
    public String getPassword() {
        return password;
    }
    public void setPassword(String password) {
        this.password = password;
    }
}
```

（3）在 com.mingrisoft.util 包中创建 DBHelper 类，其中定义了若干字段来保存与数据库相关的信息。DBOpenHelper 类继承了 SQLiteOpenHelper 类，它提供了创建表格的功能。Insert()方法用于向数据库表格中保存数据，query()方法用于根据 ID 值来查询数据。其代码如下。

```
public class DBHelper {
    private static final String DATABASE_NAME = "datastorage";    // 保存数据库名称
    private static final int DATABASE_VERSION = 1;                // 保存数据库版本号
    private static final String TABLE_NAME = "users";             // 保存表名称
    private static final String ID = "_id";                       // 保存 ID 值
    private static final String USERNAME = "username";            // 保存用户名
    private static final String PASSWORD = "password";            // 保存密码
    private DBOpenHelper helper;
```

```
    private SQLiteDatabase db;
    private static class DBOpenHelper extends SQLiteOpenHelper {
        // 定义创建表格的 SQL 语句
        private static final String CREATE_TABLE = "create table " + TABLE_NAME + "
( " + ID + " integer primary key autoincrement, " + USERNAME + " text not null, " +
PASSWORD + " text not null);";
        public DBOpenHelper(Context context) {
            super(context, DATABASE_NAME, null, DATABASE_VERSION);
        }
        @Override
        public void onCreate(SQLiteDatabase db) {
            db.execSQL(CREATE_TABLE);                                // 创建表格
        }
        @Override
        public void onUpgrade(SQLiteDatabase db, int oldVersion, int newVersion) {
            db.execSQL("drop table if exists " + TABLE_NAME);  // 删除旧版表格
            onCreate(db);                                            // 创建表格
        }
    }
    public DBHelper(Context context) {
        helper = new DBOpenHelper(context);                  // 创建 SQLiteOpenHelper 对象
        db = helper.getWritableDatabase();                   // 获得可写的数据库
    }
    public void insert(User user) {                          // 向表格中插入数据
        ContentValues values = new ContentValues();
        values.put(USERNAME, user.getUsername());
        values.put(PASSWORD, user.getPassword());
        db.insert(TABLE_NAME, null, values);
    }
    public User query(int id) {                              // 根据 ID 值查询数据
        User user = new User();
        Cursor cursor = db.query(TABLE_NAME, new String[] { USERNAME, PASSWORD },
"_id = " + id, null, null, null, null);
        if (cursor.getCount() > 0) {                         // 如果获得的查询记录条数大于 0
            cursor.moveToFirst();                            // 将游标移动到第一条记录
            user.setUsername(cursor.getString(0));           // 获得用户名的值然后进行设置
            user.setPassword(cursor.getString(1));           // 获得密码的值然后进行设置
            return user;
        }
        cursor.close();                                      // 关闭游标
        return null;
    }
}
```

（4）创建 SQLiteWriteActivity 类，重写 onCreate()方法，获得用户输入的用户名和密码，然后将其保存到 SQLite 数据库中，最后使用 Intent 跳转到 SQLiteReadActivity。其代码如下。

```
public class SQLiteWriteActivity extends Activity {
    @Override
    public void onCreate(Bundle savedInstanceState) {
        super.onCreate(savedInstanceState);                  // 调用父类方法
        setContentView(R.layout.main);                       // 应用自定义布局文件
        final EditText usernameET = (EditText) findViewById(R.id.username);
                                                             // 用户名控件
```

```
        final EditText passwordET = (EditText) findViewById(R.id.password);// 密码控件
        Button login = (Button) findViewById(R.id.login);            // 获得按钮控件
        login.setOnClickListener(new View.OnClickListener() {
            @Override
            public void onClick(View v) {
                String username = usernameET.getText().toString();  // 获得用户名
                String password = passwordET.getText().toString();  // 获得密码
                User user = new User(username, password);
                DBHelper helper = new DBHelper(SQLiteWriteActivity.this);
                helper.insert(user);                                // 向表格中插入数据
                Intent intent = new Intent();                       // 创建 Intent 对象
                // 指定跳转到 SQLiteReadActivity
                intent.setClass(SQLiteWriteActivity.this, SQLiteReadActivity.class);
                startActivity(intent);                              // 实现跳转
            }
        });
    }
}
```

（5）创建 SQLiteReadActivity，它从 SQLite 数据库中读取已经保存的用户名和密码，然后使用文本框显示。其代码如下。

```
public class SQLiteReadActivity extends Activity {
    @Override
    protected void onCreate(Bundle savedInstanceState) {
        super.onCreate(savedInstanceState);                     // 调用父类方法
        setContentView(R.layout.result);                        // 设置布局文件
        TextView usernameTV = (TextView) findViewById(R.id.username);
        TextView passwordTV = (TextView) findViewById(R.id.password);
        DBHelper helper = new DBHelper(SQLiteReadActivity.this);
        User user = helper.query(1);
        usernameTV.setText("用户名: " + user.getUsername());     // 显示用户名
        passwordTV.setText("密    码: " + user.getPassword());   // 显示密码
    }
}
```

运行程序，显示如图 14-10 所示的用户登录界面。输入用户名“mr”和密码“123”，单击“登录”按钮，跳转到如图 14-11 所示的用户信息界面。

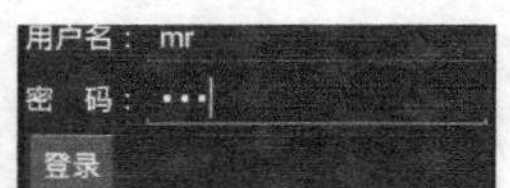

图 14-10　获得用户输入信息

图 14-11　显示用户输入信息

打开 Eclipse 的 DDMS 视图，在 File Explorer 中，打开 data/data 文件夹，可以看到 SQLite 数据库文件保存在如图 14-12 所示的位置。

Name	Size	Date	Time	Permissions
com.mingrisoft		2012-02-15	19:01	drwxr-x--x
cache		2012-02-15	16:52	drwxrwx--x
databases		2012-02-15	19:01	drwxrwx--x
datastorage	5120	2012-02-15	19:01	-rw-rw----
datastorage-journal	0	2012-02-15	19:01	-rw-rw----
files		2012-02-15	17:57	drwxrwx--x
lib		2012-02-15	16:52	drwxr-xr-x
shared_prefs		2012-02-15	16:57	drwxrwx--x

图 14-12　数据库文件保存位置

在 Android 安装路径 tools 文件夹中，提供了一个 sqlite3 命令工具，它可以用来操作 SQLite 数据库。例如，将图 14-12 中 datastorage 文件导出到 D 盘，启动 DOS 窗口，运行“sqlite3 d:\datastorage”命令，会显示如图 14-13 所示的提示信息。

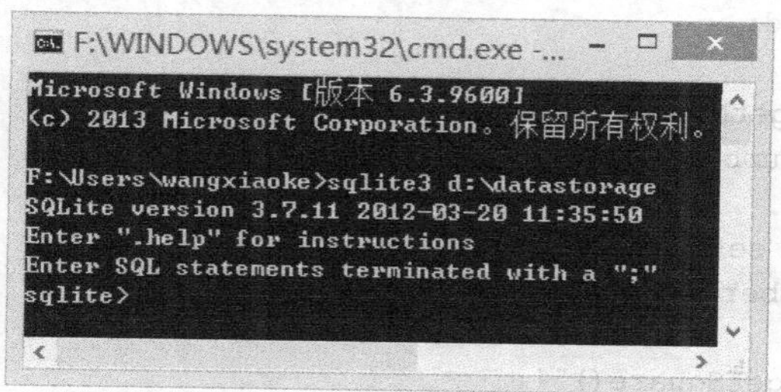

图 14-13　进入 sqlite 命令

如果不能显示如图 14-13 所示的信息，请将 sqlite3 命令所在的位置添加到系统环境变量中。

14.4　综合实例——在 SQLite 数据库中批量添加数据

本实例主要实现向 SQLite 数据库中批量添加数据的功能，批量添加的数据为数字 1~9 的平方值和立方值。运行该程序之后，使用 DDMS 视图将 SQLite 数据库文件导出到 D 盘，使用 sqlite3 命令查看数据库文件的内容，如图 14-14 所示。

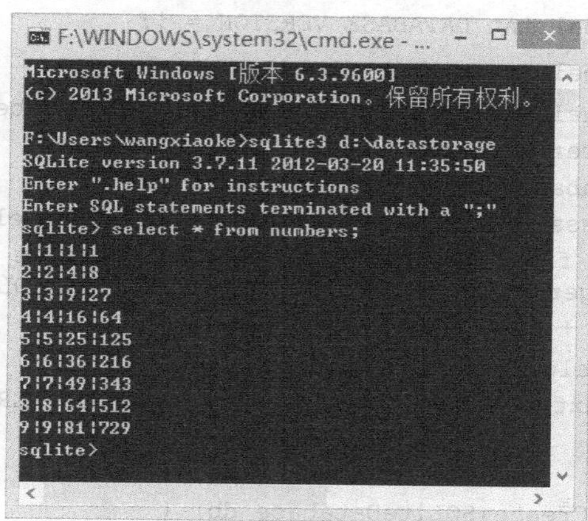

图 14-14　数据库文件中保存的数据

程序开发步骤如下。

（1）在 com.mingrisoft.util 包中创建 DataBean 类，用来封装数字信息。其代码如下。

```
public class DataBean {
    private int id;
    private int number;
```

```
        private int square;
        private int cube;
        public DataBean() {
        }
        public int getId() {
            return id;
        }
        public int getNumber() {
            return number;
        }
        public void setNumber(int number) {
            this.number = number;
        }
        public int getSquare() {
            return square;
        }
        public void setSquare(int square) {
            this.square = square;
        }
        public int getCube() {
            return cube;
        }
        public void setCube(int cube) {
            this.cube = cube;
        }
    }
```

（2）在 com.mingrisoft.util 包中创建 DBHelper 类，其中定义了若干字段来保存与数据库相关的信息。DBOpenHelper 类继承了 SQLiteOpenHelper 类，它提供了创建表格的功能。Insert()方法用于向数据库表格中保存数据。其代码如下。

```
public class DBHelper {
    private static final String DATABASE_NAME = "datastorage";// 保存数据库名称
    private static final int DATABASE_VERSION = 1;             // 保存数据库版本号
    private static final String TABLE_NAME = "numbers";        // 保存表名称
    private static final String[] COLUMNS = { "_id", "number", "square", "cube" };
    private DBOpenHelper helper;
    private SQLiteDatabase db;
    private static class DBOpenHelper extends SQLiteOpenHelper {
        private static final String CREATE_TABLE = "create table " + TABLE_NAME + "
( " + COLUMNS[0] + " integer primary key autoincrement, " + COLUMNS[1] + " integer, " +
COLUMNS[2] + " integer, " + COLUMNS[3] + " integer);";          // 定义创建表格的 SQL 语句
        public DBOpenHelper(Context context) {
            super(context, DATABASE_NAME, null, DATABASE_VERSION);
        }
        @Override
        public void onCreate(SQLiteDatabase db) {
            db.execSQL(CREATE_TABLE);                          // 创建表格
        }
        @Override
        public void onUpgrade(SQLiteDatabase db, int oldVersion, int newVersion) {
            db.execSQL("drop table if exists " + TABLE_NAME);  // 删除旧版表格
            onCreate(db);                                      // 创建表格
        }
```

```
    }
    public DBHelper(Context context) {
        helper = new DBOpenHelper(context);              // 创建 SQLiteOpenHelper 对象
        db = helper.getWritableDatabase();               // 获得可写的数据库
    }
    public void insert(DataBean data) {                  // 向表格中插入数据
        ContentValues values = new ContentValues();
        values.put(COLUMNS[1], data.getNumber());
        values.put(COLUMNS[2], data.getSquare());
        values.put(COLUMNS[3], data.getCube());
        db.insert(TABLE_NAME, null, values);
    }
}
```

（3）创建 SQLiteWriteActivity 类，重写 onCreate()方法，获得 data 文件中的数据，然后将其保存到 SQLite 数据库中。代码如下。

```
public class SQLiteWriteActivity extends Activity {
    @Override
    protected void onCreate(Bundle savedInstanceState) {
        super.onCreate(savedInstanceState);                          // 调用父类方法
        setContentView(R.layout.main);                               // 应用布局文件
        DBHelper helper = new DBHelper(SQLiteWriteActivity.this);
        InputStream is = getResources().openRawResource(R.raw.data);// 获得输入流
        Scanner scanner = new Scanner(is);
        while (scanner.hasNextLine()) {
            String line = scanner.nextLine();                        // 获得一行数据
            String[] data = line.split(" ");                         // 使用空格将数据分行
            DataBean db = new DataBean();
            db.setNumber(Integer.parseInt(data[0]));                 // 设置 number 值
            db.setSquare(Integer.parseInt(data[1]));                 // 设置 square 值
            db.setCube(Integer.parseInt(data[2]));                   // 设置 cube 值
            helper.insert(db);                                       // 向数据库中插入一条数据
        }
    }
}
```

知识点提炼

（1）SharedPreferences 类供开发人员保存和获取基本数据类型的键值对，该类主要用于基本类型，例如 booleans、floats、ints、longs 和 strings。

（2）FileOutputStream 类的 openFileOutput()方法用来打开相应的输出流。

（3）FileInputStream 类的 openFileInput()方法用来打开相应的输入流。

（4）使用 Environment 类的 getExternalStorageDirectory()方法可以对 Android 模拟器的 SD 卡进行数据读写。

（5）对于更加复杂的数据结构，Android 提供了内置的 SQLite 数据库来存储数据。SQLite 使用 SQL 命令提供了完整的关系型数据库能力。

习　题

14-1　获取 SharedPreferences 对象的方法有几种？

14-2　如何使用 Java 提供的 IO 流来进行文件的读取操作？

14-3　对 Android 模拟器中的 SD 卡进行操作时，主要用到什么类？

14-4　简单描述使用 SQLite 数据库的基本步骤。

实验：使用列表显示 SD 卡中的内容

实验目的

（1）熟练掌握如何访问 Android 模拟器中 SD 卡的内容。

（2）巩固 ListView 列表的使用。

实验内容

本实验主要实现使用列表显示 Android 模拟器 SD 卡上文件和文件夹名称的功能。

实验步骤

（1）修改 res/layout 文件夹中的 main.xml 文件，在该文件中定义一个 ListView 控件并修改它的默认属性。代码如下。

```
<ListView
    android:id="@+id/list"
    android:layout_width="match_parent"
    android:layout_height="wrap_content"
    android:dividerHeight="3dp"
    android:footerDividersEnabled="false"
    android:headerDividersEnabled="false" ></ListView>
```

（2）在 res/layout 文件夹中创建 list_item.xml 文件，它用来定义列表项的显示方式。代码如下。

```
<?xml version="1.0" encoding="utf-8"?>
<TextView xmlns:android="http://schemas.android.com/apk/res/android"
    android:id="@+id/row"
    android:layout_width="wrap_content"
    android:layout_height="25dp"
    android:textSize="20dp" />
```

（3）创建 FileListActivity 类，重写 onCreate()方法，使用 getExternalStorageDirectory()方法获得 SD 卡根路径，使用列表显示 SD 卡上文件和文件夹的名称。其代码如下。

```
public class FileListActivity extends Activity {
    @Override
    public void onCreate(Bundle savedInstanceState) {
        super.onCreate(savedInstanceState);                    // 调用父类方法
        setContentView(R.layout.main);                         // 应用布局文件
```

```
        ListView lv = (ListView) findViewById(R.id.list); // 获得列表视图
        File rootPath = Environment.getExternalStorageDirectory(); // 获得 SD 卡根路径
        List<String> items = new ArrayList<String>(); // 创建列表保存文件和文件夹名称
        for (File file : rootPath.listFiles()) {
            items.add(file.getName());                    // 遍历 SD 卡获得名称
        }
        ArrayAdapter<String> fileList = new ArrayAdapter<String>(this, R.layout.
list_item,items);
        lv.setAdapter(fileList);                          // 设置列表适配器
    }
}
```

程序运行结果如图 14-15 所示。

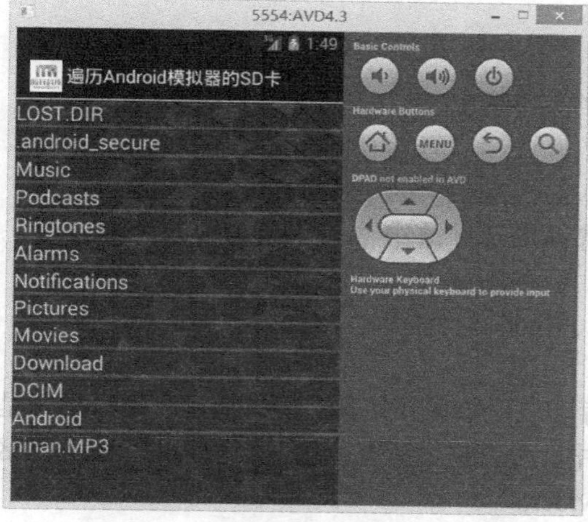

图 14-15　文件和文件夹名称列表

第15章 Content Provider实现数据共享

本章要点：

- Content Provider 的基本概念
- 什么是数据模型
- URI 的使用方法
- Content Provider 常用的几种操作
- 如何继承 Content Provider 类
- 声明一个 Content Provider

Content Provider 保存和获取数据并使其对所有应用程序可见，是不同应用程序间共享数据的唯一方式。在 Android 中，没有提供所有应用共同访问的公共存储区域。本章介绍如何使用预定义和自定义 Content Provider。

15.1 Content Provider 概述

Content Provider 内部如何保存数据由其设计者决定。但是所有的 Content Provider 都实现一组通用的方法，用来提供数据的增、删、改、查功能。

客户端通常不会直接使用这些方法，大多数是通过 ContentResolver 对象实现对 Content Provider 的操作。开发人员可以通过调用 Activity 或者其他应用程序组件的实现类中的 getContentResolver()方法来获得 ContentProvider 对象，例如：

```
ContentResolver cr = getContentResolver();
```

使用 ContentResolver 提供的方法可以获得 Content Provider 中任何感兴趣的数据。

当开始查询时，Android 系统确认查询的目标 Content Provider 并确保它正在运行。系统会初始化所有 ContentProvider 类的对象，开发人员不必完成此类操作。实际上，开发人员根本不会直接使用 ContentProvider 类的对象。通常，每个类型的 ContentProvider 仅有一个单独的实例。但是该实例能与位于不同应用程序和进程的多个 ContentResolver 类对象通信。不同进程之间的通信由 ContentProvider 类和 ContentResolver 类处理。

15.1.1 数据模型

Content Provider 使用基于数据库模型的简单表格来提供其中的数据，每行代表一条记录，每列代表特定类型和含义的数据。例如，联系人的信息可能以如表 15-1 所示的方式提供。

表 15-1 联系方式

_ID	NAME	NUMBER	EMAIL
001	张 XX	123*****	123**@163.com
002	王 XX	132*****	132**@google.com
003	李 XX	312*****	312**@qq.com
004	赵 XX	321*****	321**@126.com

每条记录包含一个数值型的_ID 字段，它用于在表格中唯一标识该记录。ID 能用于匹配相关表格中的记录，例如在一个表格中查询联系人电话，在另一个表格中查询其照片。

ID 字段前还包含了一个下划线，请读者在编写代码时不要忘记。

查询返回一个 Cursor 对象，它能遍历各行各列来读取各个字段的值。对于各个类型的数据，它都提供了专用的方法。因此，为了读取字段数据，开发人员必须知道当前字段包含的数据类型。

15.1.2 URI的用法

每个 Content Provider 都提供公共的 URI（使用 Uri 类包装）来唯一标识其数据集，管理多个数据集（多个表格）的 Content Provider 为每个数据集都提供了单独的 URI。所有为 Provider 提供的 URI 都以“content://”作为前缀，“content://”模式表示数据由 Content Provider 来管理。

如果自定义 Content Provider，则应该为其 URI 也定义一个常量，来简化客户端代码并使日后更新更加简洁。Android 为当前平台提供的 Content Provider 定义了 CONTENT_URI 常量。匹配电话号码到联系人表格的 URI 和匹配保存联系人照片表格的 URI 分别如下：

```
android.provider.Contacts.Phones.CONTENT_URI
android.provider.Contacts.Photos.CONTENT_URI
```

URI 常量用于所有与 Content Provider 的交互中。每个 ContentResolver 方法使用 URI 作为其第一个参数。它标识 ContentResolver 应该使用哪个 Provider 及其中的哪个表格。

下面是 Content URI 重要部分的总结。

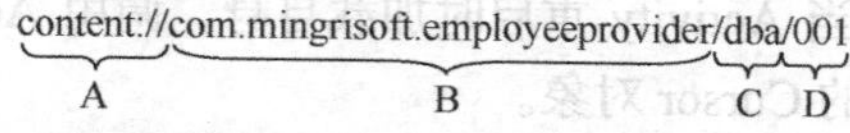

- A：标准的前缀，用于标识该数据由 Content Provider 管理。它永远不用修改。
- B：URI 的 authority 部分，它标识该 Content Provider。对于第三方应用，该部分应该是完整的类名（使用小写形式）来保证唯一性。在<provider>元素的 authorities 属性中声明 authority。
- C：Content Provider 的路径部分，用于决定哪类数据被请求。如果 Content Provider 仅提供一种数据类型，这部分可以没有。如果 provider 提供几种类型包括子类型，这部分可以由几部分组成。
- D：被请求的特定记录的 ID 值。这是被请求记录的_ID 值。如果请求不仅限于单条记录，该部分及其前面的斜线应该删除。删除后的格式如下：

```
content://com.mingrisoft.employeeprovider/dba
```

15.2 Content Provider 常用操作

Android 系统为常用数据类型提供了很多预定义的 Content Provider（声音、视频、图片、联系人等），它们大都位于 android.provider 包中。开发人员可以查询这些 provider 以获得其中包含的信息（尽管有些需要适当的权限来读取数据）。Android 系统提供的常见 Content Provider 如下。

- Browser：读取或修改书签、浏览历史或网络搜索。
- CallLog：查看或更新通话历史。
- Contacts：获取、修改或保存联系人信息。
- LiveFolders：由 Content Provider 提供内容的特定文件夹。
- MediaStore：访问声音、视频和图片。
- Setting：查看和获取蓝牙设置、铃声和其他设备偏好。
- SearchRecentSuggestions：能被配置以使用查找意见 provider 操作。
- SyncStateContract：用于使用数据数组账号关联数据的 Content Provider 约束。希望使用标准方式保存数据的 provider 可以使用它。
- UserDictionary：在可预测文本输入时，提供用户定义单词给输入法使用。应用程序和输入法能增加数据到该字典。单词能关联频率信息和本地化信息。

15.2.1 查询数据

开发人员需要下面 3 条信息才能查询 Content Provider 中的数据。

- 标识该 Content Provider 的 URI。
- 需要查询的数据字段名称。
- 字段中数据的类型。

如果查询特定的记录，还需要提供该记录的_ID 值。

为了查询 Content Provider 中的数据，开发人员需要使用 ContentResolver.query() 或 Activity.managedQuery()方法。这两个方法使用相同的参数，并且都返回 Cursor 对象。然而，managedQuery()方法导致 Activity 管理 Cursor 的生命周期。托管的 Cursor 处理所有的细节，例如当 Activity 暂停时卸载自身，当 Activity 重启时加载自身。调用 Activity.startManagingCursor()方法可以让 Activity 管理未托管的 Cursor 对象。

query()和 managedQuery()方法的第一个参数是 provider 的 URI，即标识特定 ContentProvider 和数据集的 CONTENT_URI 常量。

为了限制仅返回一条记录，可以在 URI 结尾增加该记录的_ID 值，即将匹配_ID 值的字符串作为 URI 路径部分的结尾片段。例如，_ID 值是 10，URI 将是：

```
content://.../10
```

一些辅助方法，特别是 ContentUris.withAppendedId()和 Uri.withAppendedPath()，能轻松地将_ID 增加到 URI。这两个方法都是静态方法，并返回一个增加了_ID 的 Uri 对象。

query()和 managedQuery()方法的其他参数用来更加细致地限制查询结果，它们是：

- 应该返回的数据列名称。null 值表示返回全部列，否则仅返回列出的列。全部预定义 Content Provider 为其列都定义了常量。例如，android.provider.Contacts.Phones 类定义了

_ID、NUMBER、NUMBER_KEY、NAME 等常量。
- 决定哪些行被返回的过滤器，格式类似 SQL 的 WHERE 语句（但是不包含 WHERE 自身）。null 值表示返回全部行（除非 URI 限制查询结果为单行记录）。
- 选择参数。
- 返回记录的排序器，格式类似 SQL 的 ORDER BY 语句（但是不包含 ORDER BY 自身）。null 值表示以默认顺序返回记录，这可能是无序的。
- 查询返回一组零条或多条数据库记录。列名、默认顺序和数据类型对每个 Content Provider 都是特别的。但是每个 provider 都有一个_ID 列，它为每条记录保存唯一的数值_ID。每个 provider 也能使用_COUNT 报告返回结果中记录的行数，该值在各行都是相同的。

获得数据使用 Cursor 对象处理，它能向前或者向后遍历整个结果集。开发人员可以使用它来读取数据。增加、修改和删除数据则必须使用 ContentResolver 对象。

15.2.2　添加数据

为了向 Content Provider 中增加新数据，首先需要在 ContentValues 对象中建立键值对映射，这里每个键匹配 Content Provider 中的列名，每个值是该列中希望增加的值。然后调用 ContentResolver.insert()方法，并传递给 provider 的 URI 参数和 ContentValues 映射。该方法返回新记录的完整 URI，即增加了新记录_ID 的 URI。开发人员可以使用该 URI 来查询并获取该记录的 Cursor，以便修改该记录。

15.2.3　数据修改

为了批量更新数据（例如，将全部字段中“NY”替换成“New York”），使用 ContentResolver.update()方法并提供需要修改的列名和值。

15.2.4　删除数据

如果需要删除单条记录，调用 ContentResolver.delete()方法并提供特定行的 URI。

如果需要删除多条记录，调用 ContentResolver.delete()方法并提供删除记录类型的 URI（例如，android.provider.Contacts.People.CONTENT_URI）和一个 SQL WHERE 语句，该语句定义哪些行需要删除。

15.3　自定义 Content Provider

如果自定义 Content Provider，则开发人员需要完成以下操作。
- 建立数据存储系统。大多数 Content Provider 使用 Android 文件存储方法或者 SQLite 数据库保存数据，但是开发人员可以使用任何方式存储。Android 提供了 SQLiteOpenHelper 类帮助创建数据库，SQLiteDatabase 类管理数据库。
- 继承 ContentProvider 类来提供数据访问方式。
- 在应用程序的 AndroidManifest 文件中声明 Content Provider。

本节对如何自定义 Content Provider 进行详细讲解。

15.3.1 继承 ContentProvider 类

开发人员定义 ContentProvider 类的子类，以便使用 ContentResolver 和 Cursor 类带来的便捷性来共享数据。原则上，这意味着需要实现 ContentProvider 类定义的以下 6 个抽象方法。

```
public boolean onCreate()
public Cursor query(Uri uri, String[] projection, String selection, String[] selectionArgs, String sortOrder)
public Uri insert(Uri uri, ContentValues values)
public int update(Uri uri, ContentValues values, String selection, String[] selectionArgs)
public int delete(Uri uri, String selection, String[] selectionArgs)
public String getType(Uri uri)
```

以上 6 个方法的说明如表 15-2 所示。

表 15-2　ContentProvider 中抽象方法的说明

方　法	说　明
onCreate()	用于初始化 provider
query()	返回数据给调用者
insert()	插入新数据到 Content Provider
update()	更新 Content Provider 中已经存在的数据
delete()	从 Content Provider 中删除数据
getType()	返回 Content Provider 数据的 MIME 类型

query()方法必须返回 Cursor 对象，它用于遍历查询结果。Cursor 自身是一个接口，但是 Android 提供了一些该接口的实现类，例如，SQLiteCursor 能遍历存储在 SQLite 数据库中的数据。通过调用 SQLiteDatabase 类的 query()方法可以获得 Cursor 对象。它们都位于 android.database 包中，其继承关系如图 15-1 所示。

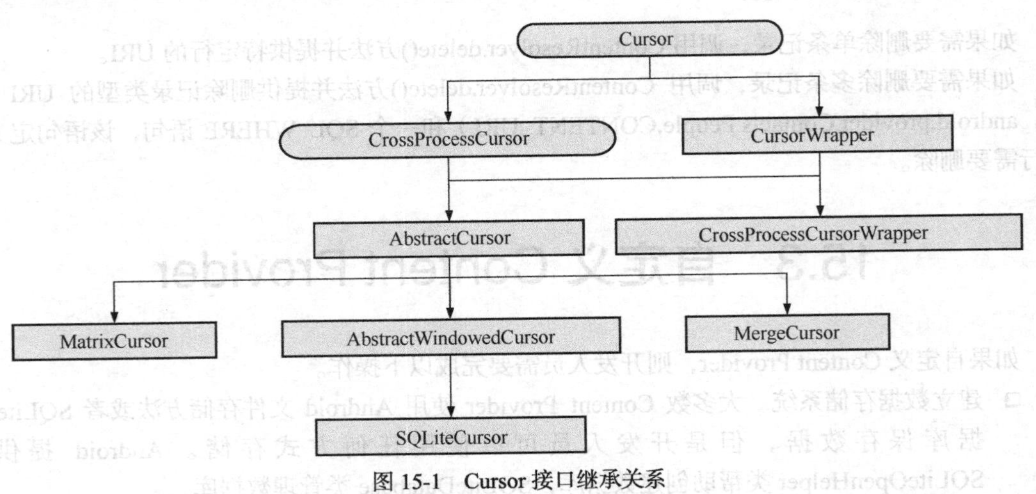

图 15-1　Cursor 接口继承关系

圆角矩形表示接口，非圆角矩形表示类。

由于这些 ContentProvider 方法能被位于不同进程和线程的不同 ContentResolver 对象调用，它们必须以线程安全的方式实现。

此外，开发人员也可以调用 ContentResolver.notifyChange()方法，以便在数据修改时通知监听器。

除了定义子类自身，还应采取一些其他措施以便简化客户端工作并让类更加易用。

（1）定义 public static final Uri CONTENT_URI 变量（CONTENT_URI 是变量名称）。该字符串表示自定义的 Content Provider 处理的完整 content:URI。开发人员必须为该值定义唯一的字符串。最佳的解决方式是使用 Content Provider 的完整类名（小写）。例如，EmployeeProvider 的 URI 可能按如下方式定义。

```
public static final Uri CONTENT_URI = Uri.parse("content://com.mingrisoft.employee
provider");
```

如果 provider 包含子表，也应该为各个子表定义 URI。这些 URI 应该有相同的 authority（因为它标识 Content Provider），然后使用路径进行区分。例如：

```
content://com.mingrisoft.employeeprovider/dba
content://com.mingrisoft.employeeprovider/programmer
content://com.mingrisoft.employeeprovider/ceo
```

（2）定义 Content Provider 将返回客户端的列名。如果开发人员使用底层数据库，这些列名通常与 SQL 数据库列名相同。同样定义 public static String 常量，客户端用它们来指定查询中的列和其他指令。确保包含名为“_ID”的整数列作为记录的 ID 值。无论记录中其他字段是否唯一，例如 URL，开发人员都应该包含该字段。如果打算使用 SQLite 数据库，_ID 字段应该是如下类型。

```
INTEGER PRIMARY KEY AUTOINCREMENT
```

（3）仔细注释每列的数据类型，客户端需要使用这些信息来读取数据。

（4）如果开发人员正在处理新数据类型，则必须定义新的 MIME 类型以便在 ContentProvider.getType()方法实现中返回。

（5）如果开发人员提供的 byte 数据太大而不能放到表格中，例如 bitmap 文件，提供给客户端的字段应该包含 content:URI 字符串。

15.3.2　声明 Content Provider

为了让 Android 系统知道开发人员编写的 Content Provider，应该在应用程序的 AndroidManifest.xml 文件中定义<provider>元素。没有在配置文件中声明的自定义 Content Provider 对 Android 系统不可见。

name 属性的值是 ContentProvider 类的子类的完整名称。authorities 属性是 provider 定义的 content:URI 中的 authority 部分。ContentProvider 的子类是 EmployeeProvider，<provider>元素应该设置如下。

```
<provider android:name="com.mingrisoft.EmployeeProvider"
          android:authorities="com.mingrisoft.employeeprovider"
          . . . />
</provider>
```

注意

authorities 属性删除了 content:URI 中的路径部分。

其他<provider>属性能设置读写数据的权限，提供显示给用户的图标或文本，启用或禁用

provider 等。如果数据不需要在多个运行着的 Content Provider 间同步，则设置 multiprocess 为 true。这允许在各个客户端进程创建一个 provider 实例，从而避免执行 IPC。

15.4 综合实例——查询联系人姓名和电话

在 Eclipse 中创建 Android 项目，实现查询当前联系人应用中联系人的 ID 和姓名。运行程序，效果如图 15-2 所示。

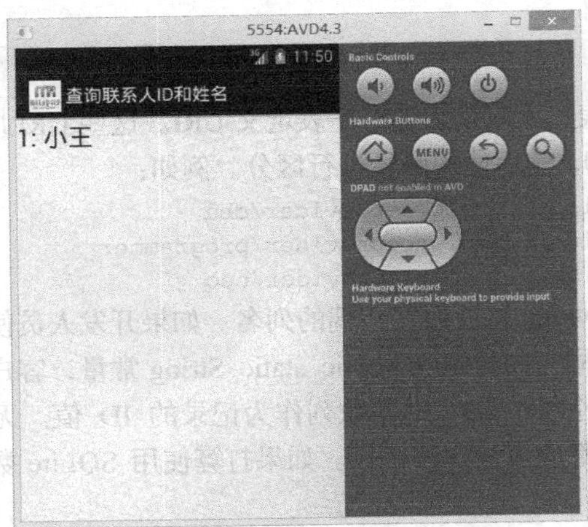

图 15-2 显示联系人 ID 和姓名

程序开发步骤如下。

（1）修改 res/layout 文件夹中的 main.xml 文件，设置背景图片和标签属性。

（2）创建 RetrieveDataActivity 类，它继承了 Activity 类。在 onCreate()方法中获得布局文件中定义的标签，在自定义的 getQueryData()方法中获得查询数据。代码如下。

```
public class RetrieveDataActivity extends Activity {
    private String[] columns = { Contacts._ID,                    // 希望获得 ID 值
            Contacts.DISPLAY_NAME,                                // 希望获得姓名
    };
    @Override
    public void onCreate(Bundle savedInstanceState) {
        super.onCreate(savedInstanceState);
        setContentView(R.layout.main);
        TextView tv = (TextView) findViewById(R.id.result);// 获得布局文件中的标签
        tv.setText(getQueryData());                               // 为标签设置数据
    }
    private String getQueryData() {
        StringBuilder sb = new StringBuilder();                   // 用于保存字符串
        ContentResolver resolver = getContentResolver();  // 获得 ContentResolver 对象
        // 查询记录
        Cursor cursor = resolver.query(Contacts.CONTENT_URI, columns, null, null,
null);
        int idIndex = cursor.getColumnIndex(columns[0]);  // 获得 ID 记录的索引值
        int displayNameIndex = cursor.getColumnIndex(columns[1]);
```

```
                                                    // 获得姓名记录的索引值
        // 迭代全部记录
        for (cursor.moveToFirst(); !cursor.isAfterLast(); cursor.moveToNext()) {
            int id = cursor.getInt(idIndex);
            String displayName = cursor.getString(displayNameIndex);
            sb.append(id + ": " + displayName + "\n");
        }
        cursor.close();                               // 关闭 Cursor
        return sb.toString();                         // 返回查询结果
    }
}
```

（3）在 AndroidManifest 文件中增加读取联系人记录的权限，代码如下。

```
<uses-permission android:name="android.permission.READ_CONTACTS"/>
```

知识点提炼

（1）Content Provider 是 Android 四大基本组件之一，它主要用于在不同的应用之间共享数据。

（2）Content Provider 使用基于数据库模型的简单表格来提供其中的数据，每行代表一条记录，每列代表特定类型和含义的数据。

（3）每个 Content Provider 提供公共的 URI（使用 Uri 类包装）来唯一标识其数据集。管理多个数据集（多个表格）的 Content Provider 为每个数据集都提供了单独的 URI。所有为 provider 提供的 URI 都以“content://”作为前缀，“content://”模式表示数据由 Content Provider 来管理。

（4）为了查询 Content Provider 中的数据，开发人员需要使用 ContentResolver.query()或 Activity.managedQuery()方法。

（5）为了批量更新数据，使用 ContentResolver.update()方法并提供需要修改的列名和值。

（6）开发人员可以定义 ContentProvider 类的子类，以便使用 ContentResolver 和 Cursor 类带来的便捷共享数据。

习　题

15-1 简述 Content Provider 的基本组成。

15-2 什么是 URI?

15-3 查询 Content Provider 中数据的前提条件是什么？

15-4 自定义 Content Provider 需要完成哪些操作？

实验：自动补全联系人姓名

实验目的

（1）巩固 AutoCompleteTextView 组件的使用。

（2）掌握 ContentResolver 类的使用。

实验内容

本实验主要在 Android 程序中实现自动补全联系人姓名的功能。

实验步骤

（1）修改 res/layout 文件夹中的 main.xml 文件，设置背景图片和标签属性，并增加一个自动补全标签。关键代码如下。

```
<AutoCompleteTextView
    android:id="@+id/edit"
    android:layout_width="match_parent"
    android:layout_height="wrap_content"
    android:completionThreshold="1"
    android:textColor="@android:color/black" >
    <requestFocus />
</AutoCompleteTextView>
```

（2）创建 ContactListAdapter 类，它继承了 CursorAdapter 类并实现了 Filterable 接口，在重写方法时完成了获取联系人姓名的功能。代码如下。

```
public class ContactListAdapter extends CursorAdapter implements Filterable {
    private ContentResolver resolver;
    private String[] columns = new String[] { Contacts._ID, Contacts.DISPLAY_NAME };
    public ContactListAdapter(Context context, Cursor c) {
        super(context, c);                                    // 调用父类构造方法
        resolver = context.getContentResolver();              // 初始化 ContentResolver
    }
    @Override
    public void bindView(View arg0, Context arg1, Cursor arg2) {
        ((TextView) arg0).setText(arg2.getString(1));
    }
    @Override
    public View newView(Context context, Cursor cursor, ViewGroup parent) {
        LayoutInflater inflater = LayoutInflater.from(context);
        TextView view = (TextView) inflater.inflate(android.R.layout.simple_dropdown_
item_1line, parent, false);
        view.setText(cursor.getString(1));
        return view;
    }
    @Override
    public CharSequence convertToString(Cursor cursor) {
        return cursor.getString(1);
    }
    @Override
    public Cursor runQueryOnBackgroundThread(CharSequence constraint) {
        FilterQueryProvider filter = getFilterQueryProvider();
        if (filter != null) {
            return filter.runQuery(constraint);
        }
        Uri uri = Uri.withAppendedPath(Contacts.CONTENT_FILTER_URI, Uri.encode
(constraint.toString()));
        return resolver.query(uri, columns, null, null, null);
    }
}
```

（3）创建 AutoCompletionActivity 类，它继承了 Activity 类，在重写 onCreate()方法时，完成自动补全的设置。代码如下。

```
public class AutoCompletionActivity extends Activity {
    private  String[] columns = new String[] { Contacts._ID, Contacts.DISPLAY_NAME };
    @Override
    public void onCreate(Bundle savedInstanceState) {
        super.onCreate(savedInstanceState);
        setContentView(R.layout.main);
        ContentResolver resolver = getContentResolver();
        Cursor  cursor  =  resolver.query(Contacts.CONTENT_URI,  columns,  null,  null,
null);
        ContactListAdapter adapter = new ContactListAdapter(this, cursor);
        AutoCompleteTextView textView = (AutoCompleteTextView) findViewById(R.id.edit);
        textView.setAdapter(adapter);
    }
}
```

（4）在 AndroidManifest 文件中增加读取联系人记录的权限，代码如下。

```
<uses-permission android:name="android.permission.READ_CONTACTS"/>
```

程序运行效果如图 15-3 所示。

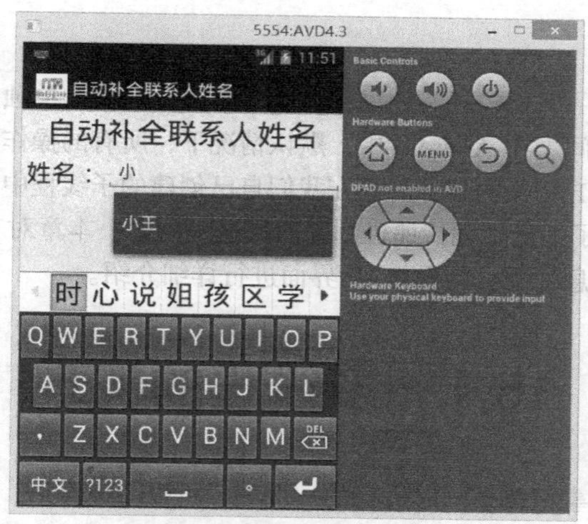

图 15-3　自动补全联系人姓名

第16章 线程与消息处理

本章要点：

- 通过实现 Runnable 接口创建、开启、休眠和中断线程
- 创建一个 Handler 对象发送并处理消息
- 开启新线程实现电子广告牌
- 多彩的霓虹灯

在程序开发时，对于一些比较耗时的操作，通常会为开启一个单独的线程来执行，这样可以尽可能减少用户的等待时间。在 Android 中，默认情况下，所有的操作都是在主线程中进行的，这个主线程负责管理与 UI 相关的事件。而在我们自己创建的子线程中，不能对 UI 组件进行操作，因此，Android 提供了消息处理传递机制来解决这一问题。本章对 Android 中如何实现多线程以及如何通过线程和消息处理机制操作 UI 界面进行详细介绍。

16.1 多线程的实现

在现实生活中，很多事情都是同时进行的。例如，可以一边看书，一边喝咖啡；计算机则可以一边播放音乐，一边打印文档。这种需要同时进行的任务可以用线程来表示，每个线程完成一个任务，并与其他线程同时执行，这种机制被称为多线程。下面讲解如何创建线程、开启线程、让线程休眠和中断线程。

16.1.1 创建线程

Android 中提供了两种创建线程的方法，一种是通过 Thread 类的构造方法创建线程对象，并重写 run()方法实现，另一种是通过实现 Runnable 接口实现，下面分别进行介绍。

1. 通过 Thread 类的构造方法创建线程

在 Android 中，可以使用 Thread 类提供的以下构造方法来创建线程。

```
Thread(Runnable runnable)
```

该构造方法的参数 runnable，可以通过创建一个 Runnable 类的对象并重写其 run()方法来实现。例如，要创建一个名称为“thread”的线程，可以使用下面的代码。

```
Thread thread=new Thread(new Runnable(){
    // 重写 run()方法
```

```
    @Override
    public void run() {
        // 要执行的操作
    }
});
```

在 run()方法中，可以编写要执行的操作的代码，当线程被开启时，run()方法将会被执行。

2. 通过实现 Runnable 接口创建线程

在 Android 中，可以通过实现 Runnable 接口来创建线程。实现 Runnable 接口的语法格式如下：

```
public class ClassName extends Object implements Runnable
```

当一个类实现 Runnable 接口后，还需要实现其 run()方法。在 run()方法中，可以编写要执行操作的代码。

例如，要创建一个实现了 Runnable 接口的 Activity，可以使用下面的代码。

```
public class MainActivity extends Activity implements Runnable {
    @Override
    public void onCreate(Bundle savedInstanceState) {
        super.onCreate(savedInstanceState);
        setContentView(R.layout.main);
    }
    @Override
    public void run() {
        //要执行的操作
    }
}
```

16.1.2 开启线程

创建线程对象后，还需要开启线程，线程才能执行。Thread 类提供了 start()方法，可以开启线程。其语法格式如下。

```
start()
```

例如，存在一个名称为“thread”的线程，如果想开启该线程，可以使用下面的代码。

```
thread.start();                        //开启线程
```

16.1.3 线程的休眠

线程的休眠就是让线程暂停一定时间后再次执行。同 Java 一样，在 Android 中，也可以使用 Thread 类的 sleep()方法，让线程休眠指定的时间。sleep()方法的语法格式如下。

```
sleep(long time)
```

其中的参数 time 用于指定休眠的时间，单位为毫秒。

例如，想要线程休眠 1 秒，可以使用下面的代码。

```
Thread.sleep(1000);
```

16.1.4 中断线程

当需要中断指定线程时，可以使用 Thread 类提供的 interrupt()方法来实现。使用 interrupt()方法可以向指定的线程发送一个中断请求，并将该线程标记为中断状态。interrupt()方法的语法格式如下。

```
interrupt()
```

例如，存在一个名称为“thread”的线程，如果想中断该线程，可以使用下面的代码。

```
...                                     // 省略部分代码
thread.interrupt();
...                                     // 省略部分代码
public void run() {
    while(!Thread.currentThread().isInterrupted()){
        ...                             // 省略部分代码
    }
}
```

另外，由于线程执行 wait()、join()或者 sleep()方法时，线程的中断状态将被清除，并且抛出 InterruptedException，因此，如果在线程中执行了 wait()、join()或者 sleep()方法，那么，想要中断线程时，就需要使用一个 boolean 类型的标记变量来记录线程的中断状态，并通过该标记变量来控制循环的执行与停止。例如，通过名称为“isInterrupt”的 boolean 型变量来标记线程的中断，关键代码如下。

```
private boolean isInterrupt=false; // 定义一下标记变量
    ...                                 // 省略部分代码
...                                     // 在需要中断线程时，将 isInterrupt 的值设置为 true
public void run() {
    while(!isInterrupt){
        ...                             // 省略部分代码
    }
}
```

【例 16-1】 在 Eclipse 中创建 Android 项目，通过实现 Runnable 接口来创建线程、开启线程、让线程休眠指定时间和中断线程。（实例位置：光盘\MR\源码\第 16 章\16-1）

（1）修改新建项目的 res/layout 目录下的布局文件 main.xml，将默认添加的 TextView 组件删除，然后在默认添加的线性布局管理器中添加两个按钮，一个用于开启线程，另一个用于中断线程。

（2）打开默认添加的 MainActivity，让该类实现 Runnable 接口。修改后的创建类的代码如下：

```
public class MainActivity extends Activity implements Runnable {}
```

（3）实现 Runnable 接口中的 run()方法，在该方法中，判断当前线程是否被中断，如果没有被中断，则将循环变量+1，并在日志中输出循环变量的值。具体代码如下。

```
@Override
public void run() {
    while (!Thread.currentThread().isInterrupted()) {
        i++;
        Log.i("循环变量：", String.valueOf(i));
    }
}
```

（4）在该 MainActivity 中，创建两个成员变量。具体代码如下。

```
private Thread thread;          // 声明线程对象
int i;                          // 循环变量
```

（5）在 onCreate()方法中，首先获取布局管理器中添加的“开始”按钮，然后为该按钮添加单击事件监听器。在重写的 onCreate()方法中，根据当前 Activity 创建一个线程，并开启该线程。具体代码如下。

```
Button startButton = (Button) findViewById(R.id.button1); // 获取“开始”按钮
startButton.setOnClickListener(new OnClickListener() {
    @Override
    public void onClick(View v) {
        i = 0;
        thread = new Thread(MainActivity.this);                    // 创建一个线程
        thread.start();                                            // 开启线程
    }
});
```

（6）获取布局管理器中添加的“停止”按钮，并为其添加单击事件监听器。在重写的 onCreate()方法中，如果 thread 对象不为空，则中断线程，并向日志中输出提示信息。具体代码如下。

```
Button stopButton = (Button) findViewById(R.id.button2);        // 获取“停止”按钮
stopButton.setOnClickListener(new OnClickListener() {
    @Override
    public void onClick(View v) {
        if (thread != null) {
            thread.interrupt();                                    // 中断线程
            thread = null;
        }
        Log.i("提示: ", "中断线程");
    }
});
```

（7）重写 MainActivity 的 onDestroy()方法，在该方法中，中断线程。具体代码如下。

```
@Override
protected void onDestroy() {
    if (thread != null) {
        thread.interrupt();                                        // 中断线程
        thread = null;
    }
    super.onDestroy();
}
```

运行本实例，在屏幕上显示一个“开始”按钮和一个“停止”按钮。单击“开始”按钮后，将在日志面板中输出循环变量的值；单击“停止”按钮，将中断线程。日志面板的显示结果如图 16-1 所示。

LogCat

Search for messages. Accepts Java regexes. Prefix with pid:, app:, tag: or text: to l　verbose

Level	Time	PID	TID	Application	Tag	Text
I	07-25 13:02:41.525	641	667	com.mingrisoft	循环变量:	12699
I	07-25 13:02:41.525	641	667	com.mingrisoft	循环变量:	12700
I	07-25 13:02:41.525	641	667	com.mingrisoft	循环变量:	12701
I	07-25 13:02:41.525	641	667	com.mingrisoft	循环变量:	12702
I	07-25 13:02:41.525	641	667	com.mingrisoft	循环变量:	12703
I	07-25 13:02:41.525	641	667	com.mingrisoft	循环变量:	12704
I	07-25 13:02:41.525	641	667	com.mingrisoft	循环变量:	12705
I	07-25 13:02:41.525	641	667	com.mingrisoft	循环变量:	12706
I	07-25 13:02:41.556	641	641	com.mingrisoft	提示:	中断线程
I	07-25 13:02:41.556	641	667	com.mingrisoft	循环变量:	12707

图 16-1　在日志面板中输出的内容

16.2 Handler 消息传递机制

Android 中引入了 Handler 消息传递机制，用来实现在新创建的线程中操作 UI 界面。本节对 Handler 消息传递机制进行介绍。

16.2.1 循环者 Looper 简介

在介绍 Looper 之前，需要先来了解另一个概念，那就是 MessageQueue（消息队列）。在 Android 中，一个线程对应一个 Looper 对象，而一个 Looper 对象又对应一个 MessageQueue。MessageQueue 用于存放 Message（消息），在 MessageQueue 中，存放的消息按照 FIFO（先进先出）原则执行。由于 MessageQueue 被封装到 Looper 里面了，这里不对 MessageQueue 进行过多介绍。

Looper 对象用来为一个线程开启一个消息循环，用来操作 MessageQueue。默认情况下，Android 中新创建的线程是没有开启消息循环的，但是主线程除外，系统自动为主线程创建 Looper 对象，开启消息循环。所以，在主线程中应用下面的代码创建 Handler 对象时，就不会出错。而如果在新创建的非主线程中，应用下面的代码创建 Handler 对象，将产生如图 16-2 所示的异常信息。

```
Handler handler2 = new Handler();
```

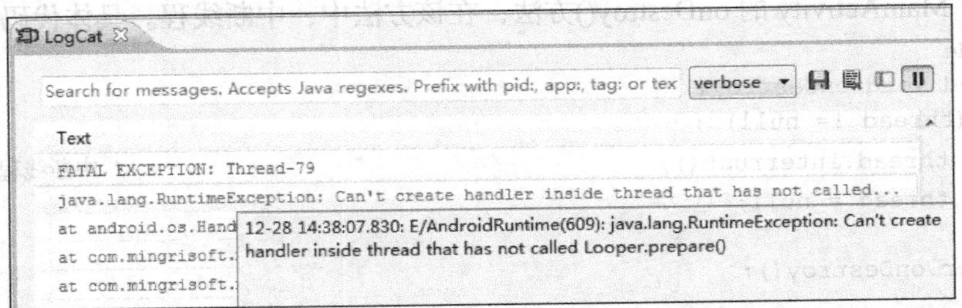

图 16-2　在非主线程中创建 Handler 对象产生的异常信息

如果想要在非主线程中创建 Handler 对象，首先需要使用 Looper 类的 prepare()方法来初始化一个 Looper 对象，然后创建这个 Handler 对象，再使用 Looper 类的 loop()方法。启动 Looper，从消息队列里获取和处理消息。

【例 16-2】 在 Eclipse 中创建 Android 项目，创建一个继承了 Thread 类的 LooperThread。并在重写的 run()方法中，创建一个 Handler 对象，发送并处理消息。（实例位置：光盘\MR\源码\第 16 章\16-2）

（1）创建一个继承了 Thread 类的 LooperThread，并在重写的 run()方法中，创建一个 Handler 对象，发送并处理消息。关键代码如下。

```
public class LooperThread extends Thread {
    public Handler handler1;                        // 声明一个 Handler 对象
   @Override
   public void run() {
        super.run();
        Looper.prepare();                           // 初始化 Looper 对象
         // 实例化一个 Handler 对象
```

```
        handler1 = new Handler() {
        public void handleMessage(Message msg) {
            Log.i("Looper",String.valueOf(msg.what));
            }
        };

        Message m=handler1.obtainMessage();      // 获取一个消息
        m.what=0x11;                             // 设置 Message 的 what 属性的值
        handler1.sendMessage(m);                 // 发送消息
        Looper.loop();                           // 启动 Looper
    }
}
```

（2）在 MainActivity 的 onCreate()方法中，创建一个 LooperThread 线程，并开启该线程。关键代码如下。

```
LooperThread thread=new LooperThread();          // 创建一个线程
thread.start();                                  // 开启线程
```

运行本实例，在日志面板（LogCat）中输出如图 16-3 所示的内容。

```
I    07-25 13:13:41.275   1002   1177   com.mingrisoft   Looper   17
```

图 16-3 在日志面板（LogCat）中输出的内容

Looper 类提供的常用方法如表 16-1 所示。

表 16-1 Looper 类提供的常用方法

方 法	描 述
prepare()	用于初始化 Looper
loop()	调用 loop()方法后，Looper 线程就开始真正工作了，它会从消息队列里获取和处理消息
myLooper()	可以获取当前线程的 Looper 对象
getThread()	用于获取 Looper 对象所属的线程
quit()	用于结束 Looper 循环

写在 Looper.loop()之后的代码不会被执行，这个函数内部是一个循环。当调用 Handler.getLooper().quit()方法后，loop()方法才会中止，其后面的代码才得以运行。

16.2.2 消息处理类 Handler 简介

消息处理类（Handler）允许发送和处理 Message 或 Runnable 对象到其所在线程的 MessageQueue 中。Handler 有以下两个主要作用。

（1）将 Message 或 Runnable 应用 post()方法或 sendMessage()方法发送到 Message Queue 中，在发送时可以指定延迟时间、发送时间或者要携带的 Bundle 数据。当 MessageQueue 循环到该 Message 时，调用相应 Handler 对象的 handlerMessage()方法对其进行处理。

（2）在子线程中与主线程进行通信，也就是在工作线程中与 UI 线程进行通信。

在一个线程中，只能有一个 Looper 和 MessageQueue，但是，可以有多个 Handler，而且这些 Handler 可以共享同一个 Looper 和 MessageQueue。

Handler 类提供的常用的发送和处理消息的方法如表 16-2 所示。

表 16-2　　Handler 类提供的常用方法

方　法	描　述
handleMessage(Message msg)	处理消息的方法。通常重写该方法来处理消息，在发送消息时，该方法会自动回调
post(Runnable r)	立即发送 Runnable 对象，该 Runnable 对象最后将被封装成 Message 对象
postAtTime(Runnable r, long uptimeMillis)	定时发送 Runnable 对象，该 Runnable 对象最后将被封装成 Message 对象
postDelayed(Runnable r, long delayMillis)	延迟多少毫秒发送 Runnable 对象，该 Runnable 对象最后将被封装成 Message 对象
sendEmptyMessage(int what)	发送空消息
sendMessage(Message msg)	立即发送消息
sendMessageAtTime(Message msg, long uptimeMillis)	定时发送消息
sendMessageDelayed(Message msg, long delayMillis)	延迟多少毫秒发送消息

16.2.3　消息类 Message 简介

消息类（Message）被存放在 MessageQueue 中，一个 MessageQueue 中可以包含多个 Message 对象。每个 Message 对象可以通过 Message.obtain()方法或者 Handler.obtainMessage()方法获得。一个 Message 对象具有如表 16-3 所示的 5 个属性。

表 16-3　　Message 类的属性

属　性	类　型	描　述
arg1	int	用来存放整型数据
arg2	int	用来存放整型数据
obj	Object	用来存放发送给接收器的 Object 类型的任意对象
replyTo	Messenger	用来指定此 Message 发送到何处的可选 Messager 对象
what	int	用于指定用户自定义的消息代码，这样接收者可以了解这个消息的信息

说明　使用 Message 类的属性可以携带 int 型和数据，如果要携带其他类型的数据，可以先将要携带的数据保存到 Bundle 对象中，然后通过 Message 类的 setDate()方法将其添加到 Message 中。

综上所述，Message 类的使用方法比较简单，只要在使用它时注意以下 3 点即可。

- 尽管 Message 有 public 的默认构造方法，但是通常情况下，需要使用 Message.obtain()方法或 Handler.obtainMessage()方法来从消息池中获得空消息对象，以节省资源。
- 如果一个 Message 只需要携带简单的 int 型信息，应优先使用 Message.arg1 和 Message.arg2 属性来传递信息，这比用 Bundle 更省内存。
- 尽可能使用 Message.what 来标识信息，以便用不同方式处理 Message。

16.3 综合实例——多彩的霓虹灯

本实例要求在 Android 程序中实现多彩霓虹灯的效果，运行程序，将在 Android 窗口中显示一个多彩的霓虹灯，它可以不断地变换颜色，如图 16-4 所示。

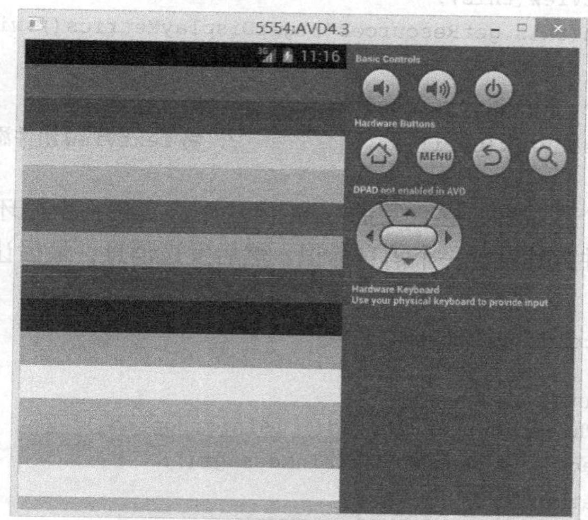

图 16-4 多彩的霓虹灯

程序开发步骤如下。

（1）修改新建项目的 res/layout 目录下的布局文件 main.xml，将默认添加的 TextView 组件删除，并为默认添加的线性布局管理器设置 ID 属性。

（2）在 res/values 目录下，创建一个保存颜色资源的 colors.xml 文件。在该文件中，定义 7 个颜色资源，名称依次为“color1”、“color2”、…、“color7”；颜色值分别为代表赤、橙、黄、绿、青、蓝、紫所对应的颜色值。colors.xml 文件的关键代码如下。

```
<?xml version="1.0" encoding="utf-8"?>
<resources>
    <color name="color1">#ffff0000</color>
    <color name="color2">#ffff6600</color>
    <color name="color3">#ffffff00</color>
    <color name="color4">#ff00ff00</color>
    <color name="color5">#ff00ffff</color>
    <color name="color6">#ff0000ff</color>
    <color name="color7">#ff6600ff</color>
</resources>
```

（3）在该 MainActivity 中，声明程序中所需的成员变量。具体代码如下。

```
private Handler handler;                                    //创建 Handler 对象
private static LinearLayout linearLayout;                   // 整体布局
public static TextView[] tv = new TextView[14];             // TextView 数组
// 使用颜色资源
int[] bgColor=new int[]{R.color.color1,R.color.color2,R.color.color3,
        R.color.color4,R.color.color5,R.color.color6,R.color.color7};
private int index=0;                                        // 当前颜色值
```

（4）在 MainActivity 的 onCreate()方法中，首先获取线程布局管理器，然后获取屏幕的高度，接下来再通过一个 for 循环创建 14 个文本框组件，并添加到线性布局管理器中。具体代码如下。

```
linearLayout=(LinearLayout)findViewById(R.id.ll);                    // 获取线性布局管理器
int height=this.getResources().getDisplayMetrics().heightPixels; // 获取屏幕的高度
for(int i=0;i<tv.length;i++){
    tv[i]=new TextView(this);                                       // 创建一个文本框对象
    tv[i].setWidth(this.getResources().getDisplayMetrics().widthPixels);
                                                                    // 设置文本框宽度
                                                                    // 为设置文本框高度
    tv[i].setHeight(height/tv.length);
    linearLayout.addView(tv[i]);                 // 将 TextView 组件添加到线性布局管理器中
}
```

（5）创建并开启一个新线程，在重写的 run()方法中，实现一个循环。在该循环中。首先获取一个 Message 对象，并为其设置一个消息标识，然后发送消息，最后让线程休眠 1 秒钟。具体代码如下。

```
Thread t = new Thread(new Runnable(){
    @Override
    public void run() {
        while (!Thread.currentThread().isInterrupted()) {
            Message m = handler.obtainMessage();                    // 获取一个 Message
            m.what=0x101;                                           // 设置消息标识
            handler.sendMessage(m);                                 // 发送消息
            try {
                Thread.sleep(new Random().nextInt(1000));           // 休眠 1 秒钟
            } catch (InterruptedException e) {
                e.printStackTrace();                                // 输出异常信息
            }
        }
    }
});
t.start();                                                          // 开启线程
```

（6）创建一个 Handler 对象，在重写的 handleMessage()方法中，为每个文本框设置背景颜色，该背景颜色从颜色数组中随机获取。具体代码如下。

```
handler = new Handler() {
    @Override
    public void handleMessage(Message msg) {
        int temp=0;                                                 // 临时变量
        if (msg.what == 0x101) {
            for(int i=0;i<tv.length;i++){
                temp=new Random().nextInt(bgColor.length);          // 产生一个随机数
                // 去掉重复的并且相邻的颜色
                if(index==temp){
                    temp++;
                    if(temp==bgColor.length){
                        temp=0;
                    }
                }
                index=temp;
                // 为文本框设置背景
```

```
tv[i].setBackgroundColor(getResources().getColor(bgColor[index]));
                }
            }
            super.handleMessage(msg);
        }
    };
```

（7）在 AndroidManifest.xml 文件的<activity>标记中，设置 android:theme 属性，实现全屏显示。关键代码如下。

```
android:theme="@android:style/Theme.Black.NoTitleBar"
```

知识点提炼

（1）在现实生活中，很多事情都是同时进行的。例如，我们可以一边看书，一边喝咖啡。而计算机则可以一边播放音乐，一边打印文档。对于这种可以同时进行的任务，我们可以用线程来表示，每个线程完成一个任务，并与其他线程同时执行，这种机制被称为多线程。

（2）线程的休眠就是让线程暂停一定时间后再次执行。

（3）MessageQueue 用于存放 Message（消息），在 MessageQueue 中，存放的消息按照 FIFO（先进先出）原则执行。MessageQueue 被封装到 Looper 里面了。

（4）Looper 对象用来为一个线程开启一个消息循环，用来操作 MessageQueue。默认情况下，Android 中新创建的线程是没有开启消息循环的。

（5）消息处理类（Handler）允许发送和处理 Message 或 Rannable 对象到其所在线程的 MessageQueue 中。

（6）消息类（Message）被存放在 MessageQueue 中，一个 MessageQueue 中可以包含多个 Message 对象。每个 Message 对象可以通过 Message.obtain()方法或者 Handler.obtainMessage()方法获得。

习　　题

16-1　在 Android 程序中创建线程有几种方法，分别是什么？

16-2　休眠线程需要用到 Thread 类的哪个方法？

16-3　如何中断一个线程？

16-4　怎样中断线程？

16-5　简单描述消息传递机制用到的几个主要类。

实验：开启新线程实现电子广告牌

实验目的

（1）掌握多线程在 Android 程序中的应用。

（2）掌握 ImageView 组件的使用。

实验内容

在 Eclipse 中创建一个 Android 项目，主要实现开启新线程实现电子广告牌的功能。

实验步骤

（1）修改新建项目的 res/layout 目录下的布局文件 main.xml，在默认添加的 TextView 组件上方添加一个 ImageView 组件，用于显示广告图片，并设置垂直线程布局管理器内的组件水平居中显示。

（2）打开默认添加的 MainActivity，让该类实现 Runnable 接口。修改后的创建类的代码如下：

```
public class MainActivity extends Activity implements Runnable {}
```

（3）实现 Runnable 接口中的 run()方法，在该方法中，判断当前线程是否被中断，如果没有被中断，则首先产生一个随机数，然后获取一个 Message，并将要显示的广告图片的索引值和对应标题保存到该 Message 中，再发送消息，最后让线程休眠 2 分钟。具体代码如下。

```
@Override
public void run() {
    int index = 0;
    while (!Thread.currentThread().isInterrupted()) {
        index = new Random().nextInt(path.length); // 产生一个随机数
        Message m = handler.obtainMessage();       // 获取一个 Message
        m.arg1 = index;                            // 保存要显示广告图片的索引值
        Bundle bundle = new Bundle();              // 获取 Bundle 对象
        m.what = 0x101; // 设置消息标识
        bundle.putString("title", title[index]);   // 保存标题
        m.setData(bundle);                         // 将 Bundle 对象保存到 Message 中
        handler.sendMessage(m);                    // 发送消息
        try {
            Thread.sleep(2000);                    // 线程休眠 2 秒钟
        } catch (InterruptedException e) {
            e.printStackTrace();                   // 输出异常信息
        }
    }
}
```

（4）在该 MainActivity 中，创建程序中所需的成员变量。具体代码如下。

```
private ImageView iv;                              // 声明一个显示广告图片的 ImageView 对象
private Handler handler;                           // 声明一个 Handler 对象
private int[] path = new int[] { R.drawable.img01, R.drawable.img02,
        R.drawable.img03, R.drawable.img04, R.drawable.img05,
        R.drawable.img06 };                        // 保存广告图片的数组
private String[] title = new String[] { "编程词典系列产品", "高效开发", "快乐分享", "用
户人群","快速学习", "全方位查询" };                  // 保存显示标题的数组
```

（5）在 onCreate()方法中，首先获取布局管理器中添加的 ImageView 组件，然后创建一个新线程，并开启该线程，最后再实例化一个 Handler 对象。在重写的 handleMessage()方法中，更新 UI 界面中的 ImageView 组件和 TextView 组件。具体代码如下。

```
iv = (ImageView) findViewById(R.id.imageView1);    // 获取显示广告图片的 ImageView
```

```
Thread t = new Thread(this);                          // 创建新线程
t.start();                                            // 开启线程
handler = new Handler() {                             // 实例化一个 Handler 对象
    @Override
    public void handleMessage(Message msg) {
        // 更新 UI
        TextView tv = (TextView) findViewById(R.id.textView1); // 获取 TextView 组件
        if (msg.what == 0x101) {
            tv.setText(msg.getData().getString("title"));   // 设置标题
            iv.setImageResource(path[msg.arg1]);             // 设置要显示的图片
        }
        super.handleMessage(msg);
    }
};
```

运行本实例，在屏幕上将每隔两秒钟随机显示一张广告，如图 16-5 所示。

图 16-5　电子广告牌

第17章 Service应用

本章要点：

- Service 的分类及作用
- Service 中常用的方法
- 声明 Service
- 创建 Started Service 服务
- 创建 Bound Service
- 管理 Service 的生命周期

Service 用于在后台完成用户指定的操作，可以用于音乐播放器、文件下载工具等应用程序。用户可以使用其他控件来与 Service 进行通信。本章详细讲解 Service 服务的使用。

17.1 Service 概述

Service（服务）是能够在后台长时间执行运行操作并且不提供用户界面的应用程序组件，其他应用程序组件能启动服务，并且即便用户切换到另一个应用程序，服务还是可以在后台运行。此外，组件能够绑定到服务并与之交互，甚至执行进程间通信（IPC）。例如，服务能在后台处理网络事务、播放音乐、执行文件 I/O 或者与 Content Provider 通信。

17.1.1 Service 分类

服务从本质上可以分为以下两种类型。

- Started（启动）：当应用程序组件（例如 Activity）通过调用 startService()方法启动服务时，服务处于“started”状态。一旦启动，服务能在后台无限期运行，即使启动它的组件已经被销毁。通常，启动服务执行单个操作，并且不会向调用者返回结果。例如，它可能通过网络下载或者上传文件。如果操作完成，服务需要停止自身。
- Bound（绑定）：当应用程序组件通过调用 bindService()方法绑定到服务时，服务处于“bound”状态。绑定服务提供客户端—服务器接口，以允许组件与服务交互，发送请求，获得结果，甚至使用进程间通信（IPC）跨进程完成这些操作。仅当其他应用程序组件与之绑定时，绑定服务才运行。多个组件可以一次绑定到一个服务上，当它们都解绑定时，服务便被销毁。

服务可以同时属于两种类型，可以启动（无限期运行）也可以绑定，其重点在于是否实现一些回调方法——onStartCommand()方法允许组件启动服务，onBind()方法允许组件绑定服务。

不管应用程序是启动状态还是绑定状态，都能通过 Intent 使用服务（甚至从独立的应用程序），就像使用 Activity 那样。然而，开发人员可以在配置文件中将服务声明为私有的，从而阻止其他应用程序访问。

17.1.2　Service 类的重要方法

为了创建服务，开发人员需要创建 Service 类（或其子类）的子类。在实现类中，需要重写一些处理服务生命周期重要方面的回调方法，并根据需要提供组件绑定到服务的机制。需要重写的重要回调方法如下。

- onStartCommand()

当其他组件，例如 Activity，调用 startService()方法请求服务启动时，系统调用 onStartCommand()方法。一旦该方法执行，服务就启动（处于“started”状态）并在后台无限期运行。如果开发人员实现该方法，则需要在任务完成时调用 stopSelf()或 stopService()方法停止服务（如果仅想提供绑定，则不必实现该方法）。

- onBind()

当其他组件调用 bindService()方法与服务绑定时（例如执行 RPC），系统调用 onBind()方法。在该方法的实现中，开发人员必须通过返回 IBinder 提供客户端用来与服务通信的接口。该方法必须实现，但是如果不想允许绑定，则应该返回 null。

- onCreate()

当服务第一次创建时，系统调用该方法执行一次性建立过程（在系统调用 onStartCommand()或 onBind()方法前）。如果服务已经运行，该方法不被调用。

- onDestroy()

当服务不再使用并即将销毁时，系统调用该方法。服务应该实现该方法来清理诸如线程、注册监听器、接收者等资源。这是服务收到的最后调用。

如果组件调用 startService()方法启动服务（onStartCommand()方法被调用），服务需要使用 stopSelf()方法停止自身，或者其他组件使用 stopService()方法停止该服务。

如果组件调用 bindService()方法创建服务（onStartCommand()方法不被调用），服务运行时间与组件绑定到服务的时间一样长。一旦服务从所有客户端解绑定，系统会将其销毁。

Android 系统仅当内存不足并且必须回收系统资源来显示用户关注的 Activity 时，才会强制停止服务。如果服务绑定到用户关注的 Activity，则会降低停止概率。如果服务被声明为前台运行，则基本不会停止。否则，如果服务是 started 状态并且长时间运行，则系统会随时间推移降低其在后台任务列表中的位置，并且服务很可能被停止。如果服务是 started 状态，则必须设计如何优雅地系统重启服务。如果系统停止服务，则资源可用时就会重启服务（尽管这也依赖于 onStartCommand()方法的返回值）。

17.1.3　Service 的声明

类似 Activity 和其他组件，开发人员必须在应用程序配置文件中声明全部 Service。为了声明 Service，需要向<application>标签中增加<service>子标签。<service>子标签的语法如下。

```
<service android:enabled=["true" | "false"]
```

```
    android:exported=["true" | "false"]
    android:icon="drawable resource"
    android:label="string resource"
    android:name="string"
    android:permission="string"
    android:process="string" >
    . . .
</service>
```

各个标签属性的说明如表 17-1 所示。

表 17-1　<service>标签中的属性及说明

属　性	说　明
android:enabled	服务能否被系统实例化，“true”表示可以，“false”表示不可以，默认值是“true”
android:exported	其他应用程序组件能否调用服务或者与其交互，“true”表示可以，“false”表示不可以
android:icon	表示服务的图标，该属性必须设置成包含图片定义的可绘制资源引用。如果没有设置，使用应用程序图标取代。
android:label	显示给用户的服务名称。如果没有设置，使用应用程序标签取代
android:name	实现服务的 Service 子类名称，这应该是一个完整的类名（例如“com.mingrisoft.RoomService”）。然而，为了简便，也可以将名称的第一个符号设置为点号（例如“.RoomService”）
android:permission	实体必须包含的权限名称，以便启动或者绑定到服务
android:process	服务运行的进程名称。通常，它与应用程序包名相同

17.2　创建 Started Service

Started Service（启动服务）是由其他组件调用 startService()方法启动的，这导致服务的 onStartCommand()方法被调用。

当服务是“started”状态时，它的生命周期与启动它的组件无关，并且可以在后台无限期运行，即使启动服务的组件已经被销毁。因此，服务需要在完成任务后调用 stopSelf()停止，或者由其他组件调用 stopService()方法停止。

应用程序组件如 Activity 能通过调用 startService()方法和传递 Intent 对象来启动服务，Intent 对象中指定了服务并且包含服务需要使用的全部数据。服务使用 onStartCommand()方法接收 Intent。

例如，假设 Activity 需要保存一些数据到在线数据库。Activity 可以启动伴侣服务并通过传递 Intent 到 startService()方法来发送需要保存的数据。服务在 onStartCommand()方法中收到 Intent，连入网络并执行数据库事务。当事务完成时，服务停止自身并销毁。

Android 提供了两个类，供开发人员继承来创建启动服务。

- Service：这是所有服务的基类。当继承该类时，创建新线程来执行服务的全部工作是非常重要的。因为服务默认使用应用程序主线程，这可能降低应用程序 Activity 的运行性能。

- IntentService：这是 Service 类的子类，它每次使用一个工作线程来处理全部启动请求。在不必同时处理多个请求时，这是最佳选择。开发人员仅需要实现 onHandleIntent()方法，IntentService 接收每次启动请求的 Intent 以便完成后台任务。

17.2.1　继承 IntentService 类

因为多数启动服务不必同时处理多个请求（在多线程情境下会很危险），所以使用 IntentService 类实现服务是非常好的选择。IntentService 能够完成如下任务。

- 创建区别于应用程序主线程的默认工作线程来执行发送到 onStartCommand()方法的全部 Intent。
- 创建工作队列每次传递一个 Intent 到 onHandleIntent()方法实现，这样就不必担心多线程问题。
- 所有启动请求处理完毕后停止服务，这样就不必调用 stopSelf()方法。
- 提供 onBind()方法默认实现，其返回值是 null。
- 提供 onStartCommand()方法默认实现，它先发送 Intent 到工作队列然后到 onHandleIntent()方法实现。

所有这些加在一起说明开发人员仅需要实现 onHandleIntent()方法就可以完成客户端提供的任务。由于 IntentService 类没有提供无参数的构造方法，因此需要提供一个构造方法。下面的代码是 IntentService 实现类的例子，在 onHandlerIntent()方法中，仅让线程休眠了 5 秒钟。

```
public class HelloIntentService extends IntentService {
    public HelloIntentService() {
        super("HelloIntentService");
    }
    @Override
    protected void onHandleIntent(Intent intent) {
        long endTime = System.currentTimeMillis() + 5 * 1000;
        while (System.currentTimeMillis() < endTime) {
            synchronized (this) {
                try {
                    wait(endTime - System.currentTimeMillis());
                } catch (Exception e) {
                }
            }
        }
    }
}
```

这就是实现 IntentService 类所必须的全部操作——没有参数的构造方法和 onHandleIntent()方法。

如果开发人员决定重写其他回调方法，例如 onCreate()、onStartCommand()或 onDestroy()，需要调用父类实现，这样 IntentService 能正确处理工作线程的生命周期。

例如，onStartCommand()方法必须返回默认实现。

```
@Override
public int onStartCommand(Intent intent, int flags, int startId) {
    Toast.makeText(this, "service starting", Toast.LENGTH_SHORT).show();
    return super.onStartCommand(intent,flags,startId);
}
```

除了 onHandleIntent()方法，仅有 onBind()方法不必调用父类实现，该方法在服务允许绑定时实现。

17.2.2 继承 Service 类

如上所述，使用 IntentService 可以简化启动服务的实现。然而，如果需要让服务处理多线程（取代使用工作队列处理启动请求），则可以继承 Service 类来处理各个 Intent。

作为对比，下面的例子通过实现 Service 类来完成与上面例子（实现 IntentService）完全相同的任务。对于每次启动请求，Service 类使用工作线程来执行任务，且每次处理一个请求。

```
public class HelloService extends Service {
    private Looper mServiceLooper;
    private ServiceHandler mServiceHandler;
    private final class ServiceHandler extends Handler {
        public ServiceHandler(Looper looper) {
            super(looper);
        }
        @Override
        public void handleMessage(Message msg) {
            long endTime = System.currentTimeMillis() + 5 * 1000;
            while (System.currentTimeMillis() < endTime) {
                synchronized (this) {
                    try {
                        wait(endTime - System.currentTimeMillis());
                    } catch (Exception e) {
                    }
                }
            }
            stopSelf(msg.arg1);
        }
    }
    @Override
    public void onCreate() {
        HandlerThread thread = new HandlerThread("ServiceStartArguments", Process.
THREAD_PRIORITY_BACKGROUND);
        thread.start();
        mServiceLooper = thread.getLooper();
        mServiceHandler = new ServiceHandler(mServiceLooper);
    }
    @Override
    public int onStartCommand(Intent intent, int flags, int startId) {
        Toast.makeText(this, "service starting", Toast.LENGTH_SHORT).show();
        Message msg = mServiceHandler.obtainMessage();
        msg.arg1 = startId;
        mServiceHandler.sendMessage(msg);
        return START_STICKY;
    }
    @Override
    public IBinder onBind(Intent intent) {
        return null;
    }
    @Override
    public void onDestroy() {
        Toast.makeText(this, "service done", Toast.LENGTH_SHORT).show();
    }
}
```

如上所示，使用 Service 比使用 IntentService 麻烦很多。

然而，由于开发人员自己处理 onStartCommand()方法调用，因此可以同时处理多个请求。这与示例代码不同，但是如果需要，就可以每次请求创建一个新线程并且立即运行它们（避免等待前一个请求结束）。

onStartCommand()方法必须返回一个整数，该值用来描述系统停止服务后如何继续服务（如前所述，IntentService 默认实现已经处理了这些，开发人员也可以进行修改）。onStartCommand()方法的返回值必须是表 17-2 所列常量值之一。

表 17-2　onStartCommand()方法返回值的常量值

常量值	说明
START_NOT_STICKY	如果系统在 onStartCommand()方法返回后停止服务，不重新创建服务，除非有 PendingIntent 要发送。避免在不必要时运行服务和应用程序能简单地重启任何未完成工作时，这是最佳选择
START_STICKY	如果系统在 onStartCommand()方法返回后停止服务，重新创建服务并调用 onStartCommand()方法，但是不重新发送最后的 Intent。相反，系统使用空 Intent 调用 onStartCommand()方法，除非有 PendingIntent 来启动服务。此时，这些 Intent 会被发送。这适合多媒体播放器（或者类似服务），它们不执行命令但是无限期运行并等待工作
START_REDELIVER_INTENT	如果系统在 onStartCommand()方法返回后停止服务，重新创建服务并使用发送给服务的最后 Intent 调用 onStartCommand()方法。全部 PendingIntent 依次发送。这适合积极执行应该立即恢复工作的服务，例如下载文件

17.2.3　启动服务

开发人员可以从 Activity 或者其他应用程序组件通过传递 Intent 对象（指定要启动的服务）到 startService()方法启动服务。Android 系统调用服务的 onStartCommand()方法并将 Intent 传递给它。

注意　不要直接调用 onStartCommand()方法。

例如，Activity 能使用显式 Intent 和 startService()方法启动 17.2.2 节的示例服务（HelloService）。其代码如下。

```
Intent intent = new Intent(this, HelloService.class);
startService(intent);
```

startService()方法立即返回，然后 Android 系统调用服务的 onStartCommand()方法。如果服务还没有运行，系统首先调用 onCreate()方法，接着调用 onStartCommand()方法。

如果服务没有提供绑定，startService()方法发送的 Intent 是应用程序组件和服务之间唯一的通信模式。然而，如果开发人员需要服务返回结果，则启动该服务的客户端能为广播（使用 getBroadcast()方法）创建 PendingIntent，并通过启动服务的 Intent 发送。服务接下来能使用广播来发送结果。

多个启动服务的请求导致服务的 onStartCommand()方法，然而，仅需要一个停止方法（stopSelf()或 stopService()方法）来停止服务。

17.2.4　停止服务

启动服务必须管理自己的生命周期。即系统不会停止或销毁服务，除非它必须回收系统内存，而且在 onStartCommand()方法返回后服务继续运行。因此，服务必须调用 stopSelf()方法停止自身，或者其他组件调用 stopService()方法停止服务。

当使用 stopSelf()或 stopService()方法请求停止时，系统会尽快销毁服务。

然而，如果服务同时处理多个 onStartCommand()方法调用请求，则处理完一个请求后，不应该停止服务，因为可能收到一个新的启动请求（在第一个请求结束后停止会终止第二个请求）。为了避免这个问题，开发人员可以使用 stopSelf(int)方法来确保停止服务的请求总是基于最近收到的启动请求。即当调用 stopSelf(int)方法时，同时将启动请求的 ID（发送给 onStartCommand()方法的 startId）传递给停止请求。这样，如果服务在能够调用 stopSelf(int)方法前接收到新启动请求，ID 会不匹配，因而服务不会停止。

注意

应用程序应该在任务完成后停止服务，来避免系统资源浪费和电池消耗。如果必要，其他组件能通过 stopService()方法停止服务。即便能够绑定服务，如果调用了 onStartCommand()方法就必须停止服务。

17.3 创建 Bound Service

绑定服务是允许其他应用程序绑定并且与之交互的 Service 类实现类。为了提供绑定，开发人员必须实现 onBind()回调方法。该方法返回 IBinder 对象，它定义了客户端用来与服务交互的程序接口。

客户端能通过 bindService()方法绑定到服务。此时，客户端必须提供 ServiceConnection 接口的实现类，它监视客户端与服务之间的连接。bindService()方法立即返回，但是当 Android 系统创建客户端与服务之间的连接时，它调用 ServiceConnection 接口的 onServiceConnected()方法，来发送客户端用来与服务通信的 IBinder 对象。

多个客户端能同时连接到服务。然而，仅当第一个客户端绑定时，系统调用服务的 onBind()方法来获取 IBinder 对象。系统接着发送同一个 IBinder 对象到其他绑定的客户端，但是不再调用 onBind()方法。

当最后的客户端与服务解绑定时，系统销毁服务（除非服务也使用 startService()方法启动）。

在实现绑定服务时，最重要的是定义 onBind()回调方法返回的接口，有 3 种方式可以定义这个接口。

- 继承 Binder 类

如果服务对应用程序私有并且与客户端运行于相同的进程（这非常常见），则应该继承 Binder 类来创建接口，并且从 onBind()方法返回一个实例。客户端接收 Binder 对象，并使用它来直接访问 Binder 实现类或者 Service 类中可用的公共方法。

当服务仅用于私有应用程序时，推荐使用该技术。只有当服务可以用于其他应用程序或者访问独立进程时，才不能使用该技术。

- 使用 Messenger

如果开发人员需要接口跨不同的进程工作，则可以使用 Messenger 来为服务创建接口。此时，服务定义 Handler 对象来响应不同类型的 Message 对象。Handler 是 Messenger 的基础，它能与客户端分享 IBinder，允许客户端使用 Message 对象向服务发送命令。此外，客户端能定义自己的 Messenger 对象，这样服务能发送回消息。

这是执行进程间通信（IPC）的最简单方式，因为 Messenger 类将所有请求队列化到单独的线程，这样开发人员就不必设计服务为线程安全。

- 使用 AIDL

AIDL（Android 接口定义语言）执行分解对象到原语的全部工作，以便操作系统能理解并且跨进程执行 IPC。使用 Messenger 创建接口，实际上将 AIDL 作为底层架构。如上所述，Messenger 在单个线程中将所有客户端请求队列化，这样服务每次收到一个请求。如果开发人员希望服务能同时处理多个请求，则可以直接使用 AIDL。此时，服务必须能处理多线程并且要保证线程安全。

为了直接使用 AIDL，开发人员必须创建定义编程接口的.aidl 文件。Android SDK 工具使用该文件来生成抽象类，它实现接口并处理 IPC，然后就可以在服务中使用。

17.3.1 继承 Binder 类

如果服务仅用于本地应用程序并且不必跨进程工作，则开发人员可以实现自己的 Binder 类来为客户端提供访问服务公共方法的方式。

仅当客户端与服务位于同一个应用程序和进程时才有效，这也是最常见的情况。例如，音乐播放器需要绑定 Activity 到自己的服务来在后台播放音乐。

实现步骤如下。

（1）在服务中，创建 Binder 类实例来完成下列操作之一。

- 包含客户端能调用的公共方法。
- 返回当前 Service 实例，其中包含客户端能调用的公共方法。
- 返回服务管理的其他类的实例，其中包含客户端能调用的公共方法。

（2）从 onBind()回调方法中返回 Binder 类实例。

（3）在客户端，从 onServiceConnected()回调方法接收 Binder 类实例，并且使用提供的方法调用绑定服务。

服务和客户端必须位于同一个应用程序的原因是，客户端能转型返回对象并且适当地调用其方法。服务和客户端也必须位于同一个进程，因为该技术不支持跨进程。

例如，下面的服务通过 Binder 实现类为客户端提供访问服务中方法的方法。

```
public class LocalService extends Service {
    private final IBinder binder = new LocalBinder();
    private final Random generator = new Random();
    public class LocalBinder extends Binder {
        LocalService getService() {
            return LocalService.this;
        }
    }
    @Override
    public IBinder onBind(Intent intent) {
        return binder;
    }
    public int getRandomNumber() {
        return generator.nextInt(100);
```

```
        }
    }
```

LocalBinder 类为客户端提供了 getService()方法来获得当前 LocalService 的实例。这允许客户端调用服务中的公共方法。例如，客户端能从服务中调用 getRandomNumber()方法。

下面的 Activity 绑定到 LocalService，并且在单击按钮时调用 getRandomNumber()方法。

```
public class BindingActivity extends Activity {
    LocalService localService;
    boolean bound = false;
    @Override
    protected void onCreate(Bundle savedInstanceState) {
        super.onCreate(savedInstanceState);
        setContentView(R.layout.main);
    }
    @Override
    protected void onStart() {
        super.onStart();
        Intent intent = new Intent(this, LocalService.class);
        bindService(intent, connection, Context.BIND_AUTO_CREATE);
    }
    @Override
    protected void onStop() {
        super.onStop();
        if (bound) {
            unbindService(connection);
            bound = false;
        }
    }
    public void onButtonClick(View v) {
        if (bound) {
            int num = localService.getRandomNumber();
            Toast.makeText(this, "获得随机数: " + num, Toast.LENGTH_SHORT).show();
        }
    }
    private ServiceConnection connection = new ServiceConnection() {
        public void onServiceConnected(ComponentName className, IBinder service) {
            LocalBinder binder = (LocalBinder) service;
            localService = binder.getService();
            bound = true;
        }
        public void onServiceDisconnected(ComponentName arg0) {
            bound = false;
        }
    };
}
```

上面的代码演示了客户端如何使用 ServiceConnection 实现类和 onServiceConnected()回调方法绑定到服务。

17.3.2 使用 Messenger 类

如果开发人员需要服务与远程进程通信，则可以使用 Messenger 来为服务提供接口，该技术允许不使用 AIDL 执行进程间通信（IPC）。

下面是关于如何使用 Messenger 的总结。

- 实现 Handler 的服务因为每次从客户端调用而收到回调。
- Handler 用于创建 Messenger 对象（它是 Handler 的引用）。
- Messenger 创建 IBinder，服务从 onBind()方法将其返回到客户端。
- 客户端使用 IBinder 来实例化 Messenger，然后使用它来发送 Message 对象到服务。
- 服务在其 Handler 的 handleMessage()方法接收 Message。

下面的例子演示了使用 Messenger 接口的服务。

```
public class MessengerService extends Service {
    static final int HELLO_WORLD = 1;
    class IncomingHandler extends Handler {
        @Override
        public void handleMessage(Message msg) {
            switch (msg.what) {
            case HELLO_WORLD:
                Toast.makeText(getApplicationContext(), "Hello World!", Toast.LENGTH_
SHORT).show();
                break;
            default:
                super.handleMessage(msg);
            }
        }
    }
    final Messenger messenger = new Messenger(new IncomingHandler());
    @Override
    public IBinder onBind(Intent intent) {
        Toast.makeText(getApplicationContext(),"Binding", Toast.LENGTH_SHORT).show();
        return messenger.getBinder();
    }
}
```

Handler 中的 handleMessage()方法是服务接收 Message 对象的地方，并且根据 Message 类的 what 成员变量决定如何操作。

客户端需要完成的全部工作就是根据服务返回的 IBinder 创建 Messenger，并且使用 send()方法发送消息。例如，下面的 Activity 绑定到服务，并发送 HELLO_WORLD 给服务。

```
public class ActivityMessenger extends Activity {
    Messenger messenger = null;
    boolean bound;
    private ServiceConnection connection = new ServiceConnection() {
        public void onServiceConnected(ComponentName className, IBinder service) {
            messenger = new Messenger(service);
            bound = true;
        }
        public void onServiceDisconnected(ComponentName className) {
            messenger = null;
            bound = false;
        }
    };
    public void sayHello(View v) {
        if (!bound)
            return;
        Message msg = Message.obtain(null, MessengerService.HELLO_WORLD, 0, 0);
        try {
            messenger.send(msg);
```

```
        } catch (RemoteException e) {
            e.printStackTrace();
        }
    }
    @Override
    protected void onCreate(Bundle savedInstanceState) {
        super.onCreate(savedInstanceState);
        setContentView(R.layout.main);
    }
    @Override
    protected void onStart() {
        super.onStart();
        bindService(new Intent(this, MessengerService.class), connection, Context.
BIND_AUTO_CREATE);
    }
    @Override
    protected void onStop() {
        super.onStop();
        if (bound) {
            unbindService(connection);
            bound = false;
        }
    }
}
```

本实例并没有演示服务如何响应客户端，如果开发人员希望服务响应，则需要在客户端也创建 Messenger。当客户端收到 onServiceConnected()回调方法时，它发送 Message 到服务。Message 的 replyTo 成员变量包含客户端的 Messenger。

17.3.3 绑定到服务

应用程序组件（客户端）能调用 bindService()方法绑定到服务。Android 系统接下来调用服务的 onBind()方法，它返回 IBinder 来与服务通信。

绑定是异步的。bindService()方法立即返回并且不返回 IBinder 到客户端。为了接收 IBinder，客户端必须创建 ServiceConnection 实例，然后将其传递给 bindService()方法。ServiceConnection 包含系统调用发送 IBinder 的回调方法。

只有 Activity、Service 和 ContentProvider 能绑定到服务，BroadcastReceiver 不能绑定到服务。

如果需要从客户端绑定服务，需要完成以下操作。

（1）实现 ServiceConnection，这需要重写 onServiceConnected()和 onServiceDisconnected()两个回调方法。

（2）调用 bindService()方法，传递 ServiceConnection 实现。

（3）当系统调用 onServiceConnected()回调方法时，就可以使用接口定义的方法调用服务。

（4）调用 unbindService()方法解绑定。

当客户端销毁时，会将其从服务上解绑定。但是当与服务完成交互或者 Activity 暂停时，最好解绑定，以便系统能及时停止不用的服务。

17.4　管理 Service 的生命周期

服务的生命周期比 Activity 简单很多，但是开发人员需要更加关注服务如何创建和销毁，因为服务在用户不知情时就可以在后台运行。服务的生命周期可以分成两个不同的路径。

- Started Service

当其他组件调用 startService()方法时，服务被创建。接着服务无限期运行，服务必须调用 stopSelf()方法或者由其他组件调用 stopService()方法来停止。当服务停止时，系统将其销毁。

- Bound Service

当其他组件调用 bindService()方法时，服务被创建。接着客户端通过 IBinder 接口与服务通信。客户端通过 unbindService()方法关闭连接。多个客户端能绑定到同一个服务，并且当它们都解绑定时，系统销毁服务（服务不需要被停止）。

这两条路径并非完全独立，即开发人员可以绑定已经使用 startService()方法启动的服务，例如，后台音乐服务能通过包含音乐信息的 Intent 调用 startService()方法启动。然后，当用户需要控制播放器或者获得当前音乐信息时，可以调用 bindService()方法绑定 Activity 到服务。此时，stopService()和 stopSelf()方法直到全部客户端解绑定时才能停止服务。图 17-1 演示了两类服务的生命周期。

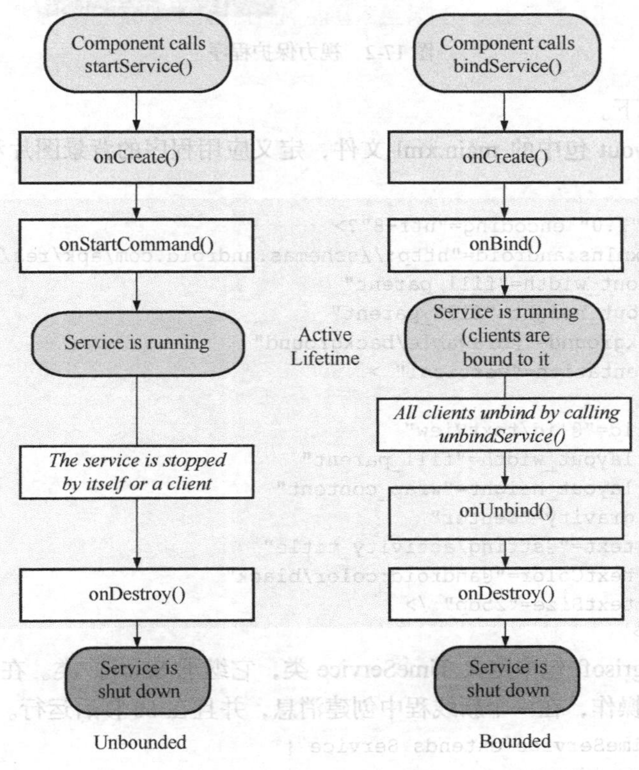

图 17-1　服务生命周期

17.5 综合实例——视力保护程序

在 Eclipse 中创建一个 Android 项目，当应用程序运行 1 分钟后，显示通知信息提醒用户保护视力。运行程序，在应用程序启动 1 分钟后会显示提示信息，单击打开后如图 17-2 所示。

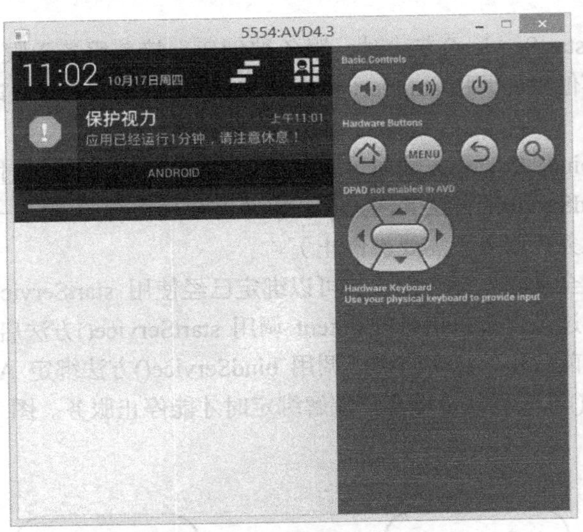

图 17-2　视力保护程序

程序开发步骤如下。

（1）修改 res/layout 包中的 main.xml 文件，定义应用程序的背景图片和一个文本框。代码如下。

```
<?xml version="1.0" encoding="utf-8"?>
<LinearLayout xmlns:android="http://schemas.android.com/apk/res/android"
    android:layout_width="fill_parent"
    android:layout_height="fill_parent"
    android:background="@drawable/background"
    android:orientation="vertical" >
    <TextView
        android:id="@+id/textView"
        android:layout_width="fill_parent"
        android:layout_height="wrap_content"
        android:gravity="center"
        android:text="@string/activity_title"
        android:textColor="@android:color/black"
        android:textSize="25dp" />
</LinearLayout>
```

（2）在 com.mingrisoft 包中定义 TimeService 类，它继承 Service 类。在 onStart()方法中，使用 Timer 类完成延时操作，在一个新线程中创建消息，并且在 60 秒后运行。代码如下。

```
public class TimeService extends Service {
    private Timer timer;
    @Override
    public IBinder onBind(Intent intent) {
        return null;
```

```
    }
    @Override
    public void onCreate() {
        super.onCreate();
        timer = new Timer(true);                                    // 创建 Timer 对象
    }
    @Override
    public void onStart(Intent intent, int startId) {
        super.onStart(intent, startId);
        timer.schedule(new TimerTask() {
            @Override
            public void run() {
                String ns = Context.NOTIFICATION_SERVICE;
                // 获得通知管理器
                NotificationManager manager = (NotificationManager) getSystemService(ns);
                Notification  notification  =  new  Notification(R.drawable.warning,
getText(R.string.ticker_text),
                                                System.currentTimeMillis());  // 创建通知
                // 定义通知的标题
                CharSequence contentTitle = getText(R.string.content_title);
                // 定义通知的内容
                CharSequence contentText = getText(R.string.content_text);
                // 创建 Intent 对象
                Intent intent = new Intent(TimeService.this, TimeActivity.class);
                PendingIntent contentIntent = PendingIntent.getActivity(TimeService.
this, 0, intent,
                                Intent.FLAG_ACTIVITY_NEW_TASK);// 创建 PendingIntent 对象
                // 定义通知行为
                notification.setLatestEventInfo(TimeService.this, contentTitle, cont-
entText, contentIntent);
                manager.notify(0, notification);                    // 显示通知
                TimeService.this.stopSelf();                        // 停止服务
            }
        }, 60000);
    }
}
```

（3）在 com.mingrisoft 包中定义 TimeActivity 类，它继承 Activity 类。在 onCreate()方法中，启动服务。代码如下。

```
public class TimeActivity extends Activity {
    @Override
    protected void onCreate(Bundle savedInstanceState) {
        super.onCreate(savedInstanceState);
        setContentView(R.layout.main);
        startService(new Intent(this,TimeService.class));
    }
}
```

（4）修改 AndroidManifest.xml 文件，增加 Activity 和 Service 配置。其代码如下。

```
<?xml version="1.0" encoding="utf-8"?>
<manifest xmlns:android="http://schemas.android.com/apk/res/android"
    package="com.mingrisoft"
    android:versionCode="1"
    android:versionName="1.0" >
```

```
    <uses-sdk android:minSdkVersion="15" />
    <application
        android:icon="@drawable/ic_launcher"
        android:label="@string/app_name" >
        <activity android:name=".TimeActivity" >
            <intent-filter >
                <action android:name="android.intent.action.MAIN" />
                <category android:name="android.intent.category.LAUNCHER" />
            </intent-filter>
        </activity>
        <service android:name=".TimeService" >
        </service>
    </application>
</manifest>
```

知识点提炼

（1）Service（服务）是能够在后台长时间执行运行操作并且不提供用户界面的应用程序组件。其他应用程序组件能启动服务，并且即使用户切换到另一个应用程序，服务还是可以在后台运行。

（2）Service 分为 Started（启动）和 Bound（绑定）。

（3）为了创建服务，开发人员需要创建 Service 类（或其子类）的子类。在实现类中，需要重写一些处理服务生命周期重要方面的回调方法，并根据需要提供组件绑定到服务的机制。

（4）Started Service（启动服务）是由其他组件调用 startService()方法启动的，这导致服务的 onStartCommand()方法被调用。

（5）类似 Activity 和其他组件，开发人员必须在应用程序配置文件中声明全部 Service。为了声明 Service，需要向<application>标签中增加<service>子标签。

（6）因为多数启动服务不必同时处理多个请求（在多线程情境下会很危险），所以使用 IntentService 类实现服务是非常好的选择。

（7）开发人员可以从 Activity 或者其他应用程序组件通过传递 Intent 对象（指定要启动的服务）到 startService()方法启动服务。

（8）当使用 stopSelf()或 stopService()方法请求停止时，系统会尽快销毁服务。

（9）绑定服务是允许其他应用程序绑定并且与之交互的 Service 类实现类。为了提供绑定，开发人员必须实现 onBind()回调方法。该方法返回 iBinder 对象，它定义了客户端用来与服务交互的程序接口。

习　　题

17-1　简述 Service 的作用。

17-2　Service 主要可以分成几种类型？

17-3　简述 IntentService 的主要作用。

17-4　描述继承 Binder 类的主要步骤。

17-5 如何在 Android 程序中实现绑定服务？

实验：查看当前运行服务信息

实验目的

掌握 Android 程序中服务的使用。

实验内容

在 Android 程序中通过服务查看当前运行服务的详细信息。

实验步骤

（1）在 com.mingrisoft 包中创建 ServicesListActivity 类，它继承了 Activity 类。在 onStart()方法中，获得当前正在运行服务的列表。对于每个服务，获得其详细信息并在 Activity 中输出，其代码如下。

```
public class ServicesListActivity extends Activity {
    public void onCreate(Bundle savedInstanceState) {
        super.onCreate(savedInstanceState);
    }
    @Override
    protected void onStart() {
        super.onStart();
        StringBuilder serviceInfo = new StringBuilder();
        ActivityManager manager = (ActivityManager) getSystemService(ACTIVITY_
SERVICE);
        // 获得正在运行的服务列表
        List<RunningServiceInfo> services = manager.getRunningServices(100);
        for (Iterator<RunningServiceInfo> it = services.iterator(); it.hasNext();) {
            RunningServiceInfo info = it.next();
            // 获得一个服务的详细信息并保存到 StringBuilder
            serviceInfo.append("activeSince: " + formatData(info.activeSince) + "\n");
            serviceInfo.append("clientCount: " + info.clientCount + "\n");
            serviceInfo.append("clientLabel: " + info.clientLabel + "\n");
            serviceInfo.append("clientPackage: " + info.clientPackage + "\n");
            serviceInfo.append("crashCount: " + info.crashCount + "\n");
            serviceInfo.append("flags: " + info.flags + "\n");
            serviceInfo.append("foreground: " + info.foreground + "\n");
            serviceInfo.append("lastActivityTime: " + formatData(info.lastActivity
Time) + "\n");
            serviceInfo.append("pid: " + info.pid + "\n");
            serviceInfo.append("process: " + info.process + "\n");
            serviceInfo.append("restarting: " + formatData(info.restarting) + "\n");
            serviceInfo.append("service: " + info.service + "\n");
            serviceInfo.append("started: " + info.started + "\n");
            serviceInfo.append("uid: " + info.uid + "\n");
            serviceInfo.append("\n");
        }
        ScrollView scrollView = new ScrollView(this);      // 创建滚动视图
```

```
        TextView textView = new TextView(this);                  // 创建文本视图
        textView.setBackgroundColor(Color.BLACK);                // 设置文本颜色
        textView.setTextSize(25);                                // 设置字体大小
        textView.setText(serviceInfo.toString());                // 设置文本内容
        scrollView.addView(textView);                            // 将文本视图增加到滚动视图
        setContentView(scrollView);                              // 显示滚动视图
    }
    private static String formatData(long data) {               // 用于格式化时间
        SimpleDateFormat format = new SimpleDateFormat("yyyy-MM-dd HH:mm:ss");
        return format.format(new Date(data));
    }
}
```

（2）修改 AndroidManifest.xml 文件，增加 Activity 和 Service 配置，其代码如下。

```
<?xml version="1.0" encoding="utf-8"?>
<manifest xmlns:android="http://schemas.android.com/apk/res/android"
    package="com.mingrisoft"
    android:versionCode="1"
    android:versionName="1.0" >
    <uses-sdk android:minSdkVersion="15" />
    <application
        android:icon="@drawable/ic_launcher"
        android:label="@string/app_name" >
        <activity
            android:label="@string/app_name"
            android:name=".ServicesListActivity" >
            <intent-filter >
                <action android:name="android.intent.action.MAIN" />
                <category android:name="android.intent.category.LAUNCHER" />
            </intent-filter>
        </activity>
    </application>
</manifest>
```

启动应用程序，界面如图 17-3 所示，其中输出了服务的启动时间、连接的客户端个数等信息。

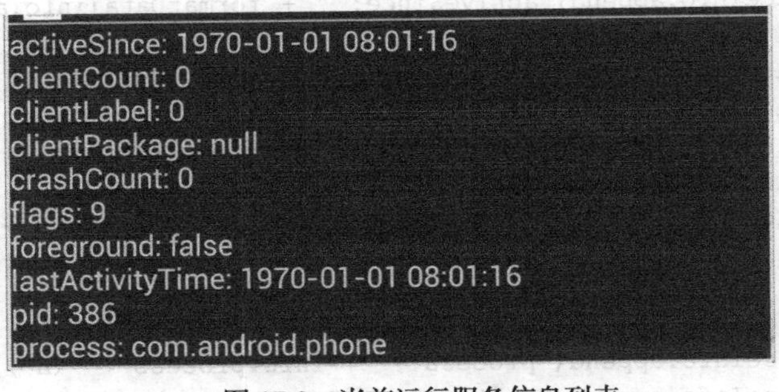

activeSince: 1970-01-01 08:01:16
clientCount: 0
clientLabel: 0
clientPackage: null
crashCount: 0
flags: 9
foreground: false
lastActivityTime: 1970-01-01 08:01:16
pid: 386
process: com.android.phone

图 17-3　当前运行服务信息列表

第18章 网络通信技术

本章要点：

- Android 网络通信的基本概念
- HttpURLConnection 接口
- HttpClient 接口
- WebKit 的概念
- WebView 浏览网页
- WebView 加载 HTML 代码
- WebView 与 JavaScript

Google 公司是以网络搜索引擎白手起家的，通过大胆的创意和不断的研发努力，目前已经成为网络世界的巨头。而出自于 Google 之手的 Android 平台，在进行网络编程方面，也是非常优秀的。本章对 Android 中的网络编程基础知识进行详细讲解。

18.1 网络通信基础

Android 作为一种主要运行于移动设备上的操作系统，网络通信是其中非常重要的一项技术。本节对 Android 中的网络通信技术进行简单介绍。

18.1.1 无线网络技术

无线网络的产生为用户提供了很大方便，通过无线网络，用户可以从任何地方接入网络。所谓无线网络，即采用无线传输媒介的网络。无线网络可以根据数据传输的距离分为无线局域网、无线个域网、低速率无线个域网、无线城域网和无线广域网 5 种，下面分别介绍。

- 无线局域网（WLAN）：最常用的一种无线网络技术，它可以使用户在本地创建无线连接。
- 无线个域网（WPAN）：WPAN 技术使用户能够为个人操作空间（POS，10 米以内的空间范围）设备（如 iPad、手机、笔记本电脑等）创建临时无线通信。
- 低速率无线个域网（LR-WPAN）：适用于工业监测、办公和家庭自动化以及农作物监测等。
- 无线城域网（WMAN）：WMAN 技术使用户可以在城区的多个场所之间创建无线连接，它使用无线电波或红外光波传送数据。
- 无线广域网（WWAN）：WWAN 技术可以使用户通过远程公用网络或专用网络建立无线

网络连接。现在大家熟知的 2G、3G、4G 等都属于无线广域网。

18.1.2 什么是 WiFi

WiFi（Wireless Fidelith）又称 802.11b 标准，它的最大优点是传输速度快，可以达到每秒 11Mbit/s。WiFi 是无线网络通信技术的一个品牌，由 Wi-Fi 联盟（Wi-Fi Alliance）拥有，目的是改善基于 IEEE 802.11 标准的无线网络产品之间的互通性。

Android 中提供了 android.net.wifi 包，供用户对 WiFi 进行操作，其包含的类及说明如表 18-1 所示。

表 18-1 android.net.wifi 包含的类及说明

类	描　述
ScanResult	描述已经检测出的接入点
WifiConfiguration	WiFi 网络的配置，包括安全配置等
WifiConfiguration.AuthAlgorithm	公认的 IEEE 802.11 认证算法
WifiConfiguration.GroupCipher	公认的密码
WifiConfiguration.KeyMgmt	公认的密钥管理方案
WifiConfiguration.PairwiseCipher	公认的 WPA 成对密码
WifiConfiguration.Protocol	公认的安全协议
WifiConfiguration.Status	网络配置可能的状态
WifiInfo	无线连接的描述，包括接入点、网络连接状态、隐藏的接入点、IP 地址、连接速度、MAC 地址、网络 ID、信号强度等
WifiManager	提供管理 WiFi 连接的大部分 API
WifiManager.MulticastLock	允许应用程序接收多播数据包 WiFi
WifiManager.WifiLock	允许应用程序一直使用 WiFi 无线网络
WpsInfo	表示 WiFi 保护设置的类

18.1.3 Android 网络基础

Android 基于 Linux 内核，它包含一组优秀的联网功能。截至目前，Android 平台有 3 种网络接口可以使用，分别是 java.net.*（标准 Java 接口）、org.apache（Apache 接口）和 android.net.*（Android 网络接口）。其中，java.net.*主要提供流、数据包套接字、Internet 协议、常见 HTTP 处理等与联网相关的类；org.apache 主要为客户端的 HTTP 编程提供高效、最新、功能丰富的工具包支持，主要包括创建 HttpClient 对象、HttpGet 对象、HttpPost 对象、HttpRequest 对象、设置连接参数、执行 HTTP 操作和处理服务器返回结果等功能；android.net.*实际上是通过对 Apache 中 HttpClient 的封装实现的一个 HTTP 编程接口，同时还提供 HTTP 请求队列管理、HTTP 连接池管理、网络访问的 Socket、常用 Uri 类以及与 WiFi 有关的类。

18.2 HTTP 通信

随着智能手机和平板电脑等移动终端设备的迅速发展，现在的 Internet 已经不再是传统的有线互联网，还包括了移动互联网。同有线互联网一样，移动互联网也可以使用 HTTP 访问网络。在 Android 中，针对 HTTP 进行网络通信的方法主要有两种，一种是使用 HttpURLConnection 实现，另一种是使用 HttpClient 实现，下面分别进行介绍。

18.2.1　HttpURLConnection 接口

HttpURLConnection 位于 java.net 包中，用于发送 HTTP 请求和获取 HTTP 响应。由于该类是抽象类，不能直接实例化对象，所以需要使用 URL 的 openConnection()方法来获得。例如，要创建 http://www.mingribook.com 网站对应的 HttpURLConnection 对象，可以使用下面的代码。

```
URL url = new URL("http://www.mingribook.com/");
HttpURLConnection urlConnection = (HttpURLConnection) url.openConnection();
```

说明

通过 openConnection()方法创建的 HttpURLConnection 对象，并没有真正执行连接操作，只是创建了一个新的实例。在进行连接前，还可以设置一些属性，例如连接超时的时间和请求方式等。

创建了 HttpURLConnection 对象后，就可以使用该对象发送 HTTP 请求了。HTTP 请求通常分为 GET 请求和 POST 请求两种，下面分别进行介绍。

1. 发送 GET 请求

使用 HttpURLConnection 对象发送请求时，默认发送的是 GET 请求。因此，发送 GET 请求比较简单，只需要在指定连接地址时，先将要传递的参数通过“?参数名=参数值”进行传递（多个参数间使用英文半角的逗号分隔。例如，要传递用户名和 E-mail 地址两个参数，可以使用?user=wgh,email=wgh717@sohu.com 实现），然后获取流中的数据，最后关闭连接即可。

下面通过一个具体的实例来说明如何使用 HttpURLConnection 发送 GET 请求。

【例 18-1】 在 Eclipse 中创建 Android 项目，实现向服务器发送 GET 请求，并获取服务器的响应结果。（实例位置：光盘\MR\源码\第 18 章\18-1）

（1）修改新建项目的 res/layout 目录下的布局文件 main.xml，将默认添加的 TextView 组件删除，然后在默认添加的线性布局管理器中添加一个 id 为 content 的编辑框（用于输入微博内容），以及一个“发表”按钮，再添加一个滚动视图，并在该视图中添加一个线性布局管理器，最后还需要在该线性布局管理器中添加一个文本框，用于显示从服务器上读取的微博内容。代码如下。

```
<LinearLayout xmlns:android="http://schemas.android.com/apk/res/android"
    android:layout_width="fill_parent"
    android:layout_height="fill_parent"
    android:gravity="center_horizontal"
    android:orientation="vertical" >
    <EditText
        android:id="@+id/content"
        android:layout_width="match_parent"
        android:layout_height="wrap_content" />
    <Button
        android:id="@+id/button"
        android:layout_width="wrap_content"
        android:layout_height="wrap_content"
        android:text="@string/button" />
    <ScrollView
        android:id="@+id/scrollView1"
        android:layout_width="match_parent"
```

```
        android:layout_height="wrap_content"
        android:layout_weight="1" >
        <LinearLayout
            android:id="@+id/linearLayout1"
            android:layout_width="match_parent"
            android:layout_height="match_parent" >
            <TextView
                android:id="@+id/result"
                android:layout_width="match_parent"
                android:layout_height="wrap_content"
                android:layout_weight="1" />
        </LinearLayout>
    </ScrollView>
</LinearLayout>
```

（2）在该 MainActivity 中，创建程序中所需的成员变量。代码如下。

```
private EditText content;                    // 声明一个输入文本内容的编辑框对象
private Button button;                       // 声明一个发表按钮对象
private Handler handler;                     // 声明一个 Handler 对象
private String result = "";                  // 声明一个代表显示内容的字符串
private TextView resultTV;                   // 声明一个显示结果的文本框对象
```

（3）编写一个无返回值的 send()方法，用于建立一个 HTTP 连接，并将输入的内容发送到 Web 服务器上，再读取服务器的处理结果。代码如下。

```
public void send() {
    String target="";
    target = "http://192.168.1.66:8081/blog/index.jsp?content="
            +base64(content.getText().toString().trim());    // 要访问的 URL 地址
    URL url;
    try {
        url = new URL(target);                                // 创建 URL 对象
        HttpURLConnection urlConn = (HttpURLConnection) url
                .openConnection();                            // 创建一个 HTTP 连接
        InputStreamReader in = new InputStreamReader(
                urlConn.getInputStream());                    // 获得读取的内容
        BufferedReader buffer = new BufferedReader(in);       // 获取输入流对象
        String inputLine = null;
        //通过循环逐行读取输入流中的内容
        while ((inputLine = buffer.readLine()) != null) {
            result += inputLine + "\n";
        }
        in.close();                                           // 关闭字符输入流对象
        urlConn.disconnect();                                 // 断开连接
    } catch (MalformedURLException e) {
        e.printStackTrace();
    } catch (IOException e) {
        e.printStackTrace();
    }
}
```

（4）在应用 GET 方法传递中文的参数时，会产生乱码，这时可以使用 Base64 编码来解决该乱码问题。为此，需要编写一个 base64()方法，对要进行传递的参数进行 Base64 编码。base64()方法的代码如下。

```
public String base64(String content){
    try {
        //对字符串进行 Base64 编码
        content=Base64.encodeToString(content.getBytes("utf-8"), Base64.DEFAULT);
        content=URLEncoder.encode(content);                    // 对字符串进行 URL 编码
    } catch (UnsupportedEncodingException e) {
        e.printStackTrace();                                    // 输出异常信息
    }
    return content;
}
```

要解决应用 GET 方法传递中文参数乱码的情况，除采用 Base64 编码来解决外，还可以使用 Java 提供的 URLEncoder 类来避免。

（5）在 onCreate()方法中，获取布局管理器中用于输入内容的编辑框、用于显示结果的文本框和“发表”按钮，并为“发表”按钮添加单击事件监听器。在重写的 onClick()方法中，首先判断输入的内容是否为空，如果为空则给出消息提示；否则，创建一个新的线程，调用 send()方法发送并读取微博信息。代码如下。

```
content = (EditText) findViewById(R.id.content);      // 获取输入文本内容的 EditText 组件
resultTV = (TextView) findViewById(R.id.result);      // 获取显示结果的 TextView 组件
button = (Button) findViewById(R.id.button);          // 获取“发表”按钮组件
// 为按钮添加单击事件监听器
button.setOnClickListener(new OnClickListener() {
    @Override
    public void onClick(View v) {
        if ("".equals(content.getText().toString())) {
            Toast.makeText(MainActivity.this, "请输入要发表的内容！",
                    Toast.LENGTH_SHORT).show();         // 显示消息提示
            return;
        }
        // 创建一个新线程，用于发送并读取微博信息
        new Thread(new Runnable() {
            public void run() {
                send();                                 // 发送文本内容到 Web 服务器，并读取
                Message m = handler.obtainMessage(); // 获取一个 Message
                handler.sendMessage(m);                 // 发送消息
            }
        }).start();                                     // 开启线程
    }
});
```

（6）创建一个 Handler 对象，在重写的 handleMessage()方法中，当变量 result 不为空时，将其显示到结果文本框中，并清空编辑器。代码如下。

```
handler = new Handler() {
    @Override
    public void handleMessage(Message msg) {
        if (result != null) {
            resultTV.setText(result);                   // 显示获得的结果
            content.setText("");                        // 清空编辑框
```

```
        }
        super.handleMessage(msg);
    }
};
```

（7）由于在本实例中需要访问网络资源，所以还需要在 AndroidManifest.xml 文件中指定允许访问网格资源的权限。代码如下：

```
<uses-permission android:name="android.permission.INTERNET"/>
```

另外，还需要编写一个 Java Web 实例，用于接收 Android 客户端发送的请求，并做出响应。这里编写一个名称为“index.jsp”的文件，在该文件中，首先获取参数 content 指定的微博信息，并保存到变量 content 中，然后替换变量 content 中的加号，这是由于在进行 URL 编码时，将加号转换为%2B 了。最后再对 content 进行 Base64 解码，并输出转码后的 content 变量的值。代码如下。

```
<%@ page contentType="text/html; charset=utf-8" language="java" import="sun.misc.BASE64Decoder"%>
<%
 String content="";
 if(request.getParameter("content")!=null){
     content=request.getParameter("content");                    //获取输入的微博信息
 // 替换 content 中的加号，这是由于在进行 URL 编码时，将+号转换为%2B 了
     content=content.replaceAll("%2B","+");
     BASE64Decoder decoder=new BASE64Decoder();
     content=new String(decoder.decodeBuffer(content),"utf-8");    // 进行 base64 解码
 }
%>
<%="发表一条微博，内容如下："%>
<%=content%>
```

将 index.jsp 文件放到 TomCat 安装路径下的 webapps\blog 目录下，并启动 TomCat 服务器。然后，运行本实例，在屏幕上方的编辑框中输入一条微博信息，并单击“发表”按钮，在下方将显示 Web 服务器的处理结果。例如，输入“坚持到底就是胜利!”后，单击“发表”按钮，将显示如图 18-1 所示的运行结果。

图 18-1　使用 GET 方式发表并显示微博信息

说明　运行本章的所有程序时，都需要将 Android 模拟器（AVD）修改为 WSVGA 模式。

2. 发送 POST 请求

由于采用 GET 方式发送请求只适合发送大小在 1024 个字节以内的数据，所以当要发送的数据比较大时，就需要使用 POST 方式来发送该请求。在 Android 中，使用 HttpURLConnection 类在发送请求时，默认采用的是 GET 请求，如果要发送 POST 请求，需要通过其 setRequestMethod()方法进行指定。例如，创建一个 HTTP 连接，并为该连接指定请求的发送方式为 POST，可以使用下面的代码。

```
HttpURLConnection urlConn = (HttpURLConnection) url.openConnection();
urlConn.setRequestMethod("POST");                          // 指定请求方式为 POST
```

发送 POST 请求时要比发送 GET 请求复杂一些，它经常需要通过 HttpURLConnection 类及其父类 URLConnection 提供的如表 18-2 所示的方法设置相关内容。

表 18-2　　发送 POST 请求时常用的方法

方　法	描　述
setDoInput(boolean newValue)	用于设置是否向连接中写入数据，如果参数值为 true，表示写入数据；否则不写入数据
setDoOutput(boolean newValue)	用于设置是否从连接中读取数据，如果参数值为 true，表示读取数据；否则不读取数据
setUseCaches(boolean newValue)	用于设置是否缓存数据，如果参数值为 true，表示缓存数据；否则表示禁用缓存
setInstanceFollowRedirects(boolean followRedirects)	用于设置是否应该自动执行 HTTP 重定向，参数值为 true 时，表示自动执行；否则不自动执行
setRequestProperty(String field, String newValue)	用于设置一般请求属性，例如，要设置内容类型为表单数据，可以进行以下设置：setRequestProperty("Content-Type","application/x-www-form-urlencoded")

下面通过一个具体的实例来介绍如何使用 HttpURLConnection 类发送 POST 请求。

【例 18-2】 在 Eclipse 中创建 Android 项目，实现向服务器发送 POST 请求，并获取服务器的响应结果。（实例位置：光盘\MR\源码\第 18 章\18-2）

（1）修改新建项目的 res/layout 目录下的布局文件 main.xml，将默认添加的 TextView 组件删除，然后在默认添加的线性布局管理器中添加一个 id 为 content 的编辑框（用于输入微博内容），以及一个“发表”按钮。最后再添加一个滚动视图，并在该视图中添加一个线性布局管理器。同时，还需要在该线性布局管理器中添加一个文本框，用于显示从服务器上读取的微博内容。

（2）在该 MainActivity 中，创建程序中所需的成员变量。代码如下。

```
private EditText nickname;                  // 声明一个输入昵称的编辑框对象
private EditText content;                   // 声明一个输入文本内容的编辑框对象
private Button button;                      // 声明一个发表按钮对象
private Handler handler;                    // 声明一个 Handler 对象
private String result = "";                 // 声明一个代表显示内容的字符串
private TextView resultTV;                  // 声明一个显示结果的文本框对象
```

（3）编写一个无返回值的 send()方法，用于建立一个 HTTP 连接，并使用 POST 方式将输入的昵称和内容发送到 Web 服务器上，再读取服务器处理的结果。代码如下。

```
public void send() {
    String target = "http://192.168.1.66:8081/blog/dealPost.jsp";// 要提交的目标地址
    URL url;
    try {
        url = new URL(target);
        HttpURLConnection urlConn = (HttpURLConnection) url
                .openConnection();                      // 创建一个 HTTP 连接
        urlConn.setRequestMethod("POST");               // 指定使用 POST 请求方式
        urlConn.setDoInput(true);                       // 向连接中写入数据
```

```
        urlConn.setDoOutput(true);                                  // 从连接中读取数据
        urlConn.setUseCaches(false);                                // 禁止缓存
        urlConn.setInstanceFollowRedirects(true);                   // 自动执行 HTTP 重定向
        urlConn.setRequestProperty("Content-Type",
                "application/x-www-form-urlencoded");              // 设置内容类型
        DataOutputStream out = new DataOutputStream(
                urlConn.getOutputStream());                         // 获取输出流
        // 要提交的数据
        String param = "nickname="
                + URLEncoder.encode(nickname.getText().toString(), "utf-8")
                + "&content="
                + URLEncoder.encode(content.getText().toString(), "utf-8");
        out.writeBytes(param);                          // 将要传递的数据写入数据输出流
        out.flush();                                    // 输出缓存
        out.close();                                    // 关闭数据输出流
        // 判断是否响应成功
        if (urlConn.getResponseCode() == HttpURLConnection.HTTP_OK) {
            InputStreamReader in = new InputStreamReader(
                    urlConn.getInputStream());                      // 获得读取的内容
            BufferedReader buffer = new BufferedReader(in); // 获取输入流对象
            String inputLine = null;
            while ((inputLine = buffer.readLine()) != null) {
                result += inputLine + "\n";
            }
            in.close();                                             // 关闭字符输入流
        }
        urlConn.disconnect();                                       // 断开连接
    } catch (MalformedURLException e) {
        e.printStackTrace();
    } catch (IOException e) {
        e.printStackTrace();
    }
}
```

在设置要提交的数据时，如果包括多个参数，各个参数间使用“&”进行连接。

（4）在 onCreate()方法中，获取布局管理器中添加的昵称编辑框、内容编辑框、显示结果的文本框和“发表”按钮，并为“发表”按钮添加单击事件监听器。在重写的 onClick()方法中，首先判断输入的昵称和内容是否为空，只要有一个为空，就给出消息提示；否则，创建一个新的线程，用于调用 send()方法发送并读取服务器处理后的微博信息。具体代码如下。

```
content = (EditText) findViewById(R.id.content);          // 获取输入文本内容的 EditText 组件
resultTV = (TextView) findViewById(R.id.result);          // 获取显示结果的 TextView 组件
nickname=(EditText)findViewById(R.id.nickname);           // 获取输入昵称的 EditText 组件
button = (Button) findViewById(R.id.button);              // 获取“发表”按钮组件
// 为按钮添加单击事件监听器
button.setOnClickListener(new OnClickListener() {
    @Override
```

```
        public void onClick(View v) {
            if ("".equals(content.getText().toString())) {
                Toast.makeText(MainActivity.this, "请输入要发表的内容! ",Toast.LENGTH_
SHORT).show();
                return;
            }
            // 创建一个新线程，用于发送并读取微博信息
            new Thread(new Runnable() {
                public void run() {
                    send();
                    Message m = handler.obtainMessage();     // 获取一个 Message
                    handler.sendMessage(m);                  // 发送消息
                }
            }).start();                                      // 开启线程
        }
    });
```

（5）创建一个 Handler 对象，在重写的 handleMessage()方法中，当变量 result 不为空时，将其显示到结果文本框中，并清空昵称和内容编辑器。具体代码如下。

```
    handler = new Handler() {
        @Override
        public void handleMessage(Message msg) {
            if (result != null) {
                resultTV.setText(result);                    // 显示获得的结果
                content.setText("");                         // 清空内容编辑框
                nickname.setText("");                        // 清空昵称编辑框
            }
            super.handleMessage(msg);
        }
    };
```

（6）由于在本实例中需要访问网络资源，所以还需要在 AndroidManifest.xml 文件中指定允许访问网格资源的权限。具体代码如下：

```
<uses-permission android:name="android.permission.INTERNET"/>
```

另外，还需要编写一个 Java Web 实例，用于接收 Android 客户端发送的请求，并做出响应。这里编写一个名称为“dealPost.jsp”的文件，在该文件中，首先获取参数 nickname 和 content 指定的昵称和微博信息，并保存到相应的变量中，然后当昵称和微博内容均不为空时，对其进行转码，并获取系统时间，同时组合微博信息输出到页面上。具体代码如下。

```
<%@ page contentType="text/html; charset=utf-8" language="java" %>
<%
 String content=request.getParameter("content");                    // 获取输入的微博信息
 String nickname=request.getParameter("nickname");                  // 获取输入昵称
 if(content!=null && nickname!=null){
     nickname=new String(nickname.getBytes("iso-8859-1"),"utf-8");// 对昵称进行转码
     content=new String(content.getBytes("iso-8859-1"),"utf-8"); // 对内容进行转码
     String date=new java.util.Date().toLocaleString();          // 获取系统时间
%>
<%="[ "+nickname+" ]于 "+date+" 发表一条微博，内容如下："%>
<%=content%>
<% }%>
```

将 dealPost.jsp 文件放到 TomCat 安装路径下的 webapps\blog 目录下，并启动 TomCat 服务器。然后，运行本实例，在屏幕上方的编辑框中输入昵称和微博信息，单击“发表”按钮，在下方将显示 Web 服务器的处理结果。例如，输入昵称为“无语”，微博内容为“坚持到底就是胜利!”后，单击“发表”按钮，将显示如图 18-2 所示的运行结果。

图 18-2 应用 POST 方式发表一条微博信息

18.2.2 HttpClient 接口

上一节中介绍了使用 java.net 包中的 HttpURLConnection 来访问网络，通常情况下，如果只需要到某个简单页面提交请求并获取服务器的响应，完全可以使用该技术来实现。不过，对于比较复杂的联网操作，使用 HttpURLConnection 就不一定能满足要求，这时，可以使用 Apache 组织提供的 HttpClient 来实现。Android 中已经成功地集成了 HttpClient，所以可以直接在 Android 中使用 HttpClient 来访问网络。

HttpClient 实际上是对 Java 提供的访问网络的方法进行了封装。HttpURLConnection 类中的输入输出流操作在这个 HttpClient 中被统一封装成了 HttpGet、HttpPost 和 HttpResponse 类，这样就降低了操作的繁琐性。其中，HttpGet 类代表发送 GET 请求，HttpPost 类代表发送 POST 请求，HttpResponse 类代表处理响应的对象。

同使用 HttpURLConnection 类一样，使用 HttpClient 发送 HTTP 请求也可以分为 GET 请求和 POST 请求两种，下面分别进行介绍。

1．发送 GET 请求

同 HttpURLConnection 类一样，使用 HttpClient 发送 GET 请求的方法也比较简单，大致可以分为以下 5 个步骤。

（1）创建 HttpClient 对象。

（2）创建 HttpGet 对象。

（3）如果需要发送请求参数，可以直接将要发送的参数连接到 URL 地址中，也可以调用 HttpGet 的 setParams()方法来添加请求参数。

（4）调用 HttpClient 对象的 execute()方法发送请求。执行该方法将返回一个 HttpResponse 对象。

（5）调用 HttpResponse 的 getEntity()方法，可获得包含服务器响应内容的 HttpEntity 对象，通过该对象可以获取服务器的响应内容。

下面通过一个具体的实例来说明如何使用 HttpClient 发送 GET 请求。

【例 18-3】 在 Eclipse 中创建 Android 项目，实现使用 HttpClient 向服务器发送 GET 请求，并获取服务器的响应结果。（实例位置：光盘\MR\源码\第 18 章\18-3）

（1）修改新建项目的 res/layout 目录下的布局文件 main.xml，在默认添加的 TextView 组件的上方添加一个 Button 按钮，并设置其显示文本为“发送 GET 请求”，然后将 TextView 组件的 id 属性修改为 result。

（2）在该 MainActivity 中，创建程序中所需的成员变量。具体代码如下：

```
private Button button;                      // 声明一个发表按钮对象
private Handler handler;                    // 声明一个 Handler 对象
private String result = "";                 // 声明一个代表显示结果的字符串
private TextView resultTV;                  // 声明一个显示结果的文本框对象
```

（3）编写一个无返回值的 send()方法，用于建立一个发送 GET 请求的 HTTP 连接，并将指定的参数发送到 Web 服务器上，再读取服务器的响应信息。具体代码如下。

```
public void send() {
    // 要提交的目标地址
    String target = "http://192.168.1.66:8081/blog/deal_httpclient.jsp?param=get";
    HttpClient httpclient = new DefaultHttpClient();          // 创建 HttpClient 对象
    HttpGet httpRequest = new HttpGet(target);                // 创建 HttpGet 连接对象
    HttpResponse httpResponse;
    try {
        httpResponse = httpclient.execute(httpRequest);       // 执行 HttpClient 请求
        if (httpResponse.getStatusLine().getStatusCode() == HttpStatus.SC_OK){
        result = EntityUtils.toString(httpResponse.getEntity()); // 获取返回的字符串
        }else{
            result="请求失败！";
        }
    } catch (ClientProtocolException e) {
        e.printStackTrace();                                  // 输出异常信息
    } catch (IOException e) {
        e.printStackTrace();
    }
}
```

（4）在 onCreate()方法中，获取布局管理器中添加的用于显示结果的文本框和“发表”按钮，并为“发表”按钮添加单击事件监听器。在重写的 onClick()方法中，创建并开启一个新的线程。并且，在重写的 run()方法中，首先调用 send()方法发送并读取微博信息，然后获取一个 Message 对象，并调用其 sendMessage()方法发送消息。具体代码如下。

```
resultTV = (TextView) findViewById(R.id.result);     // 获取显示结果的 TextView 组件
button = (Button) findViewById(R.id.button);         // 获取“发表”按钮组件
// 为按钮添加单击事件监听器
button.setOnClickListener(new OnClickListener() {
    @Override
    public void onClick(View v) {
        // 创建一个新线程，用于发送并获取 GET 请求
        new Thread(new Runnable() {
            public void run() {
                send();
                Message m = handler.obtainMessage();// 获取一个 Message
                handler.sendMessage(m);             // 发送消息
            }
        }).start();                                 // 开启线程
    }
});
```

（5）创建一个 Handler 对象，在重写的 handleMessage()方法中，当变量 result 不为空时，将其显示到结果文本框中。具体代码如下。

```
handler = new Handler() {
    @Override
    public void handleMessage(Message msg) {
        if (result != null) {
            resultTV.setText(result);                    // 显示获得的结果
        }
        super.handleMessage(msg);
    }
};
```

（6）由于在本实例中需要访问网络资源，所以还需要在 AndroidManifest.xml 文件中指定允许访问网格资源的权限。具体代码如下。

```
<uses-permission android:name="android.permission.INTERNET"/>
```

另外，还需要编写一个 Java Web 实例，用于接收 Android 客户端发送的请求，并做出响应。这里编写一个名称为“deal_httpclient.jsp”的文件。在该文件中，首先获取参数 param 的值，如果该值不为空，则判断其值是否为 get，如果是 get，则输出文字“发送 GET 请求成功!”。具体代码如下。

```
<%@ page contentType="text/html; charset=utf-8" language="java" %>
<%
 String param=request.getParameter("param");                    // 获取参数值
 if(!"".equals(param) || param!=null){
    if("get".equals(param)){
        out.println("发送 GET 请求成功! ");
    }
 }
%>
```

将 deal_httpclient.jsp 文件放到 TomCat 安装路径下的 webapps\blog 目录下，并启动 TomCat 服务器。然后，运行本实例，单击“发送 GET 请求”按钮，在下方将显示 Web 服务器的处理结果。如果请求发送成功，则显示如图 18-3 所示的运行结果，否则显示文字为“请求失败!”。

图 18-3　应用 HttpClient 发送 GET 请求

2. 发送 POST 请求

同使用 HttpURLConnection 类发送请求一样，HttpClient 对于复杂的请求数据也需要使用 POST 方式发送。使用 HttpClient 发送 POST 请求大致可以分为以下 5 个步骤。

（1）创建 HttpClient 对象。

（2）创建 HttpPost 对象。

（3）如果需要发送请求参数，可以调用 HttpPost 的 setParams()方法来添加请求参数，也可以调用 setEntity()方法来设置请求参数。

（4）调用 HttpClient 对象的 execute()方法发送请求。执行该方法将返回一个 HttpResponse 对象。

（5）调用 HttpResponse 的 getEntity()方法，可获得包含了服务器响应内容的 HttpEntity 对

象，通过该对象可以获取服务器的响应内容。

下面通过一个具体的实例来说明如何使用 HttpClient 来发送 POST 请求。

【例 18-4】 在 Eclipse 中创建 Android 项目，实现应用 HttpClient 向服务器发送 POST 请求，并获取服务器的响应结果。（实例位置：光盘\MR\源码\第 18 章\18-4）

（1）修改新建项目的 res/layout 目录下的布局文件 main.xml，将默认添加的 TextView 组件删除，然后在默认添加的线性布局管理器中添加一个 id 为 content 的编辑框（用于输入微博内容），以及一个“发表”按钮，再添加一个滚动视图，并在该视图中添加一个线性布局管理器，最后还需要在该线性布局管理器中添加一个文本框，用于显示从服务器上读取的微博内容。

（2）在该 MainActivity 中，创建程序中所需的成员变量。具体代码如下。

```
private EditText nickname;                    // 声明一个输入昵称的编辑框对象
private EditText content;                     // 声明一个输入文本内容的编辑框对象
private Button button;                        // 声明一个发表按钮对象
private Handler handler;                      // 声明一个 Handler 对象
private String result = "";                   // 声明一个代表显示内容的字符串
private TextView resultTV;                    // 声明一个显示结果的文本框对象
```

（3）编写一个无返回值的 send()方法，用于建立一个使用 POST 请求方式的 HTTP 连接，并将输入的昵称和微博内容发送到 Web 服务器上，再读取服务器处理的结果。具体代码如下。

```
public void send() {
   // 要提交的目标地址
    String target = "http://192.168.1.66:8081/blog/deal_httpclient.jsp";
    HttpClient httpclient = new DefaultHttpClient();         // 创建 HttpClient 对象
    HttpPost httpRequest = new HttpPost(target);             // 创建 HttpPost 对象
    //将要传递的参数保存到 List 集合中
    List<NameValuePair> params = new ArrayList<NameValuePair>();
    params.add(new BasicNameValuePair("param", "post"));     // 标记参数
    // 昵称
    params.add(new BasicNameValuePair("nickname", nickname.getText().toString()));
    //内容
    params.add(new BasicNameValuePair("content", content.getText().toString()));
    try {
        // 设置编码方式
        httpRequest.setEntity(new UrlEncodedFormEntity(params, "utf-8"));
        // 执行 HttpClient 请求
        HttpResponse httpResponse = httpclient.execute(httpRequest);
        if (httpResponse.getStatusLine().getStatusCode() == HttpStatus.SC_OK){
            // 获取返回的字符串
            result += EntityUtils.toString(httpResponse.getEntity());
        }else{
            result = "请求失败！";
        }
    } catch (UnsupportedEncodingException e1) {
        e1.printStackTrace();                                // 输出异常信息
    } catch (ClientProtocolException e) {
        e.printStackTrace();                                 // 输出异常信息
    } catch (IOException e) {
        e.printStackTrace();                                 // 输出异常信息
```

```
        }
    }
```

（4）在 onCreate()方法中，获取布局管理器中添加的昵称编辑框、内容编辑框、显示结果的文本框和“发表”按钮，并为“发表”按钮添加单击事件监听器。在重写的 onClick()方法中，首先判断输入的昵称和内容是否为空，只要有一个为空，就给出消息提示；否则，创建一个新的线程，调用 send()方法发送并读取服务器处理后的微博信息。具体代码如下。

```
content = (EditText) findViewById(R.id.content);        // 获取输入文本内容的 EditText 组件
resultTV = (TextView) findViewById(R.id.result);        // 获取显示结果的 TextView 组件
nickname=(EditText)findViewById(R.id.nickname);         // 获取输入昵称的 EditText 组件
button = (Button) findViewById(R.id.button);            // 获取“发表”按钮组件
// 为按钮添加单击事件监听器
button.setOnClickListener(new OnClickListener() {
    @Override
    public void onClick(View v) {
        if ("".equals(content.getText().toString())) {
            Toast.makeText(MainActivity.this, "请输入要发表的内容！",Toast.LENGTH_
SHORT).show();
            return;
        }
        // 创建一个新线程，用于发送并读取微博信息
        new Thread(new Runnable() {
            public void run() {
                send();
                Message m = handler.obtainMessage();    // 获取一个 Message
                handler.sendMessage(m);                 // 发送消息
            }
        }).start();                                     // 开启线程
    }
});
```

（5）创建一个 Handler 对象，在重写的 handleMessage()方法中，当变量 result 不为空时，将其显示到结果文本框中，并清空昵称和内容编辑器。具体代码如下。

```
handler = new Handler() {
    @Override
    public void handleMessage(Message msg) {
        if (result != null) {
            resultTV.setText(result);                   // 显示获得的结果
            content.setText("");                        // 清空内容编辑框
            nickname.setText("");                       // 清空昵称编辑框
        }
        super.handleMessage(msg);
    }
};
```

（6）由于在本实例中需要访问网络资源，所以还需要在 AndroidManifest.xml 文件中指定允许访问网格资源的权限。具体代码如下。

```
<uses-permission android:name="android.permission.INTERNET"/>
```

另外，还需要编写一个 Java Web 实例，用于接收 Android 客户端发送的请求，并做出响应。这里仍然使用例 18-3 中创建的 deal_httpclient.jsp 文件，在该文件的 if 语句的结尾处再添加一个 else if 语句，用于处理当请求参数 param 的值为 post 的情况。关键代码如下。

```
else if("post".equals(param)){
    String content=request.getParameter("content");        // 获取输入的微博信息
    String nickname=request.getParameter("nickname");      // 获取输入昵称
    if(content!=null && nickname!=null){
    nickname=new String(nickname.getBytes("iso-8859-1"),"utf-8");// 对昵称进行转码
        content=new String(content.getBytes("iso-8859-1"),"utf-8");// 对内容进行转码
        String date=new java.util.Date().toLocaleString();      // 获取系统时间
        out.println("[ "+nickname+" ]于 "+date+" 发表一条微博，内容如下：");
        out.println(content);
    }
}
```

说明 上面的代码中，首先获取参数 nickname 和 content 指定的昵称和微博信息，并保存到相应的变量中。然后，当昵称和微博内容均不为空时，对其进行转码，并获取系统时间，同时组合微博信息输出到页面上。

将 deal_httpclient.jsp 文件放到 TomCat 安装路径下的 webapps\blog 目录下，并启动 TomCat 服务器。然后，运行本实例，在屏幕上方的编辑框中输入昵称和微博信息，单击“发表”按钮，在下方将显示 Web 服务器的处理结果。实例运行结果如图 18-4 所示。

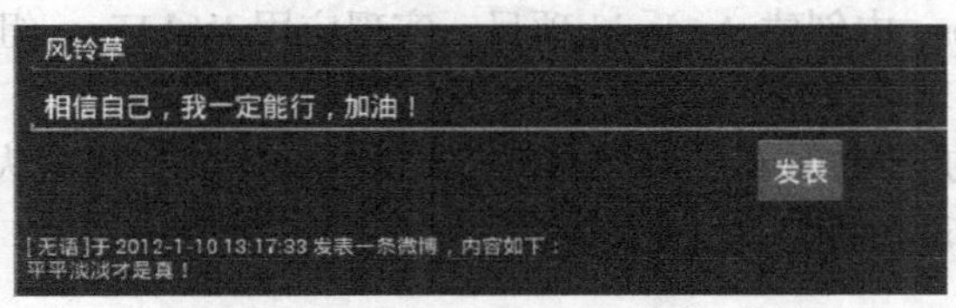

图 18-4 应用 HttpClient 发送 POST 请求

18.3 WebKit 应用

Android 浏览器的内核是 WebKit 引擎，WebKit 是一个开源浏览器网页排版引擎。本节对 Android 中 WebKit 的常见应用进行讲解。

18.3.1 WebKit 概述

Android 提供了内置的浏览器，该浏览器使用了开源的 WebKit 引擎。WebKit 不仅能够搜索网址、查看电子邮件，而且包含播放视频节目、触摸屏以及上网等功能。在 Android 中使用内置的浏览器需要通过 WebView 组件来实现。

18.3.2 WebView 浏览网页

WebView 组件是专门用来浏览网页的，它的使用方法与其他组件一样，既可以在 XML 布局文件中使用<WebView>标记添加，又可以在 Java 文件中通过 new 关键字创建。推荐采用第一种方法，也就是通过<WebView>标记在 XML 布局文件中添加 WebView 组件。在 XML 布局文件中添加一个 WebView 组件可以使用下面的代码。

```
<WebView
    android:id="@+id/webView1"
```

```
    android:layout_width="match_parent"
    android:layout_height="match_parent" />
```

添加 WebView 组件后，就可以应用该组件提供的方法来执行浏览器操作。WebView 组件提供的常用方法如表 18-3 所示。

表 18-3　　WebView 组件提供的常用方法

方　法	描　述
loadUrl(String url)	用于加载指定 URL 对应的网页
loadData(String data, String mimeType, String encoding)	用于将指定的字符串数据加载到浏览器中
loadDataWithBaseURL(String baseUrl, String data, String mimeType, String encoding, String historyUrl)	用于基于 URL 加载指定的数据
capturePicture()	用于创建当前屏幕的快照
goBack()	执行后退操作，相当于流利器上的后退按钮的功能
goForward()	执行前进操作，相当于浏览器上的前进按钮的功能
stopLoading()	用于停止加载当前页面
reload()	用于刷新当前页面

下面通过一个具体的例子来说明如何使用 WebView 组件浏览网页。

【例 18-5】 在 Eclipse 中创建 Android 项目，实现应用 WebView 组件浏览指定网页。（实例位置：光盘\MR\源码\第 18 章\18-5）

（1）修改新建项目的 res/layout 目录下的布局文件 main.xml，将默认添加的 TextView 组件删除，然后添加一个 WebView 组件。关键代码如下。

```
<WebView
    android:id="@+id/webView1"
    android:layout_width="match_parent"
    android:layout_height="match_parent" />
```

（2）在 MainActivity 的 onCreate()方法中，获取布局管理器中添加的 WebView 组件，并为其指定要加载网页的 URL 地址。具体代码如下。

```
WebView webview=(WebView)findViewById(R.id.webView1);    // 获取 WebView 组件
webview.loadUrl("http://192.168.1.66:8081/bbs/");        // 指定要加载的网页
```

（3）由于在本实例中需要访问网络资源，所以还需要在 AndroidManifest.xml 文件中指定允许访问网络资源的权限。具体代码如下。

```
<uses-permission android:name="android.permission.INTERNET"/>
```

运行本实例，在屏幕上将显示通过 URL 地址指定的网页，如图 18-5 所示。

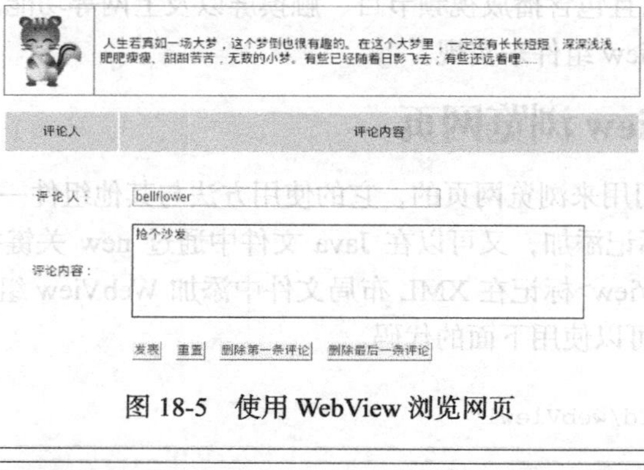

图 18-5　使用 WebView 浏览网页

说明

如果想让 WebView 组件具有放大和缩小网页的功能，需要进行以下设置。

```
webview.getSettings().setSupportZoom(true);
webview.getSettings().setBuiltInZoomControls(true);
```

18.3.3　WebView 加载 HTML 代码

在进行 Android 开发时，对于一些游戏的帮助信息，使用 HTML 代码进行显示比较实用，这样不仅可以让界面更加美观，而且可以让开发更加简单、快捷。WebView 组件提供了 loadData()方法和 loadDataWithBaseURL()方法来加载 HTML 代码。但是，使用 loadData()方法加载带中文的 HTML 内容时，会产生乱码，使用 loadDataWithBaseURL()方法就不会出现中文乱码的情况。loadDataWithBaseURL()方法的基本语法格式如下。

```
loadDataWithBaseURL(String baseUrl, String data, String mimeType, String encoding,
String historyUrl)
```

loadDataWithBaseURL()方法的各参数说明如表 18-4 所示。

表 18-4　loadDataWithBaseURL()方法的参数说明

参　数	描　述
baseUrl	用于指定当前页使用的基本 URL，如果为 null，则使用默认的 about:blank，也就是空白页
data	用于指定要显示的字符串数据
mimeType	用于指定要显示内容的 MIME 类型，如果为 null，默认使用 text/html
encoding	用于指定数据的编码方式
historyUrl	用于指定当前页的历史 URL，也就是进入该页前显示页的 URL。如果为 null，则使用默认的 about:blank

下面通过一个具体的例子来说明如何使用 WebView 组件加载 HTML 代码。

【例 18-6】 在 Eclipse 中创建 Android 项目，实现应用 WebView 组件加载使用 HTML 代码添加的帮助信息。（实例位置：光盘\MR\源码\第 18 章\18-6）

（1）修改新建项目的 res/layout 目录下的布局文件 main.xml，将默认添加的 TextView 组件删除，然后添加一个 WebView 组件。关键代码如下。

```
<WebView
    android:id="@+id/webView1"
    android:layout_width="match_parent"
    android:layout_height="match_parent" />
```

（2）在 MainActivity 的 onCreate()方法中，首先获取布局管理器中添加的 WebView 组件，然后创建一个字符串构建器，将要显示的 HTML 代码放置在该构建器中，最后再应用 loadDataWithBaseURL()方法加载构建器中的 HTML 代码。具体代码如下。

```
WebView webview=(WebView)findViewById(R.id.webView1);    // 获取 WebView 组件
// 创建一个字符串构建器，将要显示的 HTML 内容放置在该构建器中
StringBuilder sb=new StringBuilder();
sb.append("<div>选择选项，然后从以下选项中进行选择：</div>");
sb.append("<ul>");
sb.append("<li>编辑内容：用于增加、移动和删除桌面上的快捷工具。</li>");
sb.append("<li>隐藏内容：用于隐藏桌面上的小工具。</li>");
sb.append("<li>显示内容：用于显示桌面上的小工具。</li>");
sb.append("</ul>");
```

```
// 加载数据
webview.loadDataWithBaseURL(null, sb.toString(), "text/html", "utf-8", null);
```

运行本实例，在屏幕上将显示如图 18-6 所示的由 HTML 代码指定的帮助信息。

选择选项，然后从以下选项中进行选择：

- 编辑内容：用于增加、移动和删除桌面上的快捷工具。
- 隐藏内容：用于隐藏桌面上的小工具。
- 显示内容：用于显示桌面上的小工具。

图 18-6　使用 WebView 加载 HTML 代码

18.3.4　WebView 与 JavaScript

在默认的情况下，WebView 组件是不支持 JavaScript 的，但是在运行某些不得不使用 JavaScript 代码的网站时，我们还需要让它支持 JavaScript。实际上，让 WebView 组件支持 JavaScript 较简单，只需以下两个步骤即可实现。

（1）使用 WebView 组件的 WebSettings 对象提供的 setJavaScriptEnabled()方法让 JavaScript 可用。例如，存在一个名称为“webview”的 WebView 组件，要设置在该组件中允许使用 JavaScript，可以使用下面的代码。

```
webview.getSettings().setJavaScriptEnabled(true);          // 设置 JavaScript 可用
```

（2）经过以上设置后，网页中的大部分 JavaScript 代码均可用，但是，对通过 window.alert()方法弹出的对话框并不可用。要想显示弹出的对话框，需要使用 WebView 组件的 setWebChromeClient()方法来处理 JavaScript 的对话框。具体的代码如下。

```
webview.setWebChromeClient(new WebChromeClient());
```

这样设置后，在使用 WebView 显示带弹出 JavaScript 对话框的网页时，网页中弹出的对话框将不会被屏蔽掉。下面通过一个具体的例子来说明如何让 WebView 支持 JavaScript。

【例 18-7】 在 Eclipse 中创建 Android 项目，实现控制 WebView 组件是否允许 JavaScript（实例位置：光盘\MR\源码\第 18 章\18-7）

（1）修改新建项目的 res/layout 目录下的布局文件 main.xml，将默认添加的 TextView 组件删除，然后添加一个 CheckBox 组件和一个 WebView 组件。关键代码如下。

```
<CheckBox
    android:id="@+id/checkBox1"
    android:layout_width="wrap_content"
    android:layout_height="wrap_content"
    android:text="允许执行 JavaScript 代码" />
<WebView
    android:id="@+id/webView1"
    android:layout_width="match_parent"
    android:layout_height="match_parent" />
```

（2）在 MainActivity 中，声明 WebView 组件的对象 webview。具体代码如下。

```
private WebView webview;                                  // 声明 WebView 组件的对象
```

（3）在 onCreate()方法中，首先获取布局管理器中添加的 WebView 组件和复选框组件，然后为复选框组件添加选中状态被改变的事件监听器。在重写的 onCheckedChanged()方法中，根据复选框的选中状态决定是否允许使用 JavaScript，最后再为 WebView 组件指定要加载的网页。具体代码如下。

```
webview = (WebView) findViewById(R.id.webView1); // 获取布局管理器中添加的 WebView 组件
```

```
CheckBox check = (CheckBox) findViewById(R.id.checkBox1);    // 获取复选框组件
check.setOnCheckedChangeListener(new OnCheckedChangeListener() {
    @Override
    public void onCheckedChanged(CompoundButton buttonView,
            boolean isChecked) {
        if (isChecked) {
            webview.getSettings().setJavaScriptEnabled(true);// 设置 JavaScript 可用
            webview.setWebChromeClient(new WebChromeClient());
        webview.loadUrl("http://192.168.1.66:8081/bbs/allowJS.jsp");// 指定要加载网页
        }else{
        webview.loadUrl("http://192.168.1.66:8081/bbs/allowJS.jsp");// 指定要加载网页
        }
    }
});
webview.loadUrl("http://192.168.1.66:8081/bbs/allowJS.jsp");      // 指定要加载网页
```

（4）由于在本实例中需要访问网络资源，所以还需要在 AndroidManifest.xml 文件中指定允许访问网格资源的权限。具体代码如下。

```
<uses-permission android:name="android.permission.INTERNET"/>
```

运行本实例，在屏幕上将显示不支持 JavaScript 的网页，选中上面的“允许执行 JavaScript 代码”复选框后，该网页将支持 JavaScript。例如，选中“允许执行 JavaScript 代码”复选框后，再单击网页中的“发表”按钮，将弹出一个提示对话框，如图 18-7 所示。

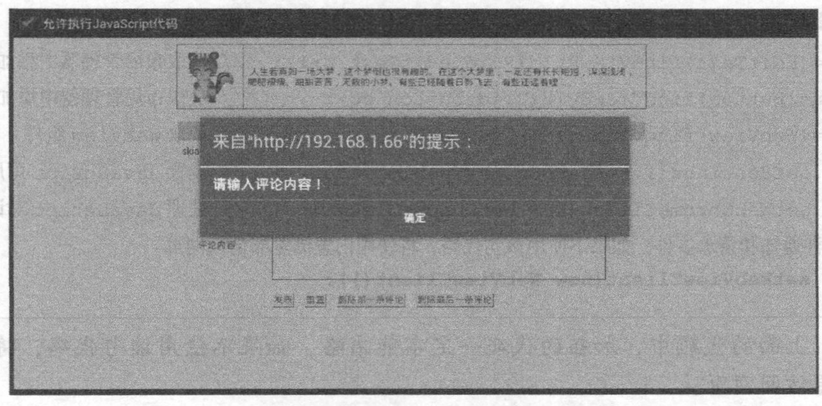

图 18-7　让 WebView 允许执行 JavaScript

18.4　综合实例——打造功能实用的网页浏览器

本实例在 Android 中制作一个包含前进、后退和支持 JavaScript 的网页浏览器。运行程序，单击“GO”按钮，将访问地址栏中指定的网站；单击“前进”和“后退”按钮，实现类似于 IE 浏览器上的前进和后退功能。运行结果如图 18-8 所示。

程序开发步骤如下。

（1）修改新建项目的 res/layout 目录下的布局文件 main.xml，将默认添加的 TextView 组件删除，然后添加一个水平的线性布局管理器和一个用于显示网页的 WebView 组件，并在该布局管理器中添加“前进”按钮、“后退”按钮、地址栏编辑框和“GO”按钮。

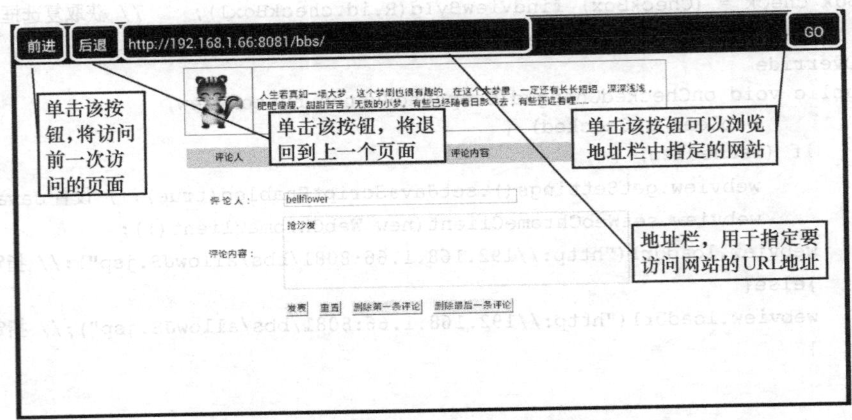

图 18-8　打造功能实用的网页浏览器

（2）在 MainActivity 中，声明 WebView 组件的对象 webView。具体代码如下。

```
private WebView webView;                    // 声明 WebView 组件的对象
private EditText urlText;                   // 声明作为地址栏的 EditText 对象
private Button goButton;                    // 声明 "GO" 按钮对象
```

（3）在 onCreate()方法中，首先获取布局管理器中添加的作为地址栏的 EditText 组件、"GO" 按钮和 WebView 组件，然后让 WebView 组件支持 JavaScript，以及为 WebView 组件设置处理各种通知和请求事件。具体代码如下。

```
urlText=(EditText)findViewById(R.id.editText_url);   // 获取布局管理器中添加的地址栏
goButton=(Button)findViewById(R.id.button_go);        // 获取布局管理器中添加的 "GO" 按钮
webView=(WebView)findViewById(R.id.webView1);         // 获取 WebView 组件
webView.getSettings().setJavaScriptEnabled(true);     // 设置 JavaScript 可用
webView.setWebChromeClient(new WebChromeClient());    // 处理 JavaScript 对话框
//处理各种通知和请求事件，如果不使用该句代码，将使用内置浏览器访问网页
webView.setWebViewClient(new WebViewClient());
```

注意

上面的代码中，加粗的代码一定不能省略，如果不使用该句代码，将使用内置浏览器访问网页。

（4）获取布局管理中添加的"前进"按钮和"后退"按钮，并分别为它们添加单击事件监听器，在"前进"按钮的 onClick()方法中调用 goForward()方法实现前进功能；在"后退"按钮的 onClick()方法中调用 goBack()方法实现后退功能。具体代码如下。

```
Button forward=(Button)findViewById(R.id.forward);   // 获取"前进"按钮
forward.setOnClickListener(new OnClickListener() {
    @Override
    public void onClick(View v) {
        webView.goForward();                          // 前进
    }
});
Button back=(Button)findViewById(R.id.back);          // 获取"后退"按钮
back.setOnClickListener(new OnClickListener() {
    @Override
    public void onClick(View v) {
```

```
            webView.goBack();                           // 后退
        }
    });
```

（5）为地址栏添加键盘按键被按下的事件监听器，实现当按下键盘上的回车键时，如果地址栏中的 URL 地址不为空，则调用 openBrowser()方法浏览网页，否则调用 showDialog()方法弹出提示对话框。具体代码如下。

```
    urlText.setOnKeyListener(new OnKeyListener() {
        @Override
        public boolean onKey(View v, int keyCode, KeyEvent event) {
            if(keyCode==KeyEvent.KEYCODE_ENTER){        // 如果为回车键
                if(!"".equals(urlText.getText().toString())){
                    openBrowser();                      // 浏览网页
                    return true;
                }else{
                    showDialog();
                }
            }
            return false;
        }
    });
```

（6）为"GO"按钮添加单击事件监听器，实现单击该按钮时，如果地址栏中的 URL 地址不为空，则调用 openBrowser()方法浏览网页，否则调用 showDialog()方法弹出提示对话框。具体代码如下。

```
    goButton.setOnClickListener(new OnClickListener() {
        @Override
        public void onClick(View v) {
            if(!"".equals(urlText.getText().toString())){
                openBrowser();                          // 浏览网页
            }else{
                showDialog();
            }
        }
    });
```

（7）编写 openBrowser()方法，用于浏览网页。具体代码如下。

```
    private void openBrowser(){
        webView.loadUrl(urlText.getText().toString()); // 浏览网页
        Toast.makeText(this, "正在加载: "+urlText.getText().toString(), Toast.LENGTH_
SHORT).show();
    }
```

（8）编写 showDialog()方法，用于显示一个带"确定"按钮的对话框，通知用户需要输入要访问的网址。showDialog()方法的具体代码如下。

```
    private void showDialog(){
        new AlertDialog.Builder(MainActivity.this)
        .setTitle("网页浏览器")
        .setMessage("请输入要访问的网址")
        .setPositiveButton("确定",new DialogInterface.OnClickListener(){
            public void onClick(DialogInterface dialog,int which){
                Log.d("WebWiew","单击确定按钮");
            }
```

```
        }).show();
    }
```

（9）由于在本实例中需要访问网络资源，所以还需要在 AndroidManifest.xml 文件中指定允许访问网格资源的权限。具体代码如下。

```
<uses-permission android:name="android.permission.INTERNET"/>
```

知识点提炼

（1）HttpURLConnection 类位于 java.net 包中，用于发送 HTTP 请求和获取 HTTP 响应。由于该类是抽象类，不能直接实例化对象，需要使用 URL 的 openConnection()方法来获得。

（2）对于比较复杂的联网操作，使用 HttpURLConnection 类不一定能满足要求，这时，可以使用 Apache 组织提供的 HttpClient 来实现。

（3）HttpGet 类代表发送 GET 请求。

（4）HttpPost 类代表发送 POST 请求。

（5）HttpResponse 类代表处理响应的对象。

（6）WebKit 是 Android 提供的内置浏览器使用的引擎，它不仅能够搜索网址，查看电子邮件，而且能够播放视频节目。

（7）WebView 组件是专门用来浏览网页的，它的使用方法与其他组件一样，既可以在 XML 布局文件中使用<WebView>标记添加，又可以在 Java 文件中通过 new 关键字创建。

（8）使用 WebView 加载 HTML 代码，用 loadData()方法加载带中文的 HTML 内容时会产生乱码，使用 loadDataWithBaseURL()方法就不会出现中文乱码的情况。

习　　题

18-1　简述 GET 请求和 POST 请求的区别。

18-2　Android 程序中，通过 HTTP 访问网络时，可以使用哪两个类？

18-3　简述使用 HttpClient 发送 GET 请求的主要步骤。

18-4　在 Android 程序中添加 WebView 组件有几种方式？

18-5　使用 WebView 组件加载 HTML 代码时，如何避免出现乱码？

18-6　如何使 WebView 组件支持 JavaScript？

实验：从指定网站下载文件

实验目的

（1）掌握 HttpURLConnection 类的使用。

（2）熟悉线程的使用。

（3）熟悉消息传递在 Android 程序中的使用。

实验内容

本实验主要实现从指定网站下载文件的功能，具体实现时，首先创建一个网站链接，然后获得输入流对象，并从下载地址中获取要下载的文件名及扩展名，再读取文件到一个输出流对象中，并关闭对象，断开连接。

实验步骤

（1）修改新建项目的 res/layout 目录下的布局文件 main.xml，将默认添加的 LinearLayout 布局管理器修改为水平布局管理器，并设置默认添加 TextView 组件的 android:id 属性为 @+id/editText_url；android:layout_weight 属性为 1；android:text 属性为@string/defaultvalue；android:lines 属性为 1，然后在该 TextView 组件的下方再添加一个“下载”按钮。

（2）在该 MainActivity 中，创建程序中所需的成员变量。具体代码如下。

```
private EditText urlText;                          // 下载地址编辑框
private Button button;                             // 下载按钮
private Handler handler;                           // 声明一个 Handler 对象
private boolean flag = false;                      // 标记是否成功的变量
```

（3）在 onCreate()方法中，获取布局管理器中添加的下载地址编辑框和“下载”按钮，并为“下载”按钮添加单击事件监听器。在重写的 onClick()方法中，创建并开启一个新线程，用于从网络上获取文件。在重写的 run()方法中，首先获取文件的下载地址，并创建一个相关的连接，然后获取输入流对象，并从下载地址中获取要下载文件的文件名及扩展名，再读取文件到一个输出流对象中，并关闭相关对象及断开连接，最后获取一个 Message 并发送消息。具体代码如下。

```
urlText = (EditText) findViewById(R.id.editText_url);//获取布局管理器中添加的下载地址编辑框
    button = (Button) findViewById(R.id.button_go);      // 获取布局管理器中添加的下载按钮
    // 为“下载”按钮添加单击事件监听器
    button.setOnClickListener(new OnClickListener() {
        @Override
        public void onClick(View v) {
            // 创建一个新线程，用于从网络上获取文件
            new Thread(new Runnable() {
                public void run() {
                    try {
                    String sourceUrl = urlText.getText().toString(); // 获取下载地址
                        URL url = new URL(sourceUrl);     // 创建下载地址对应的 URL 对象
                        HttpURLConnection urlConn = (HttpURLConnection) url
                                .openConnection();                    // 创建一个连接
                        InputStream is = urlConn.getInputStream(); // 获取输入流对象
                        if (is != null) {
                            String expandName = sourceUrl.substring(
                                    sourceUrl.lastIndexOf(".") + 1,
                                    sourceUrl.length()).toLowerCase();
                                                                  // 获取文件的扩展名
                            String fileName = sourceUrl.substring(
                                    sourceUrl.lastIndexOf("/") + 1,
                                    sourceUrl.lastIndexOf("."));  // 获取文件名
                            File file = new File("/sdcard/pictures/"
```

```
                                    + fileName + "." + expandName);
                                                            // 在 SD 卡上创建文件
                        FileOutputStream fos = new FileOutputStream(
                                    file);                  // 创建一个文件输出流对象
                        byte buf[] = new byte[128];         // 创建一个字节数组
                        // 读取文件到输出流对象中
                        while (true) {
                            int numread = is.read(buf);
                            if (numread <= 0) {
                                break;
                            } else {
                                fos.write(buf, 0, numread);
                            }
                        }
                    }
                    is.close();                             // 关闭输入流对象
                    urlConn.disconnect();                   // 关闭连接
                    flag = true;
                } catch (MalformedURLException e) {
                    e.printStackTrace();                    // 输出异常信息
                    flag = false;
                } catch (IOException e) {
                    e.printStackTrace();                    // 输出异常信息
                    flag = false;
                }
                Message m = handler.obtainMessage();        // 获取一个 Message
                handler.sendMessage(m);                     // 发送消息
            }
        }).start();                                         // 开启线程
    }
});
```

（4）创建一个 Handler 对象，在重写的 handleMessage()方法中，根据标记变量 flag 的值，显示不同的消息提示。具体代码如下。

```
handler = new Handler() {
    @Override
    public void handleMessage(Message msg) {
        if (flag) {
            Toast.makeText(MainActivity.this, "文件下载完成！",
                    Toast.LENGTH_SHORT).show();             // 显示消息提示
        } else {
            Toast.makeText(MainActivity.this, "文件下载失败！",
                    Toast.LENGTH_SHORT).show();             // 显示消息提示
        }
        super.handleMessage(msg);
    }
};
```

（5）由于在本实例中需要访问网络资源并向 SD 卡上写文件，所以还需要在 AndroidManifest.xml 文件中指定允许访问网络资源和向 SD 卡上写文件的权限。具体代码如下。

```
<uses-permission android:name="android.permission.INTERNET"/>
<uses-permission android:name="android.permission.WRITE_EXTERNAL_STORAGE"/>
```

运行程序，在下载地址编辑框中输入要下载文件的 URL 地址。单击“下载”按钮，即可将指定的文件下载到 SD 卡上，下载成功的前提是指定的 URL 地址要真实存在，并且相应的文件也存在。实例运行结果如图 18-9 和图 18-10 所示。

http://192.168.1.66:8081/bbs/images/head.jpg
下载
文件下载完成！

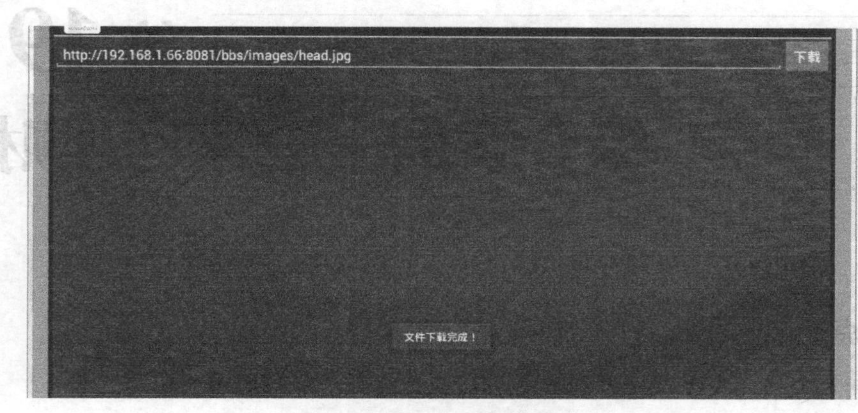

图 18-9　从指定网站下载文件

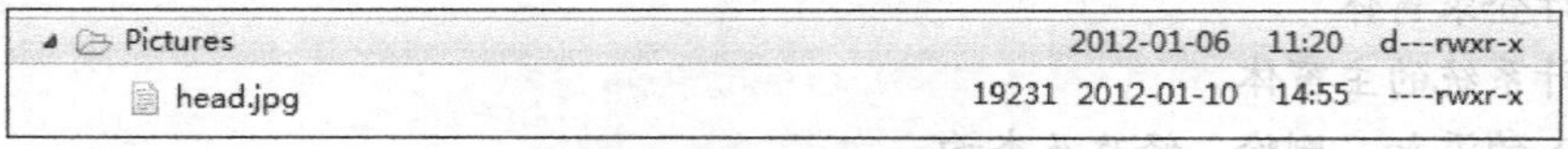

Pictures
2012-01-06　11:20　d---rwxr-x
head.jpg
19231　2012-01-10　14:55　----rwxr-x

图 18-10　下载到 SD 卡上的文件

第 19 章 综合案例——家庭理财通

本章要点：

- 使用 SQLite 创建数据库及数据表
- 创建公共类操作 SQLite 数据表
- 设计登录窗体
- 设计系统的主窗体
- 收入的添加、删除、修改及查询
- 系统设置的实现

随着 3G 智能手机的迅速普及，移动互联网时代离我们越来越近。互联网巨头 Google 推出的免费手机平台 Android 已经得到了众多厂商和开发者的拥护，而随着 Android 手机操作系统的大热，基于 Android 的应用也越来越受到广大用户的欢迎。本章使用 Android 4.3 技术开发一个家庭理财通系统，通过该系统，可以随时随地记录用户的收入及支出等信息。

19.1 需求分析

您是月光族吗？您能说出每月的钱都用到什么地方了吗？为了更好地记录您每月的收入及支出情况，这里开发了一款基于 Android 系统的家庭理财通软件。通过该软件，用户可以随时随地记录自己的收入、支出等信息。另外，为了保护自己的隐私，用户还可以为家庭理财通软件设置密码。

19.2 系统设计

19.2.1 系统目标

根据个人对家庭理财通软件的要求，制定目标如下。

- 操作简单方便，界面简洁美观。
- 方便地对收入及支出进行增、删、改、查等操作。
- 通过便签方便地记录用户的计划。

- 能够通过设置密码保证程序的安全性。
- 系统运行稳定，安全可靠。

19.2.2　系统功能结构

家庭理财通的功能结构如图 19-1 所示。

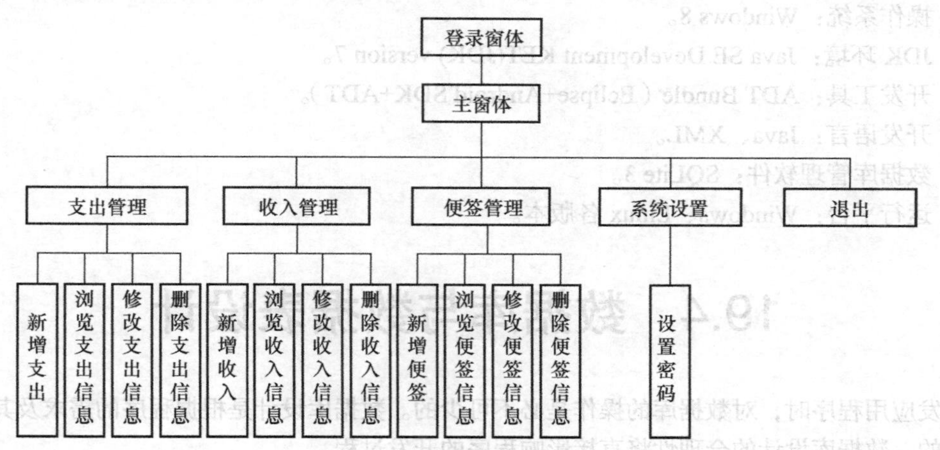

图 19-1　家庭理财通功能结构图

19.2.3　系统业务流程图

家庭理财通的业务流程如图 19-2 所示。

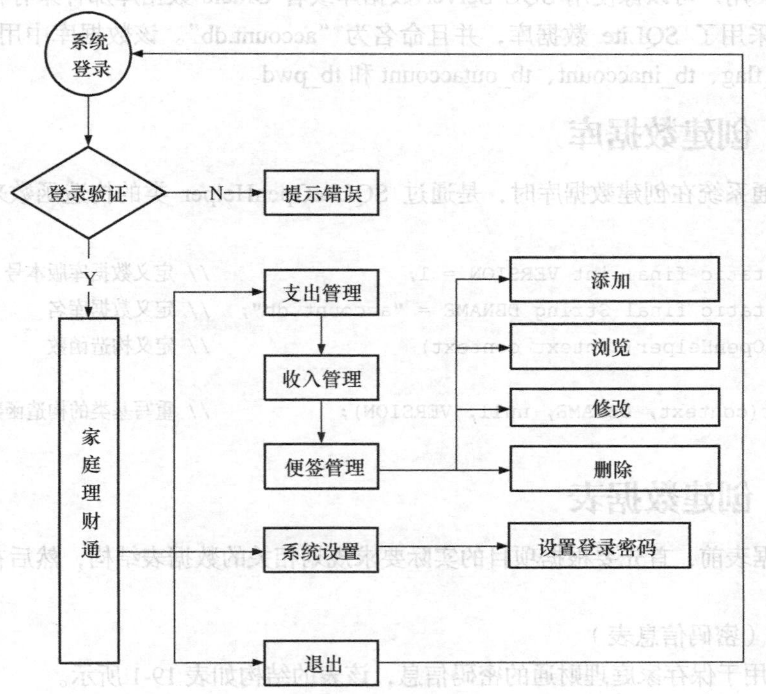

图 19-2　家庭理财通业务流程图

19.3 系统开发及运行环境

家庭理财通系统的软件开发环境及运行环境具体如下。

- 操作系统：Windows 8。
- JDK 环境：Java SE Development KET(JDK) version 7。
- 开发工具：ADT Bundle（Eclipse+Android SDK+ADT）。
- 开发语言：Java、XML。
- 数据库管理软件：SQLite 3。
- 运行平台：Windows、Linux 各版本。

19.4 数据库与数据表设计

开发应用程序时，对数据库的操作是必不可少的。数据库设计是根据程序的需求及其实现功能制定的，数据库设计的合理性将直接影响程序的开发过程。

19.4.1 数据库分析

家庭理财通是一款运行在 Android 系统上的程序。Android 系统中集成了一种轻量型的数据库，即 SQLite。该数据库是使用 C 语言编写的开源嵌入式数据库，支持的数据库大小为 2TB。使用该数据库，用户可以像使用 SQL Server 数据库或者 Oracle 数据库那样来存储、管理和维护数据。本系统采用了 SQLite 数据库，并且命名为“account.db”。该数据库中用到了 4 个数据表，分别是 tb_flag、tb_inaccount、tb_outaccount 和 tb_pwd。

19.4.2 创建数据库

家庭理财通系统在创建数据库时，是通过 SQLiteOpenHelper 类的构造函数来实现的。实现代码如下。

```
private static final int VERSION = 1;                   // 定义数据库版本号
private static final String DBNAME = "account.db";      // 定义数据库名
public DBOpenHelper(Context context)                    // 定义构造函数
{
    super(context, DBNAME, null, VERSION);              // 重写基类的构造函数，以创建数据库
}
```

19.4.3 创建数据表

在创建数据表前，首先要根据项目的实际要求规划相关的数据表结构，然后在数据库中创建相应的数据表。

- tb_pwd（密码信息表）

tb_pwd 表用于保存家庭理财通的密码信息，该表的结构如表 19-1 所示。

- tb_outaccount（支出信息表）

tb_outaccount 表用于保存用户的支出信息，该表的结构如表 19-2 所示。

表 19-1　　密码信息表

字 段 名	数 据 类 型	主 键 否	描 述
password	varchar(20)	否	用户密码

表 19-2　　支出信息表

字 段 名	数 据 类 型	主 键 否	描 述
_id	integer	是	编号
money	decimal	否	支出金额
time	varchar(10)	否	支出时间
type	varchar(10)	否	支出类别
address	varchar(100)	否	支出地点
mark	varchar(200)	否	备注

- tb_inaccount（收入信息表）

tb_inaccount 表用于保存用户的收入信息，该表的结构如表 19-3 所示。

表 19-3　　收入信息表

字 段 名	数 据 类 型	主 键 否	描 述
_id	integer	是	编号
money	decimal	否	收入金额
time	varchar(10)	否	收入时间
type	varchar(10)	否	收入类别
handler	varchar(100)	否	付款方
mark	varchar(200)	否	备注

- tb_flag（便签信息表）

tb_flag 表用于保存家庭理财通的便签信息，该表的结构如表 19-4 所示。

表 19-4　　便签信息表

字 段 名	数 据 类 型	主 键 否	描 述
_id	integer	是	编号
flag	varchar(200)	否	便签内容

19.5 系统文件夹组织结构

在编写项目代码之前，需要制定好项目的系统文件夹组织结构，如不同的 Java 包存放不同的窗体、公共类、数据模型、工具类或者图片资源等，这样不但可以保证团队开发的一致性，也可以规范系统的整体架构。创建完系统中可能用到的文件夹或者 Java 包之后，在开发时，只需将创建的类文件或者资源文件保存到相应的文件夹中即可。家庭理财通系统的文件夹组织结构如图 19-3 所示。

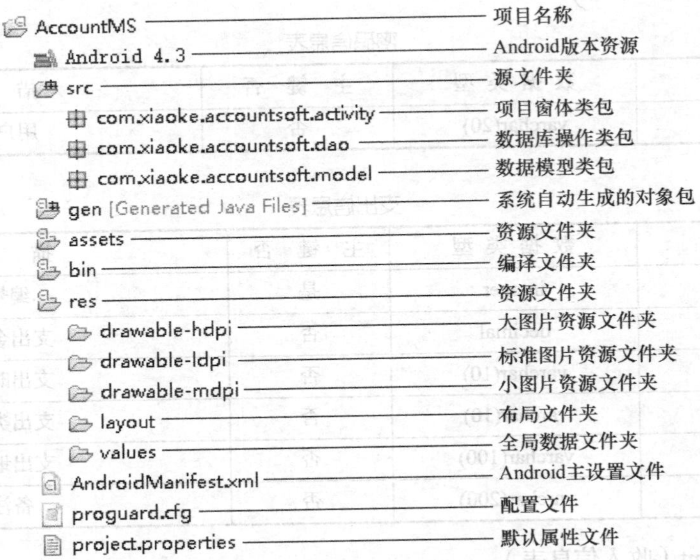

AccountMS —— 项目名称
Android 4.3 —— Android版本资源
src —— 源文件夹
com.xiaoke.accountsoft.activity —— 项目窗体类包
com.xiaoke.accountsoft.dao —— 数据库操作类包
com.xiaoke.accountsoft.model —— 数据模型类包
gen [Generated Java Files] —— 系统自动生成的对象包
assets —— 资源文件夹
bin —— 编译文件夹
res —— 资源文件夹
drawable-hdpi —— 大图片资源文件夹
drawable-ldpi —— 标准图片资源文件夹
drawable-mdpi —— 小图片资源文件夹
layout —— 布局文件夹
values —— 全局数据文件夹
AndroidManifest.xml —— Android主设置文件
proguard.cfg —— 配置文件
project.properties —— 默认属性文件

图 19-3　文件夹组织结构

19.6　公共类设计

公共类是代码重用的一种形式，它将各个功能模块经常调用的方法提取到公用的 Java 类中。例如，访问数据库的 Dao 类容纳了所有访问数据库的方法，并同时管理数据库的连接、关闭等内容。使用公共类不但实现了项目代码的重用，还提高了程序的性能和代码的可读性。本节介绍家庭理财通中的公共类设计。

19.6.1　数据模型公共类

在 com.xiaoke.accountsoft.model 包中存放着数据模型公共类，它们对应着数据库中不同的数据表，这些模型将被访问数据库的 Dao 类和程序中各个模块甚至各个组件所使用。数据模型是对数据表中所有字段的封装，它主要用于存储数据，并通过相应的 getXXX()方法和 setXXX()方法实现不同属性的访问原则。现在以收入信息表为例，介绍其对应的数据模型类的实现。主要代码如下。

```
package com.xiaoke.accountsoft.model;
public class Tb_inaccount                                   // 收入信息实体类
{
    private int _id;                                        // 存储收入编号
    private double money;                                   // 存储收入金额
    private String time;                                    // 存储收入时间
    private String type;                                    // 存储收入类别
    private String handler;                                 // 存储收入付款方
    private String mark;                                    // 存储收入备注
    public Tb_inaccount()                                   // 默认构造函数
    {
```

```
        super();
    }
    // 定义有参构造函数，用来初始化收入信息实体类中的各个字段
    public Tb_inaccount(int id, double money, String time,String type,String
handler,String mark)
    {
        super();
        this._id = id;                                    // 为收入编号赋值
        this.money = money;                               // 为收入金额赋值
        this.time = time;                                 // 为收入时间赋值
        this.type = type;                                 // 为收入类别赋值
        this.handler = handler;                           // 为收入付款方赋值
        this.mark = mark;                                 // 为收入备注赋值
    }
    public int getid()                                    // 设置收入编号的可读属性
    {
        return _id;
    }
    public void setid(int id)                             // 设置收入编号的可写属性
    {
        this._id = id;
    }
    public double getMoney()                              // 设置收入金额的可读属性
    {
        return money;
    }
    public void setMoney(double money)                    // 设置收入金额的可写属性
    {
        this.money = money;
    }
    public String getTime()                               // 设置收入时间的可读属性
    {
        return time;
    }
    public void setTime(String time)                      // 设置收入时间的可写属性
    {
        this.time = time;
    }
    public String getType()                               // 设置收入类别的可读属性
    {
        return type;
    }
    public void setType(String type)                      // 设置收入类别的可写属性
    {
        this.type = type;
    }
    public String getHandler()                            // 设置收入付款方的可读属性
    {
        return handler;
    }
    public void setHandler(String handler)                // 设置收入付款方的可写属性
```

```
    {
        this.handler = handler;
    }
    public String getMark()                              // 设置收入备注的可读属性
    {
        return mark;
    }
    public void setMark(String mark)                     // 设置收入备注的可写属性
    {
        this.mark = mark;
    }
}
```

其他数据模型类的定义与收入数据模型类的定义方法类似，其属性内容就是数据表中相应的字段。

com.xiaoke.accountsoft.model 包中包含的数据模型类如表 19-5 所示。

表 19-5　　com.xiaoke.accountsoft.model 包中的数据模型类

类　名	说　明
Tb_flag	便签信息数据表模型类
Tb_inaccount	收入信息数据表模型类
Tb_outaccount	支出信息数据表模型类
Tb_pwd	密码信息数据表模型类

19.6.2　Dao 公共类

Dao 的全称是 Data Access Object，即数据访问对象。本系统中创建了 com.xiaoke.accountsoft.dao 包，该包中包含了 DBOpenHelper、FlagDAO、InaccountDAO、OutaccountDAO 和 PwdDAO 等 5 个数据访问类。其中，DBOpenHelper 类用来实现创建数据库、数据表等功能；FlagDAO 类用来对便签信息进行管理；InaccountDAO 类用来对收入信息进行管理；OutaccountDAO 类用来对支出信息进行管理；PwdDAO 类用来对密码信息进行管理。下面主要对 DBOpenHelper 类和 InaccountDAO 类进行详细讲解。

说明

FlagDAO 类、OutaccountDAO 类和 PwdDAO 类的实现过程与 InaccountDAO 类类似，这里不进行详细介绍，详请参见本书附带光盘中的源代码。

1. DBOpenHelper.java 类

DBOpenHelper 类主要用来实现创建数据库和数据表的功能，该类继承自 SQLiteOpenHelper 类。在该类中，首先需要在构造函数中创建数据库，然后在覆写的 onCreate()方法中使用 SQLiteDatabase 对象的 execSQL()方法分别创建 tb_outaccount、tb_inaccount、tb_pwd 和 tb_flag 等 4 个数据表。DBOpenHelper 类的实现代码如下。

```
package com.xiaoke.accountsoft.dao;
import android.content.Context;
import android.database.sqlite.SQLiteDatabase;
import android.database.sqlite.SQLiteOpenHelper;
public class DBOpenHelper extends SQLiteOpenHelper
{
```

```
    private static final int VERSION = 1;                      // 定义数据库版本号
    private static final String DBNAME = "account.db";         // 定义数据库名
    public DBOpenHelper(Context context)                       // 定义构造函数
    {
        super(context, DBNAME, null, VERSION);                 // 重写基类的构造函数
    }
    @Override
    public void onCreate(SQLiteDatabase db)                    // 创建数据库
    {
        // 创建支出信息表
        db.execSQL("create table tb_outaccount (_id integer primary key,money
decimal,time varchar(10)," +"type varchar(10),address varchar(100),mark varchar(200))");
        // 创建收入信息表
        db.execSQL("create table tb_inaccount (_id integer primary key,money
decimal,time varchar(10)," +
                  "type varchar(10),handler varchar(100),mark varchar(200))");
        db.execSQL("create table tb_pwd (password varchar(20))");// 创建密码表
        db.execSQL("create table tb_flag (_id integer primary key,flag varchar
(200))");                                                      // 创建便签信息表
    }
    // 覆写基类的onUpgrade方法，以便数据库版本更新
    @Override
    public void onUpgrade(SQLiteDatabase db, int oldVersion, int newVersion)
    {
    }
}
```

2. InaccountDAO.java 类

InaccountDAO 类主要用来对收入信息进行管理，包括收入信息的添加、修改、删除、查询以及获取最大编号和总记录数等功能。下面对该类中的方法进行详细讲解。

- InaccountDAO 类的构造函数

在 InaccountDAO 类中定义两个对象，分别是 DBOpenHelper 对象和 SQLiteDatabase 对象，然后创建该类的构造函数，在构造函数中初始化 DBOpenHelper 对象。主要代码如下。

```
private DBOpenHelper helper;                               // 创建DBOpenHelper对象
private SQLiteDatabase db;                                 // 创建SQLiteDatabase对象
public InaccountDAO(Context context)                       // 定义构造函数
{
    helper = new DBOpenHelper(context);                    // 初始化DBOpenHelper对象
}
```

- add(Tb_inaccount tb_inaccount)方法

该方法的主要功能是添加收入信息，其中，tb_inaccount 参数表示收入数据表对象。主要代码如下。

```
public void add(Tb_inaccount tb_inaccount)
{
    db = helper.getWritableDatabase();                     // 初始化SQLiteDatabase对象
    // 执行添加收入信息操作
    db.execSQL("insert into tb_inaccount (_id,money,time,type,handler,mark) values
(?,?,?,?,?,?)", new Object[]
    {tb_inaccount.getid(),tb_inaccount.getMoney(),
```

```
tb_inaccount.getTime(),tb_inaccount.getType(),tb_inaccount.getHandler(),tb_inaccount.
getMark() });
    }
```

- update(Tb_inaccount tb_inaccount)方法

该方法的主要功能是根据指定的编号修改收入信息，其中，tb_inaccount 参数表示收入数据表对象。主要代码如下。

```
    public void update(Tb_inaccount tb_inaccount)
    {
        db = helper.getWritableDatabase();                    // 初始化 SQLiteDatabase 对象
        // 执行修改收入信息操作
        db.execSQL("update  tb_inaccount  set  money  =  ?,time  =  ?,type  =  ?,handler
= ?,mark = ? where _id = ?", new Object[]
        {tb_inaccount.getMoney(),
tb_inaccount.getTime(),tb_inaccount.getType(),tb_inaccount.getHandler(),tb_inaccount.g
etMark(),tb_inaccount.getid() });
    }
```

- find(int id)方法

该方法的主要功能是根据指定的编号查找收入信息，其中，id 参数表示要查找的收入编号，返回值为 Tb_inaccount 对象。主要代码如下。

```
    public Tb_inaccount find(int id)
    {
        db = helper.getWritableDatabase();        // 初始化 SQLiteDatabase 对象
        Cursor  cursor  =  db.rawQuery("select  _id,money,time,type,handler,mark  from
tb_inaccount where _id = ?", new String[]
        { String.valueOf(id) });                   // 根据编号查找收入信息，并存储到 Cursor 类中
        if (cursor.moveToNext())                   // 遍历查找到的收入信息
        {
            // 将遍历到的收入信息存储到 Tb_inaccount 类中
            return    new    Tb_inaccount(cursor.getInt(cursor.getColumnIndex("_id")),
cursor.getDouble(cursor.getColumnIndex("money")),
cursor.getString(cursor.getColumnIndex("time")),
cursor.getString(cursor.getColumnIndex("type")),
cursor.getString(cursor.getColumnIndex("handler")),
cursor.getString(cursor.getColumnIndex("mark")));
        }
        return null;                               // 如果没有信息，则返回 null
    }
```

- delete(Integer…ids)方法

该方法的主要功能是根据指定的一系列编号删除收入信息，其中，ids 参数表示要删除的收入编号的集合。主要代码如下。

```
    public void delete(Integer…ids)
    {
        if (ids.length > 0)                              // 判断是否存在要删除的 id
        {
            StringBuffer sb = new StringBuffer();    // 创建 StringBuffer 对象
            for (int i = 0; i < ids.length; i++)     // 遍历要删除的 id 集合
            {
                sb.append('?').append(',');          // 将删除条件添加到 StringBuffer 对象中
            }
```

```
            sb.deleteCharAt(sb.length() - 1);          // 去掉最后一个“，”字符
            db= helper.getWritableDatabase();          // 初始化 SQLiteDatabase 对象
            db.execSQL("delete  from  tb_inaccount  where  _id  in  ("  +  sb  +  ")",
(Object[]) ids);                                       // 执行删除收入信息操作
        }
    }
```

- getScrollData(int start, int count)方法

该方法的主要功能是从收入数据表的指定索引处获取指定数量的收入数据，其中，start 参数表示要从此处开始获取数据的索引，count 参数表示要获取的数量，返回值为 List<Tb_inaccount> 对象。主要代码如下。

```
    public List<Tb_inaccount> getScrollData(int start, int count)
    {
        List<Tb_inaccount> tb_inaccount = new ArrayList<Tb_inaccount>(); // 创建集合对象
        db = helper.getWritableDatabase();                 // 初始化 SQLiteDatabase 对象
        Cursor  cursor  =  db.rawQuery("select  *  from  tb_inaccount  limit  ?,?",  new
String[]{ String.valueOf(start), String.valueOf(count) });// 获取所有收入信息
        while (cursor.moveToNext())                        // 遍历所有的收入信息
        {
            tb_inaccount.add(new
Tb_inaccount(cursor.getInt(cursor.getColumnIndex("_id")),
cursor.getDouble(cursor.getColumnIndex("money")),
cursor.getString(cursor.getColumnIndex("time")),
cursor.getString(cursor.getColumnIndex("type")),
cursor.getString(cursor.getColumnIndex("handler")),
cursor.getString(cursor.getColumnIndex("mark"))));    // 将遍历到的收入信息添加到集合中
        }
        return tb_inaccount;                               // 返回集合
    }
```

- getCount()方法

该方法的主要功能是获取收入数据表中的总记录数，返回值为获取到的总记录数。主要代码如下。

```
    public long getCount()
    {
        db = helper.getWritableDatabase();                 // 初始化 SQLiteDatabase 对象
    // 获取收入信息的记录数
        Cursor cursor = db.rawQuery("select count(_id) from tb_inaccount", null);
        if (cursor.moveToNext())                           // 判断 Cursor 中是否有数据
        {
            return cursor.getLong(0);                      // 返回总记录数
        }
        return 0;                                          // 如果没有数据，则返回 0
    }
```

- getMaxId()方法

该方法的主要功能是获取收入数据表中的最大编号，返回值为获取到的最大编号。主要代码如下。

```
    public int getMaxId()
    {
        db = helper.getWritableDatabase();                 // 初始化 SQLiteDatabase 对象
```

```
        // 获取收入信息表中的最大编号
        Cursor cursor = db.rawQuery("select max(_id) from tb_inaccount", null);
        while (cursor.moveToLast()) {                    // 访问 Cursor 中的最后一条数据
            return cursor.getInt(0);                     // 获取访问到的数据，即最大编号
        }
        return 0;                                        // 如果没有数据，则返回 0
    }
```

19.7 登录模块设计

登录模块主要通过输入正确的密码进入家庭理财通的主窗体，它可以提高程序的安全性，保护数据资料不外泄。登录模块运行结果如图 19-4 所示。

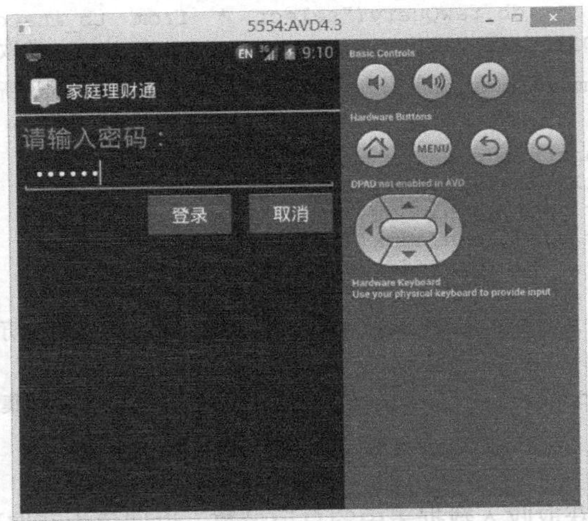

图 19-4 系统登录

19.7.1 设计登录布局文件

在 res/layout 目录下新建一个 login.xml 布局文件，用来作为登录窗体的布局文件。该布局文件中，将布局方式修改为 RelativeLayout，然后添加一个 TextView 组件、一个 EditText 组件和两个 Button 组件。实现代码如下。

```
<?xml version="1.0" encoding="utf-8"?>
<RelativeLayout xmlns:android="http://schemas.android.com/apk/res/android"
    android:layout_width="fill_parent"
    android:layout_height="fill_parent"
    android:padding="5dp"
    >
    <TextView android:id="@+id/tvLogin"
        android:layout_width="wrap_content"
        android:layout_height="wrap_content"
        android:layout_gravity="center"
        android:gravity="center_horizontal"
        android:text="请输入密码: "
        android:textSize="25dp"
```

```
        android:textColor="#8C6931"
    />
    <EditText android:id="@+id/txtLogin"
        android:layout_width="match_parent"
        android:layout_height="wrap_content"
        android:layout_below="@id/tvLogin"
        android:inputType="textPassword"
        android:hint="请输入密码"
    />
    <Button android:id="@+id/btnClose"
        android:layout_width="90dp"
        android:layout_height="wrap_content"
        android:layout_below="@id/txtLogin"
        android:layout_alignParentRight="true"
        android:layout_marginLeft="10dp"
        android:text="取消"
    />
    <Button android:id="@+id/btnLogin"
        android:layout_width="90dp"
        android:layout_height="wrap_content"
        android:layout_below="@id/txtLogin"
        android:layout_toLeftOf="@id/btnClose"
        android:text="登录"
    />
</RelativeLayout>
```

19.7.2 登录功能的实现

在 com.xiaoke.accountsoft.activity 包中创建一个 Login.java 文件，该文件的布局文件设置为 login.xml。当用户在“请输入密码”文本框中输入密码时，单击“登录”按钮，为“登录”按钮设置监听事件。在监听事件中，判断数据库中是否设置了密码，并且输入的密码为空，或者输入的密码是否与数据库中的密码一致，如果条件满足，则登录主 Activity；否则，弹出信息提示框。代码如下。

```
txtlogin=(EditText) findViewById(R.id.txtLogin);         // 获取密码文本框
btnlogin=(Button) findViewById(R.id.btnLogin);           // 获取登录按钮
btnlogin.setOnClickListener(new OnClickListener() {  // 为登录按钮设置监听事件
    @Override
    public void onClick(View arg0) {
        // TODO Auto-generated method stub
        Intent intent=new Intent(Login.this, MainActivity.class);// 创建 Intent 对象
        PwdDAO pwdDAO=new PwdDAO(Login.this);            // 创建 PwdDAO 对象
        if((pwdDAO.getCount()==0|     pwdDAO.find().getPassword().isEmpty())       &&
txtlogin.getText().toString().isEmpty()){                // 判断是否有密码及是否输入了密码
            startActivity(intent);                       // 启动主 Activity
        }
        else {
            //判断输入的密码是否与数据库中的密码一致
        if (pwdDAO.find().getPassword().equals(txtlogin.getText().toString())) {
                startActivity(intent);                   // 启动主 Activity
            }
            else {
```

```
                    Toast.makeText(Login.this, "请输入正确的密码！", Toast.LENGTH_SHORT).
show();
                }
            }
            txtlogin.setText("");                    // 清空密码文本框
        }
    });
```

本系统在 com.xiaoke.accountsoft.activity 包中创建的.java 类文件都是基于 Activity 类的，下面遇到时将不再说明。

19.7.3 退出登录窗口

单击"取消"按钮，为"取消"按钮设置监听事件，在监听事件中调用 finish 方法实现退出当前程序的功能。代码如下。

```
btnclose=(Button) findViewById(R.id.btnClose);                  // 获取取消按钮
btnclose.setOnClickListener(new OnClickListener() {             // 为取消按钮设置监听事件
    @Override
    public void onClick(View arg0) {
        // TODO Auto-generated method stub
        finish();                                               // 退出当前程序
    }
});
```

19.8 系统主窗体设计

主窗体是程序操作过程中必不可少的，它是与用户交互中的重要环节。通过主窗体，用户可以调用系统相关的各子模块，快速掌握本系统中所实现的各个功能。家庭理财通系统中，当登录窗体验证成功后，用户将进入主窗体。主窗体中以图标和文本相结合的方式显示各功能按钮，单击这些功能按钮的时候，打开相应功能的 Activity。主窗体运行结果如图 19-5 所示。

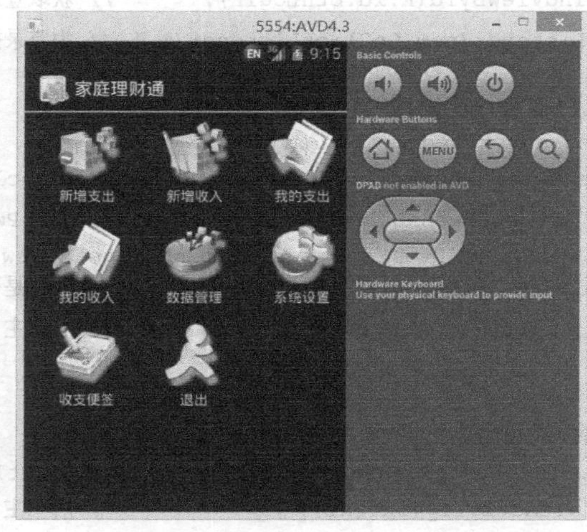

图 19-5 家庭理财通主窗体

19.8.1 设计系统主窗体布局文件

在 res/layout 目录下新建一个 main.xml，用来作为主窗体的布局文件。该布局文件中，添加一个 GridView 组件，用来显示功能图标及文本。实现代码如下。

```
<?xml version="1.0" encoding="utf-8"?>
<GridView xmlns:android="http://schemas.android.com/apk/res/android"
    android:id="@+id/gvInfo"
    android:layout_width="fill_parent"
    android:layout_height="fill_parent"
    android:columnWidth="90dp"
    android:numColumns="auto_fit"
    verticalSpacing="10dp"
    android:horizontalSpacing="10dp"
    android:stretchMode="spacingWidthUniform"
    android:gravity="center"
/>
```

在 res/layout 目录下再新建一个 gvitem.xml，用来为 main.xml 布局文件中的 GridView 组件提供资源。在该文件中，添加一个 ImageView 组件和一个 TextView 组件。实现代码如下。

```
<?xml version="1.0" encoding="utf-8"?>
<LinearLayout xmlns:android="http://schemas.android.com/apk/res/android"
    android:id="@+id/item"
    android:orientation="vertical"
    android:layout_width="wrap_content"
    android:layout_height="wrap_content"
    android:layout_marginTop="5dp"
    >
    <ImageView android:id="@+id/ItemImage"
        android:layout_width="75dp"
        android:layout_height="75dp"
        android:layout_gravity="center"
        android:scaleType="fitXY"
        android:padding="4dp"
    />
    <TextView android:id="@+id/ItemTitle"
        android:layout_width="wrap_content"
        android:layout_height="wrap_content"
        android:layout_gravity="center"
        android:gravity="center_horizontal"
    />
</LinearLayout>
```

19.8.2 显示各功能窗口

在 com.xiaoke.accountsoft.activity 包中创建一个 MainActivity.java 文件，该文件的布局文件设置为 main.xml。在 MainActivity.java 文件中，首先创建一个 GridView 组件对象，然后分别定义一个 String 类型的数组和一个 int 类型的数组，它们分别用来存储系统功能的文本及对应的图标。代码如下。

```
GridView gvInfo;                                            // 创建GridView对象
String[] titles=new String[]{"新增支出","新增收入","我的支出","我的收入","数据管理","系统
设置","收支便签","退出"};                                    // 定义字符串数组，存储系统功能
int[] images=new int[]{R.drawable.addoutaccount,R.drawable.addinaccount,
```

```
    R.drawable.outaccountinfo,R.drawable.inaccountinfo,R.drawable.showinfo,R.drawa
ble.sysset,R.drawable.accountflag,R.drawable.exit};         // 定义 int 数组，存储功能对应的图标
```

当用户在主窗体中单击各功能按钮时，使用相应功能所对应的 Activity 初始化 Intent 对象，然后使用 startActivity 方法启动相应的 Activity。如果用户单击“退出”功能按钮，则调用 finish 方法关闭当前 Activity。代码如下。

```
@Override
public void onCreate(Bundle savedInstanceState) {
    super.onCreate(savedInstanceState);
    setContentView(R.layout.main);
    gvInfo=(GridView) findViewById(R.id.gvInfo);          // 获取布局文件中的 gvInfo 组件
    // 创建 pictureAdapter 对象
     pictureAdapter adapter=new pictureAdapter(titles,images,this);
    gvInfo.setAdapter(adapter);                            // 为 GridView 设置数据源
    gvInfo.setOnItemClickListener(new OnItemClickListener() { // 设置单击事件
        @Override
        public void onItemClick(AdapterView<?> arg0, View arg1, int arg2,
                long arg3) {
            Intent intent = null;                              // 创建 Intent 对象
            switch (arg2) {
            case 0:
                 // 使用 AddOutaccount 窗口初始化 Intent
                intent=new Intent(MainActivity.this, AddOutaccount.class);
                startActivity(intent);                     // 打开 AddOutaccount
                break;
            case 1:
                intent=new Intent(MainActivity.this, AddInaccount.class);
                startActivity(intent);                     // 打开 AddInaccount
                break;
            case 2:
                intent=new Intent(MainActivity.this, Outaccountinfo.class);
                startActivity(intent);                     // 打开 Outaccountinfo
                break;
            case 3:
                intent=new Intent(MainActivity.this, Inaccountinfo.class);
                startActivity(intent);                     // 打开 Inaccountinfo
                break;
            case 4:
                intent=new Intent(MainActivity.this, Showinfo.class);
                startActivity(intent);                     // 打开 Showinfo
                break;
            case 5:
                intent=new Intent(MainActivity.this, Sysset.class);
                startActivity(intent);                     // 打开 Sysset
                break;
            case 6:
                intent=new Intent(MainActivity.this, Accountflag.class);
                startActivity(intent);                     // 打开 Accountflag
                break;
            case 7:
                finish();                                  // 关闭当前 Activity
            }
```

```
        }
    });
}
```

19.8.3　定义文本及图片组件

定义一个 ViewHolder 类，该类用来定义文本组件及图片组件对象。代码如下。

```
class ViewHolder                                        // 创建 ViewHolder 类
{
    public TextView title;                              // 创建 TextView 对象
    public ImageView image;                             // 创建 ImageView 对象
}
```

19.8.4　定义功能图标及说明文字

定义一个 Picture 类，该类用来定义功能图标及说明文字的实体。代码如下。

```
class Picture                                           // 创建 Picture 类
{
    private String title;                               // 定义字符串，表示图像标题
    private int imageId;                                // 定义 int 变量，表示图像的二进制值
    public Picture()                                    // 默认构造函数
    {
        super();
    }
    public Picture(String title,int imageId)            // 定义有参构造函数
    {
        super();
        this.title=title;                               // 为图像标题赋值
        this.imageId=imageId;                           // 为图像的二进制值赋值
    }
    public String getTitle() {                          // 定义图像标题的可读属性
        return title;
    }
    public void setTitle(String title) {                // 定义图像标题的可写属性
        this.title=title;
    }
    public int getImageId() {                           // 定义图像二进制值的可读属性
        return imageId;
    }
    public void setimageId(int imageId) {               // 定义图像二进制值的可写属性
        this.imageId=imageId;
    }
}
```

19.8.5　设置功能图标及说明文字

定义一个 pictureAdapter 类，该类继承自 BaseAdapter 类。该类用来分别为 ViewHolder 类中的 TextView 组件和 ImageView 组件设置功能的说明性文字及图标。代码如下。

```
class pictureAdapter extends BaseAdapter                // 创建基于BaseAdapter 的子类
{
```

```
    private LayoutInflater inflater;                        // 创建 LayoutInflater 对象
    private List<Picture> pictures;                         // 创建 List 泛型集合
    // 为类创建构造函数
    public pictureAdapter(String[] titles,int[] images,Context context) {
        super();
        pictures=new ArrayList<Picture>();                  // 初始化泛型集合对象
        inflater=LayoutInflater.from(context);              // 初始化 LayoutInflater 对象
        for(int i=0;i<images.length;i++)                    // 遍历图像数组
        {
            Picture picture=new Picture(titles[i], images[i]);// 生成 Picture
            pictures.add(picture);                          // 将 Picture 对象添加到泛型集合中
        }
    }
    @Override
    public int getCount() {                                 // 获取泛型集合的长度
        if (null != pictures) {                             // 如果泛型集合不为空
            return pictures.size();                         // 返回泛型长度
        }
        else {
            return 0;                                       // 返回 0
        }
    }
    @Override
    public Object getItem(int arg0) {
        return pictures.get(arg0);                          // 获取泛型集合指定索引处的项
    }
    @Override
    public long getItemId(int arg0) {
        return arg0;                                        // 返回泛型集合的索引
    }
    @Override
    public View getView(int arg0, View arg1, ViewGroup arg2) {
        // TODO Auto-generated method stub
        ViewHolder viewHolder;                                      // 创建 ViewHolder 对象
        if(arg1==null)                                              // 判断图像标识是否为空
        {
            arg1=inflater.inflate(R.layout.gvitem, null);   // 设置图像标识
            viewHolder=new ViewHolder();                        // 初始化 ViewHolder 对象
            // 设置图像标题
            viewHolder.title=(TextView) arg1.findViewById(R.id.ItemTitle);
            // 设置图像的二进制值
            viewHolder.image=(ImageView) arg1.findViewById(R.id.ItemImage);
            arg1.setTag(viewHolder);                                    // 设置提示
        }
        else {
            viewHolder=(ViewHolder) arg1.getTag();                      // 设置提示
        }
        viewHolder.title.setText(pictures.get(arg0).getTitle()); // 设置图像标题
       // 设置图像的二进制值
```

```
            viewHolder.image.setImageResource(pictures.get(arg0).getImageId());
            return  arg1;                                              // 返回图像标识
        }
    }
```

19.9　收入管理模块设计

收入管理模块主要包括 3 部分，分别是“新增收入”、“收入信息浏览”和“修改/删除收入信息”。其中，“新增收入”用来添加收入信息，“收入信息浏览”用来显示所有的收入信息，“修改/删除收入信息”用来根据编号修改或者删除收入信息。本节从这 3 个方面对收入管理模块进行详细介绍。

首先来看“新增收入”模块，“新增收入”窗口运行结果如图 19-6 所示。

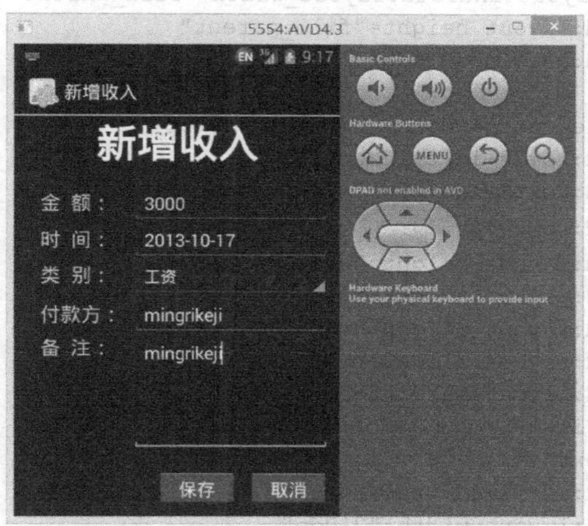

图 19-6 “新增收入”窗口运行结果

19.9.1　设计新增收入布局文件

在 res/layout 目录下新建一个 addinaccount.xml，用来作为新增收入窗体的布局文件。该布局文件使用 LinearLayout 结合 RelativeLayout 进行布局，在该布局文件中添加 5 个 TextView 组件、4 个 EditText 组件、一个 Spinner 组件和两个 Button 组件。实现代码如下。

```
<?xml version="1.0" encoding="utf-8"?>
<LinearLayout xmlns:android="http://schemas.android.com/apk/res/android"
    android:id="@+id/initem"
    android:orientation="vertical"
    android:layout_width="fill_parent"
    android:layout_height="fill_parent"
    >
    <LinearLayout
        android:orientation="vertical"
        android:layout_width="fill_parent"
        android:layout_height="fill_parent"
        android:layout_weight="3"
        >
```

```
        <TextView
            android:layout_width="wrap_content"
            android:layout_gravity="center"
            android:gravity="center_horizontal"
            android:text="新增收入"
            android:textSize="40sp"
            android:textColor="#ffffff"
            android:textStyle="bold"
            android:layout_height="wrap_content"/>
    </LinearLayout>
    <LinearLayout
        android:orientation="vertical"
        android:layout_width="fill_parent"
        android:layout_height="fill_parent"
        android:layout_weight="1"
        >
        <RelativeLayout android:layout_width="fill_parent"
            android:layout_height="fill_parent"
            android:padding="10dp"
            >
            <TextView android:layout_width="90dp"
            android:id="@+id/tvInMoney"
            android:textSize="20sp"
            android:text="金  额: "
            android:layout_height="wrap_content"
            android:layout_alignBaseline="@+id/txtInMoney"
            android:layout_alignBottom="@+id/txtInMoney"
            android:layout_alignParentLeft="true"
            android:layout_marginLeft="16dp">
            </TextView>
            <EditText
            android:id="@+id/txtInMoney"
            android:layout_width="210dp"
            android:layout_height="wrap_content"
            android:layout_toRightOf="@id/tvInMoney"
            android:inputType="number"
            android:numeric="integer"
            android:maxLength="9"
            android:hint="0.00"
            />
            <TextView android:layout_width="90dp"
            android:id="@+id/tvInTime"
            android:textSize="20sp"
            android:text="时  间: "
            android:layout_height="wrap_content"
            android:layout_alignBaseline="@+id/txtInTime"
            android:layout_alignBottom="@+id/txtInTime"
            android:layout_toLeftOf="@+id/txtInMoney">
            </TextView>
            <EditText
            android:id="@+id/txtInTime"
            android:layout_width="210dp"
            android:layout_height="wrap_content"
            android:layout_toRightOf="@id/tvInTime"
            android:layout_below="@id/txtInMoney"
```

```
        android:inputType="datetime"
        android:hint="2011-01-01"
        />
        <TextView android:layout_width="90dp"
        android:id="@+id/tvInType"
        android:textSize="20sp"
        android:text="类  别: "
        android:layout_height="wrap_content"
        android:layout_alignBaseline="@+id/spInType"
        android:layout_alignBottom="@+id/spInType"
        android:layout_alignLeft="@+id/tvInTime">
        </TextView>
        <Spinner android:id="@+id/spInType"
        android:layout_width="210dp"
        android:layout_height="wrap_content"
        android:layout_toRightOf="@id/tvInType"
        android:layout_below="@id/txtInTime"
        android:entries="@array/intype"
        />
        <TextView android:layout_width="90dp"
        android:id="@+id/tvInHandler"
        android:textSize="20sp"
        android:text="付款方: "
        android:layout_height="wrap_content"
        android:layout_alignBaseline="@+id/txtInHandler"
        android:layout_alignBottom="@+id/txtInHandler"
        android:layout_toLeftOf="@+id/spInType">
        </TextView>
        <EditText
        android:id="@+id/txtInHandler"
        android:layout_width="210dp"
        android:layout_height="wrap_content"
        android:layout_toRightOf="@id/tvInHandler"
        android:layout_below="@id/spInType"
        android:singleLine="false"
        />
        <TextView android:layout_width="90dp"
        android:id="@+id/tvInMark"
        android:textSize="20sp"
        android:text="备  注: "
        android:layout_height="wrap_content"
        android:layout_alignTop="@+id/txtInMark"
        android:layout_toLeftOf="@+id/txtInHandler">
        </TextView>
        <EditText
        android:id="@+id/txtInMark"
        android:layout_width="210dp"
        android:layout_height="150dp"
        android:layout_toRightOf="@id/tvInMark"
        android:layout_below="@id/txtInHandler"
        android:gravity="top"
        android:singleLine="false"
        />
        </RelativeLayout>
</LinearLayout>
```

```
    <LinearLayout
        android:orientation="vertical"
        android:layout_width="fill_parent"
        android:layout_height="fill_parent"
        android:layout_weight="3"
        >
        <RelativeLayout android:layout_width="fill_parent"
            android:layout_height="fill_parent"
            android:padding="10dp"
            >
        <Button
            android:id="@+id/btnInCancel"
            android:layout_width="80dp"
            android:layout_height="wrap_content"
            android:layout_alignParentRight="true"
            android:layout_marginLeft="10dp"
            android:text="取消"
            />
            <Button
             android:id="@+id/btnInSave"
             android:layout_width="80dp"
            android:layout_height="wrap_content"
             android:layout_toLeftOf="@id/btnInCancel"
             android:text="保存"
            />
        </RelativeLayout>
    </LinearLayout>
</LinearLayout>
```

19.9.2 设置收入时间

在 com.xiaoke.accountsoft.activity 包中创建一个 AddInaccount.java 文件，该文件的布局文件设置为 addinaccount.xml。在 AddInaccount.java 文件中，首先创建类中需要用到的全局对象及变量。代码如下。

```
protected static final int DATE_DIALOG_ID = 0;               // 创建日期对话框常量
EditText txtInMoney,txtInTime,txtInHandler,txtInMark;     // 创建 4 个 EditText 对象
Spinner spInType;                                         // 创建 Spinner 对象
Button btnInSaveButton;                                   // 创建 Button 对象“保存”
Button btnInCancelButton;                                 // 创建 Button 对象“取消”
private int mYear;                                        // 年
private int mMonth;                                       // 月
private int mDay;                                         // 日
```

在 onCreate()覆写方法中，初始化创建的 EidtText 对象、Spinner 对象和 Button 对象。代码如下。

```
txtInMoney=(EditText) findViewById(R.id.txtInMoney);          // 获取金额文本框
txtInTime=(EditText) findViewById(R.id.txtInTime);            // 获取时间文本框
txtInHandler=(EditText) findViewById(R.id.txtInHandler);      // 获取付款方文本框
txtInMark=(EditText) findViewById(R.id.txtInMark);            // 获取备注文本框
spInType=(Spinner) findViewById(R.id.spInType);               // 获取类别下拉列表
btnInSaveButton=(Button) findViewById(R.id.btnInSave);        // 获取保存按钮
```

```
btnInCancelButton=(Button) findViewById(R.id.btnInCancel);          // 获取取消按钮
```

单击“时间”文本框，为该文本框设置监听事件，在监听事件中使用 showDialog()方法弹出时间选择对话框；并且，在 Activity 创建时，默认显示当前的系统时间。代码如下。

```
txtInTime.setOnClickListener(new OnClickListener() {     // 为时间文本框设置单击监听事件
    @Override
    public void onClick(View arg0) {
        // TODO Auto-generated method stub
        showDialog(DATE_DIALOG_ID);                       // 显示日期选择对话框
    }
});
final Calendar c = Calendar.getInstance();                // 获取当前系统日期
mYear = c.get(Calendar.YEAR);                             // 获取年份
mMonth = c.get(Calendar.MONTH);                           // 获取月份
mDay = c.get(Calendar.DAY_OF_MONTH);                      // 获取天数
updateDisplay();                                          // 显示当前系统时间
```

上面的代码中用到了 updateDisplay()方法，该方法用来显示设置的时间。其代码如下：

```
private void updateDisplay()
{
    txtInTime.setText(new  StringBuilder().append(mYear).append("-").append(mMonth
+ 1).append("-").append(mDay));                           // 显示设置的时间
}
```

在为“时间”文本框设置监听事件时，弹出了时间选择对话框。该对话框的弹出需要覆写 onCreateDialog()方法，该方法用来根据指定的标识弹出时间选择对话框。代码如下。

```
@Override
protected Dialog onCreateDialog(int id)                   // 重写 onCreateDialog()方法
{
    switch (id)
    {
    case DATE_DIALOG_ID:                                  // 弹出时间选择对话框
        return new DatePickerDialog(this, mDateSetListener, mYear, mMonth, mDay);
    }
    return null;
}
```

上面的代码中用到了 mDateSetListener 对象，该对象是 OnDateSetListener 类的一个对象，用来显示用户设置的时间。代码如下。

```
private DatePickerDialog.OnDateSetListener mDateSetListener = new DatePickerDialog.
OnDateSetListener()
{
    public  void  onDateSet(DatePicker  view,  int  year,  int  monthOfYear,  int
dayOfMonth)
    {
        mYear = year;                                     // 为年份赋值
        mMonth = monthOfYear;                             // 为月份赋值
        mDay = dayOfMonth;                                // 为天赋值
        updateDisplay();                                  // 显示设置的日期
    }
};
```

19.9.3 添加收入信息

填写完信息后，单击“保存”按钮，为该按钮设置监听事件。在监听事件中，使用InaccountDAO对象的add()方法将用户的输入保存到收入信息表中。代码如下。

```
btnInSaveButton.setOnClickListener(new OnClickListener() {    // 为保存按钮设置监听事件
    @Override
    public void onClick(View arg0) {
        // TODO Auto-generated method stub
        String strInMoney= txtInMoney.getText().toString(); // 获取金额文本框的值
        if(!strInMoney.isEmpty()){                            // 判断金额不为空
            // 创建 InaccountDAO 对象
            InaccountDAO inaccountDAO=new InaccountDAO(AddInaccount.this);
            Tb_inaccount tb_inaccount=new Tb_inaccount(inaccountDAO.getMaxId()+1,
Double.parseDouble(strInMoney), txtInTime.getText().toString(), spInType.getSelected
Item().toString(), txtInHandler.getText().toString(), txtInMark.getText().toString());
                                                        // 创建 Tb_inaccount 对象
            inaccountDAO.add(tb_inaccount);             // 添加收入信息
            Toast.makeText(AddInaccount.this, "〖新增收入〗数据添加成功！",Toast.
LENGTH_SHORT).show();
        }
        else {
            Toast.makeText(AddInaccount.this, "请输入收入金额！",Toast.LENGTH_SHORT).
show();
        }
    }
});
```

19.9.4 重置新增收入窗口中的各个控件

单击“取消”按钮，重置新增收入窗口中的各个控件。代码如下。

```
btnInCancelButton.setOnClickListener(new OnClickListener() {//为取消按钮设置监听事件
    @Override
    public void onClick(View arg0) {
        txtInMoney.setText("");                     // 设置金额文本框为空
        txtInMoney.setHint("0.00");                 // 为金额文本框设置提示
        txtInTime.setText("");                      // 设置时间文本框为空
        txtInTime.setHint("2011-01-01");            // 为时间文本框设置提示
        txtInHandler.setText("");                   // 设置付款方文本框为空
        txtInMark.setText("");                      // 设置备注文本框为空
        spInType.setSelection(0);                   // 设置类别下拉列表默认选择第一项
    }
});
```

19.9.5 设计收入信息浏览布局文件

收入信息浏览窗体运行效果如图 19-7 所示。

在 res/layout 目录下新建一个 inaccountinfo.xml，用来作为收入信息浏览窗体的布局文件。该布局文件使用 LinearLayout 结合 RelativeLayout 进行布局，在该布局文件中添加一个 TextView 组件和一个 ListView 组件。代码如下。

图 19-7　收入信息浏览

```
<?xml version="1.0" encoding="utf-8"?>
<LinearLayout xmlns:android="http://schemas.android.com/apk/res/android"
    android:id="@+id/iteminfo" android:orientation="vertical"
    android:layout_width="wrap_content" android:layout_height="wrap_content"
    android:layout_marginTop="5dp"
    android:weightSum="1">
    <LinearLayout android:id="@+id/linearLayout1"
            android:layout_height="wrap_content"
            android:layout_width="match_parent"
            android:orientation="vertical"
            android:layout_weight="0.06">
        <RelativeLayout android:layout_height="wrap_content"
            android:layout_width="match_parent">
        <TextView android:text="我的收入"
            android:layout_width="fill_parent"
            android:layout_height="wrap_content"
            android:gravity="center"
            android:textSize="20dp"
            android:textColor="#8C6931"
        />
        </RelativeLayout>
        </LinearLayout>
        <LinearLayout android:id="@+id/linearLayout2"
            android:layout_height="wrap_content"
            android:layout_width="match_parent"
            android:orientation="vertical"
            android:layout_weight="0.94">
        <ListView android:id="@+id/lvinaccountinfo"
            android:layout_width="match_parent"
            android:layout_height="match_parent"
            android:scrollbarAlwaysDrawVerticalTrack="true"
            />
    </LinearLayout>
</LinearLayout>
```

19.9.6　显示所有的收入信息

在 com.xiaoke.accountsoft.activity 包中创建一个 Inaccountinfo.java 文件，该文件的布局文件

设置为 inaccountinfo.xml。在 Inaccountinfo.java 文件中，首先创建类中需要用到的全局对象及变量。代码如下。

```
public static final String FLAG = "id";          // 定义一个常量，用来作为请求码
ListView lvinfo;                                 // 创建 ListView 对象
String strType = "";                             // 创建字符串，记录管理类型
```

在 onCreate()覆写方法中，初始化创建的 ListView 对象，并显示所有的收入信息。代码如下：

```
lvinfo=(ListView) findViewById(R.id.lvinaccountinfo);// 获取布局文件中的 ListView 组件
ShowInfo(R.id.btnininfo);                        // 调用自定义方法显示收入信息
```

上面的代码中用到了 ShowInfo()方法，该方法用来根据参数中传入的管理类型 id 显示相应的信息。代码如下。

```
private void ShowInfo(int intType) {             // 用来根据管理类型，显示相应的信息
    String[] strInfos = null;                    // 定义字符串数组，用来存储收入信息
    ArrayAdapter<String> arrayAdapter = null;    // 创建 ArrayAdapter 对象
    strType="btnininfo";                         // 为 strType 变量赋值
    InaccountDAO inaccountinfo=new InaccountDAO(Inaccountinfo.this);
    //获取所有收入信息，并存储到 List 泛型集合中
   List<Tb_inaccount> listinfos=inaccountinfo.getScrollData(0, (int) inaccountinfo.
getCount());
    strInfos=new String[listinfos.size()];       // 设置字符串数组的长度
    int m=0;                                     // 定义一个开始标识
    for (Tb_inaccount tb_inaccount:listinfos) {  // 遍历 List 泛型集合
        // 将收入相关信息组合成一个字符串，存储到字符串数组的相应位置
        strInfos[m]=tb_inaccount.getid()+"|"+tb_inaccount.getType()+"
"+String.valueOf(tb_inaccount.getMoney())+"元     "+tb_inaccount.getTime();
        m++;                                     //标识加 1
    }
    // 使用字符串数组初始化 ArrayAdapter 对象
    arrayAdapter=new ArrayAdapter<String>(this, android.R.layout.simple_list_
item_1, strInfos);
    lvinfo.setAdapter(arrayAdapter);             // 为 ListView 列表设置数据源
}
```

19.9.7 单击指定项时打开详细信息

当用户单击 ListView 列表中的某条收入记录时，为其设置监听事件。在监听事件中，根据用户单击的收入信息编号，打开相应的 Activity。代码如下。

```
lvinfo.setOnItemClickListener(new OnItemClickListener() // 为 ListView 添加项单击事件
{
    @Override
    public void onItemClick(AdapterView<?> parent, View view, int position, long
id)
    {
        String strInfo=String.valueOf(((TextView) view).getText());// 记录收入信息
        // 从收入信息中截取收入编号
        String strid=strInfo.substring(0, strInfo.indexOf('|'));
        Intent intent = new Intent(Inaccountinfo.this, InfoManage.class);
                                                 // 创建 Intent
```

```
            intent.putExtra(FLAG, new String[]{strid,strType}); // 设置传递数据
            startActivity(intent);                              // 执行 Intent 操作
        }
});
```

19.9.8 设计修改/删除收入布局文件

修改/删除收入信息窗体的运行效果如图 19-8 所示。

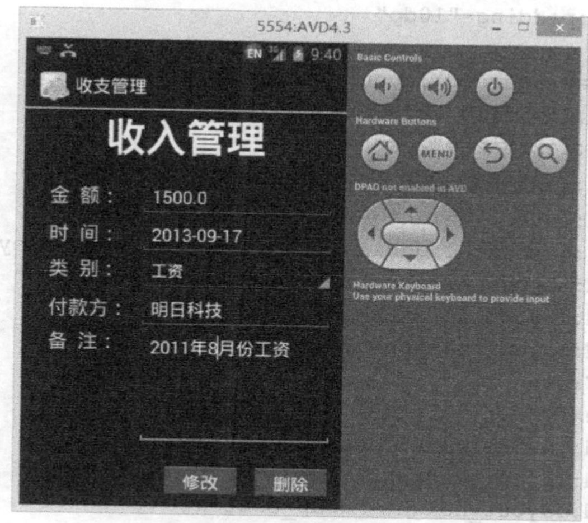

图 19-8 修改/删除收入信息

在 res/layout 目录下新建一个 infomanage.xml，用来作为修改、删除收入信息和支出信息窗体的布局文件。该布局文件使用 LinearLayout 结合 RelativeLayout 进行布局，在该布局文件中添加 5 个 TextView 组件、4 个 EditText 组件、一个 Spinner 组件和两个 Button 组件。实现代码如下。

```
<?xml version="1.0" encoding="utf-8"?>
<LinearLayout xmlns:android="http://schemas.android.com/apk/res/android"
    android:id="@+id/inoutitem"
    android:orientation="vertical"
    android:layout_width="fill_parent"
    android:layout_height="fill_parent"
    >
    <LinearLayout
        android:orientation="vertical"
        android:layout_width="fill_parent"
        android:layout_height="fill_parent"
        android:layout_weight="3"
        >
        <TextView android:id="@+id/inouttitle"
            android:layout_width="wrap_content"
            android:layout_gravity="center"
            android:gravity="center_horizontal"
            android:text="支出管理"
            android:textColor="#ffffff"
            android:textSize="40sp"
            android:textStyle="bold"
            android:layout_height="wrap_content"/>
```

```
    </LinearLayout>
    <LinearLayout
        android:orientation="vertical"
        android:layout_width="fill_parent"
        android:layout_height="fill_parent"
        android:layout_weight="1"
        >
        <RelativeLayout android:layout_width="fill_parent"
            android:layout_height="fill_parent"
            android:padding="10dp"
            >
            <TextView android:layout_width="90dp"
            android:id="@+id/tvInOutMoney"
            android:textSize="20sp"
            android:text="金  额: "
            android:layout_height="wrap_content"
            android:layout_alignBaseline="@+id/txtInOutMoney"
            android:layout_alignBottom="@+id/txtInOutMoney"
            android:layout_alignParentLeft="true"
            android:layout_marginLeft="16dp">
            </TextView>
            <EditText
            android:id="@+id/txtInOutMoney"
            android:layout_width="210dp"
            android:layout_height="wrap_content"
            android:layout_toRightOf="@id/tvInOutMoney"
            android:inputType="number"
            android:numeric="integer"
            android:maxLength="9"
            />
            <TextView android:layout_width="90dp"
            android:id="@+id/tvInOutTime"
            android:textSize="20sp"
            android:text="时  间: "
            android:layout_height="wrap_content"
            android:layout_alignBaseline="@+id/txtInOutTime"
            android:layout_alignBottom="@+id/txtInOutTime"
            android:layout_toLeftOf="@+id/txtInOutMoney">
            </TextView>
            <EditText
            android:id="@+id/txtInOutTime"
            android:layout_width="210dp"
            android:layout_height="wrap_content"
            android:layout_toRightOf="@id/tvInOutTime"
            android:layout_below="@id/txtInOutMoney"
            android:inputType="datetime"
            />
            <TextView android:layout_width="90dp"
            android:id="@+id/tvInOutType"
            android:textSize="20sp"
            android:text="类  别: "
            android:layout_height="wrap_content"
            android:layout_alignBaseline="@+id/spInOutType"
            android:layout_alignBottom="@+id/spInOutType"
            android:layout_alignLeft="@+id/tvInOutTime">
```

```
            </TextView>
            <Spinner android:id="@+id/spInOutType"
            android:layout_width="210dp"
            android:layout_height="wrap_content"
            android:layout_toRightOf="@id/tvInOutType"
            android:layout_below="@id/txtInOutTime"
            android:entries="@array/type"
            android:textColor="#000000"
            />
            <TextView android:layout_width="90dp"
            android:id="@+id/tvInOut"
            android:textSize="20sp"
            android:text="付款方:"
            android:layout_height="wrap_content"
            android:layout_alignBaseline="@+id/txtInOut"
            android:layout_alignBottom="@+id/txtInOut"
            android:layout_toLeftOf="@+id/spInOutType">
            </TextView>
            <EditText
            android:id="@+id/txtInOut"
            android:layout_width="210dp"
            android:layout_height="wrap_content"
            android:layout_toRightOf="@id/tvInOut"
            android:layout_below="@id/spInOutType"
            android:singleLine="false"
            />
            <TextView android:layout_width="90dp"
            android:id="@+id/tvInOutMark"
            android:textSize="20sp"
            android:text="备  注:"
            android:layout_height="wrap_content"
            android:layout_alignTop="@+id/txtInOutMark"
            android:layout_toLeftOf="@+id/txtInOut">
            </TextView>
            <EditText
            android:id="@+id/txtInOutMark"
            android:layout_width="210dp"
            android:layout_height="150dp"
            android:layout_toRightOf="@id/tvInOutMark"
            android:layout_below="@id/txtInOut"
            android:gravity="top"
            android:singleLine="false"
            />
            </RelativeLayout>
    </LinearLayout>
    <LinearLayout
        android:orientation="vertical"
        android:layout_width="fill_parent"
        android:layout_height="fill_parent"
        android:layout_weight="3"
        >
        <RelativeLayout android:layout_width="fill_parent"
          android:layout_height="fill_parent"
          android:padding="10dp"
          >
```

```
            <Button
                android:id="@+id/btnInOutDelete"
                android:layout_width="80dp"
                android:layout_height="wrap_content"
                android:layout_alignParentRight="true"
                android:layout_marginLeft="10dp"
                android:text="删除"
                />
                <Button
                 android:id="@+id/btnInOutEdit"
                 android:layout_width="80dp"
                android:layout_height="wrap_content"
                 android:layout_toLeftOf="@id/btnInOutDelete"
                 android:text="修改"
                />
            </RelativeLayout>
        </LinearLayout>
    </LinearLayout>
```

说明

修改、删除收入信息和支出信息的布局文件都是使用 infomanage.xml 实现的。

19.9.9 显示指定编号的收入信息

在 com.xiaoke.accountsoft.activity 包中创建一个 InfoManage.java 文件，该文件的布局文件设置为 infomanage.xml。在 InfoManage.java 文件中，首先创建类中需要用到的全局对象及变量。代码如下。

```
protected static final int DATE_DIALOG_ID = 0;  // 创建日期对话框常量
TextView tvtitle,textView;                      // 创建两个 TextView 对象
EditText txtMoney,txtTime,txtHA,txtMark;        // 创建 4 个 EditText 对象
Spinner spType;                                 // 创建 Spinner 对象
Button btnEdit,btnDel;                          // 创建两个 Button 对象
String[] strInfos;                              // 定义字符串数组
String strid,strType;                 // 定义两个字符串变量，分别用来记录信息编号和管理类型
private int mYear;                    // 年
private int mMonth;                   // 月
private int mDay;                     // 日
OutaccountDAO outaccountDAO=new OutaccountDAO(InfoManage.this);
InaccountDAO inaccountDAO=new InaccountDAO(InfoManage.this);
                                      // 创建 InaccountDAO 对象
```

说明

修改、删除收入信息和支出信息的功能都是在 InfoManage.java 文件中实现的，所以在 19.9.10 节和 19.9.11 节中讲解修改、删除收入信息时，可能会涉及到支出信息的修改与删除。

在 onCreate()覆写方法中，初始化创建的 EidtText 对象、Spinner 对象和 Button 对象。代码如下。

```
tvtitle=(TextView) findViewById(R.id.inouttitle);          // 获取标题标签对象
```

```
textView=(TextView) findViewById(R.id.tvInOut);             // 获取地点/付款方标签对象
txtMoney=(EditText) findViewById(R.id.txtInOutMoney);       // 获取金额文本框
txtTime=(EditText) findViewById(R.id.txtInOutTime);         // 获取时间文本框
spType=(Spinner) findViewById(R.id.spInOutType);            // 获取类别下拉列表
txtHA=(EditText) findViewById(R.id.txtInOut);               // 获取地点/付款方文本框
txtMark=(EditText) findViewById(R.id.txtInOutMark);         // 获取备注文本框
btnEdit=(Button) findViewById(R.id.btnInOutEdit);           // 获取修改按钮
btnDel=(Button) findViewById(R.id.btnInOutDelete);          // 获取删除按钮
```

在 onCreate()覆写方法中初始化各组件对象后，使用字符串记录传入的 id 和类型，并根据类型判断显示收入信息还是支出信息。代码如下。

```
Intent intent=getIntent();                          // 创建 Intent 对象
Bundle bundle=intent.getExtras();                   // 获取传入的数据，并使用 Bundle 记录
strInfos=bundle.getStringArray(Showinfo.FLAG);      // 获取 Bundle 中记录的信息
strid=strInfos[0];                                  // 记录 id
strType=strInfos[1];                                // 记录类型
if(strType.equals("btnoutinfo"))                    // 如果类型是 btnoutinfo
{
  tvtitle.setText("支出管理");                       // 设置标题为“支出管理”
    textView.setText("地  点: ");                   // 设置“地点/付款方”标签文本为“地  点:”
    //根据编号查找支出信息，并存储到 Tb_outaccount 对象中
    Tb_outaccount tb_outaccount=outaccountDAO.find(Integer.parseInt(strid));
    txtMoney.setText(String.valueOf(tb_outaccount.getMoney()));  // 显示金额
    txtTime.setText(tb_outaccount.getTime());                    // 显示时间
    spType.setPrompt(tb_outaccount.getType());                   // 显示类别
    txtHA.setText(tb_outaccount.getAddress());                   // 显示地点
    txtMark.setText(tb_outaccount.getMark());                    // 显示备注
}
else if(strType.equals("btnininfo"))                // 如果类型是 btnininfo
{
  tvtitle.setText("收入管理");                       // 设置标题为“收入管理”
    textView.setText("付款方: ");                   // 设置“地点/付款方”标签文本为“付款方:”
    //根据编号查找收入信息，并存储到 Tb_outaccount 对象中
    Tb_inaccount tb_inaccount= inaccountDAO.find(Integer.parseInt(strid));
    txtMoney.setText(String.valueOf(tb_inaccount.getMoney()));   // 显示金额
    txtTime.setText(tb_inaccount.getTime());                     // 显示时间
    spType.setPrompt(tb_inaccount.getType());                    // 显示类别
    txtHA.setText(tb_inaccount.getHandler());                    // 显示付款方
    txtMark.setText(tb_inaccount.getMark());                     // 显示备注
}
```

19.9.10 修改收入信息

当用户修改完显示的收入或者支出信息后，单击“修改”按钮，如果显示的是支出信息，则调用 OutaccountDAO 对象的 update()方法修改支出信息；如果显示的是收入信息，则调用 InaccountDAO 对象的 update()方法修改收入信息。代码如下。

```
btnEdit.setOnClickListener(new OnClickListener() {           // 为修改按钮设置监听事件
    @Override
    public void onClick(View arg0) {
        // TODO Auto-generated method stub
        if(strType.equals("btnoutinfo"))                      // 判断类型如果是 btnoutinfo
        {
            Tb_outaccount tb_outaccount=new Tb_outaccount();// 创建 Tb_outaccount 对象
            tb_outaccount.setid(Integer.parseInt(strid)); // 设置编号
// 设置金额
tb_outaccount.setMoney(Double.parseDouble(txtMoney.getText().toString()));
            tb_outaccount.setTime(txtTime.getText().toString());        // 设置时间
            tb_outaccount.setType(spType.getSelectedItem().toString());// 设置类别
            tb_outaccount.setAddress(txtHA.getText().toString());       // 设置地点
            tb_outaccount.setMark(txtMark.getText().toString());        // 设置备注
             outaccountDAO.update(tb_outaccount);                     // 更新支出信息
        }
        else if(strType.equals("btnininfo"))                  // 判断类型如果是 btnininfo
        {
            Tb_inaccount tb_inaccount=new Tb_inaccount(); // 创建 Tb_inaccount 对象
            tb_inaccount.setid(Integer.parseInt(strid));  // 设置编号
// 设置金额
tb_inaccount.setMoney(Double.parseDouble(txtMoney.getText().toString()));
            tb_inaccount.setTime(txtTime.getText().toString());         // 设置时间
            tb_inaccount.setType(spType.getSelectedItem().toString()); // 设置类别
            tb_inaccount.setHandler(txtHA.getText().toString());        // 设置付款方
            tb_inaccount.setMark(txtMark.getText().toString());         // 设置备注
             inaccountDAO.update(tb_inaccount);                         // 更新收入信息
        }
        Toast.makeText(InfoManage.this, "〖数据〗修改成功！", Toast.LENGTH_SHORT).
show();
    }
});
```

19.9.11　删除收入信息

单击“删除”按钮，如果显示的是支出信息，则调用 OutaccountDAO 对象的 delete()方法删除支出信息；如果显示的是收入信息，则调用 InaccountDAO 对象的 delete()方法删除收入信息。代码如下。

```
btnDel.setOnClickListener(new OnClickListener() {            // 为删除按钮设置监听事件
    @Override
    public void onClick(View arg0) {
        // TODO Auto-generated method stub
        if(strType.equals("btnoutinfo"))                      // 判断类型如果是 btnoutinfo
        {
            outaccountDAO.delete(Integer.parseInt(strid)); // 根据编号删除支出信息
        }
        else if(strType.equals("btnininfo"))                  // 判断类型如果是 btnininfo
        {
```

```
            inaccountDAO.delete(Integer.parseInt(strid)); // 根据编号删除收入信息
        }
        Toast.makeText(InfoManage.this, "〖数据〗删除成功！", Toast.LENGTH_SHORT).
show();
      }
  });
```

19.10　系统设置模块设计

系统设置模块主要对家庭理财通中的登录密码进行设置，系统设置窗体运行结果如图 19-9 所示。

图 19-9　系统设置

在系统设置模块中，可以将登录密码设置为空。

19.10.1　设计系统设置布局文件

在 res/layout 目录下新建一个 sysset.xml，用来作为系统设置窗体的布局文件。该布局文件中，将布局方式修改为 RelativeLayout，然后添加一个 TextView 组件、一个 EditText 组件和两个 Button 组件。实现代码如下。

```
<?xml version="1.0" encoding="utf-8"?>
<RelativeLayout xmlns:android="http://schemas.android.com/apk/res/android"
    android:layout_width="fill_parent"
    android:layout_height="fill_parent"
    android:padding="5dp"
    >
    <TextView android:id="@+id/tvPwd"
        android:layout_width="wrap_content"
        android:layout_height="wrap_content"
        android:layout_gravity="center"
        android:gravity="center_horizontal"
```

```
        android:text="请输入密码:"
        android:textSize="25dp"
        android:textColor="#8C6931"
    />
    <EditText android:id="@+id/txtPwd"
        android:layout_width="match_parent"
        android:layout_height="wrap_content"
        android:layout_below="@id/tvPwd"
        android:inputType="textPassword"
        android:hint="请输入密码"
    />
    <Button android:id="@+id/btnsetCancel"
        android:layout_width="90dp"
        android:layout_height="wrap_content"
        android:layout_below="@id/txtPwd"
        android:layout_alignParentRight="true"
        android:layout_marginLeft="10dp"
        android:text="取消"
    />
    <Button android:id="@+id/btnSet"
        android:layout_width="90dp"
        android:layout_height="wrap_content"
        android:layout_below="@id/txtPwd"
        android:layout_toLeftOf="@id/btnsetCancel"
        android:text="设置"
    />
</RelativeLayout>
```

19.10.2 设置登录密码

在 com.xiaoke.accountsoft.activity 包中创建一个 Sysset.java 文件，该文件的布局文件设置为 sysset.xml。在 Sysset.java 文件中，首先创建一个 EidtText 对象和两个 Button 对象。代码如下。

```
EditText txtpwd;                                  // 创建 EditText 对象
Button btnSet,btnsetCancel;                       // 创建两个 Button 对象
```

在 onCreate 覆写方法中，初始化创建的 EidtText 对象和 Button 对象，代码如下：

```
txtpwd=(EditText) findViewById(R.id.txtPwd);                // 获取密码文本框
btnSet=(Button) findViewById(R.id.btnSet);                  // 获取设置按钮
btnsetCancel=(Button) findViewById(R.id.btnsetCancel);      // 获取取消按钮
```

当用户单击“设置”按钮时，为“设置”按钮添加监听事件。在监听事件中，首先创建 PwdDAO 类的对象和 Tb_pwd 类的对象，然后判断数据库中是否已经设置密码，如果没有，则添加用户密码；否则，修改用户密码，并弹出提示信息。代码如下。

```
btnSet.setOnClickListener(new OnClickListener() {            // 为设置按钮添加监听事件
    @Override
    public void onClick(View arg0) {
        PwdDAO pwdDAO=new PwdDAO(Sysset.this);               // 创建 PwdDAO 对象
        // 根据输入密码创建 Tb_pwd 对象
        Tb_pwd tb_pwd=new Tb_pwd(txtpwd.getText().toString());
        if(pwdDAO.getCount()==0){                            // 判断是否已经设置了密码
            pwdDAO.add(tb_pwd);                              // 添加用户密码
        }
```

```
            else {
                pwdDAO.update(tb_pwd);                                    // 修改用户密码
            }
            Toast.makeText(Sysset.this, "〖密码〗设置成功！", Toast.LENGTH_SHORT).show();
        }
    });
```

19.10.3 重置密码文本框

单击“取消”按钮，清空密码文本框，并为其设置初始提示。代码如下。

```
btnsetCancel.setOnClickListener(new OnClickListener() {
    @Override
    public void onClick(View arg0) {
        txtpwd.setText("");                                               // 清空密码文本框
        txtpwd.setHint("请输入密码");                                       // 为密码文本框设置提示
    }
});
```

19.11 本章总结

本章重点讲解了家庭理财通系统中关键模块的开发过程。通过对本章的学习，读者应该能够熟悉软件的开发流程，并重点掌握如何在 Android 项目中对多个不同的数据表进行添加、修改、删除以及查询等操作。另外，读者还应该掌握如何使用多种布局管理器对 Android 程序的界面进行布局。

第 20 章 猜猜鸡蛋放在哪只鞋子里

本章要点：

- 实现“猜猜鸡蛋放在哪只鞋子里”小游戏的基本流程
- 如何进行游戏界面布局
- ImageView 组件的基本应用
- 如何实现随机指定鸡蛋所在鞋子
- 如何设置 ImageView 组件的透明度

通过前面的学习，我们已经掌握了如何在 Android 中设计用户界面，以及常用 Android 组件的使用方法。本章介绍如何设计一个小游戏界面，并且根据游戏规则算法编写实现代码，使读者对用户界面设计和 Android 常用组件有更深刻的认识。

20.1 课程设计目的

本章课程设计的目的是向读者介绍开发 Android 游戏的基本流程，以及页面布局和 Andriod 基本组件 Button 和 ImageView 的具体应用。

20.2 功能描述

“猜猜鸡蛋放在哪只鞋子里”是一个愉悦身心的小游戏，它的功能结构如图 20-1 所示。

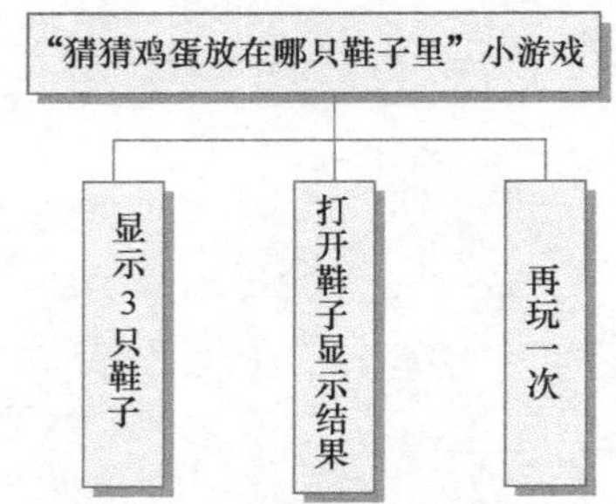

图 20-1 “猜猜鸡蛋放在哪只鞋子里”小游戏的功能结构图

20.3　总体设计

20.3.1　构建开发环境

在开发本实例时，首先需要下载 Android SDK 4.3（最好按照第 1 章介绍的方法下载 ADT Bundle）。另外，在创建模拟器时，最好按照图 20-2 所示的参数进行配置。

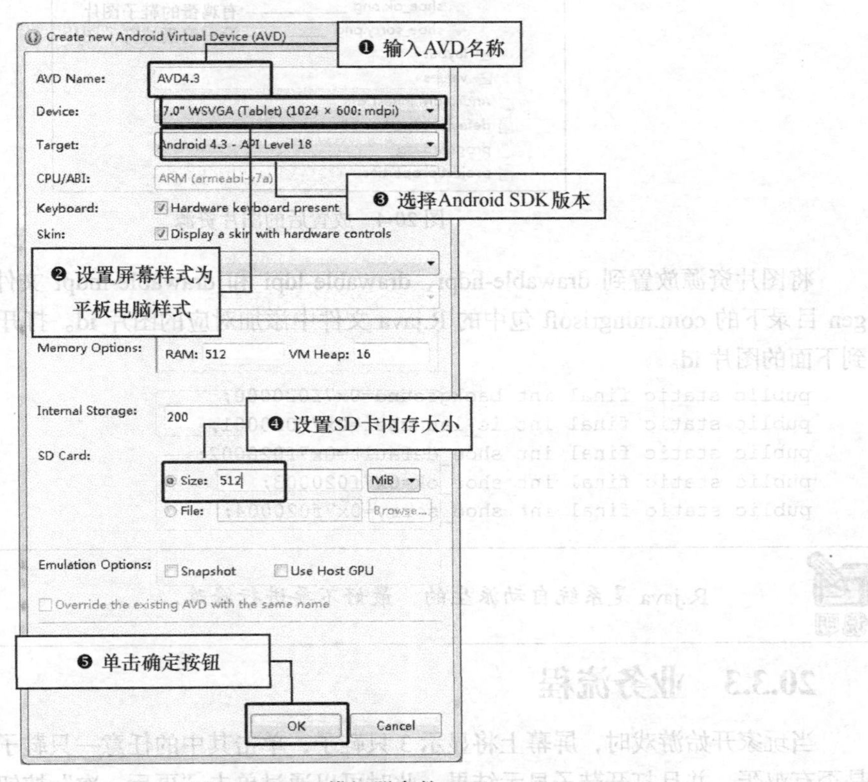

图 20-2　配置模拟器参数

20.3.2　准备资源

在实现本实例前，首先需要准备游戏中所需的图片资源，这里共包括游戏背景图片、图标、默认显示的鞋子、有鸡蛋的鞋子和没有鸡蛋的鞋子 5 张图片，如图 20-3 所示。把它们放置在项目根目录下的 res/drawable-mdpi 文件夹中，放置后的效果如图 20-4 所示。

图 20-3　准备的 5 张图片

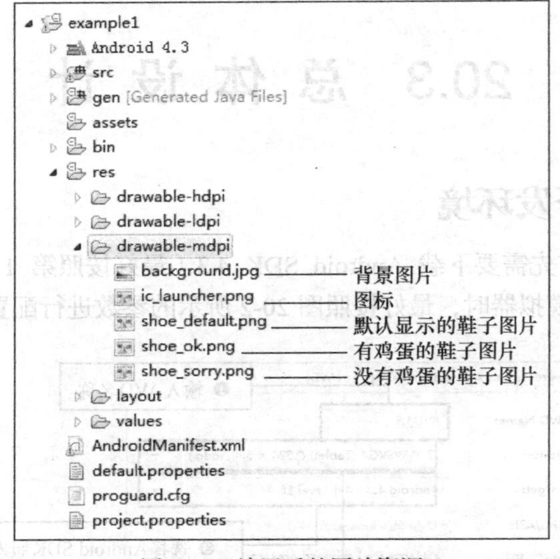

图 20-4　放置后的图片资源

将图片资源放置到 drawable-hdpi、drawable-ldpi 和 drawable-mdpi 文件夹后，系统将自动在 gen 目录下的 com.mingrisoft 包中的 R.java 文件中添加对应的图片 id。打开 R.java 文件，可以看到下面的图片 id。

```
public static final int background=0x7f020000;
public static final int ic_launcher=0x7f020001;
public static final int shoe_default=0x7f020002;
public static final int shoe_ok=0x7f020003;
public static final int shoe_sorry=0x7f020004;
```

R.java 是系统自动派生的，最好不要进行修改。

20.3.3　业务流程

当玩家开始游戏时，屏幕上将显示 3 只鞋子，单击其中的任意一只鞋子，程序判断该鞋子中是否有鸡蛋，并且打开鞋子显示结果，此时可以通过单击“再玩一次”按钮重新开始游戏。具体的系统流程如图 20-5 所示。

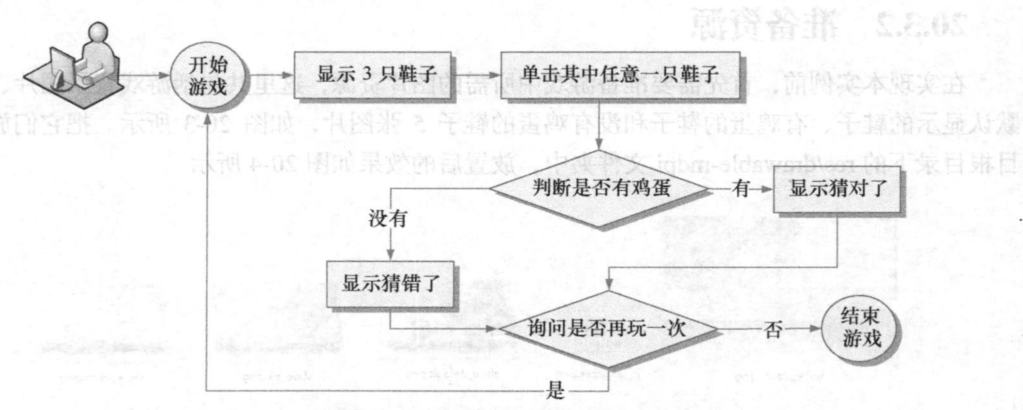

图 20-5　“猜猜鸡蛋放在哪只鞋子里”小游戏的系统流程图

20.4 实现过程

实现游戏规则的代码全部编写在主活动 MainActivity 中，具体的实现步骤如下。

（1）在主活动 MainActivity 中，定义一个保存全部图片 ID 的数组、3 个 ImageView 类型的对象和一个 TextView 类型的对象。具体代码如下。

```
int[] imageIds = new int[] { R.drawable.shoe_ok, R.drawable.shoe_sorry,
                    R.drawable.shoe_sorry };  // 定义一个保存全部图片 ID 的数组
private ImageView image1;                     // ImageView 组件 1
private ImageView image2;                     // ImageView 组件 2
private ImageView image3;                     // ImageView 组件 3
private TextView result;                      // 显示结果
```

（2）编写一个无返回值的方法 reset()，用于随机指定鸡蛋所在的鞋子。关键代码如下。

```
private void reset() {
    for (int i = 0; i < 3; i++) {
        int temp = imageIds[i];                      // 将数组元素 i 保存到临时变量中
        int index = (int) (Math.random() * 2);  // 生成 2 以内的一个随机整数
        imageIds[i] = imageIds[index]; // 将随机数指定的数组元素的内容赋值给数组元素 i
        imageIds[index] = temp;    // 将临时变量的值赋值给随机数组指定的那个数组元素
    }
}
```

（3）由于 ImageButton 组件设置背景透明后，将不再显示鼠标单击效果，所以需要通过 Drawable 资源来设置图片的 android:src 属性。首先编写 Drawable 资源对应的 XML 文件 button_state.xml，用于设置当鼠标按下时显示的图片，以及鼠标没有按下时显示的图片。具体代码如下。

```
image1 = (ImageView) findViewById(R.id.imageView1); // 获取 ImageView1 组件
image2 = (ImageView) findViewById(R.id.imageView2); // 获取 ImageView2 组件
image3 = (ImageView) findViewById(R.id.imageView3); // 获取 ImageView3 组件
result = (TextView) findViewById(R.id.textView1);    // 获取 TextView 组件
reset();                                             // 将鞋子的顺序打乱
```

（4）为 3 个显示鞋子的 ImageView 组件添加单击事件监听器，用于将鞋子打开，并显示猜猜看的结果。关键代码如下。

```
// 为第一只鞋子添加单击事件监听
        image1.setOnClickListener(new OnClickListener() {
            @Override
            public void onClick(View v) {
                isRight(v, 0);                  // 判断结果
            }
        });
        // 为第二只鞋子添加单击事件监听
        image2.setOnClickListener(new OnClickListener() {
            @Override
            public void onClick(View v) {
                isRight(v, 1);                  // 判断结果
```

```
        }
    });
    // 为第三只鞋子添加单击事件监听
    image3.setOnClickListener(new OnClickListener() {
        @Override
        public void onClick(View v) {
            isRight(v, 2);                  // 判断结果
        }
    });
```

（5）编写 isRight()方法，用于显示打开的鞋子，并显示判断结果。具体代码如下。

```
/**
 * 判断猜出的结果
 *
 * @param v
 * @param index
 */
private void isRight(View v, int index) {
    // 使用随机数组中图片资源 ID 设置每个 ImageView
    image1.setImageDrawable(getResources().getDrawable(imageIds[0]));
    image2.setImageDrawable(getResources().getDrawable(imageIds[1]));
    image3.setImageDrawable(getResources().getDrawable(imageIds[2]));
    // 为每个 ImageView 设置半透明效果
    image1.setAlpha(100);
    image2.setAlpha(100);
    image3.setAlpha(100);
    ImageView v1 = (ImageView) v;                    // 获取被单击的图像视图
    v1.setAlpha(255);                                // 设置图像视图的透明度
    if (imageIds[index] == R.drawable.shoe_ok) {     // 判断是否猜对
        result.setText("恭喜您，猜对了，祝你幸福！");
    } else {
        result.setText("很抱歉，猜错了，要不要再试一次？");
    }
}
```

（6）获取“再玩一次”按钮，并为该按钮添加单击事件监听器。在其单击事件中，首先将标题恢复为默认值，然后设置 3 个 ImageView 的透明度为完全不透明，最后再设置这 3 个 ImageView 的图像内容为默认显示图片。具体代码如下。

```
Button button = (Button) findViewById(R.id.button1); // 获取“再玩一次”按钮
// 为“再玩一次”按钮添加事件监听器
button.setOnClickListener(new OnClickListener() {
    @Override
    public void onClick(View v) {
        reset();
        result.setText(R.string.title);                 // 将标题恢复为默认值
        image1.setAlpha(255);
        image2.setAlpha(255);
        image3.setAlpha(255);
        image1.setImageDrawable(getResources().getDrawable(R.drawable.shoe_default));
        image2.setImageDrawable(getResources().getDrawable(R.drawable.shoe_default));
        image3.setImageDrawable(getResources().getDrawable(R.drawable.shoe_default));
    }
});
```

20.5 运行调试

项目开发完成后，就可以在模拟器中运行该项目了。此时，如果用户没有创建模拟器，那么需要先创建模拟器，然后再按照以下步骤运行项目。

（1）在“项目资源管理器”中选择项目名称节点，并在该节点上单击鼠标右键，在弹出的快捷菜单中选择“运行方式”/“Android Application”菜单项，即可在创建的 AVD 模拟器中运行 Android 程序。

（2）程序成功在模拟器中运行后，将显示如图 20-6 所示的游戏主界面。单击其中的任意一只鞋子，将打开鞋子显示里面是否有鸡蛋，并且将没有被单击的鞋子设置为半透明显示，被单击的正常显示，同时根据单击的鞋子里面是否有鸡蛋显示对应的结果。例如，单击中间的那只鞋子，如果鸡蛋在这只鞋子里，将显示如图 20-7 所示的运行结果；否则，将显示如图 20-8 所示的效果。单击“再玩一次”按钮，重新开始游戏。

图 20-6　游戏主界面

图 20-7　猜对了时的效果

图 20-8　猜错了时的效果

20.6 课程设计总结

本章通过一个“猜猜鸡蛋放在哪只鞋子里”小游戏，向读者介绍了 Android 开发小游戏的基本流程，以及页面布局和 Android 基本组件 Button 和 ImageView 的具体应用。通过本章的学习，读者应该掌握 Android 页面布局以及基本组件 Button 和 ImageView 的具体应用，以及实现随机指定鸡蛋所在鞋子的方法。

第21章 简易涂鸦板

本章要点：

- 实现简易涂鸦板的基本流程
- 如何加载创建的自定义视图
- 列表菜单的使用
- Android 中图像处理技术的实际应用

本章介绍如何使用 Android 界面布局、常用组件及图像处理等技术制作一个简单的涂鸦板。

21.1 课程设计目的

本章的设计目的重点是让读者熟练掌握图像处理技术在 Android 开发中的应用。

21.2 功能描述

简易涂鸦板就是在窗体中显示一个白板，然后用户可以通过在菜单中选择画笔在白板上绘制各种文字及图案等内容，并能够将白板中绘制的文字及图案等内容保存到 Android 模拟器的虚拟 SD 卡中。下面给出简易涂鸦板的主界面预览效果，如图 21-1 所示。

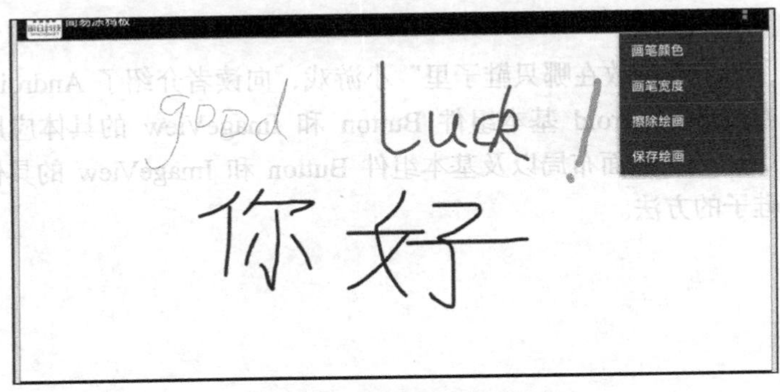

图 21-1　简易涂鸦板主界面

21.3 总体设计

21.3.1　构建开发环境

本程序的开发环境及运行环境具体如下。

- 操作系统：Windows 7。
- JDK 环境：Java SE Development KET(JDK) version 7。
- 开发工具：Eclipse 4.2+Android 4.3。
- 开发语言：Java、XML。
- 运行平台：Windows、Linux 各版本。

21.3.2　页面布局

（1）修改 res/layout 目录下的布局文件 main.xml，将默认添加的线性布局管理器和 TextView 组件删除，然后添加一个帧布局管理器，并在帧布局管理器中加载创建的自定义视图。修改后的代码如下。

```
<FrameLayout xmlns:android="http://schemas.android.com/apk/res/android"
    android:layout_width="fill_parent"
    android:layout_height="fill_parent"
    android:orientation="vertical" >
    <com.mingrisoft.DrawView
        android:id="@+id/drawView1"
        android:layout_width="match_parent"
        android:layout_height="match_parent" />
</FrameLayout>
```

（2）在 res 目录中，创建一个 menu 目录，并在该目录中创建一个名称为“toolsmenu.xml”的菜单资源文件，在该文件中编写程序中所应用的功能菜单。关键代码如下。

```
<menu xmlns:android="http://schemas.android.com/apk/res/android" >
    <item android:title="@string/color">
        <menu >
          <!-- 定义一组单选菜单项 -->
          <group android:checkableBehavior="single" >
              <!-- 定义子菜单 -->
              <item android:id="@+id/red" android:title="@string/color_red"/>
              <item android:id="@+id/green" android:title="@string/color_green"/>
              <item android:id="@+id/blue" android:title="@string/color_blue"/>
          </group>
        </menu>
    </item>
    <item android:title="@string/width">
        <menu >
          <!-- 定义子菜单 -->
          <group>
              <item android:id="@+id/width_1" android:title="@string/width_1"/>
              <item android:id="@+id/width_2" android:title="@string/width_2"/>
              <item android:id="@+id/width_3" android:title="@string/width_3"/>
          </group>
```

```
        </menu>
    </item>
    <item android:id="@+id/clear" android:title="@string/clear"/>
    <item android:id="@+id/save" android:title="@string/save"/>
</menu>
```

21.4 实 现 过 程

（1）创建一个名称为 DrawView 的类，该类继承自 android.view.View 类。在该类中，首先定义程序中所需的属性，然后添加构造方法，并重写 onDraw(Canvas canvas)方法。关键代码如下。

```
public class DrawView extends View {
    private int view_width = 0;                    // 屏幕的宽度
    private int view_height = 0;                   // 屏幕的高度
    private float preX;                            // 起始点的 x 坐标值
    private float preY;                            // 起始点的 y 坐标值
    private Path path;                             // 路径
    public Paint paint = null;                     // 画笔
    Bitmap cacheBitmap = null;                     // 定义一个内存中的图片，该图片将作为缓冲区
    Canvas cacheCanvas = null;                     // 定义 cacheBitmap 上的 Canvas 对象
    /**
     * 功能：构造方法
     */
    public DrawView(Context context, AttributeSet attrs) {
        super(context, attrs);
    }
    /*
     * 功能：重写 onDraw()方法
     */
    @Override
    protected void onDraw(Canvas canvas) {
        super.onDraw(canvas);
    }
}
```

（2）在 DrawView 类的构造方法中，首先获取屏幕的宽度和高度，并创建一个与该 View 相同大小的缓存区。然后创建一个新的画面，并实例化一个路径，再将内存中的位图绘制到 cacheCanvas 中。最后实例化一个画笔，并设置画笔的相关属性。关键代码如下。

```
view_width = context.getResources().getDisplayMetrics().widthPixels;
                                                        // 获取屏幕的宽度
view_height = context.getResources().getDisplayMetrics().heightPixels;
                                                        // 获取屏幕的高度

// 创建一个与该 View 相同大小的缓存区
cacheBitmap = Bitmap.createBitmap(view_width, view_height,Config.ARGB_8888);
cacheCanvas = new Canvas();                             // 创建一个新的画布
path = new Path();
cacheCanvas.setBitmap(cacheBitmap);               // 在 cacheCanvas 上绘制 cacheBitmap
paint = new Paint(Paint.DITHER_FLAG);
```

```
paint.setColor(Color.RED);                             // 设置默认的画笔颜色
// 设置画笔风格
paint.setStyle(Paint.Style.STROKE);                    // 设置填充方式为描边
paint.setStrokeJoin(Paint.Join.ROUND);                 // 设置笔刷的图形样式
paint.setStrokeCap(Paint.Cap.ROUND);                   // 置画笔转弯处的连接风格
paint.setStrokeWidth(1);                               // 设置默认笔触的宽度为 1 像素
paint.setAntiAlias(true);                              // 使用抗锯齿功能
paint.setDither(true);                                 // 使用抖动效果
```

（3）在 DrawView 类的 onDraw()方法中，添加如下代码，用于设置背景颜色、绘制 cacheBitmap、绘制路径，以及保存当前绘图状态到栈中，并调用 restore()方法恢复所保存的状态。代码如下。

```
canvas.drawColor(0xFFFFFFFF);                          // 设置背景颜色
Paint bmpPaint = new Paint();                          // 采用默认设置创建一个画笔
canvas.drawBitmap(cacheBitmap, 0, 0, bmpPaint);        // 绘制 cacheBitmap
canvas.drawPath(path, paint);                          // 绘制路径
canvas.save(Canvas.ALL_SAVE_FLAG);                     // 保存 canvas 的状态
canvas.restore();      // 恢复 canvas 之前保存的状态，防止保存后对 canvas 执行的操作对后续的绘制有影响
```

（4）在 DrawView 类中，重写 onTouchEvent()方法，为该视图添加触摸事件监听器。在该方法中，首先获取触摸事件发生的位置，然后应用 switch 语句对事件的不同状态添加响应代码，最后调用 invalidate()方法更新视图。具体代码如下。

```
@Override
public boolean onTouchEvent(MotionEvent event) {
    // 获取触摸事件发生的位置
    float x = event.getX();
    float y = event.getY();
    switch (event.getAction()) {
    case MotionEvent.ACTION_DOWN:
        path.moveTo(x, y);                            // 将绘图的起始点移到（x,y）坐标点的位置
        preX = x;
        preY = y;
        break;
    case MotionEvent.ACTION_MOVE:
        float dx = Math.abs(x - preX);
        float dy = Math.abs(y - preY);
        if (dx >= 5 || dy >= 5) {                     // 判断是否在允许的范围内
            path.quadTo(preX, preY, (x + preX) / 2, (y + preY) / 2);
            preX = x;
            preY = y;
        }
        break;
    case MotionEvent.ACTION_UP:
        cacheCanvas.drawPath(path, paint);            // 绘制路径
        path.reset();
        break;
    }
    invalidate();
    return true;                                      // 返回 true 表明处理方法已经处理该事件
```

```
}
```

（5）编写 clear()方法，用于实现橡皮擦功能。具体代码如下。

```
public void clear() {
    paint.setXfermode(new PorterDuffXfermode(PorterDuff.Mode.CLEAR));
                                                    // 设置图形重叠时的处理方式
    paint.setStrokeWidth(50);                       // 设置笔触的宽度
}
```

（6）编写保存当前绘图的 save()方法，在该方法中调用 saveBitmap()方法将当前绘图保存为 PNG 图片。save()方法的具体代码如下。

```
public void save() {
    try {
        saveBitmap("myPicture");
    } catch (IOException e) {
        e.printStackTrace();
    }
}
```

（7）编写保存绘制好位图的 saveBitmap()方法。在该方法中，首先在 SD 卡上创建一个文件，然后创建一个文件输出流对象，并调用 Bitmap 类的 compress()方法将绘图内容压缩为 PNG 格式，输出到刚刚创建的文件输出流对象中。最后将缓冲区的数据全部写入到输入流中，并关闭文件输出流对象。saveBitmap()方法的具体代码如下。

```
// 保存绘制好的位图
public void saveBitmap(String fileName) throws IOException {
    File file = new File("/sdcard/pictures/" + fileName + ".png");  // 创建文件对象
    file.createNewFile();                                            // 创建一个新文件
    FileOutputStream fileOS = new FileOutputStream(file);   // 创建一个文件输出流对象
    //将绘图内容压缩为 PNG 格式输出到输出流对象中
    cacheBitmap.compress(Bitmap.CompressFormat.PNG, 100, fileOS);
    fileOS.flush();                               // 将缓冲区中的数据全部写出到输出流中
    fileOS.close();                               // 关闭文件输出流对象
}
```

如果在程序中需要向 SD 卡上保存文件，那么需要在 AndroidManifest.xml 文件中赋予相应的权限。具体代码如下：

```
<uses-permission android:name="android.permission.MOUNT_UNMOUNT_FILESYST-
EMS"/>
<uses-permission android:name="android.permission.WRITE_EXTERNAL_STORAGE"/>
```

（8）在默认创建的 DrawActivity 中，为实例添加选项菜单。

首先重写 onCreateOptionsMenu()方法。在该方法中，实例化一个 MenuInflater 对象，并调用该对象的 inflate()方法解析菜单文件。具体代码如下。

```
// 创建选项菜单
@Override
public boolean onCreateOptionsMenu(Menu menu) {
    MenuInflater inflator = new MenuInflater(this); // 实例化一个 MenuInflater 对象
    inflator.inflate(R.menu.toolsmenu, menu);       // 解析菜单文件
    return super.onCreateOptionsMenu(menu);
}
```

然后，重写 onOptionsItemSelected()方法，分别对各个菜单项被选择时做出相应的处理。具

体代码如下。

```
// 当菜单项被选择时，作出相应的处理
@Override
public boolean onOptionsItemSelected(MenuItem item) {
    DrawView dv = (DrawView) findViewById(R.id.drawView1);   // 获取自定义的绘图视图
    dv.paint.setXfermode(null);                               // 取消擦除效果
    dv.paint.setStrokeWidth(1);                               // 初始化画笔的宽度
    switch (item.getItemId()) {
    case R.id.red:
        dv.paint.setColor(Color.RED);                         // 设置画笔的颜色为红色
        item.setChecked(true);
        break;
    case R.id.green:
        dv.paint.setColor(Color.GREEN);                       // 设置画笔的颜色为绿色
        item.setChecked(true);
        break;
    case R.id.blue:
        dv.paint.setColor(Color.BLUE);                        // 设置画笔的颜色为蓝色
        item.setChecked(true);
        break;
    case R.id.width_1:
        dv.paint.setStrokeWidth(1);                           // 设置笔触的宽度为 1 像素
        break;
    case R.id.width_2:
        dv.paint.setStrokeWidth(5);                           // 设置笔触的宽度为 5 像素
        break;
    case R.id.width_3:
        dv.paint.setStrokeWidth(10);                          // 设置笔触的宽度为 10 像素
        break;
    case R.id.clear:
        dv.clear();                                           // 擦除绘画
        break;
    case R.id.save:
        dv.save();                                            // 保存绘画
        break;
    }
    return true;
}
```

21.5 运行调试

项目开发完成后，就可以在模拟器中运行该项目了。在“项目资源管理器”中选择项目名称节点，并在该节点上单击鼠标右键，在弹出的快捷菜单中选择“运行方式”/“Android Application”菜单项，即可在 Android 模拟器中运行该程序。运行程序，将显示一个简易涂鸦板，在屏幕上可以随意绘画。单击屏幕右上方的菜单按钮，将弹出选项菜单，主要用于完成更改画笔颜色、画笔宽度、擦除绘画和保存绘画等功能。实例运行效果如图 21-2 所示。

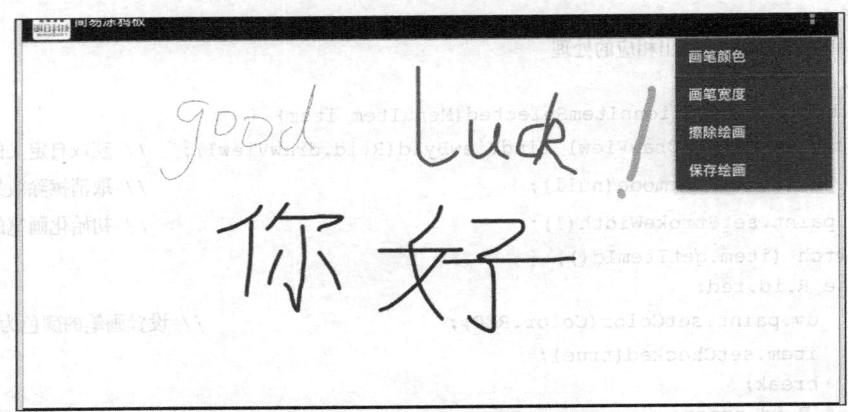

图 21-2　在简易涂鸦板上绘画

选择“保存绘画”菜单项，可以将当前绘图保存到 SD 卡的 pictures 目录中，文件名为“myPicture.png”。

21.6　课程设计总结

本章通过一个简易涂鸦板，重点演示了 Android 图像处理技术在实际中的应用。图像处理技术是 Android 应用中经常用到的技术，通过本章的学习，读者应该熟练掌握图像处理技术在实际中的应用。另外，读者还可以巩固前面所学到的 Android 界面布局及常用组件的使用方法。